Cambridge Monographs in African Archaeology
68
Series Editors: John Alexander, Laurence Smith and Timothy Insoll

Chasse et élevage dans la Corne de l'Afrique entre le Néolithique et les temps historiques

Joséphine Lesur

BAR International Series 1602
2007

Published in 2016 by
BAR Publishing, Oxford

BAR International Series 1602

Cambridge Monographs in African Archaeology 68
Series Editors: John Alexander, Laurence Smith and Timothy Insoll

Chasse et élevage dans la Corne de l'Afrique entre le Néolithique et les temps historiques

ISBN 9781407300191 paperback
ISBN 9781407330686 e-format
DOI https://doi.org/10.30861/9781407300191
A catalogue record for this book is available from the British Library

BAR Publishing is the trading name of British Archaeological Reports (Oxford) Ltd. British Archaeological Reports was first incorporated in 1974 to publish the BAR Series, International and British. In 1992 Hadrian Books Ltd became part of the BAR group. This volume was originally published by Archaeopress in conjunction with British Archaeological Reports (Oxford) Ltd / Hadrian Books Ltd, the Series principal publisher, in 2007. This present volume is published by BAR Publishing, 2016.

BAR

PUBLISHING

BAR titles are available from:
BAR Publishing
122 Banbury Rd, Oxford, OX2 7BP, UK
EMAIL info@barpublishing.com
PHONE +44 (0)1865 310431
FAX +44 (0)1865 316916
www.barpublishing.com

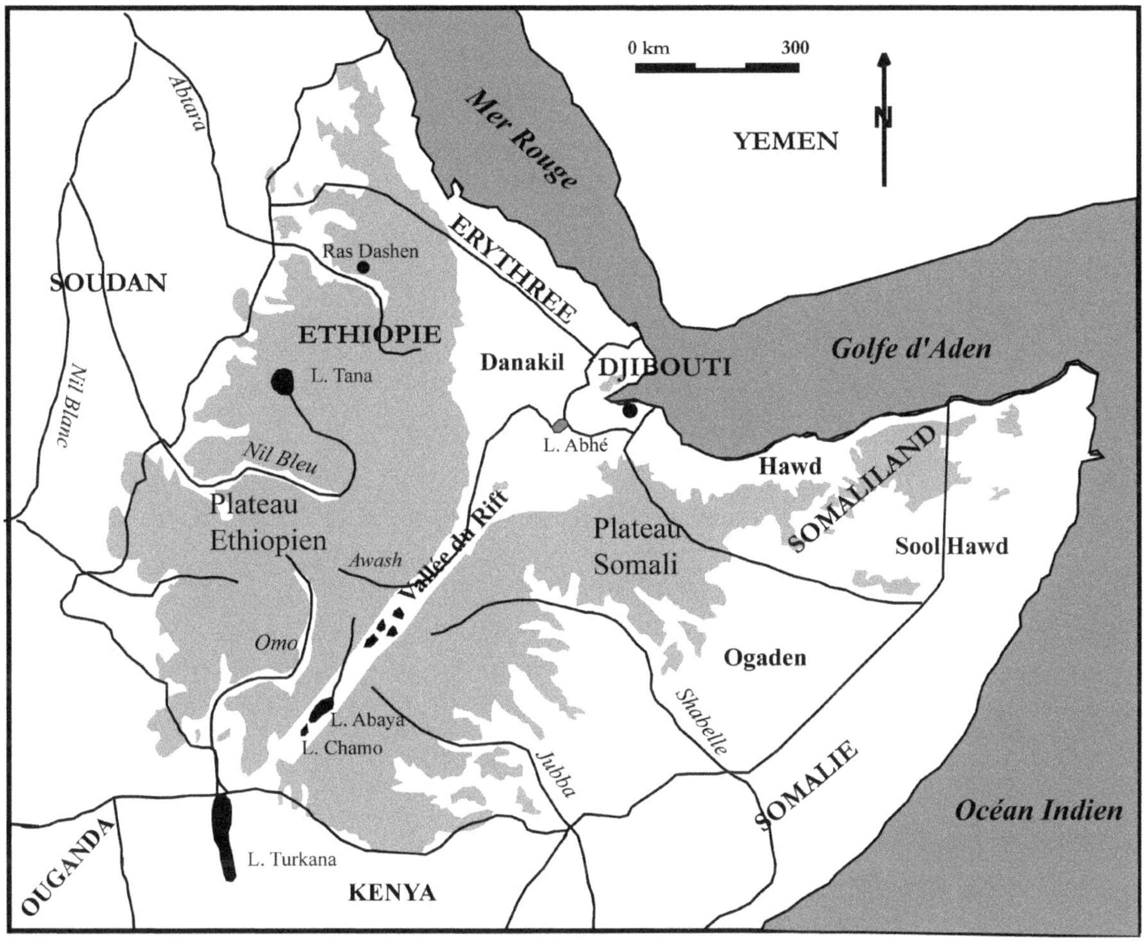
0 km
300
N
Mer Rouge
YEMEN
Abtara
ERYTHREE
Ras Dashen
SOUDAN
ETHIOPIE
Danakil
DJIBOUTI
Golfe d'Aden
L. Tana
Nil Blanc
Nil Bleu
L. Abhé
Hawd
SOMALILAND
Plateau
Ethiopien
Plateau
Somali
Sool Hawd
Awash
Vallée du Rift
Omo
Ogaden
L. Abaya
L. Chamo
Shabelle
Jubba
SOMALIE
Océan Indien
OUGANDA
L. Turkana
KENYA

A Astrid et Gautier

CHASSE ET ELEVAGE DANS LA CORNE DE L'AFRIQUE ENTRE LE NEOLITHIQUE ET LES TEMPS HISTORIQUES

L'objectif de cette recherche est de mieux connaître l'exploitation de la diversité faunique au cours de l'Holocène dans la Corne de l'Afrique, plus particulièrement dans la plaine aride du Gobaad à Djibouti et dans la région montagneuse du Wolayta en Ethiopie. Nous avons étudié les assemblages fauniques (plus de 70 000 restes soit 34 taxons) provenant de cinq sites archéologiques occupés entre le 5e millénaire avant et le 1er millénaire après J.-C. Nous avons ainsi mis en évidence, dans chacune de ces régions aux environnements très différents, la présence de sociétés offrant des stratégies de subsistance très spécialisées. Nous avons également tenté de caractériser les tactiques de chasse et de pêche, de même que les différentes utilisations faites des animaux (alimentaire, artisanale ou funéraire). Ces analyses ont permis de poser les cadres environnemental et culturel dans lesquels les premières sociétés de production sont apparues. Par l'étude morphologique et métrique des premiers restes de bœufs de cette région, datés du début du second millénaire avant notre ère, nous avons essayé de caractériser la formation et l'évolution des différentes races de bovins. En intégrant ces résultats à ceux des pays voisins et en les associant à l'ensemble des données archéologiques, il est apparu que la diffusion de l'élevage s'est faite plus par acculturation que par migration. La diversité environnementale et culturelle de la Corne de l'Afrique semble avoir favorisé l'émergence de multiples modèles d'adoption du pastoralisme.

HUNTING AND BREEDING IN THE HORN OF AFRICA DURING NEOLITHIC AND HISTORICAL TIMES

The main goal of this research is to know the exploitation of the faunal diversity during the Holocene in the Horn of Africa, especially in the arid plain of Gobaad in Djibouti and in the mountainous region of Wolayta in Ethiopia. For that purpose we have studied faunal collections (more than 70 000 remains and 34 species) from five archaeological sites occupied from the 5th millennium BC to the 1st millennium AD. Thus, in both those regions offering very different natural environment, the presence of specialized societies of hunter-gatherers have been showed. The bones analysis led to reconstruct the hunting and fishing techniques, as well as the dietary, craft and funerary practices. Results showed the cultural and environmental frame in which the first production societies appeared. By the morphological and metrical study of the earliest bovine's bones, dated around the beginning of the second millennium BC, we have tried to characterise the forming and the evolution of cattle breeds in this region. By integrating those results with data from the neighbouring countries and by comparing them with all archaeological data, it appeared that the diffusion of farming came from acculturation more than migration. The environmental and cultural diversity of the Horn of Africa encouraged the emergence of numerous patterns for the adoption of pastoralism.

REMERCIEMENTS

Cet ouvrage est le résultat d'un long voyage et comme tous les périples, il ne peut s'accomplir seul. Il y a les personnes qui sont là au départ, et toutes celles que l'on rencontre le long du chemin. Sans leur présence, leur soutien, leur aide, rien de tout ceci n'aurait été possible.

Je voudrais tout d'abord remercier Jean-Denis Vigne, Directeur de recherche au CNRS et directeur de l'UMR 5197, et Xavier Gutherz, professeur à l'Université de Montpellier III et responsable du GEPCA (Groupe d'Etude de la Protohistoire de la Corne de l'Afrique) dont l'expérience et les conseils ont été essentiels tout au long de la réalisation de cet ouvrage.

Mes sincères remerciements vont également à toutes les personnes, archéologues et archéozoologues, collègues de terrain ou de laboratoire sans qui cet ouvrage n'aurait pu voir le jour, et particulièrement à Roger Joussaume, Henri Duday, Wim Van Neer, Louis Chaix et François Poplin.

Ma reconnaissance va également aux responsables éthiopiens de la culture et du patrimoine, aux membres du CERD de Djibouti et aux responsables du ministère de la culture du Somaliland qui ont facilité mes missions au sein de ces pays.

Je tiens aussi à remercier Fikru ainsi que mes amis et ma famille dont l'aide et le soutien ont été sans faille et la présence inestimable.

TABLE DES MATIÈRES

LISTE DES FIGURES

Chapitre 1

Chapitre 2

Chapitre 3

Chapitre 4

Chapitre 8

Chapitre 9

Chapitre 10

LISTE DES TABLEAUX

Chapitre 5

Chapitre 6

Chapitre 8

Chapitre 9

Chapitre 10

Introduction

Divisée entre les hauts plateaux et le désert, entre le climat tropical et tempéré, la Corne de l'Afrique offre une très grande biodiversité dans laquelle 55% de la flore et 28% de la faune est endémique (Thulin, 1994 ; Mogaka et *al*., 2001). Cependant, cette diversité s'est considérablement réduite durant les cent dernières années en raison de la forte anthropisation. En Ethiopie, au cours du 20e siècle, la couverture végétale est passée de 35 à 2.7% (Mogaka et *al*., 2001) et plus de 70 espèces animales sont en danger d'extinction[1]. Si l'on connaît bien aujourd'hui la richesse naturelle (géologique et biologique) et culturelle de cette région, on ne sait que peu de choses sur l'histoire récente des populations humaines et de leur relation avec l'environnement au cours de l'Holocène.

Du point de vue archéologique, la Corne de l'Afrique est surtout connue pour les découvertes depuis 30 ans de nombreux hominidés fossiles (Alemseged, 1998, pour une synthèse récente). Les recherches sur la période Holocène sont, quant à elles, beaucoup moins avancées même si les données se multiplient depuis une vingtaine d'années grâce notamment aux travaux d'une équipe pluridisciplinaire française (GEPCA : Groupe d'Etude de la Protohistoire de la Corne de l'Afrique) qui travaille selon trois grands axes : le mégalithisme (Joussaume, 1995), l'art rupestre (Joussaume, 1987, 1994 , 1999 ; Bouakaze-Khan, 2002 ; Gutherz *et al*., 2003a et b) et les premières sociétés de production dans la Corne de l'Afrique (Joussaume, 1995 ; Poisblaud, 1999 ; Gutherz et Joussaume, 2000).

D'après les différentes études portant sur la question de l'arrivée des économies de production dans la région (Clark, 1988, Ehret, 2002, Brandt, 1996, Gutherz et Joussaume, 2000 ; Marshall, 2000), plusieurs constantes se dégagent. D'une part, l'arrivée de la première vague d'animaux et de plantes domestiques (bovins, caprinés, blé et orge) semble venir du Nord depuis l'Égypte puis le Soudan. La plupart de ces auteurs admettent également que le développement des contacts avec la Péninsule Arabique, notamment à la fin du 1er millénaire avant J.-C., par le biais du royaume d'Axoum, a favorisé l'arrivée de nouvelles ressources comme le dromadaire et le zébu. D'une manière générale, toutes les théories sont encore assez hypothétiques et manquent de preuves matérielles. Ainsi, les connaissances archéozoologiques sont encore très peu développées. Seules, quelques études ponctuelles ont été menées, principalement sur les premiers animaux domestiques, mais sans tentative de caractérisation de la diversité faunique sur des échelles régionales ou chronologiques larges. Le plus ancien site ayant livré des restes de bœuf de façon assurée est celui d'Asa Koma (Guérin et Faure, 1996), daté du début du 2e millénaire avant notre ère et dont nous reprendrons l'étude au cours de ce travail. Deux autres sites, situés dans l'Est de Ethiopie et datés de la même époque, ont également fourni des restes de bovins domestiques. Il s'agit des sites de Lake Besaka (Brandt, 1980, 1984 ; Brandt et Carder, 1987) et de Laga Oda (Clark et Prince, 1978, Clark et Williams, 1978). Cependant, dans les deux cas, les échantillons de faune sont très réduits et la détermination, de l'avis même des auteurs, n'est pas validée.

En comparaison avec les pays voisins (Égypte, Soudan et Kenya), les sociétés de chasseurs-cueilleurs et les processus qui ont conduit au passage à une économie de production dans la Corne de l'Afrique sont encore très mal connus. La thématique est pourtant d'une grande importance, puisque la Corne de l'Afrique se situe sur le courant de néolithisation qui mène de la basse vallée du Nil à l'Afrique australe, champ de recherche qui commence à se dynamiser depuis peu d'années (Gutherz et Joussaume, 2000 ; Hassan, 2000 ; Marshall, 2000 ; Gautier, 2001).

Notre travail dans cette région se devait donc de garder une forme exploratoire, sur un temps long et souvent mal précisé par une archéologie récente, sur un espace large et diversifié, sur un éventail de taxons très ouvert, et sur toutes les thématiques que recouvrent les relations entre l'homme et l'animal, de la chasse à l'élevage, de la consommation à l'usage symbolique.

La Corne de l'Afrique présente une superficie qui équivaut à environ trois fois celle de la France. Elle est délimitée par des barrières naturelles qui lui confèrent ses particularismes. Au nord-nord-nuest et au sud s'étendent les hauts plateaux éthiopien et somali qui l'isolent du reste du continent. A l'est, la Mer Rouge et l'Océan Indien la séparent de la Péninsule Arabique. Cette région présente une grande variété de reliefs et d'environnements. Deux types de formations majeures la composent. On trouve d'une part les plateaux éthiopien et somali dont le point culminant est à 4 600 m, et d'autre part, les basses terres avec les plaines côtières et la grande dépression du rift Afar qui débouche sur la vallée du rift éthiopien. La présence de ces grandes formations a favorisé l'installation d'environnements très diversifiés aussi bien au niveau végétal qu'animal.

L'évolution climatique de la Corne de l'Afrique est relativement bien connue grâce aux nombreuses études réalisées notamment sur les sédiments lacustres de la vallée du rift (Gasse, 1975 ; Lamb *et al*., 2002 ; Chalié et Gasse, 2002). Ces analyses ont permis de cerner de façon assez précise les changements majeurs survenus au cours de l'Holocène. Ainsi le début de cette période est marqué par l'installation d'un climat humide dans toute la région. Seul un épisode aride intense entre 8 500 et 6 500 BP a détérioré les conditions générales, provoquant une régression de tous les lacs. Par la suite, on observe un retour des conditions humides puis dès 4 000 BP, le climat va progressivement s'aridifier pour aboutir aux conditions actuelles.

[1] The 2004 IUCN Red List of Threatened Species (http://www.redlist.org)

Enfin, la position géographique de la région en fait un carrefour d'influences venues aussi bien de l'Afrique du Nord, de l'Afrique sub-saharienne que de la Péninsule Arabique (Doresse, 1971 ; Barnett, 1999 ; Gutherz et Joussaume, 2000).

Tous ces éléments font de la Corne de l'Afrique une région extrêmement diversifiée. Les grandes phases paléoclimatiques ont entraîné des recompositions de la biodiversité et des contraintes écologiques très variables selon les milieux. L'évolution des sociétés humaines au cours de l'Holocène présente donc de multiples facettes, marquées en grande partie par ces conditions environnementales changeantes et plus ou moins contraignantes.

Un des principaux objectifs de cette recherche quelque peu pionnière est donc de travailler à la reconstitution de la diversité faunique et de son exploitation par l'homme au cours de l'Holocène. Ces données nous permettront également de poser le cadre environnemental dans lequel sont apparues les premières sociétés de production. Ainsi, le début du pastoralisme sera abordé par l'étude des plus anciens témoignages des restes d'animaux domestiques. Pour cela nous avons concentré nos travaux sur deux régions de la Corne de l'Afrique : la plaine aride du Gobaad à Djibouti et la région montagneuse du Wolyata en Ethiopie. Ces deux régions offrent des environnements naturels très différents et représentent donc de bons exemples pour appréhender l'évolution des sociétés préhistoriques au sein des deux principaux ensembles géographiques de la région : les basses terres et les hautes terres. Les assemblages fauniques étudiés dans ce travail sont ainsi issus de trois sites djiboutiens (Asa Koma, Hara Idé 2 et Ali Daba 2) et deux sites éthiopiens (Moche Borago et Akirsa). L'ensemble du matériel provient des différentes opérations de fouille de l'équipe GEPCA menées dans 3 pays : Ethiopie, Djibouti et Somaliland.

La première partie de cet ouvrage portera sur la présentation des régions d'études, de l'état de connaissances archéologiques et environnementales les concernant. Nous exposerons alors les problématiques qui seront documentées par notre travail. Enfin, nous présenterons la démarche méthodologique choisie pour les analyses. Du point de vue de la méthodologie, en effet, deux principaux problèmes ont été rencontrés. Le premier est l'état du matériel étudié, souvent très mauvais. Cela impose une étude taphonomique approfondie et un choix de méthodes adaptées. Le second est la grande diversité faunique présente dans ces régions qui complique la détermination, en raison de la proximité morphologique des taxons, notamment des Bovidae, de la faiblesse des critères de détermination de la littérature, et de la dispersion des collections ostéologiques de référence. Lorsque cela sera possible, nous tenterons donc de compléter les critères existants par nos propres observations.

Dans un second temps, nous adopterons une démarche paléontologique pour décrire précisément toutes les espèces reconnues au cours de nos travaux. Puis, nous analyserons les vestiges fauniques provenant des cinq sites archéologiques, en insistant sur l'origine de ces assemblages.

Forte de ces résultats, nous tenterons alors de comprendre les utilisations qui ont pu être faites de ces animaux en détaillant les choix alimentaires, artisanaux ou funéraires. L'occupation plus ou moins longue et plus ou moins ancienne de ces sites, nous permettra de suivre l'évolution de ces pratiques sur une période comprise entre le 5e millénaire avant J.-C. et le 1er millénaire de notre ère.

Nous travaillerons ensuite sur les environnements exploités par l'homme lors de l'occupation de ces cinq sites et sur les techniques de chasse et de pêche employées pour leur acquisition. Nous tenterons également de voir si les données fauniques, associées aux autres données environnementales comme la botanique ou la géologie, nous permettent de reconstituer les milieux naturels présents et de suivre leur évolution au cours de l'Holocène.

Enfin, nous aborderons la question de l'émergence du pastoralisme dans la Corne de l'Afrique, thème majeur de notre travail. Pour cela, nous synthétiserons tout d'abord les données déjà existantes aussi bien par l'archéozoologie, que par la génétique et l'art pariétal. En utilisant les données métriques des bovins de la Corne mais aussi des pays voisins (Égypte, Soudan et Kenya), nous tenterons alors de suivre les changements de la stature de ces animaux au cours des millénaires et d'en déterminer les facteurs responsables.

Grâce à tous ces résultats, à la mise en évidence de la présence ou de l'absence des animaux domestiques selon les régions de la Corne de l'Afrique, nous essayerons alors de comprendre les modalités de l'apparition de l'élevage dans cet environnement si riche mais si contraignant.

En définitive, toutes ces analyses nous permettrons d'appréhender la nature des relations entre l'homme et l'animal, et d'une manière plus générale, entre l'homme et son environnement pendant la seconde moitié de l'Holocène et dans deux milieux aux caractéristiques naturelles et aux évolutions climatiques très contrastées.

Chapitre 1. Présentation des régions concernées et des sites étudiés

1.1. Données environnementales et humaines

La région de la Corne de l'Afrique est composée de l'Ethiopie, d'une superficie de 1 221 000 km^2, l'Erythrée (126 000 km^2), la République du Somaliland (au nord de la Somalie, anciennement sous protectorat britannique : 171 000 km^2), la Somalie (466 657 km^2) et la République de Djibouti (23 200 km^2). Cet ensemble de 2 007 857 km^2 est compris entre les 32e et 52e parallèles de longitude est et les 18e et 4e parallèles de latitude nord (Fig. 1.1). Il est caractérisé par une très grande diversité biogéographique que nous allons maintenant décrire en détaillant en particulier les zones des sites archéologiques étudiés dans ce travail, à savoir la plaine du Gobaad à Djibouti et le Wolayta dans le sud-ouest de l'Ethiopie.

1.1.1. Géologie et géographie

1.1.1.1. *Formation des grands ensembles géologiques*

D'un point de vue géologique, la Corne de l'Afrique est une région complexe et pour ce rapide résumé, nous avons utilisé les sources de Doresse (1971), Williams et Williams (1980) et Vellutini et Piguet (1994).

Avant le développement du volcanisme des hautes terres éthiopiennes et des rifts afar et éthiopien, la région éthiopienne était constituée de sédiments pré-cambriens et d'intrusions granitiques recouverts par des couches relativement horizontales de calcaires et de grès mésozoïques. Le soulèvement de la région éthio-yéménite a débuté au Crétacé avec la formation d'une dépression dans la région afar le long de la crête du principal renflement. L'ouverture du triangle afar date du Miocène inférieur (25 Ma). Les mouvements d'écartement et le volcanisme consécutif se sont manifestés en plusieurs phases bien distinctes. Au cours du Miocène (25 à 12,5 Ma), on observe la formation des trois rifts (Mer Rouge, Rift éthiopien et Golfe d'Aden) qui s'est accompagnée d'une forte activité volcanique et d'un amincissement de la croûte continentale. De 12,5 à 11 Ma, une forte expansion a affecté la région Afar avec un épanchement de rhyolite. A la fin du Miocène (8-6,5 Ma), on assiste à l'ouverture du Golfe d'Aden avec production de croûte océanique dans la partie orientale et centrale. A Djibouti, après une étape tectonique intense, une épaisse série basaltique s'est mise en place. La marge occidentale de la dépression afar (aujourd'hui l'escarpement Est du plateau éthiopien) semble s'être développée progressivement du nord vers le sud et avoir atteint le proto-rift éthiopien au début du Pliocène.

D'importants flots de cendres se sont écoulés le long des bords du rift, inondant à la fois le proto-rift et les plateaux adjacents, et la faille du rift a commencé à se former.

Au Pliocène supérieur (3,5 Ma), la croûte océanique s'est accrue en Mer Rouge alors que la faille du rift continuait sa progression et que le soubassement du bord ouest de la dépression afar poursuivait son soulèvement. A Djibouti, le Golfe de Tadjourah s'ouvrait et d'épaisses séries basaltiques se mettaient en place dans l'Afar interne. L'écartement de la faille se poursuivait par intermittence durant tout le Pléistocène, accompagné par la formation de volcans dans le rift éthiopien et afar. Enfin, depuis un million d'années, les chaînes axiales comme celle d'Asal, de nature volcano-tectonique océanique sont apparues. Elles sont situées dans les fossés d'effondrement et sont caractérisées par des épanchements basaltiques de type océanique. Dans la chaîne d'Asal, la croûte continentale est réduite à 5 km d'épaisseur. Depuis le début de l'Holocène, des fissures de tension se sont ouvertes le long de la zone axiale du rift.

Finalement, tous ces processus ont divisé la Corne selon deux ensembles géologiques majeurs : d'une part, les hautes terres constituées des massifs éthiopiens et du plateau somali avec les chaînes qui longent le Golfe d'Aden, et d'autre part, les basses terres des rifts afar et éthiopien ainsi que les plaines côtières de la Mer Rouge, du Golfe d'Aden et de la Somalie (Doresse, 1971).

Dans les régions qui nous concernent, la plaine du Gobaad, au sud-ouest de Djibouti (Fig.1.2), constitue une vaste dépression composée de grabens et de horsts basaltiques formés au cours du Pléistocène (Gutherz *et al.*, 1996). Les bassins ont reçu une alimentation fluviatile provenant du plateau éthiopien. Ainsi, la rivière Awash se déverse dans le lac Abhé qui occupe l'extrémité occidentale du Gobaad. Le débit de l'Awash diminue progressivement depuis les reliefs jusqu'au lac. En raison de la forte évaporation des eaux saturées en sel, toutes les particules en suspension se déposent au fond du lac et les évaporites précipitent, entraînant des dépôts sédimentaires abondants dans ce secteur.

Dans le Wolayta, les grands ensembles lithologiques du bassin occidental des lacs Abaya et Chamo se distinguent assez nettement car ils coïncident souvent avec les unités du paysage (Raunet, 1984). Pour la région qui nous concerne, c'est-à-dire la partie nord du lac Abaya, on observe la présence de nappes d'ignimbrites (dépôts de nuées ardentes consolidées) du Pliocène et du début du Pléistocène, contemporaines ou postérieures à la tectonique de la vallée du Rift (Fig.1.3). Ces roches claires et dures occupent la zone de Soddo, région collinaire très cultivée et composée principalement de sols rouges. Ces formations, liées aux activités volcaniques, se sont déposées sur une base de trachybasaltes et de rhyolites datant de l'Oligocène et du Miocène.

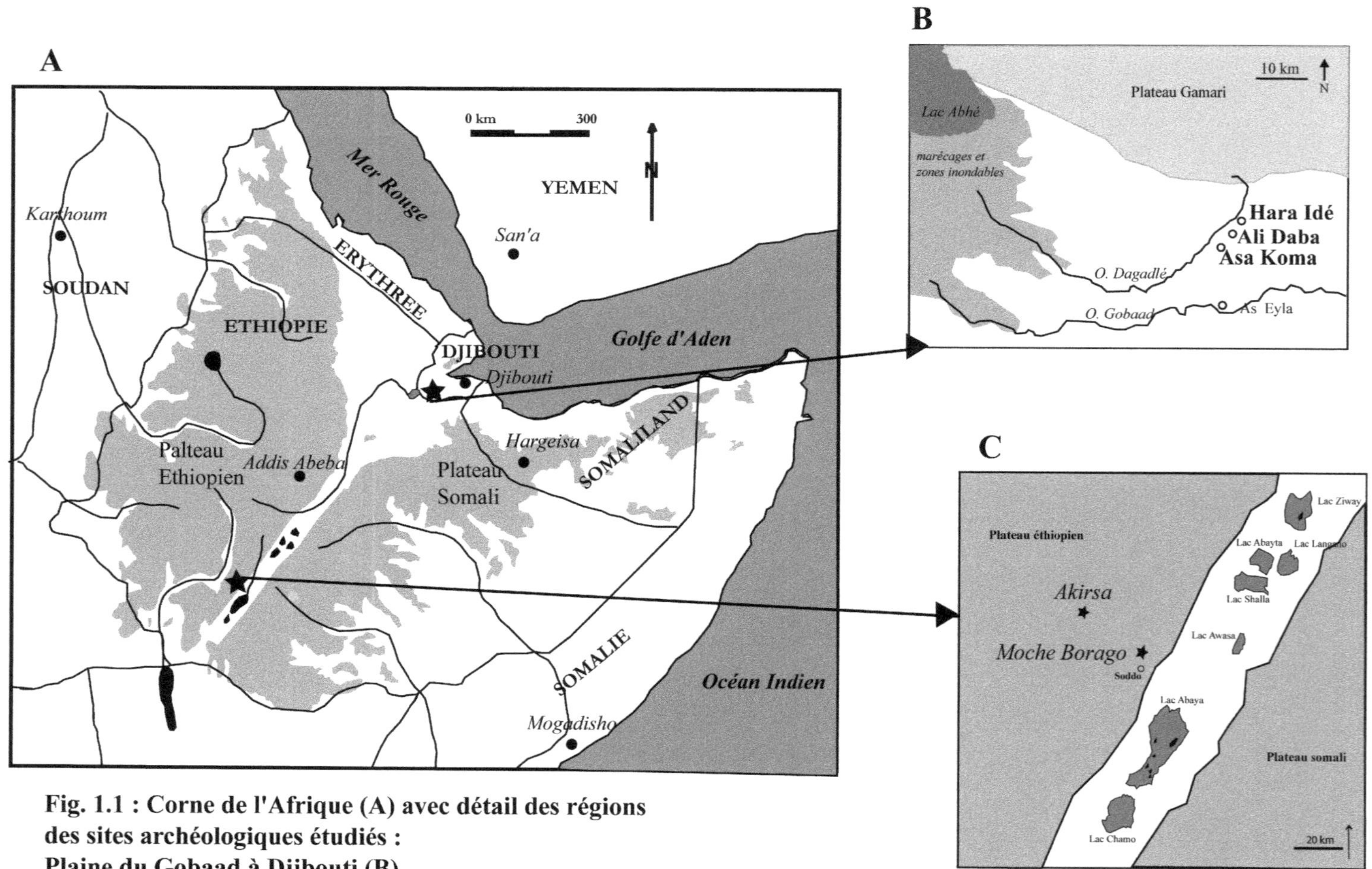

Fig. 1.1 : Corne de l'Afrique (A) avec détail des régions des sites archéologiques étudiés :
Plaine du Gobaad à Djibouti (B)
Wolayta en Ethiopie (C)

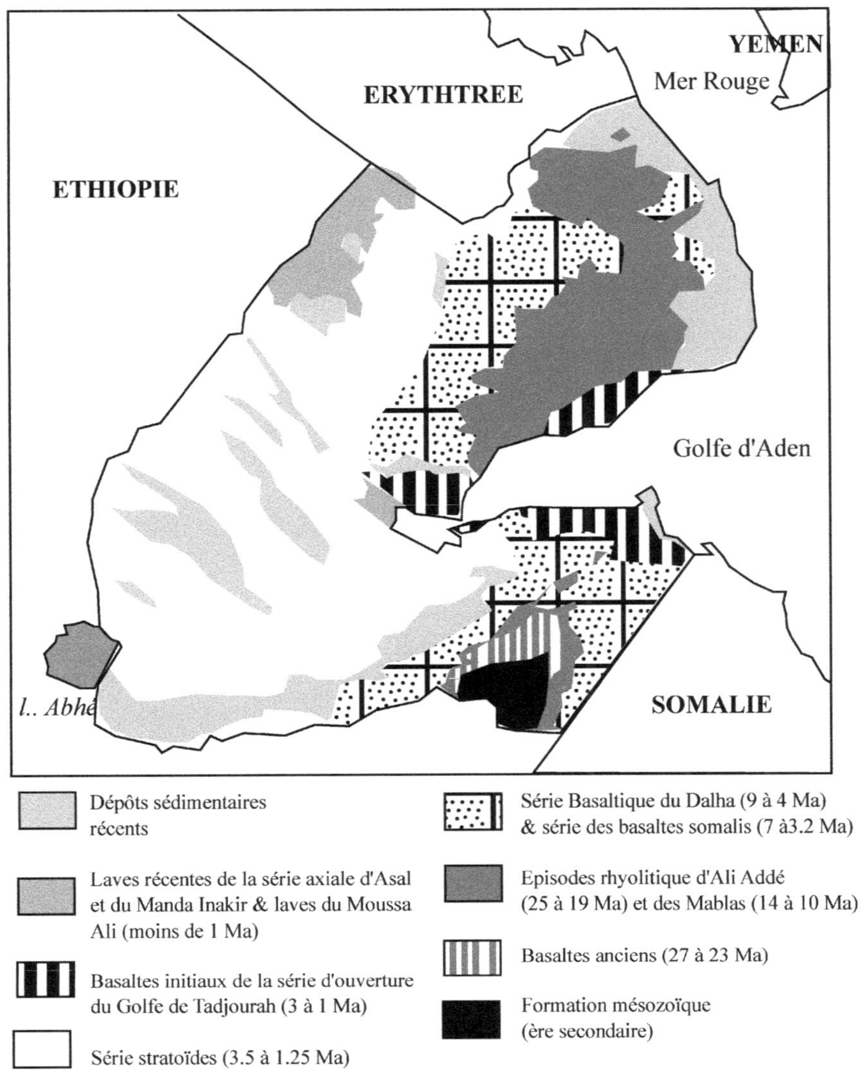

Fig. 1.2 : Carte géologique de Djibouti (d'après Vellutini et Piguet, 1994)

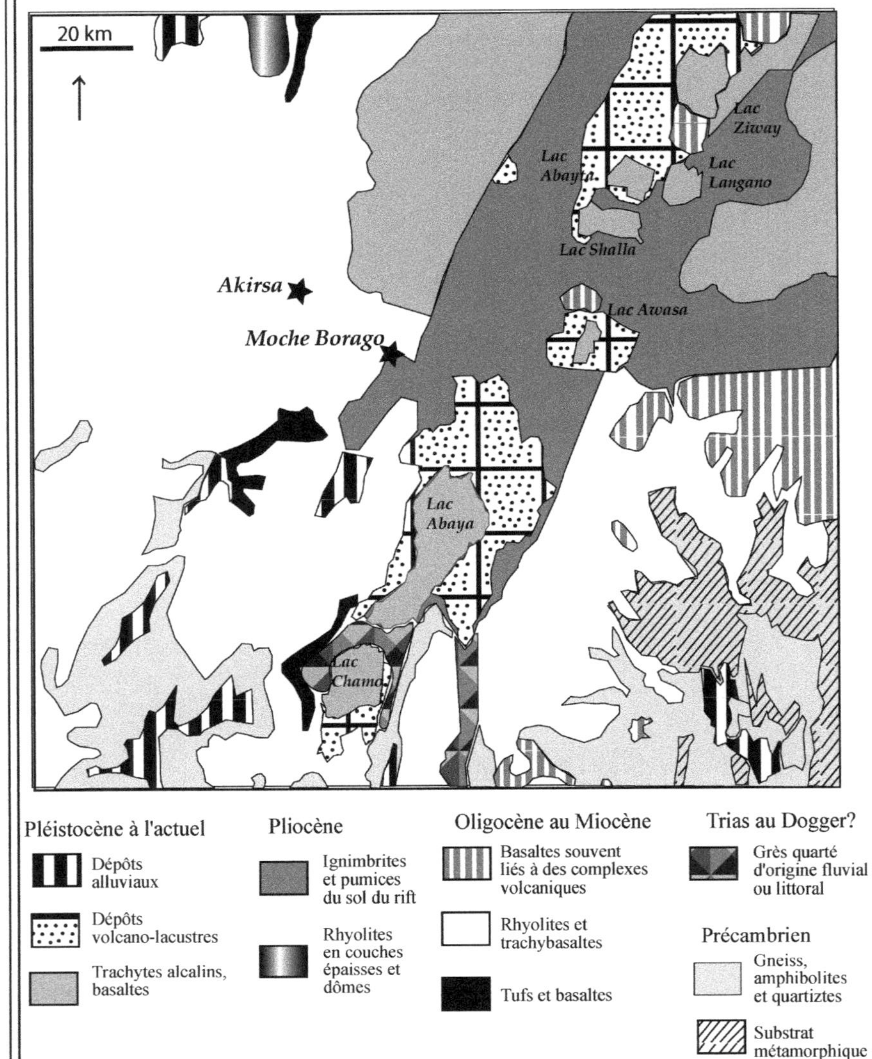

Fig. 1.3 : Carte géologique du Wolayta (d'après Sordoillet, in Gutherz *et al.*, 2001)

Un bon exemple en est le complexe trachy-rhyolitique du Mont Damota, dominant immédiatement la ville de Soddo, à 3000 m d'altitude. C'est dans les flancs de ce volcan-bouclier très dégradé que se situe le site archéologique de Moche Borago, celui d'Akirsa étant quelques kilomètres plus au nord-ouest.

1.1.1.2. *Relief et hydrographie*

Les paysages de cette région sont très diversifiés et modelés par un relief varié et une hydrographie complexe (Fig. 1.4). On peut ainsi distinguer deux grands ensembles : les Basses Terres et les Hautes Terres.

1.1.1.2.1. Les Basses Terres

Les Basses Terres sont constituées tout d'abord par les rifts afar et éthiopien. Ils représentent la partie nord du grand rift africain. A Djibouti et dans la plaine du Danakil, l'altitude se situe parfois sous le niveau de la mer. Le paysage porte encore les traces de l'envahissement de la Mer Rouge au cours du Tertiaire avec la présence de barrières basaltiques, d'épais dépôts de sel et de formations de diatomées. C'est dans cette zone que se situent les sites archéologiques djiboutiens étudiés ici. En descendant vers le sud, la vallée devient celle du rift éthiopien et les terres, stériles au nord, sont alors plus fertiles grâce à la présence notamment de nombreux lacs peu profonds qui ont permis le drainage, au cours des différentes phases climatiques, de sédiments sablonneux.

Dans la partie nord de la Corne se situent les plaines côtières de la Mer Rouge et du Golfe d'Aden. Elles forment une région très aride où les cordons dunaires sont bien développés. Ces plaines sont relativement étroites et, malgré leur paysage semi-désertique, elles possèdent des ressources en eaux souterraines assez importantes. Ces eaux proviennent principalement des écoulements venus des plateaux et le forage de puits d'une dizaine de mètres de profondeur permet leur exploitation presque toute l'année.

A l'est et au sud du plateau somali se trouve une autre plaine côtière qui comprend les basses terres de l'Ogaden, du Hawd et du Sool Hawd. Contrairement aux précédentes, ces plaines s'étendent sur plusieurs centaines de kilomètres avant de rejoindre l'Océan Indien. Dans la partie sud se développent des inselbergs granitiques appelés « *buur* » en somali et qui peuvent s'élever à plus de 500 m d'altitude. Grâce aux abondantes fissures qui parsèment le paysage, les eaux de pluie provenant du plateau peuvent s'écouler de façon saisonnière.

Enfin, il faut signaler la présence de deux grandes rivières permanentes, le Jubba et le Shabeelle qui prennent leur source dans le plateau somali et se jettent dans l'Océan Indien.

1.1.1.2.2. Les Hautes Terres

Le plateau éthiopien est bordé par des escarpements sur trois côtés avec les rifts afar et éthiopien à l'est, la plaine côtière de la Mer Rouge au nord et les plaines soudanaises à l'ouest.

L'altitude y varie en moyenne entre 1500 et 4000m avec un sommet à plus de 4600m (le Ras Daschen) dans la partie nord. Ces hautes terres sont caractérisées par une alternance de vallées aux pentes abruptes et de plateaux. Le drainage de ces terres se fait principalement par la présence de nombreux cours d'eaux qui descendent vers la vallée du rift en creusant de profonds lits. Cependant plusieurs grandes rivières dominent le paysage. Ainsi en est-il de la rivière Awash qui coule vers l'est et finit sa course dans le lac Abhé, à la frontière éthio-djiboutienne. Plus au nord se trouve le plus important cours d'eau, le Nil Bleu qui se dirige vers les plaines soudanaises à l'ouest, en empruntant des gorges très profondes. Enfin, au sud du plateau coule la rivière Omo qui se jette dans le lac Turkana, à la frontière avec le Kenya.

D'une manière générale, le plateau est incliné vers le sud-ouest. Ainsi, en allant du nord vers le sud, l'altitude diminue graduellement, le relief est moins escarpé et les hautes terres finissent par se confondre avec les contreforts du sud du pays. C'est sur ce plateau, et plus précisément sur le bord sud-est descendant la vallée du rift, que sont localisés les sites archéologiques de Moche Borago et d'Akirsa.

Le plateau somali est, quant à lui, bordé au nord par les plaines du Golfe d'Aden et le rift afar, à l'ouest par le rift éthiopien et au sud-sud-est par la plaine côtière de l'Océan Indien. Cette fois, le plateau est incliné dans le sens Ouest-Est et les sommets les plus hauts se trouvent dans la région du Balé, en bordure du rift éthiopien. Vers l'est et le sud, le plateau décline progressivement vers les contreforts peu accidentés puis vers les larges steppes de l'Ogaden, de l'Hawd et du Sool Hawd. Au nord, la limite du plateau est plus escarpée et les pentes en direction de la plaine du Golfe d'Aden sont abruptes. Le drainage de ces hautes terres se fait par de cours d'eau temporaires formés après la saison des pluies. Ils coulent principalement vers les rifts et vers la plaine côtière du Nord. Ils prennent alors la forme de torrents dévalant dans des gorges profondes, pour déboucher dans les plaines sableuses des basses terres. Quelques-uns coulent vers le sud et l'est comme c'est le cas pour le Jubba et le Shabeelle.

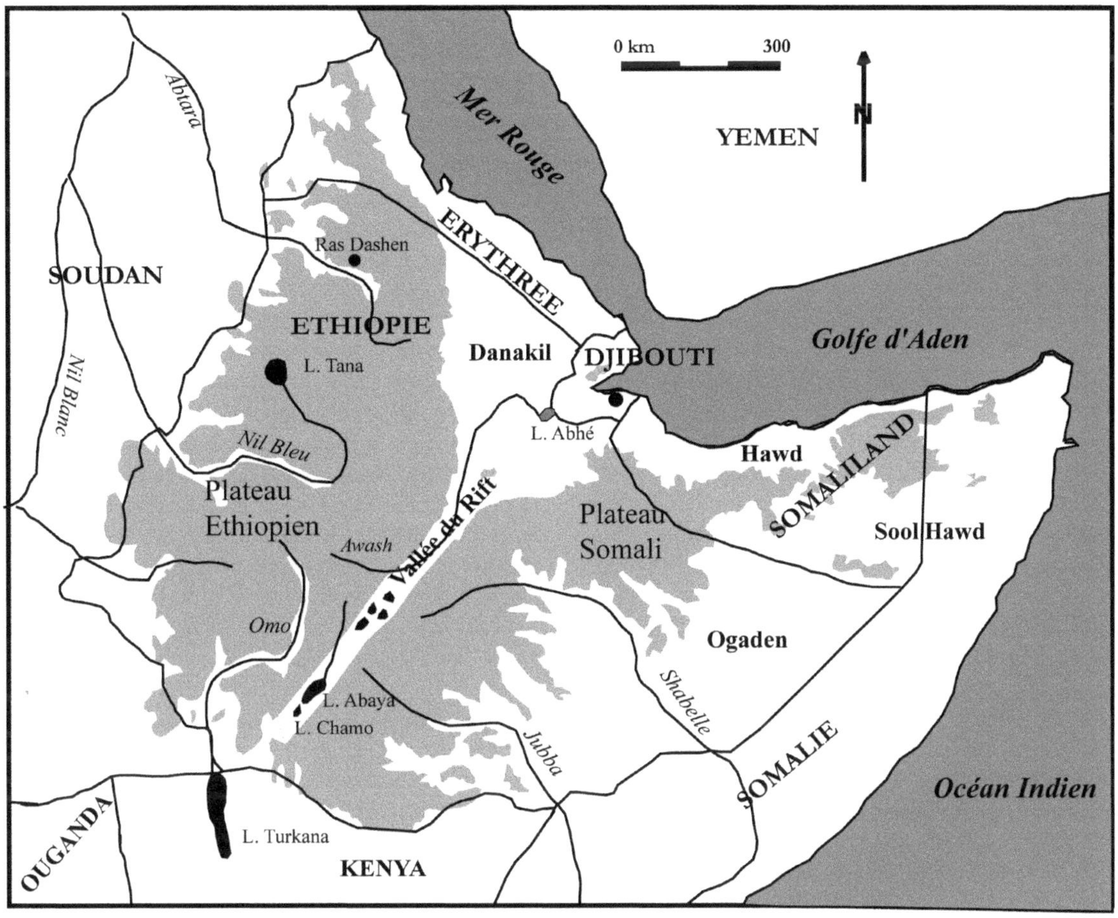

Fig. 1.4 : Présentation de la géographie physique simplifiée de la Corne de l'Afrique

1.1.2. Climat et biodiversité végétale

La Corne de l'Afrique est située à l'extrémité orientale de la zone sahélienne et son climat est influencé par les mouvements de la ZCIT (Zone de Convergence Inter-Tropicale). Les variations de pression à l'échelle macro-régionale et le phénomène de la mousson de l'Afrique australe entraînent une alternance bisannuelle d'hiver sec et d'été humide. Par ailleurs le système de mousson de l'Océan Indien en provenance du nord-est provoque de faibles et courtes pluies au printemps. Les températures et précipitations varient cependant beaucoup en fonction de l'altitude et de la micro-topographie. Actuellement, 70-80 % des précipitations annuelles en Ethiopie tombent durant la "grande saison des pluies" des mois d'été (juin à septembre), grâce à l'influence de l'ZCIT. Les 20-30% de pluie restantes surviennent durant la "petite saison des pluies" au printemps, témoignant de l'incidence du système de mousson de l'Océan Indien (Grove, 1993). De même à Djibouti, et d'une manière générale le long des côtes de la Mer Rouge et de l'Océan Indien, deux saisons des pluies (une en octobre-novembre et une en mars-avril) alternent avec les périodes sèches, notamment de juin à août où les températures peuvent atteindre les 50°C.

La variété climatique et topographique de la Corne crée une grande diversité de zones écologiques dont découle un large spectre de végétaux et d'animaux. Ainsi, la végétation comprend aussi bien une flore hyper-aride dans la zone afar du rift et en Somalie septentrionale qu'une steppe afro-alpine dans les zones humides des hauts-plateaux. Plus de 45 zones de végétation ont été identifiées. 75% du total du couvert végétal comprend la savane arborée, les forêts, la steppe aride et les plaines herbeuses. Toute la région appartient à la zone paléotropicale mais en Ethiopie on observe un fort endémisme qui concerne plus de 33% de la flore. Cependant, il ne reste actuellement que peu de cette diversité naturelle. L'exploitation agricole ou pastorale de la majorité du pays et l'utilisation massive du bois dans le développement urbain ont, en effet, provoqué une très grande déforestation entraînant ainsi une très forte érosion des sols.

L'Ethiopie est traditionnellement divisée en quatre zones altitudinales qui correspondent en gros aux principaux groupements végétaux (Getahun, 1978). La distinction entre les différentes zones est floue et certaines espèces sont souvent communes à plusieurs zones, formant une distribution de type mosaïque (Fig. 1.5).

Urec:

Cette zone est celle de la haute montagne, au-dessus de 3500 m. La moyenne des températures annuelles est inférieure à 10°C, les sols sont parfois gelés et les précipitations durant la saison des pluies sont élevées. Au-dessus de la ceinture d'éricacées, se trouve une mosaïque de formations afro-alpines, de steppes et de broussailles. Enfin, au-dessus de 4 000 m ne subsiste que la ceinture de végétation afro-alpine composée de plantes, d'herbes et de petits buissons accompagnés de carex, de fougères et de joncs dans les endroits les plus humides.

Dega:

C'est une zone plus fraîche comprise entre 2400 et 3400 m avec des précipitations modérées et des températures variant entre 10 et 16°C. Au sein de la *Woina Dega* supérieure et de la *Dega* inférieure, entre 2200 et 3000m, se trouve une ceinture de forêt persistante de montagne, caractérisée par *Juniperus, Podocarpus* et *Hagenia*. Elle est parfois entrecoupée de savane comprenant des plantes herbacées variées telles que *Andropogon* et *Pennisteum*. Avec l'altitude, la densité des espèces éricacées augmente et elles forment des bosquets dans les zones non perturbées.

Woina Dega:

Il s'agit d'une zone tempérée comprise entre 1800 m et 2400 m avec des précipitations modérées et une moyenne de température annuelle entre 16 et 20°C. C'est l'étage le plus verdoyant d'Ethiopie qui comprend une mosaïque de savane de montagne, de fourrés et de broussailles à feuillage persistant. La forêt est dominée par les gymnospermes comme *Juniperus* et *Podocarpus*, souvent accompagnés d'oliviers sauvages (*Olea* sp.) et de différentes variétés de broussailles. Aujourd'hui, seuls des reliquats de végétation primaire sont conservés au-dessus de 2000 m, particulièrement dans la région du lac Tana. C'est dans cette zone altitudinale que se situe Moche Borago.

Kwolla:

C'est une zone de basses terres arides ou semi-arides situées entre 500 m et 1800 m avec des précipitations annuelles faibles et des températures dépassant 20°C et souvent supérieures à 30°C. La végétation est typiquement celle de la savane et de la forêt ouverte comprenant des espèces xérophiles, dont la plupart donne des fruits comestibles, parfois utilisés pour le fourrage, comme le sorgho et le millet, ainsi que des arbres et arbustes à feuillage caduque comme l'acacia et le baobab. Avec l'altitude, les précipitations s'accroissent et la végétation devient plus riche et dense. Dans la *Kwolla* supérieure, entre 1000 m et 1800 m, la végétation des pentes inférieures des reliefs est typiquement de la forêt claire caduque. De nombreux grands arbres, entre 7 et 10 m, fournissent de la lumière par un couvert discontinu, interrompu par des prairies dominées par *Hyparrhenia* et parsemées de bosquets de bambous. C'est dans cet étage que se trouve le site d'Akirsa.

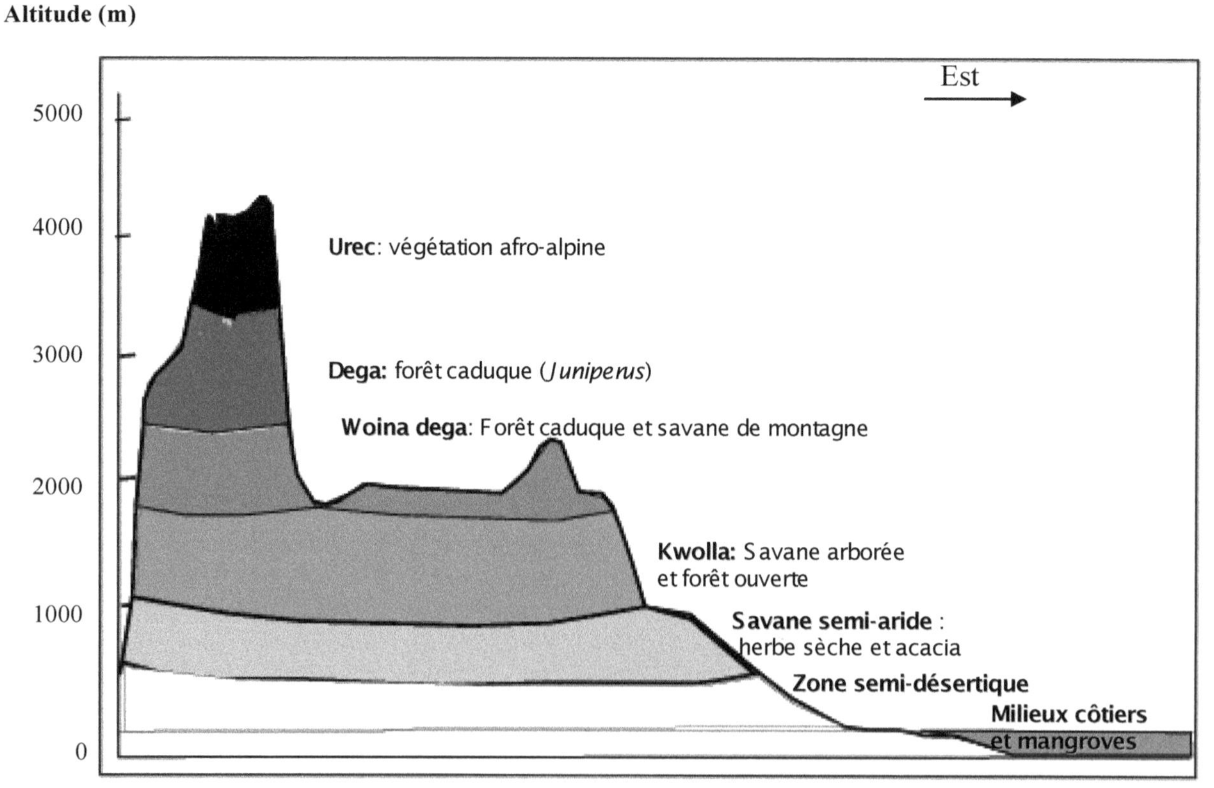

Fig. 1.5: Répartition altitudinale de la végétation : coupe théorique du plateau éthiopien à la Mer Rouge (modifié d'après Barnett, 1999)

A Djibouti, en dehors de quelques reliquats de forêt persistante dans les montagnes du Day et de quelques mangroves le long de la côte, la végétation est essentiellement steppique (Laurent et Laurent, 2002). Elle est plus ou moins riche en épineux, principalement des acacias qui forment une strate arborée le long des oueds. Dans la plaine du Gobaad où sont localisés les trois sites archéologiques djiboutiens étudiés ici, la steppe est majoritairement herbeuse mais aussi parfois arborée avec notamment la présence d'*Acacia tortilis*.

En Somalie, nous retrouvons le même type de végétation qu'en Ethiopie et à Djibouti. Ainsi, dans les basses terres constituées par les plaines côtières du nord et de l'est, la végétation est semi-désertique et composée de steppes herbeuses ou arbustives avec prédominance des acacias. Le nord du plateau somali qui se situe principalement dans la région du Somaliland bénéficie quant à lui de l'altitude et de précipitations plus abondantes. La végétation se fait plus dense avec la présence de forêts de *Juniperus*, de zones à Euphorbes (*Candelabra euphorbia*) et de prairies souvent dégradées par le surpâturage. Dans les zones plus arides des montagnes, se trouvent également les arbres à myrrhe et encens, célèbres dans cette région d'Afrique. Enfin, dans le sud-ouest du pays où se trouvent deux grandes rivières provenant du plateau somali (Jubba et Shabeelle), la région constitue la zone la plus fertile du pays, notamment dans les basses terres qui possèdent de riches pâturages. Les zones plus élevées comprennent des forêts sèches persistantes.

1.1.3. Quelques remarques générales sur la faune

Au même titre que la végétation, le règne animal est très diversifié dans cette zone de l'Afrique. Cette variété sera discutée plus tard lorsque nous aborderons le problème de la constitution d'une liste d'espèces potentielles. Cependant, quelques remarques peuvent déjà être faites. Au cours des deux derniers siècles, on a pu assister à une grande diminution du nombre d'espèces sauvages mais aussi à la réduction de la densité d'espèces encore présentes. Plusieurs facteurs ont entraîné ce phénomène. D'une part, l'intensification des pratiques agricoles et pastorales a conduit à la réduction de l'espace disponible pour les animaux mais aussi à une plus forte compétition entre espèces sauvages et domestiques. D'autre part, la prolifération des armes à feu et de la chasse sportive a considérablement réduit la faune sauvage, notamment de grands mammifères. Enfin, il faut noter le développement de certaines maladies comme la peste bovine qui, à la fin du 19e siècle, a non seulement très fortement diminué le cheptel bovin mais aussi certains grands bovidés comme le buffle (Faye, 1990).

Les animaux domestiques sont, quant à eux, primordiaux dans cette région d'éleveurs. A titre d'exemple, l'Ethiopie comporte le plus grand cheptel bovin d'Afrique avec 29 millions de têtes (Faye, 1990). Par ailleurs, on trouve 24 millions d'ovins, 18 de caprins, 4 d'ânes, 1,5 de chevaux, 1,5 de mules, 1,1 de chameaux et plus de 50 millions de volailles (Faye, 1990)

Tout comme la végétation, la faune a fortement changé au cours du dernier siècle. Dans les deux cas, on assiste à une grande réduction de la biodiversité qui est de moins en moins représentative de la richesse écologique passée.

1.1.4. Diversité humaine et principaux modes de subsistance

La grande diversité naturelle ainsi que la position géographique de la Corne de l'Afrique ont permis le développement d'une grande hétérogénéité ethnique qui forme une mosaïque culturelle et linguistique. Ainsi, l'Ethiopie compte environ 82 langues encore parlées actuellement et plus de 100 dialectes. Les tentatives de classification de ces populations se sont concentrées sur les aspects culturels et linguistiques, caractéristiques qui correspondent globalement aux grandes distinctions religieuses, économiques ou écologiques. Nous présenterons donc dans un premier temps ces grands groupes culturo-linguistiques puis, dans un second, les principaux modes de subsistance adoptés par eux. La plupart des données présentées ici proviennent de la synthèse de Barnett (1999).

Les groupes d'origine sémitique représentent une grande partie de la population actuelle de la Corne. Ils sont généralement composés d'agriculteurs sédentaires et offrent un grand degré d'uniformité culturelle. Les langues sémitiques ne sont pas très diversifiées et comprennent la langue officielle d'Ethiopie (Amharic) et de l'Erythrée (Tigrigna).

Le groupe linguistique couchitique est le plus répandu dans la Corne et le plus diversifié. Il regroupe ainsi la plupart des langues somaliennes et djiboutiennes (Somali et Afar) et constitue le groupe le plus important en Ethiopie (Oromo). Bien qu'elles semblent originaires des terres arides, de nombreuses communautés couchitiques se sont installées sur la plateau éthiopien au cours des 15e et 16e siècles. Ces groupes sont des pasteurs par tradition et la plupart des nomades de la Corne sont de cette origine. Cependant, en Ethiopie, la majorité de ceux qui ont gagné les hautes terres pratique maintenant l'agriculture à des degrés divers.

Le groupe nilotique est quant à lui beaucoup plus marginal. Il ne comprend qu'environ 5 % de la population éthiopienne. Il semble que ces communautés soient originaires de la vallée du Nil et, actuellement, on les trouve sur le bord occidental du plateau éthiopien, à la frontière avec le Soudan, où elles pratiquent diverses formes d'agriculture.

Enfin, le groupe omotique est reconnu comme étant une branche séparée du groupe de langues afro-asiatiques, et forme un groupe unique dans le sud-ouest de l'Ethiopie. Ces populations sont en général des agriculteurs sédentaires qui exploitent également leur riche environnement tropical.

De par sa position marginale en Afrique et sa topographie très particulière, la Corne de l'Afrique a vu se développer de multiples cultures et langues propres aux populations qui l'habitent. Toutefois, de nombreux groupes semblent trouver leur origine culturelle et linguistique dans d'autres régions d'Afrique et d'Arabie témoignant ainsi des anciennes et riches relations de cette région avec ses voisines (Ehret, 2002).

En ce qui concerne les moyens de subsistance, trois grandes stratégies dominent dans la Corne, dont la répartition est d'origine culturelle mais aussi et surtout, environnementale. Sur les hautes terres éthiopiennes à une altitude comprise entre 1 600 et 3 000 m, l'agriculture est largement prépondérante mais s'exprime de deux façons très distinctes. On trouve dans les zones bien arrosées, aux températures moyennes (globalement la partie centrale des plateaux éthiopien et somali) une agriculture céréalière très développée. Ces céréales comprennent principalement l'orge (*Hordeum vulgare*), le blé (*Triticum* sp.), le sorgho (*Sorghum* sp.), le maïs (*Zea mays*), l'eleusine (*Eleusine coracana*) et le tef (*Eragrostis tef*), ce dernier étant endémique d'Ethiopie. Dans la partie sud-ouest de l'Ethiopie où les précipitations sont plus fortes et les températures modérées, la principale production agricole concerne cette fois les racines et les tubercules. Parmi elles, on notera particulièrement la forte présence de l'ensete (*Ensete edulis*) ou « faux bananier », plante également endémique d'Ethiopie dont la culture supporte une grande densité de population sans appauvrir les sols comme le ferait une agriculture céréalière. Parmi les plantes secondaires produites, on trouve le café et le khat, tous deux originaires de la région du Kaffa (Sud du plateau éthiopien). Dans ces deux cas de sociétés agricoles, un élevage d'importance variable mais toujours modéré complète les ressources naturelles. Il concerne principalement les bovins, les ovins, les caprins et la volaille.

Parallèlement, dans toutes les régions inférieures à 1 600 m, le pastoralisme est largement dominant. On le trouve donc dans la vallée des rifts afar et éthiopien, ainsi que sur les marges des plateaux éthiopien et somali. Il ne reste que très peu de pasteurs nomades dans la Corne. Ces groupes sont principalement d'origine afar et somali. Ils se situent dans les régions désertiques et semi-désertiques de Djibouti, de Somalie et de l'Est de l'Ethiopie et leur élevage porte surtout sur les dromadaires, les chèvres et les bœufs. La majorité des pasteurs actuels pratique souvent une forme d'agriculture et sont sédentaires ou semi-sédentaires.

Enfin, il faut signaler l'existence de quelques groupes dont la subsistance est encore majoritairement basée sur la chasse et la pêche. Ces groupes se situent principalement autour des deux grands lacs éthiopiens Tana et Abaya. Sur les îles de ce dernier est encore pratiquée la chasse traditionnelle à l'hippopotame par les Guji qui se servent notamment de sa peau dans la confection de boucliers. On trouve aussi quelques groupes de chasseurs-cueilleurs parmi les Gumuz dans les franges occidentales du plateau éthiopien (A. Asefaw, comm. pers.).

1.2. Contexte paléoenvironnemental dans la Corne de l'Afrique

Les derniers 25 ans ont vu le développement d'une recherche paléoclimatologique extensive sur les sédiments lacustres et les lignes de rivages dans la vallée du Rift éthiopien (Gasse, 1975 ; Grove *et al.*, 1975 ; Gasse et Street, 1978 ; Williams et Adamson, 1980 ; Grove, 1993 ; Lamb *et al.*, 2000 ; Lamb *et al.*, 2002 ; Benvenuti *et al.*, 2002 ; Chalié et Gasse, 2002). Ces données ont été complétées par d'autres analyses qui concernent notamment les séquences polliniques de carottes sédimentaires dans les hauts-plateaux (Bonnefille et Hamilton, 1986 ; Maley, 1993 ; Street-Perrot et Perrot, 1993 ; Mohammed et Bonnefille, 1998), et d'études géomorphologiques de paléosols sur les hauts-plateaux du Nord (Beraki *et al.*, 1998). Nous insisterons particulièrement sur les résultats provenant du lac Abhé à Djibouti puisque que les trois sites djiboutiens étudiés dans ce travail sont situés à proximité. En revanche, aucune étude détaillée n'ayant été faite sur les évolutions du lac Abaya, localisé dans les environs du site de Moche Borago en Ethiopie, nous présenterons uniquement les quelques données disponibles sur la région sud-ouest de l'Ethiopie.

Toutes ces données issues de recherches indépendantes concourent à une reconstruction détaillée des événements paléoclimatiques dans la Corne de l'Afrique durant les derniers 12 000 ans et à leur replacement dans l'évolution climatique générale de l'Afrique. Les données que nous présenterons dans ce paragraphe sont en dates BP car la majorité des informations disponibles sur le paléoclimat de l'Afrique ne sont pas en dates calibrées. Dans un souci de cohérence et afin de faire des comparaisons, nous avons donc choisi de suivre ce schéma. En revanche, nous donnerons les calibrations (données atmosphériques ; logiciel Calib4) pour les dates de la Corne de l'Afrique quand cela sera possible.

Des conditions humides se sont installées vers 12 000 BP, avec un épisode pluvial majeur entre 10 000 et 8 500 BP, centré autour de 9 200- 9 500 BP. Les précipitations annuelles ont augmenté jusqu'à 47 % par rapport aux actuelles, avec une hausse moyenne d'environ 25 %. La moyenne annuelle des températures est descendue jusqu'à 3-4°C en dessous des températures actuelles et s'est stabilisée à -2°C (Street, 1975). Cela est probablement dû à une couverture nuageuse plus épaisse durant les mois d'été, surtout à haute altitude. Par ailleurs, il semble que, durant l'Holocène ancien, les pluies dues à la mousson étaient plus intenses et la disparité saisonnière entre les hivers arides et les printemps/été humides était encore plus prononcée (Williams et Adamson, 1980 ; Gasse *et al.*, 1980). Les niveaux des lacs de la vallée du Rift se sont alors élevés jusqu'à un maximum de 180 mètres au-dessus des niveaux présents, et beaucoup de lacs aujourd'hui indépendants se trouvaient connectés. Par exemple, les lacs Ziway, Langano, Abiyata et Shalla ont formé un bassin unique débordant dans la rivière Awash (Gasse *et al*, 1980).

Ces conditions de forte pluviosité se sont maintenues jusqu'au début du 5e millénaire BP, uniquement interrompues par un épisode hyper-aride entre 8 500 BP et 6 500 BP, centré vers 7 500-7 200 BP. Pendant cette période, le niveau du lac Ziway-Shalla est tombé de 50 m par rapport à son niveau maximal du début de l'Holocène (Gasse *et al*, 1980). Cette phase a été intense et abrupte. Elle est suivie par une nouvelle transgression dès 6300-6200 BP qui semble atteindre son maximum vers 5 000 BP pour le lac Ziway-Shalla (Benvenuti *et al.*, 2002).

Le niveau des lacs est tombé rapidement après 4 800 BP et est resté bas durant le 4e millénaire BP. Vers 3 000 BP, les lacs étaient encore 20 à 40 mètres plus hauts qu'aujourd'hui. Ils sont alors descendus graduellement jusqu'au niveaux modernes. Cette tendance aride sera interrompue par une période lacustre tardive vers 2 500-1 000 BP (Benvenuti *et al.*, 2002 ; Gasse *et al.*, 1980 ; Williams et Adamson, 1980).

1.2.1. Evolution du lac Abhé

Si l'on regarde plus précisément les études relatives au lac Abhé (Gasse, 1975 ; Gasse *et al.*, 1980) (Fig.1.6), il apparaît qu'après la phase humide du Pléistocène final, une période aride s'installe au Pléistocène terminal provoquant l'apparition d'une végétation steppique et une quasi disparition du lac. Ainsi, des cendres volcaniques déposées dans quelques centimètres d'eau ont été datées à 16 500 ± 400 BP (18 829 – 16 636 avant J.-C.). A partir de 12 000 BP, des conditions plus humides se réinstallent dans la Corne et le niveau maximum du lac (400 m) est atteint à 9 380 ± 170 BP, ce qui suggère que la transgression principale a débuté vers 10 000 BP. Il est alors 160 m au-dessus de son niveau actuel avec une étendue de 5 500 km^2. De plus au début de l'Holocène, au Nord-Est du lac Abhé, se développe un autre lac, au sein des dépressions du Hanle et de Dobi. Le lac passe de 160 m d'altitude vers 10 870 ± 220 BP (11 472 – 10 186 avant notre ère) à 300 m durant l'Holocène ancien et moyen, atteignant alors 1 100 km^2 de surface. Il est alors alimenté par les pluies et les résurgences du système de la rivière Awash.

Entre 8 400 et 7 600 BP, une régression prononcée affecte le lac Abhé et son niveau descend de 160 m. Toutefois, dès 7 000 BP les eaux redeviennent abondantes et le lac atteint son second maximum vers 6 500 BP, à 390 m d'altitude. Malgré une petite régression vers 5 800 BP, le lac maintient son niveau jusque vers 4 000 BP. A cette époque commence la phase aride de l'Holocène récent qui ne sera interrompue que par une petite phase lacustre entre 2 700 et 1 000 BP. Cette phase culmine vers 1 500 BP où le lac atteint une altitude de 310 / 320 m. A ce moment, le lac Hanlé-Dobi remonte à la côte de 135 m. Cependant, une fois cet intermède passé, la descente des deux lacs sera permanente et amènera le lac Abhé à son niveau actuel (240 m) alors que le lac Hanlé-Dobi disparaîtra complètement.

1.2.2. Données sur le Sud de l'Ethiopie

Très peu de données sont disponibles concernant l'évolution des bassins lacustres du Sud de l'Ethiopie (Gasse *et al.*, 1980). Toutefois, il est clair que le niveau du lac Chew Bahir a varié d'au moins 20 m durant l'Holocène. Une date radiocarbone de 5 600 ± 110 BP (4 710 – 4 226 avant J.-C.) montre d'ailleurs que ce maximum a été atteint en même temps que celui du bassin Ziway-Shalla et du lac Abhé (Grove *et al.*, 1975). Par ailleurs, grâce à certaines images satellites de LANDSAT-1, on observe un canal d'inondation reliant le sud du lac Chew Bahir à l'est du lac Turkana. Bien qu'il n'y ait aucune preuve directe, il semble qu'au cours de l'Holocène ancien et moyen, le paléolac de Chew Bahir débordait dans le lac Turkana qui, lui-même, débouchait dans le Nil blanc. Il apparaît ainsi qu'un réseau de lacs et de rivières reliait le Nil blanc et les sources de la rivière Bilate sur le plateau éthiopien (Grove *et al.*, 1975).

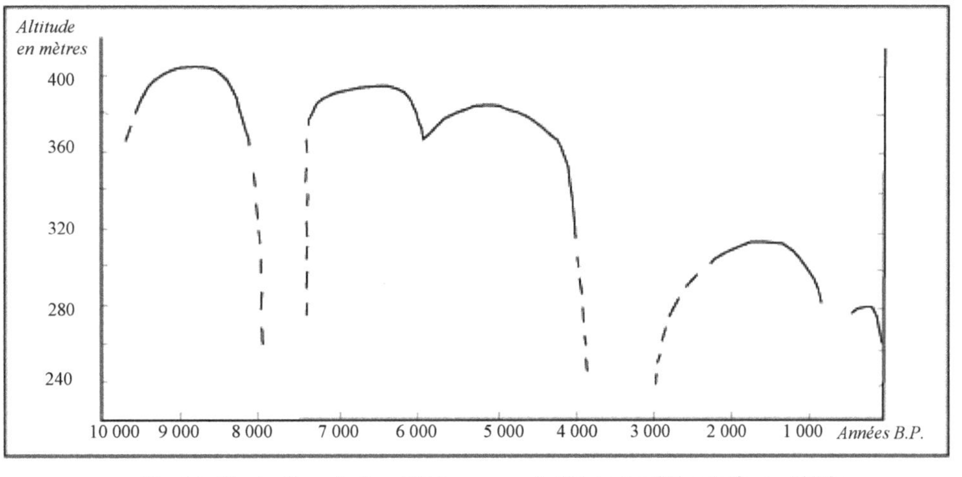

Fig. 1.6: Fluctuations du Lac Abhé au cours de l'Holocène (D'après Gasse, 1975)

1.2.3. Le paléoclimat de la Corne de l'Afrique dans le contexte africain

Les données de la Corne de l'Afrique sont en bonne adéquation avec les données paléoclimatiques du Nord du continent (Grove, 1993 ; Muzzolini, 1993 ; Tabl. 1.1). Seule la phase humide de l'Holocène ancien semble durer plus longtemps en Afrique du Nord. Toutefois, comme le fait remarquer Grove (1993, p. 42), les données des lacs du Sahara sont très incertaines car leurs niveaux semblent principalement fluctuer en fonction des eaux souterraines. En revanche, les variations des lacs de la vallée du rift sont surtout influencées par les précipitations locales, rendant les informations plus précises et plus fiables.

Si l'on compare les niveaux des lacs il y a 6 000 ans et leurs niveaux actuels dans l'ensemble de l'Afrique (Fig. 1.7), nous obtenons l'image d'un climat beaucoup plus humide, dans toute la région au Nord de l'équateur[1] (Street-Perrott et Perrott, 1993). Cela nous confirme donc une assez grande homogénéité dans la succession des phases arides et humides au cours de l'Holocène sur une grande partie du continent, y compris dans la Corne de l'Afrique.

La présentation rapide de ces données paléoclimatiques montre donc que le paysage de la Corne de l'Afrique et notamment celui des lacs du rift et de la région Afar a beaucoup évolué durant l'Holocène, au rythme des phases arides et humides. Ces variations ont certainement joué un grand rôle dans l'évolution des groupes humains, non seulement en les obligeant à s'adapter aux changements parfois brusques des conditions climatiques et environnementales, mais aussi en favorisant ou en ralentissant la diffusion d'autres cultures ou techniques telles que la domestication des plantes et des animaux.

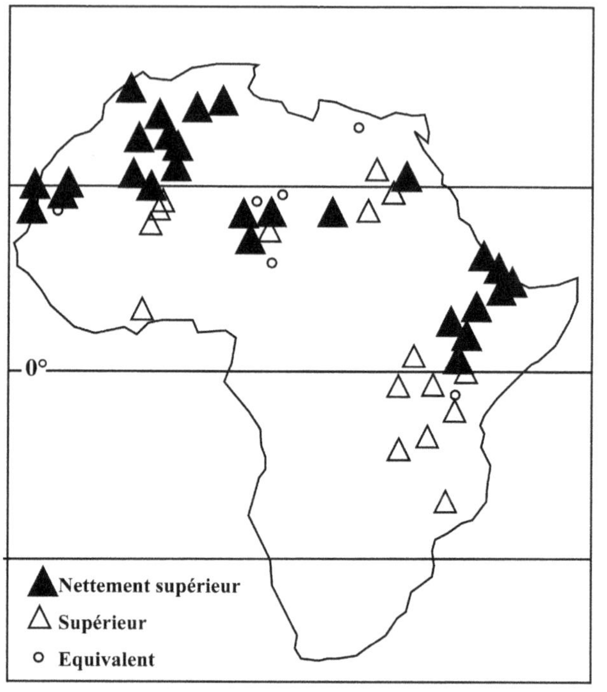

Fig. 1.7 : Niveaux des lacs à 6 000 BP par rapport aux niveaux actuels (d'après Street-Perrott et Perrott, 1993)

[1] Malheureusement, en effet, très peu de données sont disponibles pour le sud de l'Afrique (Street-Perrot et Perrot, 1993).

Tabl. 1.1 : Phases climatiques de la Corne de l'Afrique comparées à celles d'Afrique du Nord durant la fin du Pléistocène et l'Holocène (d'après Gasse, 1975 ; Grove *et al.*, 1975 ; Gasse et al., 1980 ; Grove, 1993 ; Muzzolini, 1993 ; Street-Perrot et Perrot, 1993).

Dates BP	Périodes		Afrique du Nord	Corne de l'Afrique	Lac Abhé	Lac Chew Bahir
0						
1,000				Episode Lacustre	Episode Lacustre	
2,000		Récent	Phase Aride	Phase Aride	Phase Aride	Phase Aride?
3,000						
4,000						
5,000	Holocène	Moyen	Phase Humide	Phase Humide : Optimum à 5 000 BP	Phase Humide : niveau maximum du lac à 6 500 BP	
6,000						
7,000			Phase Aride	Phase Aride :Optimum à 7 500-7200 BP	Episode aride	
8,000		Ancien				Phase Humide: Niveau maximum du lac à 5 600 ± 110 BP
9,000			Phase humide		Phase humide : Optimum à 9 500/9 200 BP	
10,000				Phase humide:Optimum à 9 500/9 200 BP		
11,000						
12,000						
13,000						
14,000	Pléistocène		Grand Aride	Grand Aride	Grand Aride	Grand Aride
15,000						
16,000						
17,000						
18,000						

Chapitre 2. Etats des connaissances, sites étudiés et problématiques

2.1. Diversité faunique actuelle et holocène de la Corne de l'Afrique

En matière de diversité faunique, la réputation de l'Afrique et notamment de l'Est africain n'est plus à faire, et la Corne de l'Afrique est actuellement considéré comme un « hotspot » de la biodiversité. Cependant, bien que la majorité des espèces aient été décrites, leur classification et leur taxinomie ne sont pas encore bien établies. Nous avons donc choisi de nous fonder uniquement sur les données de Wilson et Reeder (1993) dans leur ouvrage « *Mammal Species of the World* ». Il est à signaler cependant que nous avons ajouté la notion de tribu qui n'apparaît pas dans leur classification mais qui a été abondamment utilisée par Gentry (1978), dont l'ouvrage reste la référence pour la distinction des dents des bovidés est-africains.

2.1.1. Etablissement d'une liste d'espèces potentielles de grands et moyens mammifères

La Corne de l'Afrique est l'objet de recherches paléontologiques depuis plus de 30 ans. C'est notamment avec la découverte des premiers fossiles d'hominidés que les études se sont multipliées, particulièrement en Ethiopie, à l'est dans le Hadar et au sud-ouest dans la vallée de l'Omo. Les analyses fauniques ont porté principalement sur l'évolution des familles mammaliennes depuis le Pliocène. Elles ont également eu pour but de reconstituer l'environnement des premiers hominidés. Dans cette optique, les bovidés ont particulièrement été exploités à travers deux axes méthodologiques.

- Le premier concerne l'évolution morpho-fonctionnelle du squelette. Cette méthode appelée « écomorphologie » part du principe que la morphologie de certains os permet de prédire l'habitat de prédilection des animaux. On ne tient alors pas compte de la détermination spécifique mais uniquement de la conformation de l'os pour supposer l'environnement dans lequel l'animal vivait. On peut citer comme exemple la récente étude faite sur les astragales de bovidés est-africains (DeGusta et Vrba, 2003).

- Le second axe porte sur la comparaison entre les taxons actuels et les taxons fossiles. On établit ainsi pour les différents genres et tribus de bovidés actuels des habitats de préférence qui vont servir à prédire les habitats des taxons fossiles. Cette fois, les analyses sont menées non pas sur un taxon mais sur un cortège de faune et ce sont les associations de ces taxons typiques d'un milieu, au sein d'un assemblage fossile qui vont attester de la présence de ce milieu. Ce type d'étude est largement développé depuis 20 ans (Vrba, 1980 ; Shipman et Harris, 1988) et la multiplication des méthodes, notamment multivariées (Greenacre et Vrba, 1984 ; Alemseged, 1998) a permis des reconstitutions de plus en plus fines des paléoenvironnements.

Ainsi, même si ces études portent sur des périodes chronologiques très anciennes, elles posent un cadre méthodologique bien établi sur lequel nous pourrons nous fonder par la suite.

Comme nous l'avons vu précédemment, la biodiversité actuelle dans la Corne de l'Afrique ne reflète que peu la situation existante il y a quelques millénaires ou quelques siècles, principalement en raison des changements climatiques et de la forte anthropisation récente. Toutefois, ces changements survenus depuis l'Holocène moyen ont été modérés (Gasse et al., 1980) et, même si des migrations de populations animales se sont produites, il semble que les biotopes présents tout au long de cette période existent encore aujourd'hui dans la Corne de l'Afrique (Williams et Adamson, 1980). Ainsi, s'il n'y a plus aujourd'hui d'hippopotame à Djibouti en raison de l'aridification du climat, on en trouve encore en Ethiopie. Par ailleurs, le problème de l'anthropisation ne s'est vraiment accentué que depuis une centaine d'années, poussant alors les espèces à migrer ou à disparaître.

Partant donc de ces constatations, nous avons établi une liste d'espèces potentiellement présentes sur les sites archéologiques de l'Holocène moyen et récent, en nous fondant sur les listes d'espèces présentes au cours du dernier siècle dans la Corne de l'Afrique. Pour cela nous avons consulté les travaux de Estes (1991), Dorst et Dandelot (1992), Stuart et Stuart (1997), Yalden et *al.* (1996), Kingdon (1997) et Laurent et Laurent (2002). Tous ces ouvrages ne se fondant pas sur les mêmes sources, la répartition actuelle ou ancienne des espèces peut fortement varier et nous avons donc pris en compte toutes les espèces mentionnées dans un ou plusieurs de ces ouvrages. Ainsi, Yalden et *al.* (1996) mentionnent les dernières recensions de chaque espèce dans la région et l'évolution de leur distribution au cours des derniers siècles. En revanche, il faut mentionner que nous n'avons pris en compte que les mammifères grands et moyens, les autres classes et ordres ayant été déterminés en fonction des besoins de chaque site.

Au total, 95 espèces sauvages ont ainsi été recensées appartenant à 66 genres, 20 familles et 10 ordres différents (Tabl. 2.1). Par ailleurs, 9 espèces de vertébrés domestiques s'ajoutent à cette liste (Tabl. 2.2).

C'est donc principalement à partir de ces 104 espèces de mammifères que nous tenterons de déterminer les espèces présentes dans les sites archéologiques étudiés au cours de ce travail.

Ordre	Famille	Sous-famille	*Espèce*	Nom Vernaculaire	Inventeur et date
Primates	Cercopithecidae	Cercopithecinae	*Papio hamadryas*	Babouin	(Linnaeus, 1758)
			Theropithecus gelada	Gelada	(Rüppell, 1835)
			Cercopithecus aethiops	Grivet	Neumann, 1902
			Cercopithecus mitis	Cercopithèque à diadème	Wolf, 1822
			Cercopithecus neglectus	Cercopithèque de Brazza	Schegel, 1876
			Erythrocebus patas	Patas	(Schreber, 1775)
		Colobinae	*Colobus guereza (abyssinicus)*	Colobe guereza	Rüppell, 1835
	Galagonidae		*Galago senegalensis*	Galago du Sénégal	Geoffroy, 1796
			Galago gallarum	Galago de Somalie	Thomas, 1901
Carnivora	Canidae		*Canis adustus*	Chacal à flancs rayés	Sundevall, 1847
			Canis aureus	Chacal doré	Linnaeus, 1758
			Canis mesomelas	Chacal à chabraque	Schreber, 1775
			Canis simiensis	Loup d'Abyssinie	Rüppell, 1840
			Lycaon pictus	Lycaon	(Temminck, 1820)
			Vulpes rüppelli	Renard famélique	(Schinz, 1825)
			Vulpes pallida	Renard pâle	(Cretzschmar, 1826)
			Otocyon megalotis	Otocyon	(Desmarest, 1822)
	Hyaenidae	Protelinae	*Proteles cristatus*	Protèle	(Sparrman, 1783)
		Hyaeninae	*Crocuta crocuta*	Hyène tachetée	(Erxleben, 1777)
			Hyena hyena	Hyène rayée	(Linnaeus, 1758)
	Felidae	Felinae	*Felis silvestris*	Chat sauvage	Schreber, 1775
			Caracal caracal	Caracal	(Schreber, 1776)
			Leptailurus serval	Serval	(Schreber, 1776)
		Pantherinae	*Panthera pardus*	Panthère	(Linnaeus, 1758)
			Panthera leo	Lion	(Linnaeus, 1758)
		Acinonychinae	*Acinonyx jubatus*	Guépard	(Schreber, 1775)
	Mustelidae	Mellivorinae	*Mellivora capensis*	Ratel	(Schreber, 1776)
		Mustelinae	*Ictonyx libyca*	Zorille de Lybie	(Hemprich et Ehrenberg, 1833)
			Ictonyx striatus	Zorille commun	(Perry, 1810)
		Lutrinae	*Aonix capensis*	Loutre à jours blanches	(Schinz, 1821)
			Lutra maculicollis	Loutre à cou tachetée	Lichtenstein, 1835
	Viverridae	Viverrinae	*Civettictis civetta*	Civette	(Schreber, 1776)
			Genetta genetta	Genette commune	(Linnaeus, 1758)
			Genetta maculata	Genette tigrine	(Gray, 1830)
			Genetta abyssinica	Genette d'Abyssinie	(Rüppell, 1836)
	Herpestidae	Herpestinae	*Galerella sanguinea*	Mangouste rouge	(Rüppell, 1836)
			Herpetes ichneumon	Mangouste ichneumon	(Linnaeus, 1758)
			Mungos mungo	Mangouste rayée	(Gmelin, 1788)
			Helogale hirtula	Mangouste velue	Thomas, 1904
			Helogale parvula	Mangouste naine	(Sundevall, 1847)
			Atilax paludinosus	Mangouste des marais	(Cuvier, 1829)
			Ichneumia albicauda	Mangouste à queue blanche	(Cuvier, 1829)
Proboscidea	Elephantidae		*Loxodonta africana*	Eléphant	(Blumenbach, 1797)
Perissodactyla	Equidae		*Equus africanus*	Ane sauvage	Linnaeus, 1758
			Equus burchellii	Zèbre de Burchell	(Gray, 1824)
			Equus grevyi	Zèbre de Grévy	Oustalet, 1882
Perissodactyla	Rhinocerotidae		*Diceros bicornis*	Rhinocéros noir	(Linnaeus, 1758)
Artiodactyla	Hippopotamidae		*Hippopotamus amphibius*	Hippopotame	Linnaeus, 1758
Artiodactyla	Suidae	Suinae	*Potamochoerus larvatus*	Potamochère	(Cuvier, 1822)
			Hylochoerus meinertzhageni	Hylochère	Thomas, 1904
		Phacochoerinae	*Phacochoerus aethiopicus*	Phacochère du Cap	(Pallas, 1766)
			Phacochoerus africanus	Phacochère	(Gmelin, 1788)
Artiodactyla	Giraffidae		*Giraffa camelopardalis*	Girafe	(Linnaeus, 1758)

Tabl. 2.1 (1/2) : Liste des espèces potentielles de grands et moyens mammifères dans la Corne de l'Afrique.

Ordre	Famille	Sous-famille	Tribu	Espèce	Nom Vernaculaire	Inventeur et date
Artiodactyla	Bovidae	Bovinae	Bovini	*Syncerus caffer*	Buffle	(Sparrmann, 1779)
			Tragelaphini	*Tragelaphus buxtoni*	Nyala des montagnes	(Lydekker, 1910)
				Tragelaphus spekei	Sitatunga	Sclater, 1863
				Tragelaphus scriptus	Guib harnaché	(Pallas, 1766)
				Tragelaphus strepsiceros	Grand koudou	(Pallas, 1766)
				Tragelaphus imberbis	Petit koudou	(Blyth, 1869)
				Taurotragus oryx	Eland du Cap	(Pallas, 1766)
		Cephalophinae	Cephalophini	*Cephalophus natalensis*	Céphalophe du Natal	Smith, 1834
				Cephalophus weynsi	Céphalophe de Weyn	Thomas, 1901
				Cephalophus harveyi	Céphalophe de Harvey	(Thomas, 1893)
				Sylvicapra grimmia	Céphalophe de Grimm	(Linnaeus, 1758)
		Reduncinae	Reduncini	*Redunca redunca*	Redunca	(Pallas, 1767)
				Redunca fulvorufula	Redunca de montagne	(Afzelius, 1815)
				Kobus ellipsiprymnus	Cobe à croissant	(Ogilby, 1833)
				Kobus kob	Cobe de Buffon	(Erxleben, 1777)
				Kobus megaceros	Cobe de Mrs Gray	(Fitzinger, 1855)
		Hippotraginae	Hippotragini	*Hippotragus equinus*	Hippotrague	(Desmarest, 1804)
				Oryx gazella	Oryx	(Linnaeus, 1758)
		Alcelaphinae	Alcelaphini	*Alcelaphus buselaphus*	Bubale	(Pallas, 1766)
				Damaliscus lunatus	Sassaby	(Burchell, 1823)
		Antilopinae	Antilopini	*Litocranius walleri*	Gérénuk	(Brooke, 1879)
				Ammodorcas clarkei	Dibatag	(Thomas, 1891)
				Gazella granti	Gazelle de Grant	Brooke, 1872
				Gazella dorcas	Gazelle dorcas	(Linnaeus, 1758)
				Gazella spekei	Gazelle de Speke	Blyth, 1863
				Gazella thomsoni	Gazelle de Thomson	Günther, 1884
				Gazella rufifrons	Gazelle à front roux	Gray, 1846
				Gazella soemmeringi	Gazelle de Soemmering	(Cretzschmar, 1826)
			Neotragini	*Oreotragus oreotragus*	Oréotrague	(Zimmermann, 1783)
				Dorcatragus megalotis	Beira	(Menges, 1894)
				Madoqua guentheri	Dik-dik de Guenther	Thomas, 1894
				Madoqua saltiana	Dik-dik de Salt	(Desmarest, 1816)
				Ourebia ourebi	Ourébi	(Zimmermann, 1783)
		Caprinae	Caprini	*Capra nubiana*	Bouquetin de Nubie	Cuvier, 1825
				Capra walie	Bouquetin d'Abyssine	Rüppell, 1835
Lagomorpha	Leporidae			*Lepus capensis*	Lièvre du Cap	Linnaeus, 1758
Rodentia	Hystricidae			*Hystrix cristata*	Porc Epic	Linnaeus, 1758
Rodentia	Thryonomyidae			*Thryonomys swinderianus*	Aulacode	(Temminck, 1827)
Pholidota	Manidae			*Manis temmincki*	Pangolin terrestre du Cap	Smuts, 1832
Tubulidentata	Orycteropodidae			*Orycteropus affer*	Oryctérope	(Pallas, 1766)
Hyracoidae	Procavidae			*Procavia capensis*	Daman des rochers	(Pallas, 1766)
				Heterohyrax brucei	Daman des steppes	(Gray, 1868)

Tabl. 2.1 (2/2) : Liste des espèces potentielles de grands et moyens mammifères dans la Corne de l'Afrique.

Ordre	Famille	Sous-famille	Tribu	Espèce	Nom Vernaculaire	Inventeur et date
Carnivora	Canidae			*Canis familiaris*	Chien	Linnaeus, 1758
	Felidae	Felinae		*Felis silvestris*	Chat	Schreber, 1775
				Gallus domesticus	Poulet	Linnaeus, 1758
				Numida meleagris	Pintade de Numidie	Linnaeus, 1758
Perissodactyla	Equidae			*Equus asinus*	Ane	Linnaeus, 1758
Artiodactyla	Camelidae			*Camelus dromedarius*	Dromadaire	Linnaeus, 1758
	Bovidae	Bovinae	Bovini	*Bos taurus*	Boeuf	Linnaeus, 1758
		Caprinae	Caprini	*Ovis aries*	Mouton	Linnaeus, 1758
			Ovini	*Capra hircus*	Chèvre	Linnaeus, 1758

Tabl. 2.2 : Liste des espèces domestiques dans la Corne de l'Afrique.

2.1.2. Ecologie des espèces

La présence d'une espèce au sein d'un assemblage archéologique peut témoigner non seulement de son utilisation par les hommes mais aussi de l'exploitation de l'environnement dans lequel vit cette espèce. De par sa taille et son relief, la Corne de l'Afrique présente des milieux nombreux et variés allant du désert à la steppe sub-alpine. Les espèces mentionnées ci-dessus vivent toutes dans un milieu plus ou moins précis et plus ou moins permanent selon qu'elles sont ou non migrantes. Ces écosystèmes peuvent être définis entre autres par un type de végétation mais aussi par des altitudes minimales et maximales en dehors desquelles les caractéristiques seront différentes. Pour les besoins de notre approche archéozoologique, nous avons ainsi défini huit écosystèmes ou groupe d'écosystèmes correspondant à des associations de grands mammifères et caractérisés par un type de végétation et une altitude à laquelle ils se développent (Tabl. 2.3). Il est à mentionner toutefois que les milieux aquatiques et rocheux peuvent se trouver à toutes les altitudes et ne sont donc définis que par leur flore et leur faune.

Les deux régions dans lesquelles se trouvent les sites archéologiques étudiés se situent à des étages différents, ils ne sont donc pas potentiellement porteurs de tous les milieux décrits. Ainsi nous ne pouvons trouver dans la plaine du Gobaad de Djibouti les milieux montagneux. De même la région du Wolayta, située sur le plateau éthiopien, ne comprend pas la savane arborée des basses plaines mais uniquement la savane de montagne et, près des lacs, la savane très sèche que nous avons qualifiée de « semi-aride ».

Par la suite, nous avons donc attribué à chacune des espèces de la liste potentielle un ou plusieurs écosystèmes selon son écologie (Tabl. 2.4). Il faut dire, en effet, que beaucoup de grands et moyens mammifères ont des niches écologiques potentielles assez larges et peuvent prospérer au sein de différents milieux selon la pression anthropique, les conditions climatiques ou les saisons. Ainsi, les carnivores sont généralement assez ubiquistes et peuvent facilement se trouver dans trois voire quatre milieux selon l'abondance de proies.

Groupes d'écosystèmes	Lieu	Altitude	Type de végétation	Exemple d'espèces
Milieu aquatique	lac, marécage dans plaine ou montagne	0<<3000 m	plantes aquatiques et forêt gallerie riveraine	papyrus, nymphea et phoenix
Savane semi-aride	plaine	<1000 m	herbacées et quelques arbres isolés	*Acacia* spp.
Savane arborée	plaine	<1000 m	prairies herbeuses, brousailles, bosquets	*Acacia* spp., *Euphorbia* spp., *Commiphora* spp.
Savane de montagne	basse montagne	1000<<2200m	prairies herbeuses et bosquets	*Hyparrhenia* spp., *andropogion* spp.
Milieu rocheux	plaine et montagne	0<<3000 m	variable	
Forêt claire	basse montagne	1000<<2200 m	forêts à feuillage caduque et brousailles	*Acacia* spp., *Adansonia digitaria* (baoab) et *Orythenanthera abyssinica* (bambou)
Forêt dense	moyenne montagne	2200<<3500 m	forêts persistantes de montagne avec quelques plantes herbacées	*Juniperus* spp., *Podocarpus* spp. et *Hagenia* spp.
Steppe	haute montagne	>3500 m	formations afro-alpines, steppes et brousailles	*Agrostis* spp., *Erica arborea*

Tabl. 2.3 : Liste des groupes d'écosystèmes retenus et de leurs caractéristiques naturelles

Espèce	Nom Vernaculaire	Milieu aquatique	Savane semi-aride	Savane arborée	Savane de montagne	Milieu rocheux	Forêt claire	Forêt dense	Steppe
Papio hamadryas	Babouin		X			X			
Theropithecus gelada	Gelada				X	X			
Cercopithecus aethiops	Grivet				X		X		
Cercopithecus mitis	Cercopithèque à diadème						X	X	
Cercopithecus neglectus	Cercopithèque de Brazza						X		
Erythrocebus patas	Patas			X					
Colobus guereza (abyssinicus)	Colobe guereza							X	
Galago senegalensis	Galago du Sénégal			X			X		
Galago gallarum	Galago de Somalie			X			X		
Canis adustus	Chacal à flancs rayés			X	X				
Canis aureus	Chacal doré		X		X				
Canis mesomelas	Chacal à chabraque		X	X	X				
Canis simiensis	Loup d'Abyssinie				X				
Lycaon pictus	Lycaon		X	X	X		X		
Vulpes rüppelli	Renard famélique		X						
Vulpes pallida	Renard pâle		X						
Otocyon megalotis	Otocyon		X	X					
Proteles cristatus	Protèle		X	X					
Crocuta crocuta	Hyène tachetée		X	X	X				
Hyena hyena	Hyène rayée		X		X	X			
Felis silvestris	Chat sauvage		X	X	X		X		
Caracal caracal	Caracal			X	X	X			
Leptailurus serval	Serval			X	X		X		
Panthera pardus	Panthère						X	X	
Panthera leo	Lion			X	X		X		
Acinonyx jubatus	Guépard		X	X					
Mellivora capensis	Ratel		X	X	X		X		
Ictonyx libyca	Zorille de Lybie		X		X	X			
Aonix capensis	Loutre à jours blanches	X							
Ictonyx striatus	Zorille commun		X	X	X		X		
Lutra maculicollis	Loutre à cou tachetée	X							
Civettictis civetta	Civette			X			X		
Genetta genetta	Genette commune		X	X		X			
Genetta maculata	Genette tigrine	X					X	X	
Genetta abyssinica	Genette d'Abyssinie			X			X		
Galerella sanguinea	Mangouste rouge			X			X	X	
Herpetes ichneumon	Mangouste ichneumon			X	X				
Mungos mungo	Mangouste rayée		X	X	X				
Helogale hirtula	Mangouste velue			X	X		X		
Helogale parvula	Mangouste naine		X	X					
Atilax paludinosus	Mangouste des marais	X							
Ichneumia albicauda	Mangouste à queue blanche			X	X		X		
Loxodonta africana	Eléphant		X	X	X				
Equus africanus	Ane sauvage		X	X					
Equus burchellii	Zèbre de Burchell			X					
Equus grevyi	Zèbre de Grévy		X						
Diceros bicornis	Rhinocéros noir			X					
Hippopotamus amphibius	Hippopotame	X							
Potamochoerus larvatus	Potamochère			X	X		X		
Phacochoerus aethiopicus	Phacochère du Cap		X						
Phacochoerus africanus	Phacochère			X	X				
Hylochoerus meinertzhageni	Hylochère				X		X	X	
Giraffa camelopardalis	Girafe			X					

Tabl. 2.4 (1/2) : Liste des espèces potentielles de grands et moyens mammifères et de leurs milieux naturels

Espèce	Nom Vernaculaire	Milieu aquatique	Savane semi-aride	Savane arborée	Savane de montagne	Milieu rocheux	Forêt claire	Forêt dense	Steppes
Syncerus caffer	Buffle			X	X		X		
Tragelaphus buxtoni	Nyala des montagnes				X		X		
Tragelaphus spekei	Sitatunga			X					
Tragelaphus scriptus	Guib harnaché			X	X				
Tragelaphus strepsiceros	Grand koudou			X	X		X		
Tragelaphus imberbis	Petit koudou			X			X	X	
Taurotragus oryx	Eland du Cap			X	X		X		
Cephalophus natalensis	Céphalophe du Natal			X	X		X	X	
Cephalophus weynsi	Céphalophe de Weyn			X			X		
Cephalophus herveyi	Céphalophe de Harvey	X		X			X		
Sylvicapra grimmia	Céphalophe de Grimm			X	X		X		
Redunca redunca	Redunca			X					
Redunca fulvorufula	Redunca de montagne				X	X	X		
Kobus ellipsiprymnus	Cobe à croissant			X	X		X		
Kobus kob	Cobe de Buffon			X	X				
Kobus megaceros	Cobe de Mrs Gray	X		X					
Hippotragus equinus	Hippotrague			X	X				
Oryx gazella	Oryx		X						
Alcelaphus buselaphus	Bubale			X	X		X		
Damaliscus lunatus	Sassaby	X		X					
Litocranius walleri	Gérénuk		X	X					
Ammodorcas clarkei	Dibatag			X					
Gazella granti	Gazelle de Grant			X	X				
Gazella dorcas	Gazelle dorcas		X						
Gazella spekei	Gazelle de Speke		X						
Gazella thomsoni	Gazelle de Thomson		X	X					
Gazella rufifrons	Gazelle à front roux			X					
Gazella soemmeringi	Gazelle de Soemmering			X	X				
Oreotragus oreotragus	Oréotrague			X	X	X			
Dorcatragus megalotis	Beira		X	X		X			
Madoqua guentheri	Dik-dik de Guenther		X						
Madoqua saltiana	Dik-dik de Salt			X					
Ourebia ourebi	Ourébi			X					
Capra nubiana	Bouquetin de Nubie				X	X	X		X
Capra walie	Bouquetin d'Abyssine				X	X	X		X
Lepus capensis	Lièvre du Cap		X						
Hystrix cristata	Porc Epic			X	X	X	X		
Thryonomys swinderianus	Aulacode			X	X				
Manis temmincki	Pangolin terrestre du Cap		X	X	X	X			
Orycteropus affer	Oryctérope		X	X	X	X			
Procavia capensis	Daman des rochers					X			
Heterohyrax brucei	Daman des steppes					X			

Tabl. 2.4 (2/2) : Liste des espèces potentielles de grands et moyens mammifères et de leurs milieux naturels

Enfin, nous avons estimé le nombre d'espèces par écosystème et selon nos deux régions d'étude pour voir quels étaient les milieux les plus riches en faune et donc les plus susceptibles d'être exploités par l'homme. Pour la plaine du Gobaad (Fig. 2.2), on s'aperçoit que c'est la savane arborée avec 63 espèces qui porte la plus grande diversité. Pour le Wolayta (Fig. 2.1), on observe un assez bon équilibre entre la savane semi-aride (32 espèces), la savane de montagne (45 espèces) et la forêt claire (35 espèces).

Il sera donc intéressant de comparer ces résultats avec ceux des sites archéologiques pour voir si les hommes ont exploité les milieux en fonction de leur richesse faunique ou s'ils ont opéré un choix et donc privilégié tel ou tel écosystème.

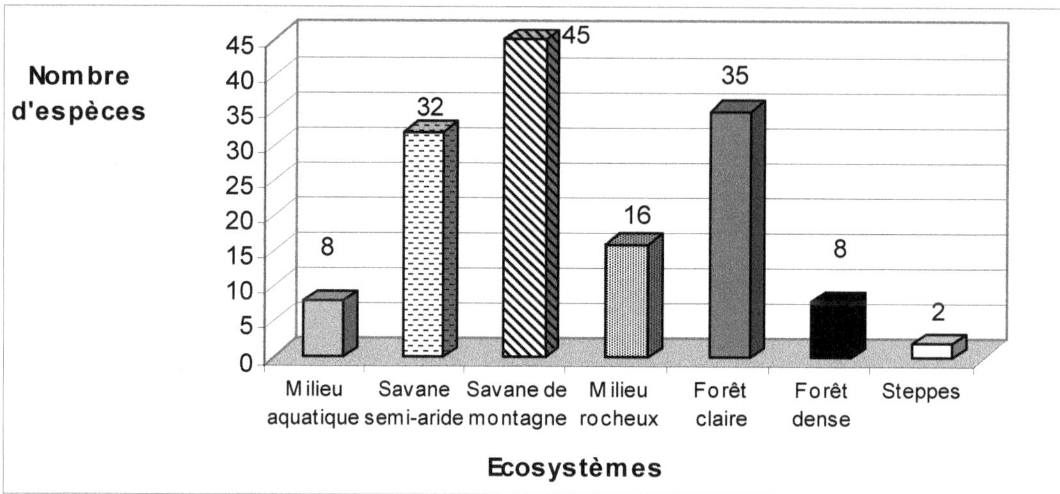

Fig. 2.1 : Nombre d'espèces de grands et moyens mammifères selon les écosystèmes définis dans le Wolayta (Ethiopie).

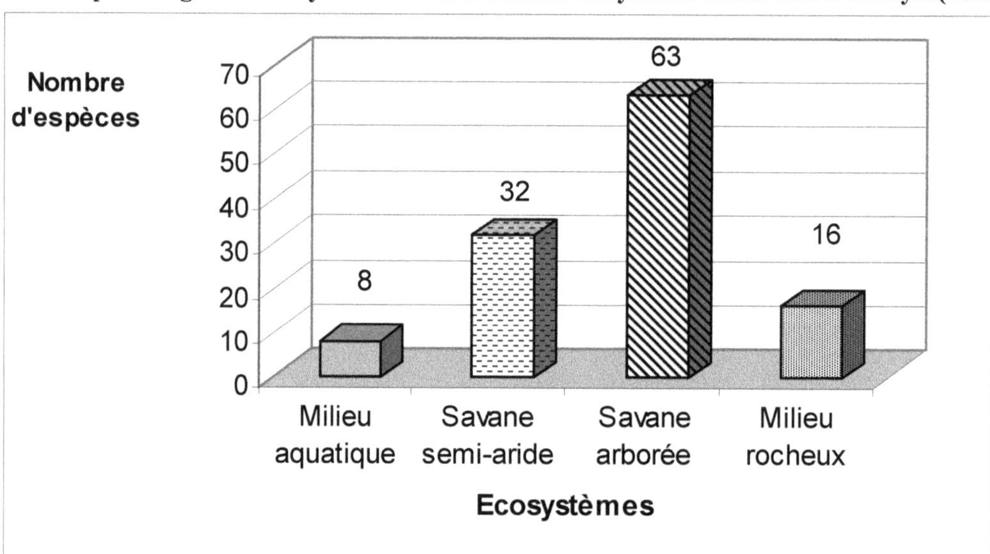

Fig. 2.2 : Nombre d'espèces de grands et moyens mammifères selon les écosystèmes définis dans la plaine du Gobaad (Djibouti).

2.2. Néolithique et Protohistoire : situation de la Corne de l'Afrique dans le contexte nord-est africain

2.2.1. Bref historique de la recherche archéologique dans la Corne

Les richesses archéologiques de la Corne sont connues depuis plusieurs siècles grâce aux récits des voyageurs rapportant leur visite d'Axoum, leur découverte de grottes ornées ou de sites à stèles. Toutefois ce n'est vraiment qu'au début du 20e siècle, et notamment par le biais des militaires français, anglais et italiens que les découvertes se sont multipliées et que les premières fouilles ont eu lieu. On peut citer ainsi les fouilles de l'abri du Porc-Epic dans le Harar par Teilhard de Chardin (1930) ou encore celles de Graziosi en Somalie (1940).

En 1954, Clark publia la première tentative de caractérisation des « cultures d'âge de la pierre » dans la Corne de l'Afrique, à partir notamment de ses propres recherches en Ethiopie et en Somalie. En s'inspirant de la nomenclature de l'âge de la pierre en Afrique australe, il définit un système fondé sur la typologie lithique pour diviser la Préhistoire récente de la Corne en « Early Stone Age » (ESA), « Middle Stone Age » (MSA) et « Late

Stone Age » (LSA). Le MSA comprend trois complexes culturels (l'Acheuléo-Levalloisien, le Levalloisien et le Somaliland Stillbayen) alors que le LSA en comprend deux (le Doien et le Somaliland Wiltonien). Pour lui, le MSA se caractérise par une « *prepared core technology and bifacial points* » et le LSA par une « *blade technology and microliths* » (Clark, 1954, p. 155).

Ces divisions lithiques qui ne prennent pas en compte le Néolithique sont encore utilisées aujourd'hui alors que les phases et les faciès chronoculturels ont été largement critiqués, notamment par Brandt (1986) qui remarque qu'aucune des cultures préhistoriques définies par Clark pour la Somalie ne peut être aujourd'hui retenue en tant que telle.

Par la suite et jusqu'aux années 1980, la recherche s'est focalisée sur le Pléistocène et l'Holocène ancien. Il a donc fallu attendre les travaux de Brandt dans l'est de l'Ethiopie (Brandt, 1980,1982) puis en Somalie (Brandt *et al.*, 1984) pour que de nouvelles données sur la préhistoire récente apparaissent.

Parallèlement, R. Joussaume a mis en place le Groupe d'Etude de la Protohistoire de la Corne de l'Afrique (GEPCA) suite à ses recherches sur le mégalithisme éthiopien, débutées dans les années 1970. Ce groupe de travail non-institutionnel et pluridisciplinaire étudie les premières sociétés de production, le mégalithisme et l'art rupestre dans la Corne de l'Afrique. La fouille de plusieurs sites à Djibouti (situés dans la plaine du Gobaad et dans l'anse du Ghoubbet) et dans le sud-ouest de l'Ethiopie, a permis, d'une part, de remettre en question les études antérieures en montrant notamment que l'arrivée des premières économies de production a pu suivre de nombreux schémas et que, d'autre part, aucune chronologie locale n'était réalisable dans l'état actuel des connaissances. Les nombreux travaux effectués sur le mégalithisme ont, quant à eux, permis de poser une première chronologie relative en montrant que les stèles phalliques sont antérieures aux stèles anthropomorphes qui ont été érigées par des groupes connaissant le métal dans la seconde moitié du 2e millénaire de notre ère, comme sur le site de Tuto Fela (Bouville *et al.*, 2000).

Nos travaux s'inscrivent donc dans ce programme de recherche, actuellement dirigé par X. Gutherz, qui n'avait jusque-là bénéficié que d'analyses archéozoologiques ponctuelles. Tout le matériel étudié dans le cadre de cet ouvrage provient des différentes opérations de fouille de l'équipe menées dans 3 pays : Ethiopie, Djibouti et, depuis 2002, Somaliland.

2.2.2. L'Holocène moyen et récent dans les pays voisins

Avant de présenter les données archéologiques de la Corne, il nous faut examiner la situation des pays voisins, à savoir le Soudan, le Yémen et le Kenya. Les grandes cultures néolithiques ainsi que les sites archéologiques ayant livré les premiers restes d'animaux domestiques sont résumés dans le tableau 2.5 et la figure 2.3.

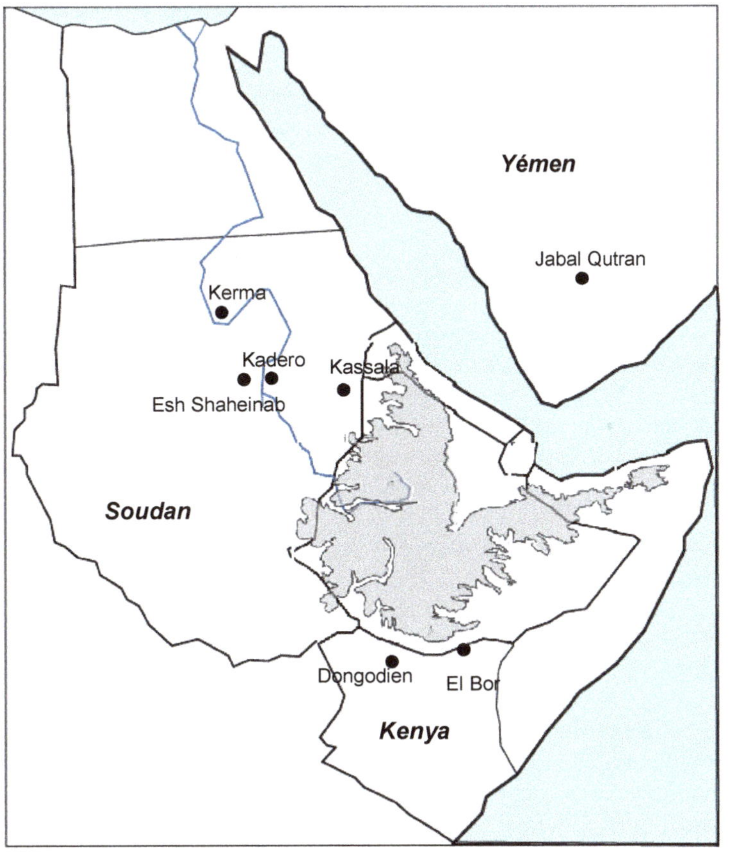

Fig. 2.3 : Localisation des sites archéologiques du Soudan, du Yémen et du Kenya ayant livré les plus anciens témoignages d'animaux domestiques. (Références dans le texte).

Date av. J.-C.	Egypte	Basse-Nubie	Haute-Nubie et Soudan Central	Kassala	Nord Kenya	Yémen
0				Jebel Mokram		Royaume de Saba Culture de Sadr
1 000	3e Pér. Int. Nouvel Empire 2e Pér. Int. Moyen Empire	Groupe C	Kerma	Gash ★		
2 000	1er Pér. Int. Ancien Empire		Pré-Kerma	Butana ★?	*Dongodien GaJi4* ★ Eburien 5 : Céramique Ndérit	
3 000	Nagada	Groupe A ★				*Jabal Qutran* ★
4 000	Badari	Variante de Khartoum Pos Shamarkien Abkien	*Kadero* ★ *Esh Shaheinab* ★	Phase Saroba		*at-Tayyilah 3* ★
5 000	Tarifien			ATC		

Tabl. 2.5 : Grandes cultures préhistoriques des 5 derniers millénaires avant notre ère avec mention des *sites* ou des groupes ayant livrés les plus anciens témoignages d'animaux domestiques (étoiles). (Références : Egyte et Basse-nubie : Midant-Reynes, 2003 ; Haute–Nubie et Soudan central : Bonnet, 1997 ; Kassala : Fattovich, 1994 ; Nord Kenya : Gifford-Gonzalez, 1998 : Yémen, Cleuziou *et al.*, 1992).

2.2.2.1. *Soudan*

L'apparition de la céramique au Soudan marque le début d'une longue période qui s'étend sur 2 000 ans environ, du 7ᵉ au 6ᵉ millénaire avant J.-C., et qui est communément appelée « Early Khartoum ». Deux faciès y ont été reconnus : un ancien, *Wavy line culture* qui pourrait être d'origine locale et dont la céramique est marquée par des fonds ronds et des décors faits de lignes incisées ondulantes et d'impressions pivotantes. L'industrie lithique est caractérisée par des segments et des perçoirs en quartz et le matériel de mouture y est abondant (Gutherz et Joussaume, 2000). Les hommes vivaient principalement de la pêche, de la chasse et de la cueillette. Bien qu'on rencontre des sites de cette époque jusqu'à la frontière avec l'Egypte, la plus forte concentration d'occupation se situe dans le Butana (entre l'Abtara et le Nil bleu) avec de nombreux sites comme celui de Shaqadud.

Le faciès récent est appelé *Dotted wavy line* et pourrait être originaire du Sahara. Les autres ressources (lithiques et organiques) sont similaires au faciès ancien. Il faut souligner également que certains sites, comme celui de Kashm El Girba, situé près de Kassala, à la frontière éthiopienne, présentent des traits du Early Khartoum alors que d'autres semblent locaux et marquent des possibles variations régionales (Fattovich, 1994).

Les animaux domestiques (bovins et caprinés) apparaissent au Soudan central dès le 5ᵉ millénaire avant J.-C. avec les sites d'Esh Shaheinab (daté entre 4 721 et 4 343 avant J.-C. ; Peters, 1986a) et de Kadero (daté entre 5 280 et 5 030 BP soit 4 296 et 3 319 avant notre ère ; Gautier, 1984), qui a également livré de possibles restes de chien. Par ailleurs, la chasse, la pêche et la cueillette y sont toujours pratiquées.

En Basse-Nubie, près de la frontière égyptienne, les sites du groupe-A livrent des restes de bœufs dès le 5ᵉ millénaire avant J.-C. En Haute-Nubie, le développement du royaume de Kerma (entre 2 500 et 1 500 avant J.-C.) verra l'émergence d'une symbolique forte développée autour des animaux domestiques, notamment des bovins et des caprinés dont les dépôts rituels sont très nombreux (Chaix, 1998).

Au cours des années 80, R. Fattovich (1988, 1994) et son équipe menèrent une série de campagnes archéologiques dans la région de Kassala, à la frontière érythro-soudanaise, où 143 sites furent mis au jour. Il semble que cette région ait joué un rôle essentiel dans les communications entre la vallée du Nil, la Corne de l'Afrique et la péninsule Arabique. Il est d'ailleurs possible qu'elle fasse partie du mythique « pays de Pount » où, à l'époque pharaonique, dès le 2ᵉ millénaire avant J.-C., les Egyptiens s'approvisionnaient en matières exotiques.

Lors de ces recherches une nouvelle tradition céramique a été mise en évidence : Atbay Ceramic

Tradition (ACT). Elle semble apparaître vers le milieu du 6e millénaire avant J.-C. et perdure jusqu'au début de notre ère. On observe toutefois sur les sites du 6e millénaire la présence occasionnelle de céramique de type *Wavy line* qui suggère des contacts avec Khartoum. La première phase de l'ACT, appelée Saroba, se développe entre 4 500 et 3 800 avant J.-C. Vient ensuite la phase dite de Kassala qui comprend le Butana group (3 800-2 500 avant J.-C.) puis le Gash group (2 500-1 500 avant J.-C.). Il semble que les premières traces d'élevage, et peut-être d'agriculture, apparaissent durant le Butana group grâce à des contacts avec le Soudan central. La céramique du Gash group présente des affinités avec celle du C-group nubien (2 300-1 300 avant J.-C.) et de Kerma, tous deux en Haute-Nubie. L'élevage y est cette fois attesté, alors que l'agriculture n'y est encore que probable. Au regard des corrélations céramiques, il est donc possible que les animaux et les plantes domestiques proviennent tous deux des régions nubiennes *via* le Soudan central.

Enfin, il faut noter que pour cette période, la chasse, la pêche et la cueillette demeurent des activités importantes dans l'acquisition des ressources alimentaires.

Par la suite, à partir du milieu du 1er millénaire avant J.-C., un nouveau groupe apparaît : le Jebel Mokram group (1 500-500 avant J.-C.). Ce groupe pratiquait l'élevage et cultivait le sorgho. L'étude de la céramique a montré que, si une partie était d'origine locale (Gash group), une autre venait de la Pan Grave culture (Basse-Nubie) avec quelques traces du C-group et du Kerma final. Nous avons donc affaire à une population locale influencée par des éléments venus du nord. On peut également imaginer des contacts avec l'Ethiopie et le sud de l'Arabie. D'ailleurs, à la fin de cette période, apparaissent quelques tessons pré-axoumite attestant des contacts entre les deux régions.

2.2.2.2. *Yémen*

Les connaissances sur la préhistoire du Yémen sont encore assez restreintes et la recherche archéologique ne s'y est véritablement développée que depuis 20 ans (Fedele, 1992). Nous reprendrons ici les conclusions sur la néolithisation de cette région proposées par Inizan (1997).

L'Holocène ancien et moyen est marqué dans toute la région par l'apparition de nouvelles armatures. Ce changement dans l'industrie lithique témoigne d'une évolution technique dans la réalisation des armes de jet et donc dans les techniques cynégétiques. On observe ainsi l'apparition de pièces de petite taille, comme des pointes de flèches, pédonculées ou non, avec ou sans aileron. Parallèlement, de nouveaux comportements apparaissent dans le domaine économique avec le développement du broyage et une circulation accrue des matières premières comme l'obsidienne et les coquillages marins. Au niveau des moyens de subsistance, les sites semblent marqués par la chasse spécialisée de la gazelle (*Gazella dorcas*) et de l'âne (*Equus africanus*) pour les régions intérieures, et par la collecte des coquillages et par la pêche près des côtes. D'après les datations de plusieurs de ces sites, notamment dans la vallée du Jawf-Hadramawt, on peut situer ces changements entre le 8e et le 5e millénaire avant J.-C.

Les premiers restes d'animaux domestiques semblent apparaître au 4e millénaire sur des sites situés en amont des vallées du Khawlan at-Tiyal qui, à l'est de Sanaa, à l'altitude de 2200-2000 mètres, entaillent profondément la partie orientale des hautes terres yéménites avant de former les wadis affluents du Jawf-Hadramaout (Cleuziou *et al.*, 1992). On peut ainsi citer Jabal Qutran, où a été découverte une industrie lithique comparable à celle décrite plus haut ainsi que des ossements d'aurochs, de bœufs, de chèvres et de moutons domestiques (Bökönyi, 1990). A at-Tayyilah 3, les sondages ont révélé deux phases dont la plus récente, datée entre le 6e et le 4e millénaire avant J.-C., présente une économie pastorale fondée sur l'élevage de bœufs (Fedele, 1990).

Toutefois, le développement de l'élevage ne se fera véritablement qu'au cours de l'Age du Bronze avec le début de la culture de Sadr (au 2e millénaire avant J.-C.) sur la côte sud-ouest de la péninsule Arabique et qui se terminera dans la première moitié du 9e siècle avant J.-C. avec la création du royaume de Saba. Par ailleurs, le dromadaire domestique ne semble faire son apparition qu'au 2e millénaire avant J.-C. En ce qui concerne l'agriculture, aucune donnée n'est actuellement disponible. Cependant, la présence de sorgho au 5e millénaire sur le site de Ra's al-Hamra dans la péninsule d'Oman atteste que cette plante était déjà cultivée au Yémen, « à moins qu'il (le sorgho) n'y ait été importé d'Afrique orientale » (Cleuziou *et al.*, 1992, p.26). Cette dernière hypothèse est toutefois difficilement acceptable car à cette époque aucune trace de sorgho domestique n'existe en Afrique orientale. Dans tous les cas, la présence au 2e millénaire sur le site de Sadr de tessons de poterie décorés pourrait attester des échanges avec la côte africaine de la Mer Rouge ainsi qu'avec le groupe C nubien puis la Pan Grave culture (Gutherz et Joussaume, 2000).

2.2.2.3. *Kenya*

L'Holocène ancien et moyen est marqué encore une fois par l'apparition du microlithisme à la fois dans le nord (El Bor : 8e-6e millénaire av. J.-C.) et le sud du pays avec l'apparition d'une culture appelée Eburien (entre le 10e et le 4e millénaire ; Ambrose, 1984). A ces époques, les ressources animales proviennent entièrement de la chasse et de la pêche. Cette dernière domine près des lacs, alors que sur les autres sites prévaut la chasse de bovidés de taille moyenne.

La céramique est présente sur le site de Lowasera daté entre le 7e et le 4e millénaire, mais les premières séries abondantes proviennent du site de

Lothagam occupé entre le 6e et le 5e millénaire (Marean, 1992). Il est à signaler que cette céramique est de type *Wavy line* et qu'elle est accompagnée d'un harpon à un rang de barbelure. Ces éléments témoigneraient de contacts avec la région de Khartoum par la vallée du Nil Blanc ou celle du Nil Bleu, le long du bord occidental du massif éthiopien (Gutherz et Joussaume, 2000).

Le premier assemblage ayant livré de façon assurée des animaux domestiques provient du site de Dongodien (GaJi 4) dans le nord du pays, à l'est du lac Turkana et qui est daté entre 4 100 ± 125 BP et 3860 ± 60 BP, c'est-à-dire entre 2 923 et 2 189 avant notre ère pour les écarts maximum (Gifford-Gonzalez, 1998). L'assemblage est dominé par les caprinés (chèvre et mouton) accompagnés de quelques restes de bœufs. La céramique est de tradition Ndérit et l'industrie lithique de technologie LSA. Sur le site d'El Bor, quelques possibles restes de caprinés et de dromadaires ont été trouvés dans des niveaux compris entre le 5e et le 3e millénaire avant J.-C. Ils sont accompagnés d'une abondante faune sauvage, de poterie et de matériel de mouture. Toutefois la faiblesse numérique de l'assemblage ainsi que les possibles bioturbations dans l'abri rendent peu fiables ces données (Marshall, 2000). Dans le sud du pays, les animaux domestiques apparaissent probablement dans les niveaux eburiens du site de Enkapune, datés entre 4 860 ± 70 et 3 030 ± 70 BP (3 794 – 1 107 av. J.-C. ; Marean, 1992). Mais là encore, les assemblages sont sujets à discussion (Marshall, 2000).

A partir du 2e millénaire avant J.-C., plusieurs traditions céramiques apparaissent dans le Sud du Kenya. On peut citer entre autres celle de Narosura, d'abord décrite sur le site éponyme daté entre le 2e et le 1er millénaire et que l'on regroupe souvent sous le terme de « Savanna Pastoral Neolithic » (Ambrose, 1984). A cette époque, on observe des schémas de subsistance variés avec des sites spécialisés dans l'élevage des bovins et des caprinés (Ngamuriak et Sambo Ngige : Marshall, 1990b) et d'autres dont les ressources sont encore largement fondées sur la chasse, bien que quelques animaux domestiques soient présents (Crescent Island Causeway : Gifford-Gonzalez et Kimengich, 1984).

D'une manière générale, au Kenya, l'évolution des cultures et leur passage à une économie de production spécialisée est très variable d'une région à une autre et l'interaction entre chasseurs-cueilleurs et producteurs a perduré longtemps, comme le montre l'importance de la chasse jusqu'au début de notre ère (Marshall, 2000).

Les connaissances archéologiques de l'Holocène moyen et récent sont donc bien développées dans les pays voisins de la Corne. Les premiers animaux domestiques apparaissent dès le 5e millénaire au Soudan, au 4e millénaire au Yémen et au cours du 3e millénaire au Kenya (Tabl. 2.5). Les données de chaque pays mettent en évidence l'existence de multiples schémas possibles dans l'introduction et la diffusion des économies de production que nous développerons par la suite. Par ailleurs, elles permettent de poser un cadre chronologique de cette apparition dans lequel nous allons maintenant voir où se place la Corne de l'Afrique.

2.2.3. Présentation des sites archéologiques existants à l'Holocène moyen et récent dans la Corne de l'Afrique

Nous ne présenterons ici que les données provenant des sites datés de l'Holocène moyen et récent (dès 6 000 BP) dans un souci d'homogénéité avec nos propres travaux. Les sites que nous avons étudiés seront présentés de façon détaillée à la fin de ce chapitre. Par ailleurs, quelques sites n'ont pas été pris en compte en raison des informations encore trop fragmentaires les concernant. Nous avons choisi de présenter les résultats sous forme de tableaux (Tabl. 2.6, 2.7, 2.8, 2.9) regroupant de multiples informations dont certaines seront reprises par la suite. D'une façon un peu arbitraire, on peut regrouper ces sites en quatre zones géographiques.

2.2.3.1. *Erythrée et Nord de l'Ethiopie*

Cette région comprend trois sites (Fig. 2.4, Tabl. 2.6). Le premier étudié est celui d'Agordat qui comprend en fait quatre sites regroupés autour de cette localité (Arkell, 1954). Le matériel archéologique provient uniquement de ramassages de surface mêlant plusieurs périodes chronologiques (Gutherz et Joussaume, 2000). Cependant quelques pièces présentent des affinités avec le groupe du Jebel Mokram (1 500 – 500 avant J.-C.), notamment une petite figurine animale. En plus de contacts avec le nord, certains tessons pourraient rappeler le culture de Sabr du Yémen même si cela reste à confirmer par une étude comparative fiable.

L'abri de Gobedra, près d'Axoum a été sondé par Phillipson (1977). Malgré une puissance stratigraphique importante (1,27 m) qui refléterait une occupation entre 10 000 BP et le 9e siècle après J.-C., les problèmes chrono-stratigraphiques sont grands. Les grains d'éleusine trouvés dans un horizon du 6e millénaire avant J.-C. se sont révélés être des pollutions plus récentes. De même l'origine de la dent de camélidé provenant du même niveau est-elle, aussi, fortement discutable. En plus de ces vestiges, on trouve une céramique abondante de types variés et une industrie microlithique.

Il nous faut signaler également les fouilles menées récemment dans la région du Temben dans le Tigray. Plusieurs sites ont été étudiés mais nous n'avons pas intégré ces informations à notre tableau général en raison des données encore trop lacunaires. Il semble aussi, d'après les comparaisons céramiques, que l'occupation de ces sites s'étendrait entre le 5e et le 1er millénaire BP. (Negash, 2001). Toutefois, les restes de bovins provenant des niveaux les plus anciens (antérieurs à 5 000 BP d'après les comparaisons) ont en fait été datés vers 3 000 BP (Marshall, comm. pers.). En attendant de plus amples informations sur les datations de ces sites, nous préférons donc ne pas les prendre en compte.

Le dernier site de cette région présenté ici est celui de Bieta Giorgis situé aux abords d'Axoum. Il présente de nombreuses structures architecturales allant du pré-axoumite (600-400 avant J.-C.) au post-axoumite (800-900 après J.-C.). Nous ne développerons pas tous les aspects de cette civilisation déjà bien connue (Phillipson, 2000 ; Fattovich et Bard, 1998) mais nous signalerons uniquement la présence dès le début de cette période d'un élevage abondant fondé sur les bovins et les caprinés, accompagné de quelques animaux sauvages comme la gazelle et les poissons (Chaix in Fattovich et Bard, 1998).

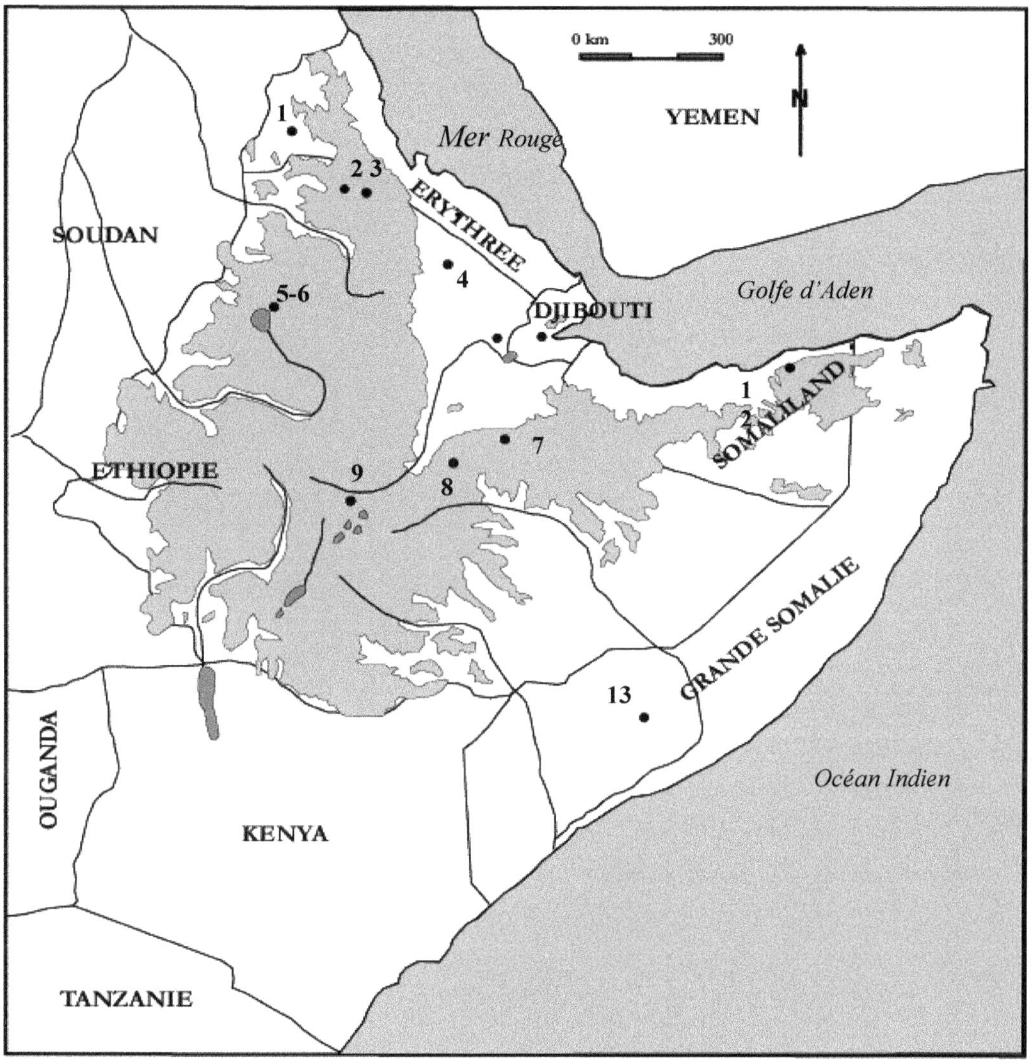

1 : Agordat
2 : Gobedra
3 : Bieta Giorgis
4 : Quiha
5 : Lalibela
6 : Natchabiet
7 :Laga Oda
8 : Lake Besaka
9 : Tiya
10 : Logghia-Tendaho
11 : Ghoubbet
12 : Karin Heegan
13 : Gogoshiis Qabe

Fig. 2.4 : Localisation des sites archéologiques présentés dans les tableaux 2. 6, 7, 8 et 9

	1	2	3
Site	**Agordat**	**Gobedra**	**Bieta Giorgis**
Région	Erythrée	Tigray	Tigray
Localisation	Ouest de l'Erythrée	Plateau Nord, près d'Axum	Près d'Axoum
Altitude	env. 1400 m	env. 2250 m	env. 2200 m
Environnement	Forêt permanente/savane arbustive semi-aride	Ecotone entre forêt permanente et mosaïque forêt de montagne/savane	Forêt de montagne et savane.
Nature du site	plein-air, ramassage de surface	Abri-sous-roche	Plusieurs sites de plein-air
Surface fouillée	/	4 m2	variable
Référence bibliographique	Arkell, 1954	Phillipson, 1977	Fattovich et Bard, 1998
Phase	/	/	Proto-axumite, Axumite et Post-axumite
Datation absolue	Pas de date	12 000 BP >> 1200 BP	plusieurs datations
Calibration		10e millénaire av. J.-C. >> 800 ap. J.-C.	env. 600 av. J.-C. >> 800 ap. J.-C.
Mode d'occupation	/	Site spécialisé?	Habitat
Typologie lithique	LSA	LSA	/
Lithique	outils taillés	grattoirs, lames, éclats géométriques, pointes. EBTT. Matériel de mouture	outils taillés
Ressources inorganiques	Obsidienne et chert	jaspe, quartz, chalcedone, chert et opale	/
Céramique	Quelques tessons	3 types représentés	céramique locale, céraimque romaine, nubienne, soudanaise et sassanide
Autres	Objets en cuivre, meules, disques perforés, poids de filet, figurine animale	Fer au 1er millénaire	verre, objets en bronze, cuivre et fer, matériel de mouture
Flore	Non	*Eleusine coracana* au 1er millénaire	Blé, orge, teff, lentille, lin, raisin, ...
Faune	Non	faune sauvage dès 10 000 BP. Peut-être bovins au 1er millénaire	Bovin, caprinés chien, gazelle, oiseau et poisson
Art rupestre	Non	Non	Non
Sépulture	Non	crâne humain entre 7eme et 1er millénaire	plusieurs sépultures

Tabl. 2.6 : Sites archéologiques de l'Holocène moyen et récent en Erythrée et dans le Nord de l'Ethiopie.

2.2.3.2. *Le plateau éthiopien*

Un peu plus au sud, dans la partie nord du plateau éthiopien (Fig. 2.4, Tabl. 2.7), trois sites ont été étudiés. Le site de Quiha a fait l'objet d'une fouille dans les années 1940 par le colonel Moysey. Malheureusement, aucune publication n'a été réalisée et il faudra attendre 1954 pour que Clark le mentionne. En 1996, Barnett (1999) a repris l'étude du matériel céramique et lithique. Aucune datation n'a été faite et aucune fouille n'a été reprise sur le site pour confirmer la stratigraphie de Moysey. D'après les comparaisons stylistiques, Barnett (1999) arrive à la conclusion que le site aurait été occupé entre le 6e et le 1er millénaire BP. Ce serait donc un des plus anciens témoignages de céramique dans la Corne. Le bœuf serait présent lui aussi dès le 6e millénaire et peut-être l'âne. Toutefois, tous ces éléments sont peu fiables, notamment en raison de l'absence de datation absolue et il semble difficile de prendre en compte les données de ce site dans une perspective régionale.

Enfin, les deux grottes de Lalibela et de Natchabiet, situées au bord du lac Tana ont livré des restes d'occupation datés entre le 8e siècle avant J.-C. et le 15e siècle de notre ère. Ces sites sont intéressants car ils livrent les plus anciens restes de caprinés (8e siècle avant J.-C.) accompagnés de bœuf et de tef (dont c'est également une des plus anciennes mentions).

2.2.3.3. *La vallée du rift*

Le long de la vallée du rift, trois sites sont particulièrement intéressants (Fig. 2.4, Tabl. 2.8). Laga Oda est un abri peint du Harar découvert en 1925 par le père Azaïs. Une séquence stratigraphique d'1,4 m de puissance a été mise au jour (Clark et Williams, 1978 ; Clark et Prince, 1978). Les niveaux les plus anciens datent d'environ 15 000 ans alors que les plus récents sont du 18e siècle après J.-C. L'industrie lithique semble peu évoluer durant toute la séquence et est marquée par des lamelles à dos, des segments, des grattoirs et des racloirs. Dans un niveau daté à 3 510 ± 70 BP (1 917-1 681 av. J.-C.), quelques ossements de bœufs auraient été identifiés. Dans la région du lac Besaka, quatre sites de plein air ont été étudiés par Brandt (1980, 1982). Trois phases principales ont été mises au jour. La plus ancienne (Phase A) est datée entre 22 000 et 19 000 BP et présente des restes de bovidés sauvages et un industrie lithique de type transition entre MSA et LSA. Le seconde phase (B) est divisée en deux sous-phases dont la première (12-11 000 BP) présente des microlithes géométriques notamment en obsidienne. Le seconde, datée entre 8 000 et 5 000 BP, est marquée à la fin de la séquence par l'apparition de la céramique modelée et ornée d'incisions et d'impressions. L'outillage lithique est toujours marqué par les segments, les lames et les grattoirs. Enfin la présence de coquillages provenant de la Mer Rouge semble attester des échanges précoces avec la côte pourtant distante d'environ 500 km. La dernière phase (C) a été datée 3 460 ± 280 BP (2 180-1 450 av. J.-C.). Elle livre une céramique plus abondante et surtout quelques fragments dentaires attribués prudemment au bœuf et sur lesquels nous reviendrons plus tard.

Enfin, nous évoquerons rapidement le site à stèles de Tiya situé dans le Soddo. Ce site daté des environs du 12e siècle après J.-C. a été fouillé dans les années 1980-90 par R. Joussaume (1995) et a livré un grand nombre de sépultures. Parallèlement, une fosse contenant entre autres des restes de bovins a été découverte. Ce matériel faunique a fait l'objet d'une étude archéozoologique que nous présenterons ultérieurement (Lesur, sous presse).

2.2.3.4. *Rift afar et Somalie*

La dernière région que nous présenterons est celle des basses terres de l'Est de l'Ethiopie, de Djibouti et de la Somalie (Fig. 2.4, Tabl. 2.9). Le site de Logghia-Tendaho a livré une industrie microlithique qui serait postérieure au 6e millénaire avant. J.-C. et de la céramique pour les niveaux modernes (Faure et *al.*, 1976).

A Djibouti, au fond du golfe de Tadjoura, dans l'anse du Ghoubbet, de nombreux amas coquilliers et des sépultures ont récemment été mis au jour. Les travaux de Poisblaud (1999) ont permis de mieux cerner un mode de production particulier lié à la collecte des coquillages, à la pêche et probablement à l'exploitation du sel à l'aide de pics spécifiques de cette région. Cette présence humaine se situe probablement à partir du 4e millénaire avant J.-C. Les dernières missions dans cette région ont permis l'étude de sépultures et d'amas coquilliers recouvrant d'anciens sols et foyers susceptibles d'apporter les précisions nécessaires à l'établissement d'une périodisation de l'occupation de ces rivages. Au niveau de la céramique, deux techniques apparaissent (décor à la coquille et décor au peigne) et pourraient être le signe de l'existence de deux groupes différents ou d'une évolution dans le temps. En outre, les premières recherches dans l'immédiat arrière-pays montagnard (chaîne du Day) ont permis de localiser des habitats dans lesquels la céramique présente des similitudes avec celle des sites côtiers. Cela conforte l'hypothèse avancée par Poisblaud (1999) d'un modèle d'occupation néolithique de la région fondé sur le déplacement saisonnier d'une même population.

En Somalie, et plus particulièrement au Somaliland, on peut citer l'abri de Karin Heegan qui présente de nombreuses peintures sur lesquelles nous reviendrons plus tard. Les deux datations réalisées situent l'occupation entre le 2e siècle avant J.-C. et le 6e siècle après J.-C. (Brandt *et al.*, 1984). Par ailleurs un sondage a livré quelques microlithes, du matériel de mouture, un tesson céramique et des os animaux apparemment indéterminés.

	4	5		6	
Site	**Quiha**	**Lalibela**		**Natchabiet**	
Région	Tigray	Begemeder			
Localisation	Plateau Nord, près de Mekelle	Plateau Nord, Est du lac tana			
Altitude	env. 2200 m	env. 2 300 m			
Environnement	Ecotone entre forêt permanente et mosaïque forêt de montagne/savane	Ecotone entre forêt permanente et mosaïque forêt de montagne/savane. Accès à la savane arborée de la plaine lacustre.			
Nature du site	Abri-sous-roche	Grottes sur escarpement donnant sur une plaine lacustre			
Surface fouillée	/	21 m2		39 m2	
Référence bibliographique	Clark, 1954, Barnett, 1999	Dombrowski, 1970&1971			
Phase	/	I	II	I	II
Datation absolue	Pas de date	2 470 80 BP	630 80 BP	2 030 80 BP	550 120 BP>> 840 100 BP
Calibration		790-410 av. J.-C.	1280-1400 ap. J.-C.	160av. J.-C.-60ap. J.-C.	1040-1450 ap. J.-C.
Mode d'occupation	/	Campement temporaire	Habitation permanente	Campement temporaire	Habitation permanente
Typologie lithique	LSA				
Lithique	Grattoirs, burins et croissants	Grande variété d'outils taillés et matériel de mouture	Quelques outils et éclats. Matériel de mouture et poids circulaire pour travail du cotton	Quelques outils taillés comme grattoirs	Quelques outils et éclats. Matériel de mouture
Ressources inorganiques	Obsidienne et chert	Obsidienne et chert			
Céramique	Nombreuse et variée avec type pré-axumite dans niveaux supérieurs	Poterie peu abondante et très différente des niveaux supérieurs	Grande variété de récipients décorés ou non comme jarres à eau, jarres de stockage, mugogo et brûleur à encens... Grande similarité avec vaisselle actuelle.	Poterie peu abondante et très différente des niveaux supérieurs	Grande variété de récipients décorés ou non comme jarres à eau, jarres de stockage, mugogo et brûleur à encens... Grande similarité avec vaisselle moderne.
Autres	Meule	Non	Fer	Non	Fer, amulette, coquillage
Flore	Non	Tef	Blé, poids, orge, légumes	Tef	Blé, poids, orge, légumes
Faune	Quelques reste dentaires de bovidés (Bovins?) et d'équidés	Caprinés, Bovins et faune sauvage (mammifères, oiseaux et poissons)			
Art rupestre	Non	Non	Non	Non	Non
Sépulture	1 incisive humaine	Restes d'un enfant	Non	Non	Deux tombes d'enfants

Tabl. 2.7 : Sites archéologiques de l'Holocène moyen et récent sur le plateau éthiopien.

	7	8			9
Site	**Laga Oda**	**Lake besaka**			**Tiya**
Région	Harrar	Moyen Awash			Nord du Soddo
Localisation	Sud de Dire Dawa	Lac de la vallée du rift			Sud d'Addis Abeba
Altitude	2 000-2 300 m	env. 950 m			env. 1 500 m
Environnement	Ecotone entre forêt de broussaille et savane arborée de montagne	Savane arbustive aride à semi-aride. Le lac est actuellement salé mais a pu l'être moins durant les phases lacustres			Ecotone entre forêt permanente et mosaïque forêt de montagne/savane.
Nature du site	Double abri-sous-roche dans une falaise de grès donnant sur un ruisseau	4 sites de plein-air près du bord du lac			site de plein-air
Surface fouillée	3 M2	FeJx1&2: >50 m2; FeJx3: 4m2; FeJx4: 6m2			variable
Référence bibliographique	Clark et Williams, 1978	Brandt, 1980&1982			Joussaume, 1995
Phase	/	Phase A	Phase B	Phase C	
Datation absolue	15 000 BP jusqu'à récent avec un hiatus vers 8 000 BP	22-19 000 BP	12-11 000/8-5 000 BP	3460 ± 280 BP	Cimetière: 620 60 BP et 750 40 BP ; Fosse: 820 60 BP
Calibration				2180-1450 av. J.-C.	Cimetière: 1 200-1 400 ap. J.-C. ; Fosse : 1 050- 1 270 ap. J.-C.
Mode d'occupation	Occupation temporaire	Occupation saisonnière			Cimetière
Typologie lithique	LSA	LSA			LSA
Lithique	Lamelles à dos, segments, grattoirs et racloirs	Transition MSA/LSA: Lames macro et micro, grattoirs et burins.	Lames , grattoirs, segments, burins et poinçon. Matériel de mouture	Grattoirs convexes, quelques lames et burins. Augmentation du nombre d'objets de mouture. Fragment en lave de "Stone Bowl"?	Grattoirs, lamelles retouchées, burins, perçoirs et éclats
Ressources inorganiques	Chert local et obsidienne importée	Obsidienne, silicate, basalte			Obsidienne
Céramique	Seulement dans les niveaux supérieurs, dès le 1er millénaire BP.	Non	Présente dans les niveaux Abadir. Quelques tessons décorés ou non.	Grande quantité de tessons décorés ou non.	Abondante et locale
Autres	Non	Non	Coquillages de la Mer Rouge, Coquille d'œuf d'autruche percée, perles en cornaline.	Non	Objets en bronze, fer, verre et cornaline
Flore	Non	Non	Non	Non	Charbons
Faune	Bovins vers 4 000-3 500 BP. Dromadaire dans les niveaux supérieurs. Echantillon très petit.	Faune sauvage Bovidés divers, hippopotames, phacochères, reptiles, oiseaux et poissons.	Faune sauvage avec Bovidés moyens et poissons	Faune sauvage avec Bovidés, phacochères, zèbre, reptiles et oiseaux. Peut-être bovins, déterminés à partir de 3 fragments dentaires.	Bovins dans la Fosse
Art rupestre	Peintures de bovins, moton à queue grasse et humains.	Non	Non	Non	Non
Sépulture	Non	Non	Tombes partielles de 5 individus en association avec quelques objets et cairns.	Non	Mutiples

Tabl. 2.8 : Sites archéologiques de l'Holocène moyen et récent dans la vallée du Rift.

	10	11	12	13			
Site	Logghia-Tendaho	Ghoubbet	Karin Heegan	Gogoshiis Qabe			
Région	/	Djibouti	Puntland	Sud-Est de Somalie			
Localisation	Dépression Afar	Golfe de Tadjoura	Nord-Est somalie	près de Buur Heybe			
Altitude	/	niveau de la mer	env. 100 m	/			
Environnement	Désert	désert côtier	savane côtière aride	savane arborée			
Nature du site	/	Amas coquillier et sépultures	abris-sous-roche dans massif de granite	Abri-sous-roche			
Surface fouillée	/	variable	2m2	/			
Référence bibliographique	Faure et al., 1976	Gutherz et Joussaume, 2000 ; Poisblaud, 1999	Clark, 1954; Brandt & Brook, 1984; Brandt et al, 1984	Graziosi, 1940; Brandt & Carder, 1987 ; Brandt et Gresham, 1989			
Phase	/		/	Eibien	Bardaale I	Bardaale II	Bardaale III
Datation absolue	Postérieur à 5 750 av. J.-C.	Asa Ragid: 5 860 110 BP	2 060 65 BP 1 627 130 BP	12 910 180 BP	9 100/8 100 BP	8 000/3 400 BP	< 3 400 BP
Calibration		6e millénaire av. J.-C. >> 1er siècle ap. J.-C.	170 av. J.-C. - 560 ap. J.-C.				
Mode d'occupation	/	saisonnier?	/	/	/	/	/
Typologie lithique	/		LSA	MSA	LSA	LSA	LSA
Lithique	Microlithes (segments, lamelles à dos), grattoirs, burins, perçoirs et becs	Pics, nucléus laminaire, quelques piéces à dos	Microlithes, matériel de mouture	/	microlithes	/	/
Ressources inorganiques	Obsidienne, rhyolite et basalte	Rhyolite, obsidienne et basalte	chert, quartz	/	quartz, chert et calcaire	/	/
Céramique	Deux tessons	présente	1 tesson	Non	Non	présente	/
Autres	Outils en os et matériel de mouture		coquillage	Non	Non	/	/
Flore	/	Charbons	Non	/	/	/	/
Faune	/	Coquillages, poissons et mammifères	Os indéterminés	/	faune sauvage	/	caprinés et faune sauvage
Art rupestre	/	Non	plus de 100 figures représentées. Principalement style de Sorre-Hamakiya et quelques du style de Dahthami.	/	/	/	/
Sépulture	/	Multiples tumuli plats ou en croissant	Non	/	14 sépultures. Fosses simples, doubles ou collectives avec ou non cairns. Offrande de bucrane de petits koudous dans une sépulture de 3 individus	/	/

Tabl. 2.9 : Sites archéologiques de l'Holocène moyen et récent à Djibouti et en Somalie.

Enfin le dernier site de cette présentation est celui de Gogoshiis Qabe situé dans le sud de la Somalie. Une longue séquence stratigraphique y fut mise au jour allant du 13e au 4e millénaire BP. Pour la séquence holocène, on distingue 3 phases. La première est marquée par l'abondance des microlithes. La seconde voit l'apparition de la céramique mais la fourchette chronologique des dates radiocarbone est très large (8 000-3 400 BP) et limite toute interprétation. Enfin, la dernière phase, non datée mais postérieure à 3 400 BP, comprend apparemment des restes de caprinés (Brandt et Gresham, 1989).

2.2.3.5. *Conclusion*

Les données de la préhistoire récente de la Corne de l'Afrique sont donc assez peu nombreuses en comparaison des régions environnantes (Tabl. 2.10). Par ailleurs, le manque de datations absolues et de séquences stratigraphiques bien calées limite l'exploitation des données. Ainsi, dans toute la région, aucune preuve fiable de la présence d'animaux domestiques n'existe avant le 1er millénaire avant J.-C. (le site d'Asa Koma n'est donné qu'à titre indicatif puisqu'il sera étudié dans le cadre de ce travail). De même, les corpus céramiques sont trop faibles pour tenter d'établir une chronologie relative fondée sur la typologie, ou encore pour mettre en évidence des échanges ou des influences avec les autres régions.

C'est donc dans ce cadre très restreint qu'il nous faudra évoluer en nous appuyant sur les quelques sites fiables et sur ceux que nous décrirons par la suite. De plus, une critique détaillée des restes fauniques présentés ci-dessus sera faite par la suite pour voir si nous pourrons ou pas les intégrer à notre réflexion générale.

Date av. J.-C.	Egypte	Basse-Nubie	Haute-Nubie et Soudan Central	Kassala	Nord Kenya	Yémen	**Ethiopie**	**Djibouti**	**Somalie**	**Lac Abhé**
0	3e Pér. Int.			Jebel Mokram		Royaume de Saba	Royaume axoumite Pré-axoumite ★			**Transgression Episode lacustre**
1 000	Nouvel Empire 2e Pér. Int. Moyen Empire	Groupe C	Kerma	Gash ★		Culture de Sadr	*Laga Oda* ★? *Lac Besaka* ★?	*(Asa Koma)* ★	*Gogoshiis Qabe* ★?	Régression Phase aride
2 000	1er Pér. Int. Ancien Empire		Pré-Kerma	Butana ★?	*Dongodien GaJi4* ★					
3 000	Nagada	Groupe A ★			Eburien 5 : Céramique Ndérit	*Jabal Qutran* ★				
4 000	Badari	Variante de Khartoum Pos Shamarkien Abkien	*Kadero* ★ *Esh Shaheinab* ★	Phase Saroba		*at-Tayyilah 3* ★				**Transgression phase humide**
5 000	Tarifien			ATC						

Tabl. 2.10 : Grandes cultures préhistoriques des pays voisins (Réf. : Tableau 2.5), *sites* de la Corne de l'Afrique ayant livrés les premiers témoignages d'animaux domestiques (références dans le texte ; le site d'Asa Koma n'est donné qu'à titre comparatif) et évolution du lac Abhé durant les 5e derniers millénaires avant notre ère (Gasse, 1975).

2.2.4. L'art rupestre

2.2.4.1. *Corpus*

Une autre source d'information concernant les relations homme/animal provient de l'art rupestre, très abondant dans la Corne de l'Afrique. Son étude détaillée n'entrant pas directement dans le cadre de notre travail, nous rappellerons donc uniquement les grandes régions ayant livré des témoignages de ce type ainsi que les quelques conclusions stylistiques, chronologiques et socio-culturelles qui ont pu en découler. Pour cela, nous nous appuierons principalement sur les travaux de R. Joussaume, notamment les synthèses publiées récemment (Joussaume, 1995 ; Gutherz et Joussaume, 2000).

Parmi les plus anciennes mentions de l'art rupestre dans cette région d'Afrique, on peut citer celle d'Antoine d'Abbadie qui dès 1842 évoquait les graffitis érythréens. Toutefois, ce n'est véritablement que dans les années 1920-1930 que les différentes régions de la Corne furent explorées et les principaux sites décrits, grâce aux récits de quelques grands explorateurs comme l'Abbé Breuil, Teilhard de Chardin ou encore Henri de Montfreid. Par la suite, les recherches se sont poursuivies de manière variable selon les pays, ainsi l'art rupestre de Djibouti n'a-t-il été recensé que dans les années 1980, grâce aux travaux de Bouvier (1981) et de Joussaume (1987, 1994). Quatre grandes régions ont ainsi été reconnues (Fig. 2.5) bien qu'elles ne correspondent pas à un découpage culturel.

- En Erythrée, deux grandes zones ont livré plusieurs sites riches en gravures et en peintures. La première est située au sud d'Asmara dans l'Akkélé-Guzay et comprend plusieurs sites dont l'abri de Ba'atti Sullum dont les parois sont couvertes de véritables troupeaux de bovins peints. Les pattes sont dédoublées, les cornes sont fines et relativement longues et les robes sont souvent cloisonnées. De plus, plusieurs veaux sont représentés sous des vaches avec la tête tendue vers le pis (Fig. 2.6a). Un autre site est celui de Zeban Ona Libanos où l'on peut voir une scène de traite ainsi que des scènes de chasse où les hommes portent des longues lances et des boucliers ovales.

L'autre zone est située au nord du pays, à la frontière avec le Soudan. Un site principal y a été décrit. Il s'agit de Karora qui comprend trois grottes aux parois peintes. On y retrouve des troupeaux de bovins avec cette fois des cornes très longues aux formes compliquées, ainsi que des figurations humaines portant des lances.

- A Djibouti, les nombreux sites qui ont été repérés montrent une grande diversité dans les faunes représentées avec notamment une bonne part faite aux animaux sauvages. On peut ainsi évoquer le site de Balho (au Nord-Ouest du pays) où les gravures présentent cette fois des autruches, des girafes, des oryx, des koudous et peut-être même des éléphants. Ces gravures sont accompagnées de représentations de bovins à longues cornes (Fig. 2.6b) dont les formes extravagantes rappellent celles de Karora. On trouve également des sites peut-être plus récents car représentant des bovins à bosse et des camélidés comme à Turka-Madobé dans le sud du pays.

- En Somalie, comme nous l'avons vu précédemment un des principaux sites d'art rupestre est celui de Karin Heegan étudié par Brandt et Carter (1987). Encore une fois, on trouve des représentations peintes de troupeaux de bovins à longues cornes, à la robe parfois pie. On note la présence occasionnelle d'hommes et de chiens.

- Un peu plus à l'ouest, dans la région éthiopienne du Harar, de nombreux sites ont été décrits depuis le début du siècle. Un des sites les plus riches est celui de Sourré où trois grandes périodes dans l'exécution des peintures ont été reconnues : la première comprend principalement des bovins associés à des hommes. La seconde reprend les mêmes thèmes mais cette fois les hommes très stylisés ne sont plus représentés que par des « H ». Enfin la dernière phase présente des figurations grossières, notamment de zébus. Un autre site célèbre est celui de Laga Oda qui, en plus d'avoir livré un remplissage archéologique et peut-être des restes de bovins, comprend des peintures proches des phases 2 et 3 de Sourré. Par ailleurs, de nombreux symboles graphiques (cercles, lignes droites ou ondulantes, rectangles) apparaissent sur les parois mais leur signification est encore incompréhensible.

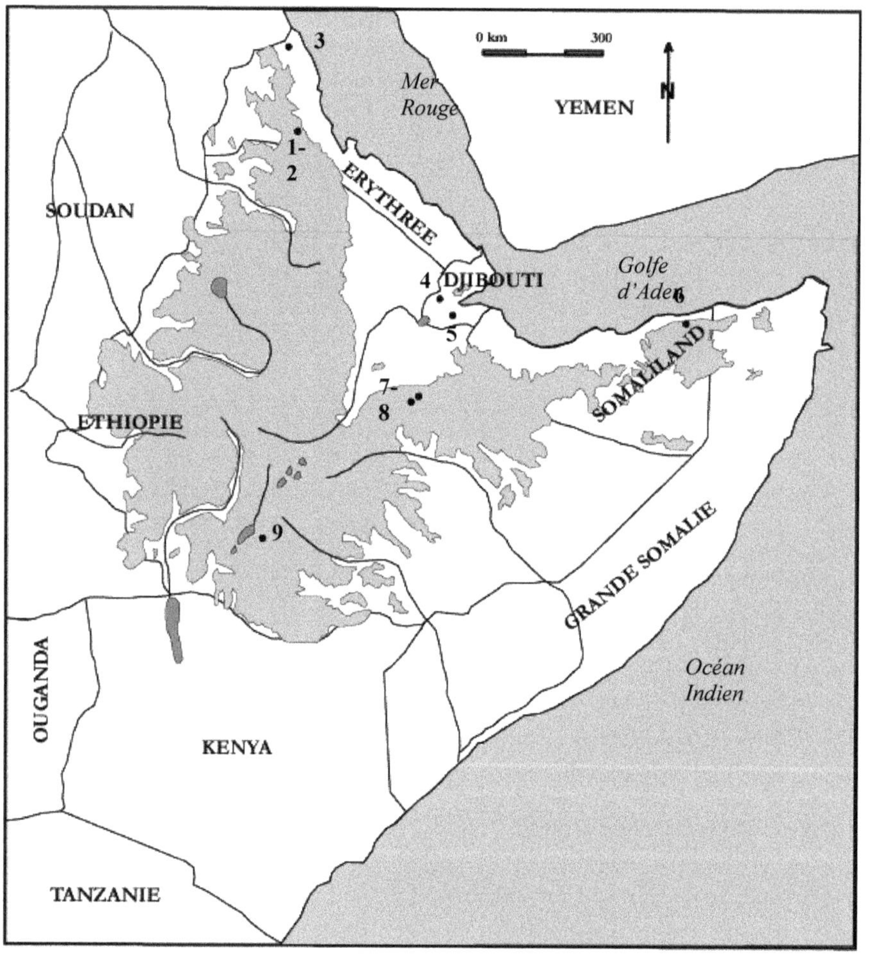

1 : Ba'atti Sullum
2 : Zeban Ona Libanos
3 : Karora
4 : Balho
5 : Turka-Madobé
6 : Karin Heegan
7: Sourré
8 : Laga Oda
9 : Chabbé

Fig. 2.5 Localisation des sites d'art rupestre cités dans le texte

A

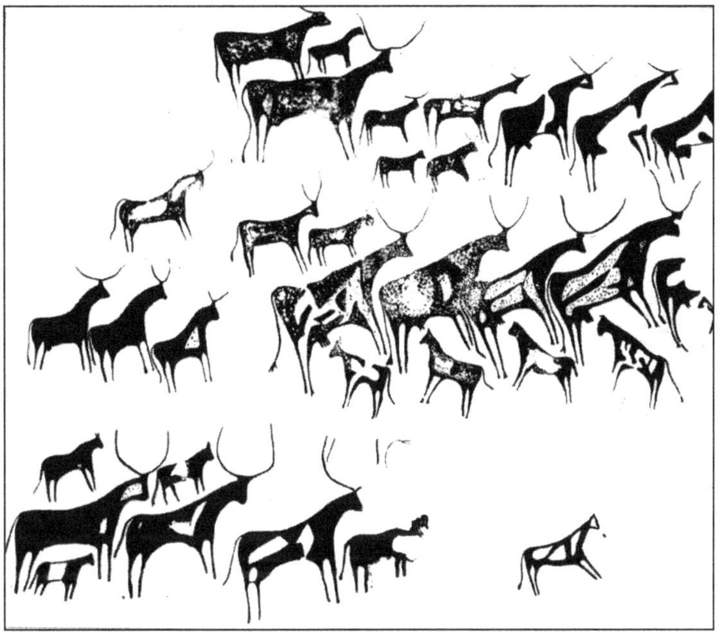

B

Fig. 2.6 : A : Peintures rupestres de Ba'atti Sullum (d'après Graziozi in Joussaume, 1995)
B : Gravures sur un bloc de l'Oued de Balho (Joussaume, 1995)

-Enfin, la dernière grande région à avoir livré de l'art rupestre est celle du Sidamo dans le Sud-Ouest de l'Ethiopie. Un des plus beaux sites est celui de Chabbé décrit par Anfray en 1967. Il comprend une cinquantaine de bovinés aux mamelles hypertrophiées en champlevé, dû au creusement d'une dépression périphérique, qui se répartissent sur plusieurs panneaux (Fig.2.7). Le style de représentation « est comparable à plusieurs troupeaux représentés dans le Harar, le nord de la Somalie, Djibouti et l'Erythrée que P. Cervicek étend à l'Arabie et que l'on retrouve au moins jusqu'en Nubie » (Gutherz et Joussaume, 2000, p. 314).

Fig. 7 : Panneau sculpté de Chabbé (d'après Anfray in Joussaume, 1995)

2.2.4.2. *Styles*

Après des études comparées de l'art rupestre de la Corne et du Yémen, P. Cervicek (1979) a défini un style « arabo-éthiopien » en se fondant sur la similitude des représentations des bovins : animal à dos plat vu de profil à l'exception de la tête vue de dessus ou de derrière, pattes confondues à l'arrière comme à l'avant pour former deux lignes épaisses, cornes souvent longues et extrémités arrondies ou parfois sabots divisés pour former un « pied en pince ». En plus de la présence de ce style dans les différentes régions de la Corne, on le retrouverait aussi au Soudan, en Nubie, en Haute-Egypte et dans le désert de Libye. Cette hypothèse est d'autant plus séduisante que les échanges des deux côtés de la Mer Rouge ont pu s'effectuer très tôt, dès le 3e millénaire avant J.-C. On observe cependant de nombreuses variations dans les figurations qui font douter de cette homogénéité. Ainsi, nombre de sites offrent des images de bovins où les quatre pattes sont figurées. En fait, l'art de la Corne n'est encore que mal connu et les variations stylistique sont loin d'être comprises (Joussaume, 1995 ; Gutherz, 2003).

En plus des interprétations stylistiques, certains auteurs ont tenté une approche socio-culturelle pour expliquer l'art de cette région. Ainsi, pour Brandt et Carter (1987), l'art rupestre et ses variations seraient le reflet de l'évolution des premières sociétés pastorales. Celles-ci auraient en effet adopté un comportement variable en réponse aux changements climatiques et aux contraintes environnementales. Ce modèle est très inspiré de la *New archaeology* et est donc essentiellement prédictif sans que presque aucune preuve ne vienne l'appuyer. Ces auteurs partent en premier lieu de l'hypothèse que l'aridification du climat vers 5 000-4 000 BP aurait poussé des pasteurs venus de l'Afrique du Nord à se déplacer vers le Sud, notamment dans la Corne. Par ailleurs la dichotomie environnementale forte dans cette région (saison sèche / saison humide) aurait encouragé ces populations à adopter rapidement un schéma de mobilité saisonnière entre des zones de pâturages en hautes et basses terres. Ce besoin vital de mobilité aurait entraîné des mouvements sur de grands territoires et aurait obligé les populations à une coopération inter-régionale grâce à un système d'alliances fort. Ce système passait donc par des activités rituelles communes dont l'art rupestre serait une des manifestations. On se trouverait alors au sein du style arabo-éthiopien de Cervicek et plus particulièrement au sein de la phase ancienne de ce style, la phase Sourré-Hamakiya qui serait la plus homogène. Les auteurs, comme Cervicek (1979) et Graziosi (1964), la situent entre 5 000 et 3 000 BP.

Vers 2 000 BP, lors de la phase humide de l'Holocène récent, les contraintes environnementales auraient diminué et les ressources en eau et en pâturages auraient augmenté, entraînant une mobilité réduite des populations, une concentration des habitats et donc une compétition accrue entre les différentes régions. L'art rupestre se serait cette fois beaucoup développé pour renforcer les aspects identitaires de chaque groupe. On observerait donc alors une plus grande diversité stylistique dans les peintures et les gravures, bien que les thèmes demeurent essentiellement pastoraux.

Enfin, avec le retour de l'aridité, les populations auraient adopté deux types de stratégies : l'une fondée sur l'horticulture à petite échelle et l'autre sur l'utilisation de nouvelles espèces plus résistantes comme le zébu. Ce dernier serait apparu alors de façon préférentielle dans le bestiaire figuré.

Bien que ce modèle soit assez séduisant dans sa logique, les auteurs reconnaissent eux-mêmes qu'il est encore très spéculatif et que les preuves archéologiques et graphiques sont encore très loin d'être suffisantes pour tenter de le valider.

2.2.4.3. *Problèmes chronologiques*

D'après les données que nous venons de voir et les comparaisons faites avec la Nubie, R. Joussaume (1995) a proposé une chronologie qui, en l'absence de datations absolues, est la seule qui fasse référence actuellement :

- Les sites présentant de la faune sauvage seule, que l'on ne connaît pour l'instant que dans le Nord-Ouest de Djibouti, dateraient du 4e et du 3e millénaire avant J.-C.

- Les deux phases dites de « Sourré I et II », comprenant des bovins, seraient situées entre la fin du 3e millénaire et le début du 1er millénaire avant J.-C.

- Le début des représentations du dromadaire et du zébu, provenant probablement de la péninsule Arabique, daterait de la seconde moitié du 1er millénaire avant J.-C.

- Enfin, l'apparition de formes abstraites où, par exemple, les bovins ne sont plus représentés que par des cornes plus ou moins spiralées, aurait eu lieu au début de notre ère.

En définitive, les connaissances sur l'art rupestre de la Corne sont encore très limitées aussi bien au niveau interprétatif que chronologique. Les récents travaux du groupe GEPCA, dans lequel s'inscrit ce travail, ont permis d'apporter de nouvelles données au corpus. Nous détaillerons donc ces résultats le chapitre 10.

2.2.5. L'évolution des moyens de subsistance : théories existantes

Après cette présentation des données brutes, nous avons résumé les grandes théories relatives à l'évolution des moyens de subsistance dans la Corne de l'Afrique par plusieurs chercheurs travaillant dans cette région.

2.2.5.1. *Hypothèse de Clark*

Clark (1976, 1980) soutenait que l'aridification croissante durant l'Holocène moyen avait poussé les pasteurs du "Groupe-C" à quitter le Sahara pour la Nubie (Fig. 2.8). En quête de nouveaux pâturages, ils auraient continué leur migration vers le sud jusqu'au nord l'Ethiopie puis le long des côtes de la Mer Rouge et dans le rift afar, avant d'arriver sur les plateaux éthiopien et somali. Ces populations auraient introduit avec elles le bœuf taurin, les caprinés et un style de vie pastoral auprès des chasseurs-cueilleurs de la région. A la même de période, les peuples "*Pre-nilotic*" qui occupaient les basses terres du Soudan oriental auraient également été touchés par la détérioration des conditions climatiques. Migrant vers le plateau éthiopien, ils auraient alors apporté avec eux leurs pratiques agricoles et progressivement influencé les populations locales qui auraient commencé à cultiver des plantes indigènes telles que le tef et le noog.

Aux environs du 4e millénaire BP, les agriculteurs auraient occupé le nord, le centre et le sud-ouest du plateau éthiopien, alors que les hautes terres de l'Est (vers Harar), le rift afar et le plateau somali seraient demeurés essentiellement pastoraux. L'influence de l'agriculture ne serait devenue importante dans la région de Harar qu'avec le développement de l'influence islamique vers le 9e siècle après J.-C.

L'introduction du chameau, du zébu, de la charrue et de la culture de céréales proche-orientales telles que le blé et l'orge ne se serait faite que tardivement dans la Corne, avec les premières incursions sémitiques en Ethiopie vers 2500 BP (Clark, 1976).

Bien que le modèle de Clark apparaisse comme bien ancré dans la logique généralement admise d'un pastoralisme partant de l'Egypte ou du Soudan et se diffusant ensuite vers le sud, il souffre cependant de faiblesses théorique et méthodologique. Ainsi, il se fonde non seulement sur des éléments archéologiques dont nous avons vu qu'ils étaient très douteux mais surtout sur des théories invérifiables.

2.2.5.2. *Hypothèse de Ehret*

Le modèle de Ehret est principalement fondé sur des données linguistiques (Fig. 2.8). Selon lui, au cours du 8e ou 9e millénaire avant notre ère, les proto-cushitiques, occupant alors la région de collines de la Mer Rouge, à l'est du Soudan et en Eryhtrée, auraient commencé à élever des bovins en suivant le modèle des nord-soudanais qui, quant à eux, auraient domestiqué l'aurochs africain (Ehret, 2002). De plus, Ehret suppose qu'à la même époque, les proto-cushitiques auraient domestiqué l'âne. Vers 7 000 avant J.-C., ces mêmes populations auraient acquis et élevé moutons et chèvres qui seraient arrivés peu de temps avant en Afrique par le Sinaï (Ehret, 1974, 1979). Durant les 6e et 7e millénaires avant J.-C., un grand nombre de cushitiques auraient migré avec leurs troupeaux de bœufs et de caprinés vers le nord et le nord-est du plateau éthiopien. A la même période, il semble que les cushitiques auraient débuté la culture de deux céréales indigènes, le tef et l'éleusine (Ehret, 1979).

Selon Ehret (2002), au cours de la phase aride de l'Holocène moyen, les forêts des plateaux auraient fortement diminué au profit des plaines. Ce phénomène aurait alors encouragé les populations au développement de la culture céréalière. Une autre hypothèse serait que le retour de conditions climatiques plus humides après 5500 BP et donc la diminution de ressources en grains sauvages aient poussé les cushitiques à développer la culture de ces mêmes grains.

Toujours au cours des 7e et 6e millénaire avant J.-C., les proto-omotiques qui occupaient alors le sud-ouest du plateau éthiopien auraient domestiqué une autre plante endémique : l'ensete. Au cours des deux millénaires suivants, ils se seraient alors progressivement répandus dans le centre et le nord des plateaux éthiopiens et somalis (Ehret, 2002).

Au cours du 4e millénaire avant notre ère, le blé, l'orge et la charrue seraient arrivés parmi les cushitiques du nord de l'Ethiopie par le biais de la vallée du Nil (Ehret, 1979). Enfin, entre 5500 et 3500 avant J.-C., les cushitiques du nord auraient migré vers le sud, aussi bien en Ethiopie qu'en Somalie, absorbant progressivement les populations omotiques. Le sud du plateau aurait alors vu l'émergence d'une organisation agricole plus complexe, fondée sur la culture de l'ensete des omotiques et sur la culture céréalière et l'élevage des cushitiques (Ehret, 2002, p. 88).

En conclusion, l'hypothèse d'Ehret est assez attrayante car elle positionne la Corne de l'Afrique comme une des régions pionnières dans le développement de l'agriculture et de l'élevage. Cependant, sa grande faiblesse est qu'elle ne se fonde que sur des données linguistiques sans qu'aucune preuve archéologique ne vienne l'étayer. De plus, toute la chronologie proposée ne repose que sur des données glottochronologiques relatives, sans datation absolue.

2.2.5.3. *Hypothèse de Brandt*

Comme pour l'art rupestre, Brandt propose un modèle d'apparition de l'économie de production fondé principalement sur l'évolution climatique (Brandt, 1996) (Fig.2.9). Selon lui, la phase aride du Pléistocène terminal (18 000-12 000 BP) a poussé les chasseurs-cueilleurs à trouver refuge sur les plateaux, notamment dans le sud-ouest éthiopien où les ressources étaient encore suffisamment abondantes. L'augmentation de la densité des populations a favorisé le développement de systèmes complexes avec une spécialisation alimentaire. Ces populations étaient alors de plus en plus sédentaires et l'usage intensif de certaines plantes comme l'ensete aurait abouti à leur domestication vers la fin du Pléistocène (12 000 BP).

Avec le retour des conditions plus humides, vers 12 000-10 000 BP, les populations auraient intensifié leur culture et le développement démographique aurait entraîné l'installation de populations dans de nouveaux territoires, amorçant ainsi la déforestation des plateaux. A l'Holocène moyen (vers 5 000 BP), les animaux domestiques (bovins et caprinés) ainsi que quelques céréales exogènes auraient fait leur apparition en Ethiopie par le Nord. Cela aurait favorisé l'établissement d'un système pastoral nomade dans les basses terres et l'introduction de nouvelles espèces dans les systèmes d'horticulture des plateaux au nord et au sud de l'Ethiopie. Par ailleurs, ces mouvements auraient favorisé les interactions Nord/Sud et le Nord aurait alors intégré l'ensete à son agriculture.

L'aridification qui débute vers 4 000 BP aurait entraîné une nouvelle crise démographique. Pour y répondre les populations auraient intensifié les cultures, notamment de l'ensete, avec une amplification de la déforestation, une utilisation croissante des systèmes en terrasses, du fumier et des techniques de conservation. D'un point de vue social, les organisations se seraient complexifiées avec l'apparition de chefferies et de systèmes étatiques qui auraient conduit dans le Nord au développement du royaume d'Axoum au 1er millénaire avant J.-C. L'intensification du commerce extérieur au cours de cette période aurait d'ailleurs permis l'introduction du zébu et du dromadaire, tous deux venus de la péninsule arabique (Brandt, 1984).

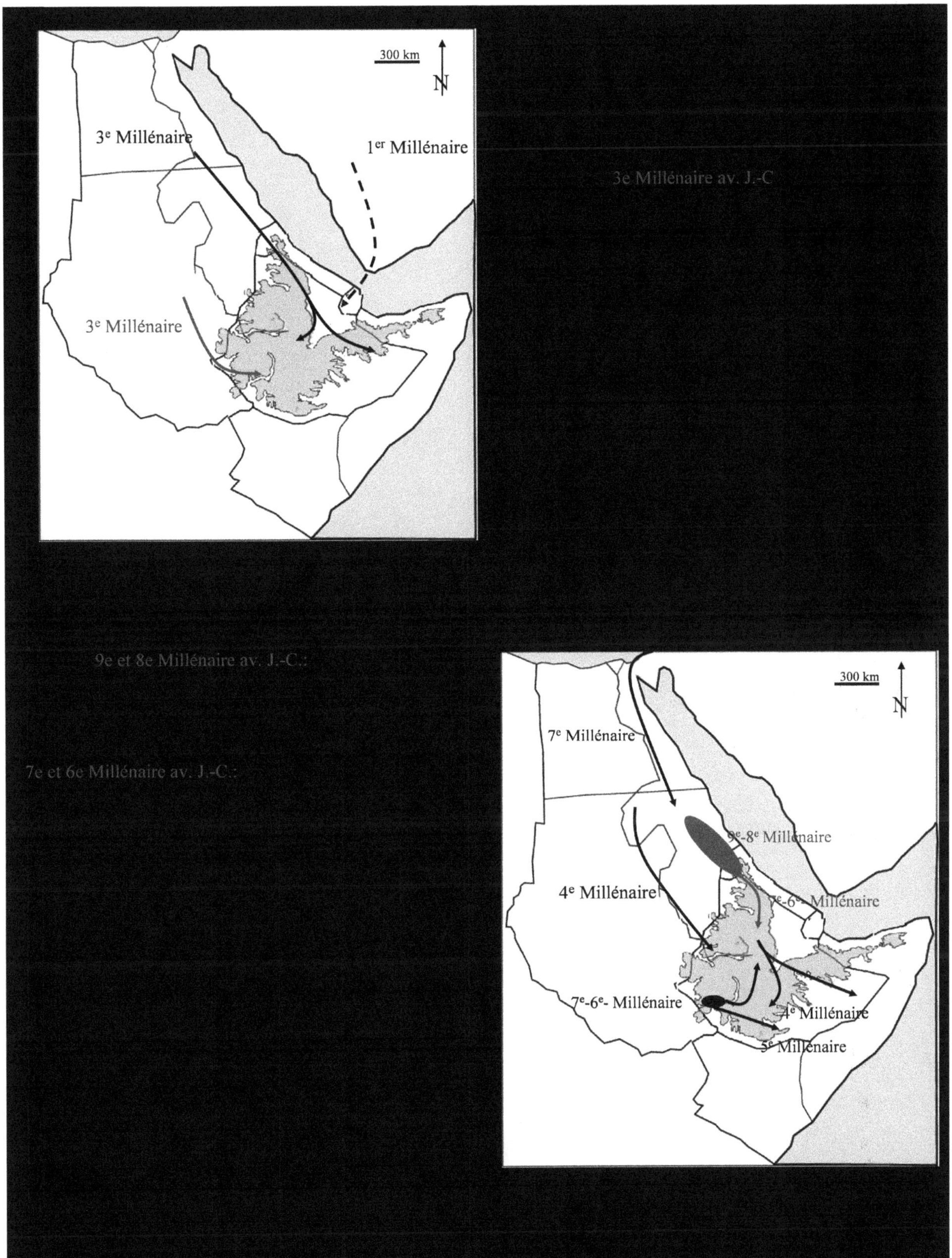

Fig. 2.8 : Schémas d'apparition des plantes et animaux domestiques selon Clark et Ehret.

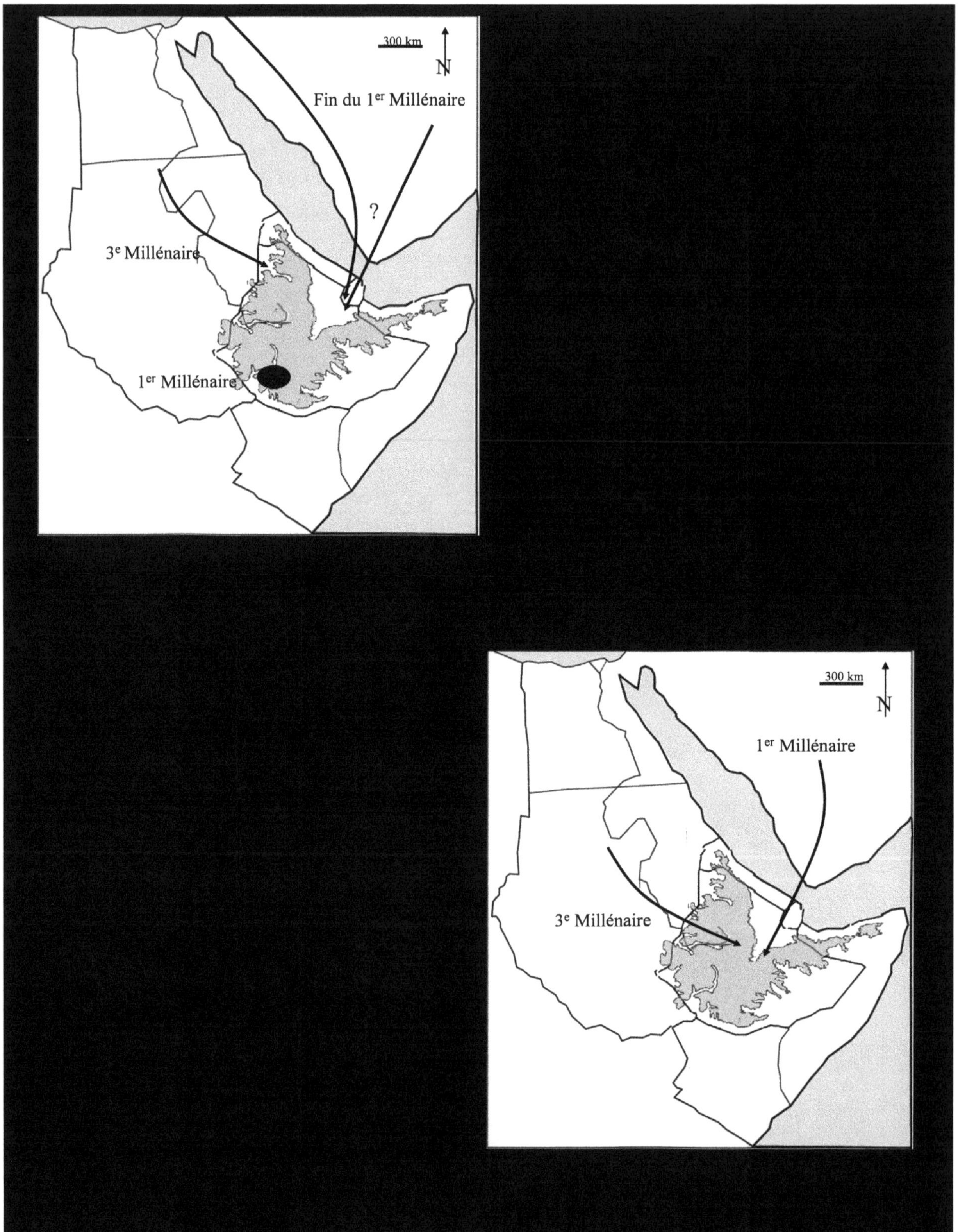

Fig. 2.9 : Schémas d'apparition des plantes et animaux domestiques selon Brandt, et Gutherz et Joussaume.

Comme Clark, Brandt nous propose un modèle prédictif qui s'appuie sur très peu de preuves directes. Il se fonde sur des données environnementales relativement fiables mais qui ne suffisent pas à expliquer la domestication de l'ensete. En revanche, aucun élément de preuve n'est apporté sur l'arrivée des autres espèces végétales ou animales domestiquées.

2.2.5.4. *Hypothèse de Gutherz et Joussaume*

A l'instar de Brandt, Gutherz et Joussaume (2000) supposent que la mise en place et le développement des sociétés de production sont fortement liées à l'évolution climatique de l'Holocène avec des installations préférentielles des habitats près des lacs et des rivières (Fig.2.9). Les animaux domestiques (bovins et caprinés) auraient fait leur apparition dans la partie septentrionale de la Corne au cours du 3e millénaire avant J.-C., peut-être à partir des régions situées au piémont nord du plateau éthiopien. Dans cette région en effet se développe, entre 3 800 et 2 500 avant J.-C., le Butana Group qui pratique l'élevage du bœuf dès la fin du 4e millénaire avant J.-C. (Gutherz, 2003). L'apparition des plantes domestiques demeure quant à elle énigmatique car aucun reste archéologique ne l'atteste avant le 1er millénaire après J.-C. même si elle semble postérieure à l'élevage (Gutherz, 2003). Toutefois, la présence d'un important matériel de mouture sur le site d'Asa Koma fait dire aux auteurs que son utilisation est annonciatrice « d'une modification des économies vivrières et d'une fixation au moins saisonnière sur des emplacements où pouvait se développer une cueillette systématique de plantes spontanées » (Gutherz et Joussaume, 2000, p.317). Enfin, au cours du 1er millénaire avant notre ère, le dromadaire et le zébu auraient été introduits dans la Corne à partir de l'Arabie (Joussaume, 1995).

2.2.5.5. *Hypothèse de Marshall*

Selon cet auteur, l'apparition des animaux domestiques aurait eu lieu avant celles des plantes domestiques (Marshall, 2000) (Fig.2.10). Leur diffusion se serait faite du nord vers le sud et aurait débuté entre le 5e et le 4e millénaire BP par des mouvements limités de pasteurs venus du Soudan et par l'adoption d'animaux domestiques par les populations locales de chasseurs-cueilleurs. Les premiers animaux à venir auraient été le bœuf taurin, les caprinés et probablement l'âne et le chien.

Il semble donc que l'adoption de ces animaux ait d'abord eu lieu dans la Corne puis plus au sud. Toutefois, le schéma de diffusion semble lent et inégal dans tout l'Est africain. Cela résulterait du fait que dans leurs migrations, les pasteurs auraient été confrontés à des obstacles tels que la distribution des terres exploitables ou celle des maladies affectant le bétail. Pour des raisons équivalentes, les tentatives des chasseurs-cueilleurs pour intégrer l'élevage dans un système fondé sur des ressources sauvages n'ont pas toujours été fructueuses.

Dans le Sud, il semble qu'il n'y ait eu que peu d'échanges entre les nouveaux venus et les populations locales. En revanche, en Erythrée et dans le nord de l'Ethiopie, des relations avec certains complexes soudanais comme le Groupe-C ou Kerma, de même que les échanges *via* le Nil ou la Mer Rouge, ont dû favoriser la diffusion des animaux domestiques.

Petit à petit, on observe une tendance générale à la réduction de l'utilisation des animaux sauvages par les groupes pastoraux à travers toute l'Afrique de l'Est. Ainsi, le pastoralisme spécialisé dans la production de bœufs, moutons et chèvres apparaît dans la région de Loita Mara vers 3 000 BP (Marshall, 1990a).

Le zébu, le dromadaire, le poulet et le mouton à queue grasse seraient apparus plus tardivement. Leur diffusion semble surtout avoir été influencée par le développement du commerce aux périodes axoumites et pré-axoumites le long de la Mer Rouge et dans l'Océan Indien, c'est-à-dire vers le début de l'ère chrétienne. Cette fois, en effet, les courants de migration venus du nord ne semblent avoir joué qu'un rôle secondaire. Selon Marshall (1989, 2000), la diffusion du zébu, et celle du mouton à queue grasse dans une moindre mesure, ont dû être plus rapides et plus larges que celle du dromadaire en raison des faibles changements culturels qu'elle entraîne. En effet, en raison du faible taux de rendement des troupeaux de dromadaires et des différences dans la façon d'organiser la production entre les bœufs et les dromadaires, l'adoption de ce dernier a dû entraîner de profonds remaniements dans l'organisation sociale et politique des communautés de pasteurs (Getachew, 2001).

En conclusion, tous ces auteurs ont développé des théories assez diverses mais dans lesquelles quelques constantes sont perceptibles. D'une part, la première vague d'animaux et de plantes domestiques (bovins, caprinés, blé et orge) semble venir du nord depuis l'Egypte puis le Soudan. La plupart admettent également que le développement des contacts avec la péninsule Arabique, notamment à la fin du 1er millénaire avant J.-C., par le biais du royaume d'Axoum, a favorisé l'arrivée de nouvelles ressources comme le dromadaire et le zébu. Si la domestication locale des plantes endémiques à l'Ethiopie comme l'ensete et le tef ne fait aucun doute, sa période d'exécution est encore très débattue en raison de l'absence complète de preuve archéologique.

Dans la suite de notre propos, nous chercherons donc à apporter de nouveaux éléments de réflexion au problème de l'arrivée et de la diffusion des économies de subsistance en nous appuyant sur l'analyse détaillée d'assemblages fauniques provenant de sites archéologiques de la Corne. Nous nous fonderons principalement sur les modèles proposés par Gutherz et Joussaume d'une part, et Marshall d'autre part, qui semblent s'appuyer sur des preuves archéologiques et archéozoologiques plus fiables.

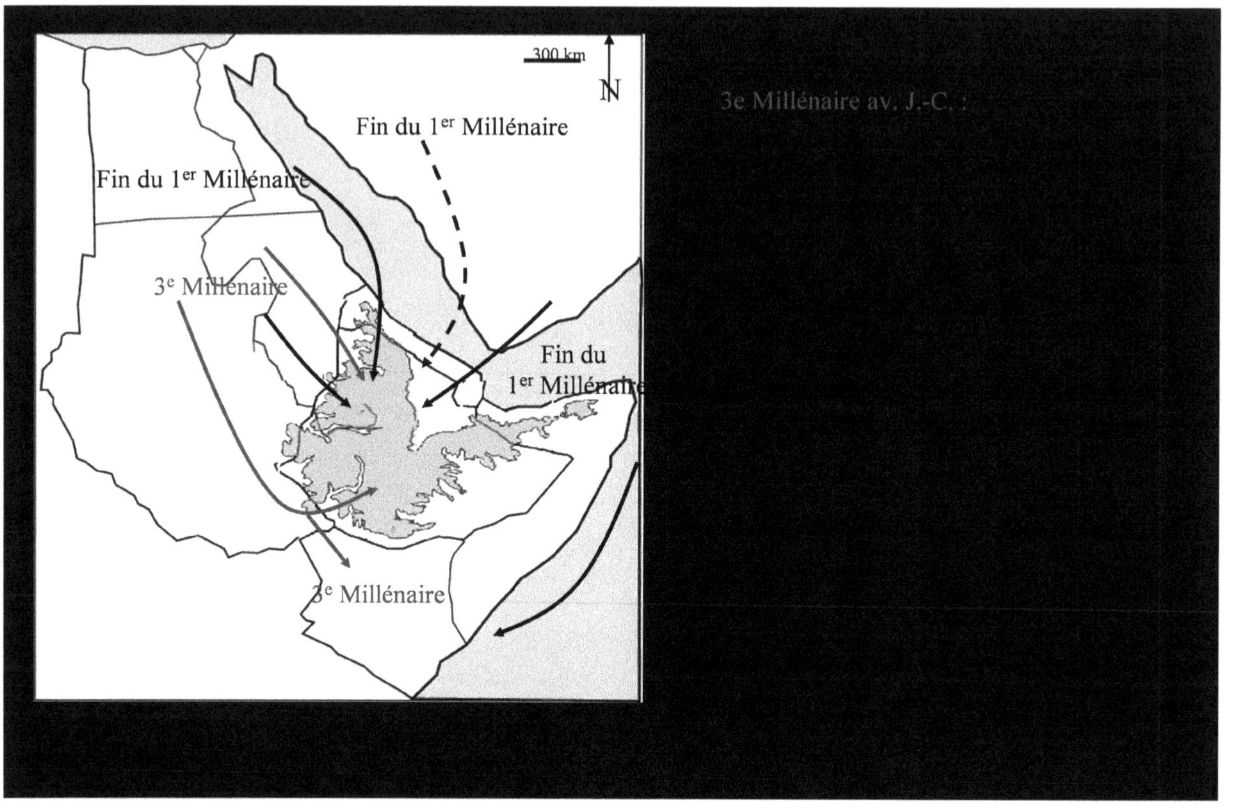

Fig. 2.10 : Schémas d'apparition des plantes et animaux domestiques selon Marshall.

2.3. *Sites étudiés*

2.3.1. Ethiopie

2.3.1.1. *Moche Borago*

L'abri sous-roche de Moche Borago se situe au creux d'un talweg, à 2300 m d'altitude, sur le flanc occidental du Mont Damota, complexe volcanique qui culmine à 2908 m d'altitude. Il se trouve à une distance de 4 km au NNO de la ville de Soddo, chef-lieu du Wolayta (Fig.1.1). Le talweg, assez encaissé, vient butter, en amont, contre une falaise d'une vingtaine de mètres de haut. Un cours d'eau prenant sa source sur cette montagne se transforme alors en cascade. La « grotte » de Moche Borago se situe donc à mi-hauteur environ de cette falaise, derrière la cascade (Fig. 2.11). C'est un vaste abri-sous-roche, haut de plafond, avec une ouverture dirigée vers l'ouest et bien éclairé par la lumière naturelle. Son sol relativement plat permet l'usage d'un grand espace d'environ 600 m^2 où un important groupe peut s'abriter (Gutherz *et al.*, 2002) (Fig. 2.12). Sa position topographique dans un cul-de-sac est donc très favorable pour un rabattage du gibier en masse.

Le site a été vu pour la première fois lors d'une campagne de prospection en 1995 dans le Sidamo. Quatre campagnes de fouilles s'y sont alors succédées en 1998, février 2000, novembre 2000 et 2001 (Gutherz *et al.*, 1998, 2000a, 2000b et 2001). Trois secteurs ont été choisis pour y pratiquer des sondages d'une surface de 4 à 10 m^2. Ces trois sondages se sont révélés positifs mais ce sont surtout les sondages 1 et 3 qui ont mis en évidence des parties de l'abri intensément occupées par l'homme. Ces sondages ont d'ailleurs été raccordés durant la dernière mission sur le site en 2001 (Gutherz *et al.*, 2001) (Fig. 2.13).

Fig. 2.11 : vue de Moche Borago (Photo J. Lesur)

Fig. 2.12 : Vue de l'intérieur de l'abri (Photo X. Gutherz)

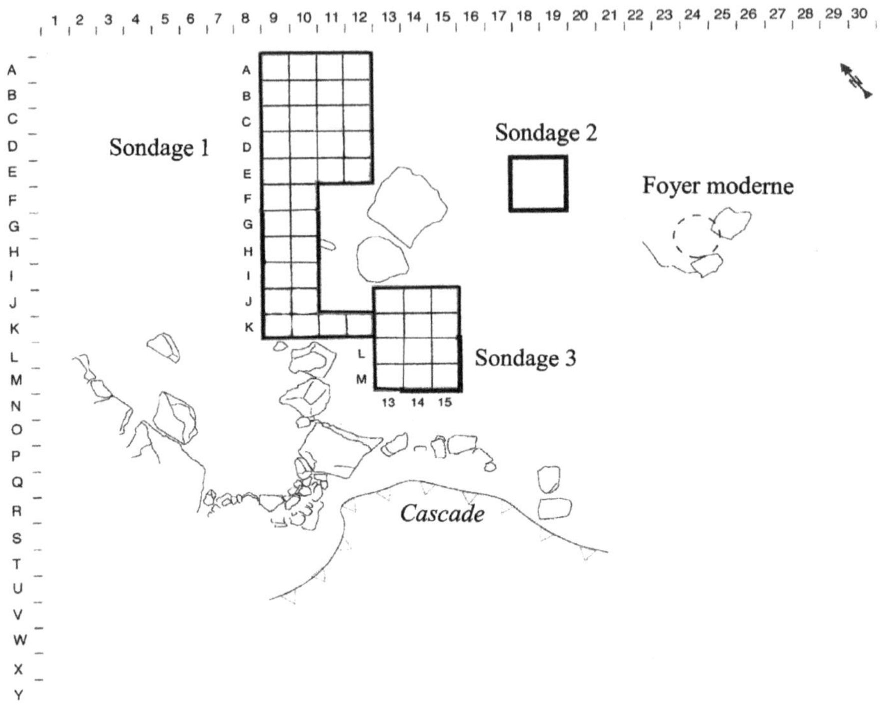

Fig. 2.13 : Plan des sondages de l'abri de Moche Borago.

2.3.1.1.1. Géologie

Le massif volcanique du Mont Damota est composé d'un empilement de laves basaltiques et trachy-rhyolitiques. Les sols présents sur ses flancs, très disséqués par de nombreux ravins comme celui où s'ouvre l'abri, sont essentiellement des sols rouges évolués. Ce complexe volcanique est généralement daté du début du Pléistocène.

La formation de l'abri résulte très vraisemblablement de l'intervention conjointe d'une rivière et de processus tectoniques. Le rejeu d'une ou plusieurs failles aurait entraîné l'affaissement d'un compartiment en avant du porche et la mise en relief consécutive de ce dernier. Cette hypothèse, fortement plausible étant donnée la forte activité tectonique qui caractérise la région, reste encore à valider (Sordoillet in Gutherz *et al.*, 2000a). Par ailleurs, il est fort possible qu'à l'époque de la formation de l'abri, le paysage ait été très différent de l'actuel et qu'une rivière soit à l'origine du surcreusement des lahars, comme semblent en témoigner certains dépôts de graviers et de galets, triés et polis par l'eau, présents au sein du sondage 1.

2.3.1.1.2. Stratigraphie et datations

Nous ne présenterons ici que les résultats provenant des sondages 1 et 3 qui ont fourni le plus de données archéologiques. Il est à signaler d'ailleurs que, pour l'instant, le sondage 2 n'a pas pu être raccordé aux deux autres. Au niveau de la chronologie des différentes occupations, deux séquences ont pu être repérées (Fig. 2.14).

La première séquence se matérialise par un important remplissage, d'une puissance stratigraphique de plus d'un mètre, se développant sous le niveau 11, niveau de tephras marquant probablement un événement éruptif dans les environs de l'abri. Ce remplissage, divisée en 8 couches, révèle une séquence pléistocène importante puisqu'il contient des artefacts en obsidienne parmi lesquels se distinguent plusieurs pointes typiques du *Midlle Stone Age*. Une lentille charbonneuse à la base de la couche 12 a d'ailleurs été datée à 28 700 ± 1100 BP (Gif-11273).

Au sein de la seconde séquence, divisée en 9 couches, 3 grandes phases peuvent être distinguées. La première, elle-même scindée en 3 sous-phases, est marquée par l'absence de céramique. On observe la présence de foyers de combustion, d'une riche industrie lithique et de restes fauniques. Une datation a été réalisée pour la sous-phase 1 Récente : (Gif-11246) 4370 ± 70BP soit 3330-2787 avant J.-C.

La seconde et la troisième phase de cette séquence sont caractérisées par la présence de la céramique modelée. Plusieurs structures de combustion y ont été dégagées, notamment des foyers lenticulaires ainsi qu'un four en cloche à fond plat, partiellement détruit et dont le comblement a livré de nombreux charbons de bois et quelques tessons de céramique et pièces lithiques. Plusieurs datations au carbone 14 ont été faites à partir de charbons et d'os : (Gif-11244) 2180 ± 45BP (485-55 avant J.-C.) pour la phase 2 et (Gif-11242) 1480 ± 60BP (447-662 après J.-C.) pour la phase 3.

D'un point de vue spatial, la phase 1 Intermédiaire a livrée une fosse située dans le sondage 3, près du bord de l'abri. Cette fosse représentant un ensemble clos et homogène contenant de très nombreux vestiges osseux, nous avons décidé de la traiter séparément des autres niveaux de cette phase.

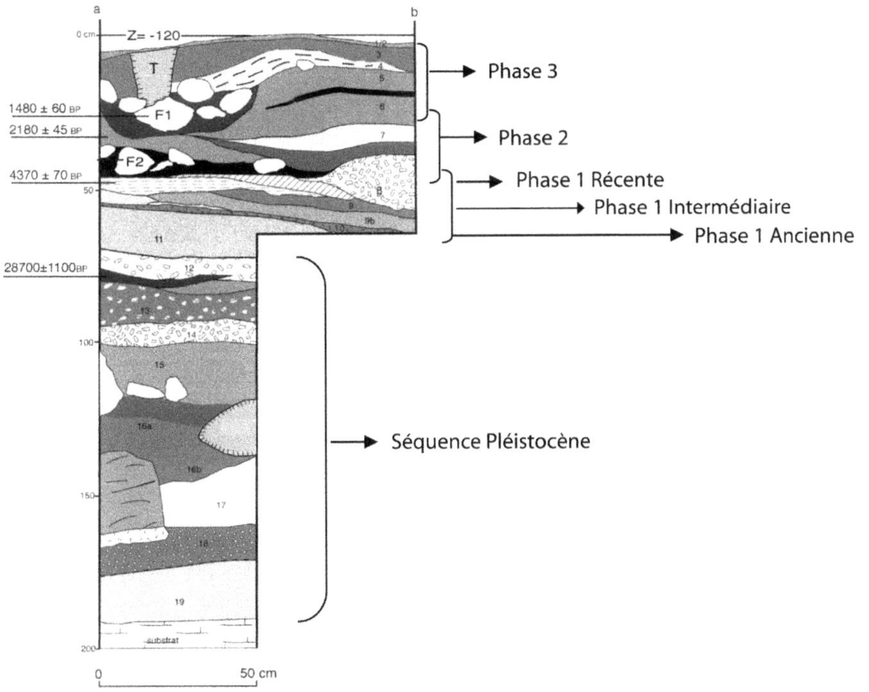

Fig. 2.14 : Stratigraphie de Moche Borago (d'après Gutherz et al., 2002)

2.3.1.1.3. Matériel céramique

Le mobilier céramique a été trouvé dans toute la partie supérieure du remplissage à partir de la phase 2. Bien qu'aucune étude détaillée n'ait encore été réalisée, quelques constantes se dégagent (Gutherz *et al.*, 2001) : il s'agit d'une céramique modelée avec montage au colombin. Le dégraissant utilisé est fin et parfois constitué d'obsidienne. Les rares décors sont à base d'impressions linéaires ou subtriangulaires. Les parois sont généralement fines et certains tessons portent des surfaces engobées. La plupart des tessons semblent provenir de vases à anse en ruban.

2.3.1.1.4. Matériel lithique

Pour les niveaux datant du Pléistocène, plusieurs couches du sondage 1 ont fourni des pièces en obsidienne qui peuvent être assimilées à des pointes du *Midlle Stone Age*. Cet outillage sur éclat débité à la pierre est typique de cette période, antérieure au *Late Stone Age* et à son microlithisme, qui débutent vers 18 000 BP.

Au niveau de la séquence holocène, plusieurs études préliminaires ont été réalisées concernant l'industrie lithique sur différents échantillons des sondages 1 et 3 (Phase 3 et 1 Intermédiaire ; Poisblaud in Gutherz *et al.*, 2000). L'outillage est majoritairement microlithique avec un débitage orienté vers la lamelle ou l'éclat lamellaire. Il semble avoir été taillé *in situ*. Les lamelles sont destinées aux microlithes, vraisemblablement pour une activité de chasse. Cet assemblage n'est complété que par quelques outils nécessaires aux travaux complémentaires sur peau, bois, os. Cet outillage commun comprend notamment des grattoirs, perçoirs et couteaux à dos. Ces activités semblent d'autant plus subordonnées à la chasse que le support des pièces provient de quelques déchets de débitage et non pas d'une chaîne opératoire spécifique. Ces outils indiquent que la taille initiale des nucléus pouvait atteindre 50 à 60 mm au minimum. La production de lamelles devait ainsi être importante. Les restes retrouvés à la fouille - peu d'outils - la dimension réduite des segments et un certain nombre de nucléus ne le confirment pourtant pas. Il est donc possible d'envisager qu'une grande partie des supports ait été transportée vers un autre camp. Moche Borago pourrait alors avoir été occupé de manière temporaire pour la chasse avec un débitage des outils dans l'abri.

2.3.1.1.5. Matériel botanique

De nombreux restes végétaux ont été retrouvés sur le site. Ils se présentent pour la plupart sous la forme de charbons ou de graines carbonisées. Leur étude a été engagée en avril 2003 par Claire Newton avec notamment l'établissement d'une collection de comparaison. Lors de cette première mission, elle a déjà pu identifier la présence de graines d'ensete (*Ensete ventricosum*) dès la phase I intermédiaire (Newton, comm. pers.). En revanche, il est pour l'instant impossible d'établir le statut domestique ou sauvage de ces vestiges. Le reste de l'assemblage carpologique semble principalement composé de fruits. Il faudra cependant attendre la suite des analyses pour connaître leur provenance ainsi que celle des charbons.

2.3.1.2. *Akirsa*

Le site d'Akirsa est un abri sous-roche situé dans le Wolayta, au sud du plateau éthiopien. Il est localisé à environ 30 km à l'ouest du site de Moche Borago et à 20 km à l'Est de la rivière Omo, à une altitude de 1400 m. Akirsa est un cours d'eau situé au fond d'un encaissement de 25 m. Le site est composé de trois petits abris, creusés dans la paroi abrupte au milieu d'une riche végétation (Fig. 2.15). Malgré son accès difficile, il constitue un lieu de chasse privilégié car situé juste au-dessus du cours d'eau où nombre d'animaux vont boire.

Il a été visité pour la première fois dans les années 60 par F. Anfray, avant d'être de nouveau visité par R. Joussaume et son équipe en 1995. Par la suite, deux campagnes de fouille ont eu lieu sur le site en 2000 et 2001 dirigées par Benoît Poisblaud (Bouakaze et Poisblaud, 2000 et 2001).

Les fouilles se sont concentrées dans l'abri Ib avec la réalisation, dans un premier temps, d'un sondage le long de la paroi d'une puissance stratigraphique de 2,2 m. Par la suite une fenêtre de 5 m sur 2 m a été ouverte sur la plate-forme en avant de la paroi en direction de l'abri 1a. Cette fenêtre a été fouillée selon un carroyage de 50 cm de côté et des passes de 5 cm au maximum « pour tenter de distinguer les différents sols d'occupation et limiter les mélanges dans chacune des passes réalisées » (Bouakaze et Poisblaud, 2001, p.4). Tout le sédiment a été tamisé à sec sur une maille de 5 mm.

Fig. 2.15 : Vue de l'Abri I d'Akirsa

2.3.1.2.1. Stratigraphies et structures

Nous ne présenterons ici que les résultats provenant de la fenêtre principale. La stratigraphie du sondage près de la paroi n'a en effet pas encore été calée ni datée.

Le remplissage de l'abri est exclusivement composé de colluvions de sols rouges provenant du plateau, limitant donc la différenciation des sédiments pour le repérage des niveaux d'installation (Bouakaze et Poisblaud, 2001). Au total, 45 unités stratigraphiques forment les 115 premiers centimètres de la séquence. Parmi elles, deux tiers correspondent à des aires de foyers et le reste à des colluvions de limons. Huit foyers de deux types ont été repérés. Les quatre premiers sont des foyers aménagés dans des petites cuvettes circulaires d'un diamètre d'environ 40 cm et creusées sur une faible profondeur (environ 15 cm). Leur comblement est principalement composé de charbon de bois sans rejet cendreux. Les autres foyers sont plus grands et semblent montrer une plus forte activité. Ils sont de forme ovale et le bord est ceinturé par un boudin de sédiment rubéfié. Leurs dimensions sont assez importantes (environ 100 cm de longueur pour 80 cm de largeur) mais leur profondeur reste faible. Il semble cependant que ces foyers aient été rehaussés durant leur utilisation comme le montre la grande quantité de cendres retrouvée à l'intérieur mais aussi à l'extérieur de la structure. Ces aménagements suggèrent une occupation prolongée.

Ces structures se répartissent de façon dense tout au long de la séquence stratigraphique, témoignant de passages rapprochés dans l'abri. Les deux types de foyers semblent correspondre à différents modes d'utilisation. Les petites structures en cuvette correspondent soit à un nombre réduit de combustions, soit à une courte période d'utilisation de l'abri. En revanche les grands foyers attestent d'une occupation plus longue ou par un groupe plus important.

2.3.1.2.2. Matériel lithique

On observe une assez bonne homogénéité entre les niveaux, avec une grande production d'éclats lamellaires pour la réalisation de segments. L'outillage commun, en obsidienne, est exclusivement sur éclats, issus de la préparation ou du nettoyage des nucléus. La présence des grattoirs est constante mais toujours en petit nombre. Finalement, la présence de ce « kit d'outillage principalement constitué d'une industrie microlithique dominée par les segments, pourrait traduire l'installation de chasseurs postés au bord de la rivière » (Poisblaud, 2002, p.18).

Par ailleurs, l'analyse spatiale des concentrations de l'industrie lithique a permis le repérage de trois sols d'occupation. La transition entre ces sols est alors marquée par de nettes diminutions du nombre de pièces.

2.3.1.2.3. Matériel céramique

Seulement 8 tessons ont été trouvés sur le site. Ils semblent appartenir à deux traditions :

- Six proviennent du second sol. Ils ne portent aucun décor, sont bien cuits et réalisés à partir d'une argile siliceuse. Leur montage semble s'être fait par plaque.

- Les deux autres tessons proviennent du troisième sol et correspondent donc à la seconde tradition. Ils sont cette fois réalisés à l'aide d'un dégraissant de quartz et portent des décors faits par impressions au peigne.

Dans ce même niveau a également été trouvée une figurine de boviné en terre cuite rouge. Il s'agit d'une statuette sans bosse et sans attribut sexuel. Les cornes, la queue et trois des pattes sont cassées. Elle est de petite taille (34 x 16 x 25 mm). La découverte de cette figurine dans le sud de l'Ethiopie est sans équivalent. Son rattachement culturel est donc difficile même si les comparaisons la rapprocheraient du groupe Jebel Mokram situé à la frontière soudano-éthiopienne et daté du 2e et du 1er millénaire avant J.-C. (Poisblaud, 2002). Sa fonction n'est pas compréhensible pour l'instant même si elle suggère la présence d'un groupe néolithique dans la région.

2.3.1.2.4. Gravures rupestres

L'abri 1b, le plus grand, a livré plusieurs panneaux et « les gravures s'inscrivent dans un ensemble élaboré qui occupe la majorité des surfaces disponibles » (Bouakaze-Khan, 2002, p.297). On peut observer, dans la partie « ouverte » de l'abri, la figuration de lignes verticales associées à des cercles (Joussaume, 1999). Au fond de l'abri, dans une petite cavité humide, des gravures géométriques moins nombreuses mais plus profondes ont été réalisées en profitant des alvéoles naturelles de cette partie. De plus, on peut voir la présence de deux figures de « masques » côte à côte. Par ailleurs, près du panneau central, une paroi montre trois figures de bovinés, à longues cornes, sans bosse et à tête réduite qui rappellent le style de Chabbé, site situé à l'est du lac Abaya. Elles pourraient être contemporaines de la statuette décrite ci-dessus (Poisblaud, 2002). Enfin, un symbole de cornes et une figure ovalaire, rappelant les lests des pièges radiaires du Sahara, complètent le décor de l'abri (Bouakaze-Khan, 2002).

Le second abri, plus petit, a également livré « des gravures de forme géométrique linéaire avec au moins un cercle pris dans le réseau de lignes », qui rappelle les gravures de l'abri 1b (Bouakaze-Khan, 2002 : 303). Une figure de boviné sans bosse et aux longues cornes est inscrite sur un bloc effondré près de l'entrée.

2.3.1.2.5. Conclusions et datations

Finalement, cet abri a livré une stratigraphie complexe dont l'interprétation est délicate. La succession des foyers atteste d'occupations répétées, de courte ou de longue durée selon les types de structures. Par l'étude de la répartition de l'industrie lithique, trois sols ont été repérés dont pour l'instant deux ont été datés : le second semble correspondre à une occupation vers le 10e siècle après J.-C. (Gif-11745 : 1 040 ± 30 BP), alors que le 3e aurait été utilisé vers le 2e siècle avant J.-C. (Gif-11744 : 2 080 ± 55 BP). Cela nous permet donc de situer la figurine de boviné vers cette époque ainsi que, peut-être, la réalisation des gravures de bovinés.

Quoiqu'il en soit, l'abri semblait principalement destiné à une occupation de chasseurs comme en témoigne l'industrie microlithique mais aussi sa situation géographique qui en fait une halte privilégiée pour la chasse à l'affût.

2.3.2. Djibouti

2.3.2.1. *Asa Koma*

En 1986, l'équipe alors dirigée par Roger Joussaume a entrepris des fouilles sur ce site. Elles se sont achevées en 1996, au terme de cinq campagnes de fouille, plusieurs fois interrompues en raison de la conjoncture politique régionale (Gutherz *et al.*, 1994 et 1996 ; Joussaume *et al.*, 1988 et 1989).

Le site est installé au sommet d'un volcan dans la plaine lacustre du Gobaad, aujourd'hui désertique, à 20 km environ du lac Abbhé (Fig. 2.16). Le volcan, situé à 371 m d'altitude, se compose d'une butte principale de forme arrondie et de deux appendices moins élevés à l'est et au sud. Au nord, au pied du volcan, serpente l'oued Dagadlé, bordé d'une végétation d'acacias et d'arbustes divers. Cet oued est actuellement en eau à l'occasion des fortes pluies, une à deux fois par an.

Après plusieurs prospections de surface et sondages (Joussaume *et a*l., 1988), les travaux se sont concentrés sur la butte principale. Au total, 48 m^2 ont été fouillés sur l'aire sommitale d'occupation que l'on peut estimer à 2000 m^2 (Fig. 2.17).

2.3.2.1.1. Géologie

La butte basaltique que constitue le volcan, « s'est formée postérieurement à la mise en place de la série stratoïde de l'Afar (basaltes de la série moyenne datée de 2,2 à 1,8 M.a) » (Gutherz et *al*., 1996, p. 258). Sur l'aire sommitale de forme elliptique, le sol est irrégulier. « Des pointements rocheux cernent des cuvettes naturelles dans lesquels les sédiments se sont accumulés... Il s'agit essentiellement de limons pulvérulents mêlés, selon les secteurs, à une quantité plus ou moins grande de cendres qui résultent des activités humaines... Les niveaux archéologiques reposent directement sur le substratum ou sur des graviers volcaniques stériles. Leur épaisseur varie de quelques centimètres à 0,50 m » (Gutherz *et al.*, 1996, p. 261)

2.3.2.1.2. Stratigraphie et structures

La stratigraphie se caractérise par une importante accumulation de lits cendreux et de limon rubéfié. L'aspect très lenticulaire de ces dépôts rend difficile les corrélations chronostratigraphiques tout au long des sondages. En revanche, ils sont les témoins de multiples occupations au cours du temps. Au sein de ces dépôts, de nombreux foyers ont été exhumés. Ils se répartissent en deux types. Le premier est un "foyer plat sans aménagement particulier, dont les témoins sont constitués d'une fine nappe horizontale de limon rubéfié par la combustion sur laquelle reposent un ou plusieurs lits cendreux ou charbonneux contenant souvent des ossements de poissons" (Gutherz *et al.*, 1996, p.265).

Le second correspond à des structures de pierres chauffées qui pourraient avoir servi de façon ponctuelle à des cuissons d'aliments animaux ou végétaux, directement sur les pierres ou dans des récipients.

En ce qui concerne la période d'occupation, deux datations ont été réalisées qui ont donné respectivement: 3440 ± 90 BP (GIF-7404) soit 1890-1670 av. J.-C. et 3510 ± 70 BP (GIF-8183) soit 2040-1680 av J.-C. Cette période correspond à celle du début de la régression de lac Abhé selon les données de F. Gasse (1975), ce qui témoigne d'un climat plus humide qu'actuellement.

2.3.2.1.3. Matériel lithique

Le site a livré une abondante industrie lithique presque exclusivement effectuée à partir d'obsidienne. Pour l'essentiel, le matériel est composé de segments microlithiques et des pièces esquillées. Après l'étude préliminaire de cette industrie (réalisée par G. Gouraud), il semble donc que l'objectif quasi-exclusif de ce débitage ait été la production d'un type d'armatures bien standardisé, destiné à la pêche et à la chasse (Gutherz *et al.*, 1996).

Fig. 2.16 : Vue aérienne d'Asa Koma en direction de l'ouest (Photo R. Joussaume)

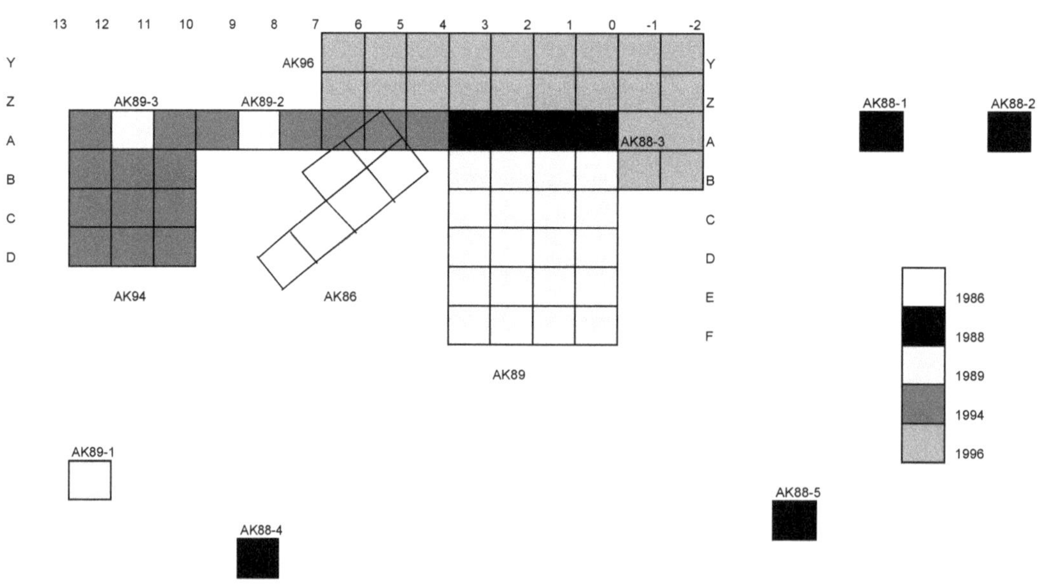

Fig. 2.17 : Plan des sondages d'Asa Koma

2.3.2.1.4. Matériel céramique

La céramique d'Asa Koma constitue à ce jour la série la plus abondante de la région pour cette époque. Il s'agit d'une céramique modelée avec montage au colombin. Elle est bien cuite, finement dégraissée, à pâte sombre. Elle est caractérisée par des fonds convexes, parfois légèrement coniques, et par une absence complète de moyen de préhension. Deux types de récipients semblent apparaître : des pots de forme ovoïde hauts de 20 à 30 cm et des coupes en calotte de faible hauteur (5 cm). Tous les tessons présentent des décors en creux par impressions ou incisions. La panoplie d'outils utilisés pour leur réalisation semble assez variés. On peut ainsi citer les peignes, les bords de coquilles ou encore les tiges creuses (Gutherz *et al.*, 1996).

2.3.2.1.5. Autre matériel

Le site a également livré des éléments de parure tels que des grains d'enfilage en oeuf d'autruche, en coquillage et en os, ainsi que des pendeloques en coquillages, un fragment de bracelet en quartz blanc et un labret en os. Plusieurs outils en os ont également été trouvés. Ils comprennent des poinçons, des pointes de sagaie et une épingle à tête globuleuse.

Par ailleurs, l'abondant matériel de broyage se compose de très nombreux broyeurs et de centaines de fragments de meules en basalte. Enfin, huit poids de filet en basalte complètent le mobilier archéologique (Gutherz *et al.*, 1996).

2.3.2.1.6. Vestiges botaniques

Les restes végétaux sont nombreux à Asa Koma. Ils ne sont toutefois constitués que de charbons et de pollens. En effet, malgré un tamisage systématique des sédiments à sec (maille de 0,5 mm), aucune graine n'a été trouvée.

D'après une première étude anthracologique et palynologique, les essences exploitées semble refléter une végétation plus dense que l'actuelle et donc un climat plus humide (Thiam el Hadji et Thiébault in Gutherz et *al.*, 1996 ; Bonnefille in Gutherz et *al.*, 1996). Ces données seront toutefois développées lors de la discussion des données environnementales (Chapitre 8).

2.3.2.1.7. Sépultures

Trois sépultures ont été trouvées au milieu de l'habitat. Ce sont des sépultures individuelles marquées par la présence de petits cairns de blocaille reposant sur les cadavres.

2.3.2.2. *Hara Idé 2*

En 1999, Roger Joussaume et Xavier Gutherz ont réalisé une première campagne de prospections et de sondages sur ce site, en raison de la présence, en surface, de nombreux foyers aménagés ainsi que de vestiges mobiliers épars et de sépultures individuelles. Une mission a donc été organisée en janvier 2001 sous la conduite de Henri Duday (Duday et al., 2001). Le site se présente sous la forme d'une vaste aire en forme de croissant dominant de quelques mètres un affluent de l'oued Dagdalé, sur la rive gauche, à 9 km au nord du village d'As Eyla (Fig. 2.18). Environ 200 m de distance ainsi que 12 m d'altitude séparent le lit de l'oued du sommet du site couvert d'un cordon dunaire en formation (Fig. 2.19). D'après les premières prospections, toutes périodes archéologiques confondues, le site s'étend sur une dizaine d'hectares. Toutefois, la principale zone de concentrations de foyers et de sépultures se répartit sur deux hectares environ.

2.3.2.2.1. Géologie

La pente générale en direction de l'oued a favorisé les processus d'érosion linéaire liés aux écoulements des eaux pluviales, provoquant des ravines très accentuées en contrebas. Ces dernières ont entraîné le démantèlement partiel de certains ensembles archéologiques, notamment les sépultures. Ce processus continue aujourd'hui.

D'après la coupe topographique réalisée par Regis Bernard, plusieurs observations géologiques ont permis de décrire sommairement la succession des faciès sédimentaires du point le plus haut vers le plus bas. " Au sommet, à une altitude d'environ 380 m, un cordon dunaire de formation récente, recouvre une surface plane d'un reg correspondant à une ancienne terrasse fluviatile de grande étendue. Cette surface à petits graviers roulés passe en contrebas à un faciès lacustre constitué de diatomites et d'argiles crayeuses riches en *Melania* et en bivalves. Les structures archéologiques étudiées se trouvent implantées en surface des deux types de sols. Les dépôts de diatomites érodés laissent entrevoir l'existence de lignes de rivages lacustres marquées par la présence de dépôts naturels de poissons (Claridés essentiellement)... En deçà de ces niveaux lacustres crayeux, le faciès sédimentaire passe uniformément à des limons sableux, avec des variations marquées par la présence de cordons d'argile blanchâtre. Le relief raviné de cet amphithéâtre laisse apparaître l'érosion d'une ancienne surface dont il ne reste plus que quelques buttes, témoins argileux coiffés par une croûte peu épaisse de grès craquelé par la dessiccation. Dans les dépressions séparant ces buttes, ont été découverts vers l'ouest du site de nombreux outils du Paléolithique inférieur (bifaces et hachereaux) assignant un âge relativement ancien à ces formations argilo-cendreuses. Ce complexe argileux est lui-même entaillé par le lit de l'oued affluent du Dagadlé." (Duday *et al.*, 2001, p. 3-4).

Fig. 2.18 : Vue du locus 3 d'Hara Idé 2 en direction du Nord

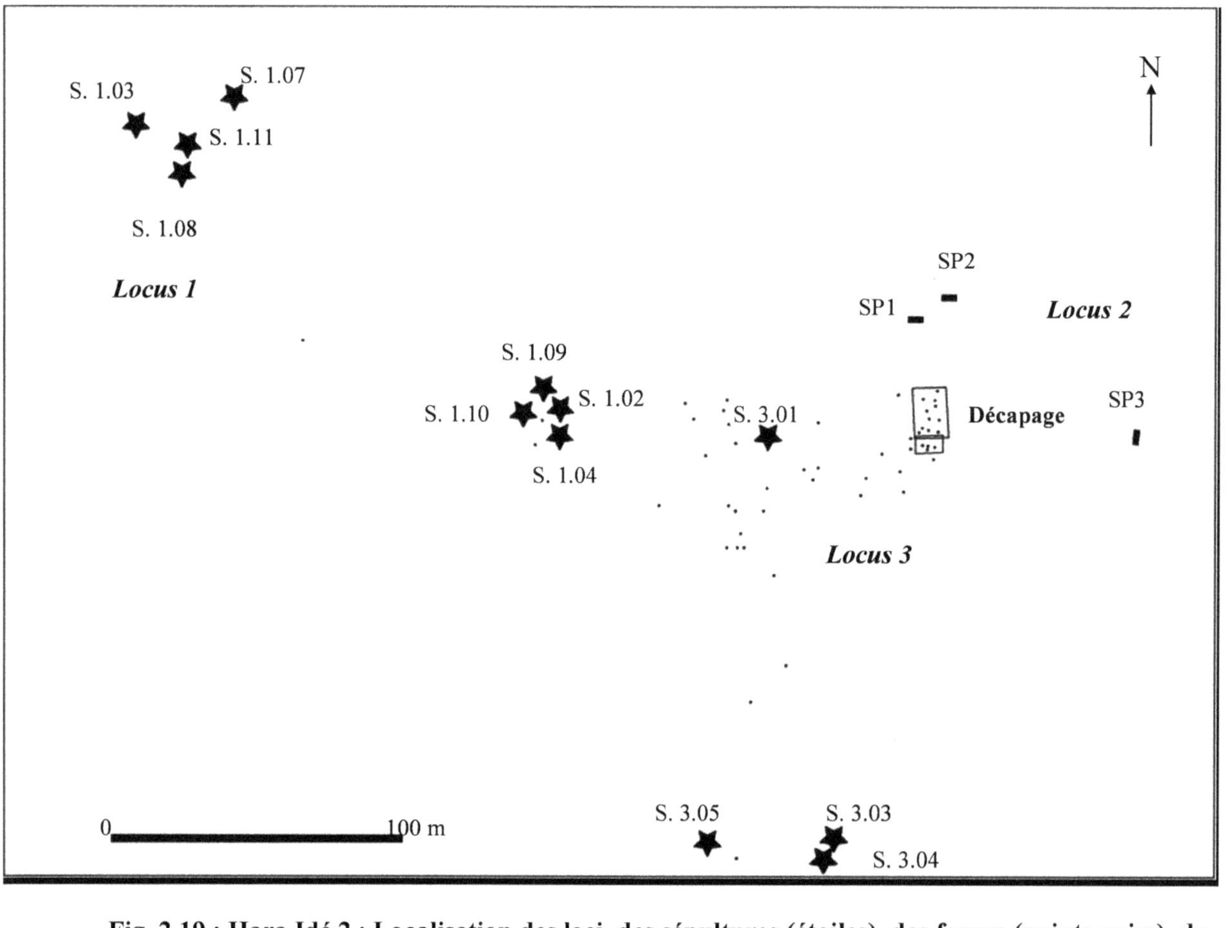

Fig. 2.19 : Hara Idé 2 : Localisation des loci, des sépultures (étoiles), des foyers (points noirs), du décapage et des sondages dans les dépôts anthropiques à ossements de poissons (SP1 à SP3), (d'après le relevé de Régis Bernard)

2.3.2.2.2. Locus

Lors de la première prospection réalisée en 1999, le site avait été découpé en plusieurs locus selon la nature des vestiges les mieux représentés. Cette division a été conservée pour la mission de 2001. Il faut cependant préciser que pour des raisons techniques et parce que les limites entre les locus 1 et 3 ne sont pas toujours clairement définies, ce découpage n'a été matérialisé ni sur le sol, ni sur le plan d'ensemble. Il reste donc en partie arbitraire.

Le Locus 1 correspond à la principale concentration de sépultures ou d'ossements humains. En plus de ces vestiges deux concentrations de surface de restes fauniques (1/02 et 1/08) ont été repérées. La première comprend également un épandage de restes humains sans que l'association avec les vestiges animaux n'ait pu être établie.

Le locus 2 comprend un ensemble de dépôts cendreux riches en ossements de poissons. Trois de ces zones ont été sondées dans lesquelles seuls des restes fauniques et quelques vestiges lithiques ont été trouvés.

Le locus 3 se situe à l'est du locus 1, en amont de la pente où se trouve le locus 2. Il a livré un grand nombre de structures de combustion affleurant en surface. Parallèlement un grand nombre de tessons de poterie et de fragments animaux ainsi qu'un peu d'industrie lithique ont été trouvés en association directe avec cette occupation qui traduit la présence d'une vaste aire d'habitat. Dans la zone de forte concentration de foyers empierrés, un carroyage de 150 m^2 avait été installé en 1999 et deux foyers avaient été fouillés. Lors de la seconde campagne un nouveau carroyage d'une centaine de m^2 a été implanté sensiblement au même emplacement (les piquets de référence ayant disparu entre 1999 et 2001). Toute cette zone a donc fait l'objet d'un grand décapage et les foyers présents ont été fouillés. De plus, les autres structures se trouvant hors du décapage ont également été étudiées après le recensement de 39 d'entre elles. Ces aménagements sont soit des foyers en légère cuvette emplis de cendres et recouverts de pierres chauffées, soit des taches cendreuses contenant ou non quelques pierres.

Comme il a été dit précédemment, les vestiges archéologiques ne se limitent pas à ces 3 locus et d'autres concentrations de matériel céramique et lithique ont été trouvées dans les alentours du site.

Au sujet des datations, il est quasiment impossible d'estimer l'époque d'occupation du locus 1. D'une part, en effet, les datations sur les sépultures ont pour l'instant échoué en raison du manque de collagène et d'autre part, l'établissement de leur lien avec les vestiges fauniques semble irréalisable dans l'état actuel des connaissances.

Concernant le locus 2, une tentative de datation par radiométrie a donné des résultats très récents compris entre le 18e et le 20e siècle de notre ère, et très probablement après 1950 (104.8 ± 0.68 pMC ; Béta-173080). Ces dates sont assez surprenantes et pourrait résulter d'un problème d'échantillonnage. De nouveaux essais sont actuellement en cours. Toutefois, il est possible que ces foyers aient été utilisés récemment, peut-être durant la dernière transgression du lac Abhé au cours du 19e siècle (Gasse, 1975). Néanmoins, la présence de quelques pièces lithiques et l'absence de céramique pourraient placer l'utilisation de ces foyers avant le locus 3. Seule la réalisation de nouvelle datation pourra donc trancher la question.

Au sujet de la période d'occupation du locus 3, les datations par AMS sur os ont échoué, comme pour le locus 1. Il faut cependant signaler que la présence de la céramique est un premier repère indirect. D'après l'analyse typologique, il semble qu'elle soit plus ancienne que celle d'Asa Koma, donc le site pourrait avoir été occupé avant 3 500 BP (Duday *et al.* 2001).

2.3.2.2.3. Matériel céramique

Le matériel céramique provient des zones fouillées du locus 3 et du ramassage de surface des locus 1 et 3. Il a été étudié sous la responsabilité de X. Gutherz. Il s'agit d'une céramique modelée richement ornée. Les formes anguleuses en sont absentes, les deux principales catégories morphologiques étant simples avec des vases sphéroïdaux et ovoïdes. Un autre trait constant, tout du moins dans l'état actuel des fouilles, est l'absence de fonds plats et de moyens de préhension. Enfin, la présence fréquente de lèvres biseautées ou aplanies semble constituer un autre trait caractéristique de cette production (Duday *et al.*, 2001). Le décor est très abondant et marqué par quelques thèmes particuliers qui signent le style de cette céramique. Il s'agit d'un décor en creux qui s'organise selon des zones horizontales parfois limitées par des bandes verticales. Dans ces zones, les thèmes sont soit horizontaux, soit obliques. Les outils utilisés semblent être majoritairement des peignes ou des outils à impressions triangulaires. Il semble toutefois que la coquille de bivalve ait également servi, soit une coquille à bord crénelé de type *cardium* soit une valve à bord lisse et étroit. Les décors sont parfois localisés sur les lèvres, dans la partie supérieure où l'on observe l'emploi très fréquent d'un motif en chevron caractéristique de ce style céramique (Gutherz, comm. pers.).

Ce style céramique est différent de celui d'Asa Koma, et vraisemblablement plus ancien. Il offre des points communs avec d'autres styles plus septentrionaux, comme ceux des sites du Ghoubbet (Gutherz, 2003).

2.3.2.2.4. Matériel lithique

Les vestiges lithiques proviennent du Locus 3. Ont été trouvés un peu d'outillage et des produits de débitage en obsidienne. Les microlithes sont représentés par des segments. La présence de deux pièces qui peuvent être des pointes de flèches de forme foliacée, témoigne probablement d'activités cynégétiques et halieutiques pour les gros poissons tels le *Clarias*.

De plus, une concentration particulière de pièces débitées en obsidienne a été étudiée à environ 300 m de ce locus en direction sud-sud-est, sur le site d'Hara Idé 3. Une étude préliminaire réalisée par Guilhem Landier a révélé une réutilisation de pièces anciennes avérée par deux types de production distincts en obsidienne : « une production laminaire attestée par des négatifs d'enlèvements sur certains éclats et par des produits fins ;

et une production d'éclats, attestée par des petits nucléus » (Duday *et al.*, 2001, p.14). De plus, pour la production des lames, il semble que nous soyons en présence d'une partie seulement de la chaîne opératoire. « Il ne s'agit donc probablement pas d'un atelier de taille mais d'un dépôt de matière première plus ou moins transformée. En l'absence de céramique associée à cet amas, il est difficile de le mettre en relation avec l'habitat du locus 3 du site voisin (Hara Idé 2) » (Duday *et al., ibid.*).

Enfin, en contrebas du locus 1, se trouve un important gisement paléolithique. Une centaine de pièces ont été récoltées, parmi lesquelles de nombreux bifaces et quelques hachereaux dont un au moins sur éclat de type levallois. L'étude de ces pièces est actuellement en cours ; il semble que cet ensemble appartient à l'Acheuléen, bien représenté à Djibouti.

2.3.2.2.5. Autres vestiges

Au sein du locus 3, quelques éléments de parures ont été exhumés parmi lesquels figurent un fragment de bracelet en roche blanche indéterminée, une perle en test d'œuf d'autruche et un éclat d'œuf d'autruche décoré d'incisions. Enfin, une petite figurine anthropomorphique en terre cuite, dont seuls sont conservés le torse et les bras, a été découverte dans ce secteur.

Les rares restes végétaux présents au sein du site sont des charbons provenant des locus 2 et 3 trouvés au sein des foyers. Pour l'instant aucune détermination n'a été effectuée.

2.3.2.2.6. Sépultures

L'étude des sépultures a été réalisée par H. Duday et S. Hérouin puis par C. Demangeot (2003). Nous reprendrons leurs conclusions. La plupart des restes humains proviennent du Locus 1 mais trois sépultures ont également été retrouvées au sein du Locus 3. Sur la totalité du site, au moins 12 sujets ont été exhumés, dont trois (voire quatre) correspondent à des sépultures en place. D'un point de vue anthropologique, les données sont assez limitées en raison, d'une part, du faible nombre de sépultures *in situ,* et d'autre part, de la mauvaise conservation des squelettes. Il a toutefois été noté que deux des individus semblent plutôt robustes alors qu'un autre semble gracile. Cependant, aucun élément ne permet de dire s'il s'agit d'une différence sexuelle ou d'une variabilité individuelle. Par ailleurs, si toutes les sépultures en place correspondent à des individus adultes, les autres gisements ont livré des restes d'au moins un adolescent (15-18 ans) et d'un enfant (5-7 ans). Au niveau typologique, "les dépôts encore en place semblent répondre à un type répétitif, avec une exception notable (sépulture 3/01)" (Duday *et al.,* 2001, p.28) où le sujet est en position contracté. Les autres sépultures "contiennent des sujets inhumés en espace colmaté, dans des fosses relativement exiguës... il n'y a pas de trace visible d'offrande (à l'exception peut-être d'un talus d'équidé qui accompagne la sépulture 1/01 ?)" (Duday *et al., ibid.*). En l'absence de matériel céramique et lithique en association directe avec les individus, il est pour l'instant difficile de les mettre en relation avec la zone d'habitat, d'autant qu'aucune date radiométrique n'est encore disponible.

2.3.2.3. *Ali Daba 2*

En février 2002, à la suite de la découverte de crânes humains et de plusieurs groupes d'ossements humains et animaux, une fouille a été entreprise dans une zone nommée Ali Daba, située à environ un kilomètre au sud-sud-ouest d'Hara Idé 2. Plusieurs secteurs ont ainsi été repérés mais nous ne détaillerons que celui d'Ali Daba 2 qui a livré de nombreux ossements d'animaux en association avec des vestiges humains (Duday *et al.*, 2002). Dans certains autres secteurs, en effet, des restes d'animaux ont été trouvés mais uniquement en surface et hors contexte archéologique ce qui rend impossible toute interprétation d'ordre culturel ou chronologique. Enfin, la mission archéologique réalisée en janvier 2004 a permis le dégagement d'autres structures dont certaines présentent des situations comparables à Ali Daba 2 (Duday *et al.*, 2004)

Le site se présente comme une petite dépression dont le fond est légèrement incliné vers le Nord (Fig. 2.20). Une première prospection a révélé la présence de très nombreux vestiges lithiques ainsi que des ossements humains et animaux. En raison de la densité des restes, le ramassage des vestiges de surface a été conduit par carrés de 0,5 m de côté sur une aire de 5 m dans le sens ouest-est et de 12,5 m dans le sens nord-sud, soit plus de 60 m^2. Par la suite, certains secteurs ayant livré des ossements s'enfonçant plus ou moins profondément dans le sol ont nécessité un décapage plus approfondi (Fig. 2.21). Seize mètres carrés ont ainsi été véritablement fouillés et tous les vestiges qui y ont été mis au jour ont été dessinés sur plan au 1/5e, numérotés et inventoriés séparément par quart de mètre carré sous la conduite de H. Duday. Par ailleurs, le reste du site a fait l'objet d'un ramassage de surface concernant principalement les ossements.

Fig. 2.20 : Vue générale d'Ali Daba 2 en direction du Nord

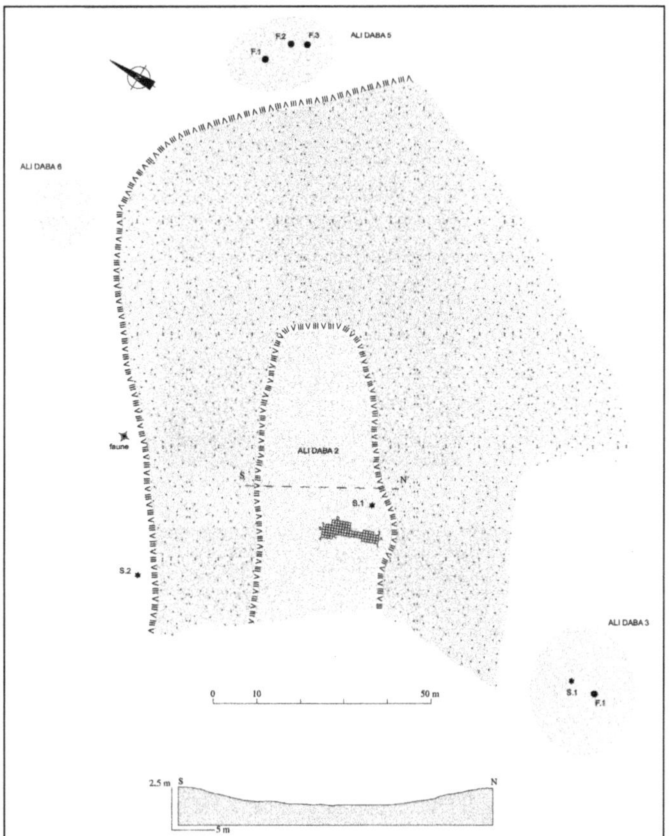

Fig. 2.21 : Ali Daba : Plan de localisation des sépultures et des zones fouillées sur le site au cours de la mission de janvier 2002

2.3.2.3.1. Présentation des différentes zones de concentration d'ossements

La zone E-F-G / 37-38

Ce secteur est caractérisé par une "très forte concentration de fragments osseux humains, dans l'ensemble très brisés, qui ont tous subi l'action du feu." (Duday *et al.*, 2002, p.17). D'après le dénombrement, au moins deux individus adultes composent cet assemblage. On trouve également des ossements animaux brûlés, des éclats d'obsidienne, dont certains sont retouchés et deux coquilles de cauris (*Cypraea moneta*) percées et brûlées.

La zone H-I / 37-38

A 0,5 m de l'ensemble précédent, est apparue une petite dépression ovalaire d'un diamètre maximal de 0,45 cm en surface, 0,25 cm dans le fond et d'une profondeur de 0,30 cm. On ne trouve cette fois aucun reste humain mais uniquement des vestiges fauniques, ayant tous subi l'action du feu, un éclat d'obsidienne et quelques petites pierres anguleuses.

La zone I-J-K-L / 31-32-33

Elle est marquée par la coloration cendreuse du sable, qui ne contient toutefois pas de charbons visibles à l'œil nu. En surface, un petit ensemble d'ossements d'environ 40 cm de diamètre a tout d'abord été repéré. Puis, après l'enlèvement d'une fine couche de sable, la concentration des vestiges osseux (d'origine humaine et animale) s'est étendue sur une zone grossièrement ovalaire mesurant environ 1,3 m dans le sens nord-sud et 1 m dans le sens est-ouest. Il s'agit donc « d'une fosse dont le comblement présentait vraisemblablement un aspect convexe vers le haut et qui se réduit progressivement pour n'occuper à la base qu'un petit secteur d'environ 0,25 m de diamètre » (Duday *et al.*, 2002 p.19).

En janvier 2004, une mission sur ce site a permis de terminer la fouille de cette structure. Alors qu'en 2002, nous pensions que la base du creusement avait été presque atteint, la reprise de la fouille a montré une nouvel élargissement de la fosse qui a livré de nouveau de nombreux ossements humains très fragmentés ainsi que de l'industrie lithique et des vestiges fauniques (Duday *et al.*, 2004)

Au sein de cette fosse, tous les ossements exhumés, qu'ils soient humains ou animaux, présentent des traces de brûlure. Les restes humains se rapportent à au moins 3 individus dont un très robuste. L'étude du matériel provenant des fouilles de 2002 avait montré une prépondérance des éléments crâniens. Encore une fois, la reprise de la fouille en 2004 a modifié ces données et les proportions des vestiges crâniens et post-crâniens sont maintenant plus équilibrées (Duday, comm. pers.). Aucune connexion anatomique n'a été observée, comme pour les vestiges animaux.

En association avec les restes osseux, de nombreux éclats d'obsidienne, dont plusieurs microlithes (segments), ont été trouvés ainsi qu'un pilon cylindrique arqué en roche métamorphique polie. Alors que son association avec le reste des vestiges était incertaine en 2002, l'élargissement de la fosse a permis de confirmer sa relation avec l'ensemble du dépôt.

La zone G-H-I / 22-23-24

Ce secteur est aussi caractérisé par un sédiment cendreux et, en surface, par une forte concentration d'ossements d'animaux ayant subi l'action du feu. En revanche aucun matériel archéologique n'a été trouvé en association.

2.3.2.3.2. Sépultures

En plus de la présence d'ossements humains dans deux des zones mentionnées ci-dessus, deux sépultures en place ont été trouvées sur ce site. La première contient le corps d'un individu adulte robuste de sexe indéterminé. La seconde est celle d'un adulte d'extrême robustesse, de sexe masculin. Le fait le plus surprenant de ce dépôt est la position de la tête qui a été trouvée sous l'humérus droit. Après les premières observations, il semble que cette tête appartienne au défunt inhumé. On observe en outre la disparition totale des os de la main gauche. Dans les deux cas, nous sommes en présence de dépôt primaire en espace colmaté, sans aucune présence de matériel associé (Duday, *et al.* 2002 ; Demangeot, 2003).

2.3.2.3.3. Interprétation et datations.

La signification des structures demeure pour l'instant énigmatique. Il est possible d'envisager l'ensemble E-F-G / 37-38 comme une sépulture à double incinération mais quelques problèmes subsistent tels que la fragmentation paradoxale des phalanges de la main ou la présence des os d'animaux.

Par la présence de certains restes fauniques que nous décrirons par la suite, il a été possible de mettre en relation l'ensemble H-I / 37-38 et celui I-J-K-L / 31-32-33. Là encore il est difficile pour l'instant d'interpréter ces structures et nous reviendrons sur cette question lorsque nous disposerons des résultats de l'analyse de la faune. Nous présenterons alors brièvement les nouvelles structures découvertes en 2004.

Enfin, la zone G-H-I / 22-23-24 pourrait correspondre à une zone de rejet alimentaire mais nous y reviendrons de façon plus exhaustive par la suite lors de l'analyse des restes osseux animaux.

Concernant les datations, quelques résultats permettent de préciser un peu la situation. L'ensemble I-J-K-L / 31-32-33, et par conséquent celui H-I / 37-38, ont été datés à 5000 ± 40 BP (Béta-173081) soit 3820-3730 avant J.-C. Cette période correspond à la dernière grande transgression du lac Abhé (Gasse, 1975). Celui-ci devait donc se trouvait aux abords du site. Cette date permet également de poser un nouveau jalon concernant la céramique en établissant un *terminus post-quem* à son apparition dans la région.

Une autre date a également été obtenue. Elle concerne l'ensemble G-H-I / 22-23-24 et est de 3910 ± 40 BP soit 2470-2350 avant J.-C.

Enfin, l'ensemble E-F-G / 37-38 n'a pour le moment pas pu être daté, pas plus que les deux sépultures individuelles de ce site. Il nous est donc impossible d'établir le lien qui existe entre ces zones et celles qui ont pu être datées.

2.3.3. Conclusion

Finalement, les données de ces cinq sites peuvent paraître très disparates mais elles sont néanmoins cohérentes au sein d'une problématique macro-régionale. Par ailleurs, leur localisation et leur condition de gisements permettent de les répartir en deux groupes. Nous avons d'une part les sites éthiopiens qui se trouvent tous deux dans les montagnes du Wolayta à des altitudes proches. Par ailleurs, ce sont des abris-sous-roche qui présentent un important remplissage stratifié. D'autre part, les 3 sites djiboutiens se situent tous dans la plaine du Gobaad, milieu semi-désertique, à quelques kilomètres les uns des autres. Les conditions de gisements sont alors très différentes de celles des sites éthiopiens. Nous nous trouvons en effet cette fois dans un contexte aride avec une faible sédimentation où les vestiges sont fortement exposés aux facteurs climato-édaphiques. Toutefois, dans tous ces sites, nous observons un enfouissement minimum des restes fauniques, ce qui a permis leur conservation.

Ces deux régions nous offrent donc la possibilité de suivre l'évolution de l'exploitation des animaux dans deux types d'occupations et de milieux naturels différents mais complémentaires.

D'un point de vue chronologique, les datations sont très étalées et nous offrent donc une vision sur une longue période. Les dates fournies par chaque site peuvent être résumées comme suit (Tabl. 2.6):

Moche Borago : 4370 ± 70 BP (3330-2787 av. J.-C.)
2180 ± 45 BP (485-55 av. J.-C.)
1480 ± 60 BP (447-662 apr. J.-C.)
Akirsa : 2080 ± 55 BP (170-40 av. J.-C.)
1040 ± 30 BP (986-1019 apr. J.-C.)
Asa Koma : 3440 ± 90 BP (1890-1670 av. J.-C.) /
3510 ± 70 BP (2040-1680 av. J.-C.)
Hara Idé 2 : Locus 3 : ?, terminus ante quem : 3 500 BP, date d'Asa Koma
Locus 2 : 104.8 ± 0.68 pMC (19e-20e siècle apr. J.-C.)
Ali Daba 2: 5000 ± 40 BP (3820-3730 av. J.-C.)
3910 ± 40 BP (2470-2350 av. J.-C.)

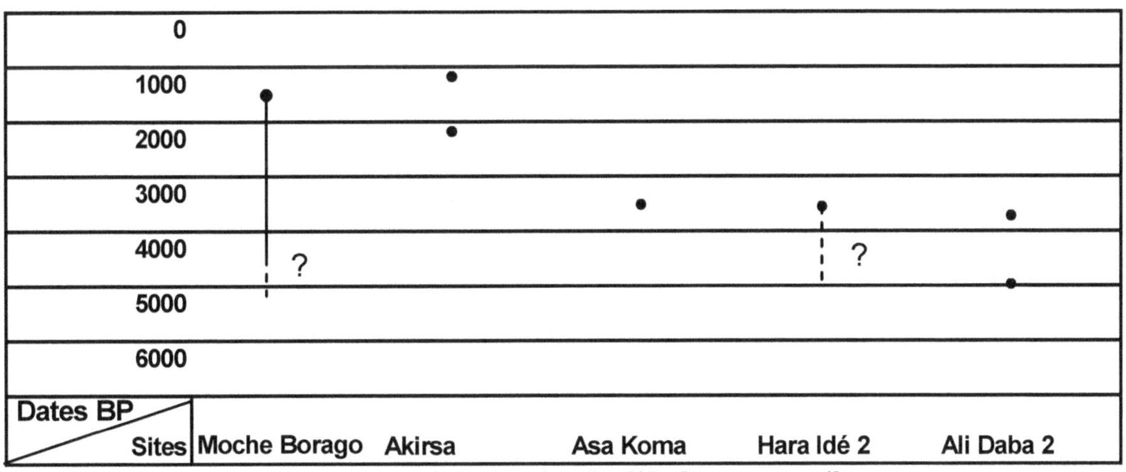

Tabl. 2.11 : Présentation des datations des sites étudiés dans ce travail

2.4. Bilan et problématiques

La présentation du cadre environnemental et archéologique de la région met en évidence un certain nombre de problèmes méthodologiques et théoriques.

Tout d'abord la grande diversité environnementale et faunique de la région, de même que les données paléoclimatiques, nous ont permis d'établir une liste d'espèces potentielles riche et très diversifiée qui sera la base des déterminations des taxons archéologiques.

A partir de cette liste, nous tenterons donc d'identifier les différentes espèces animales exploitées par l'homme durant l'Holocène moyen et récent. Ces données, en association avec celles issues de la botanique et de la géologie, nous permettrons également de poser, pour les deux régions d'étude, le cadre environnemental dans lequel sont apparues les premières économies de production.

Au niveau archéologique, nous avons vu le manque certain de sites offrant des données fiables, surtout en comparaison avec la situation des pays voisins. Ce constat est encore plus frappant pour les données archéozoologiques où les témoignages osseux sur les débuts de l'élevage sont très faibles et où les données sur les faunes sauvages sont quasi-inexistantes. L'étude du matériel faunique des cinq sites décrits ci-dessus constitue donc un apport qualitatif, et même quantitatif, non négligeable à ce faible corpus. Après une révision critiques des données existantes, nous verrons quelles sont les nouvelles informations que nous pouvons apporter sur l'évolution des animaux domestiques et d'une manière plus générale, sur les processus d'apparition et de diffusion du pastoralisme dans la Corne.

Chapitre 3. Méthodologie

Comme nous l'avons précisé en introduction, lors de l'analyse du matériel faunique provenant des cinq sites archéologiques, nous avons dû tenir compte des importants problèmes liés à la détermination spécifique et à la conservation différentielle. En raison de cette dernière, nous avons pris le parti de ne choisir que des méthodes reproductibles, c'est-à-dire applicables à tous les sites étudiés. En effet, les faunes provenant de contextes taphonomiques variés, toutes les méthodes, notamment de quantification, ne sont pas utilisables partout. Nous nous sommes donc limitée à quelques-unes dans le but de pouvoir comparer tous les résultats sur les mêmes bases.

3.1. Etablissement d'un spectre de faune

Lors de l'exposé des problématiques (§ 2.1), nous avons vu que la diversité faunique de la Corne de l'Afrique est très riche et la liste d'espèces potentielles très grande. Selon les conditions de travail, la détermination n'a donc pas toujours eu la même précision. Elle s'est fondée principalement sur des critères morphoscopiques et ostéométriques.

3.1.1. Détermination morphoscopique

Les conditions d'étude du matériel archéozoologique ont été différentes selon les pays. Ainsi, les assemblages provenant des sites djiboutiens ont pu être apportés en France. Nous avons alors pu déterminer les vestiges en nous aidant des collections d'Abatomie Comparée du Muséum National d'Histoire Naturelle à Paris.

A l'inverse, la totalité du matériel issu de la fouille des sites éthiopiens a dû être étudiée au Musée National d'Addis Abeba, car les lois relatives à la protection du patrimoine éthiopien (archéologique, historique ou ethnologique) n'autorisent en aucun cas la sortie des vestiges osseux qu'ils soient humains ou animaux. Nous avons effectué cinq séjours dans ce musée afin d'étudier le matériel des différents sites. En mars 2002, J.-D. Vigne a participé à la détermination et à la compréhension de ces assemblages souvent difficiles. La présence dans le musée de quelques ossements provenant de ramassages de fortune effectués lors de diverses missions archéologiques et paléontologiques, nous a aidée dans quelques cas, notamment celui des animaux domestiques tels que le bœuf et les caprinés. Au total, cette collection comprend 232 spécimens présents par le biais de squelettes complets ou de fragments, représentant environ 40 espèces (Poissons, Reptiles, Oiseaux et Mammifères).

En plus des collections de références, nous avons eu recours aux ouvrages traitant de la détermination morphoscopique de certains taxons qui nous ont permis d'affiner les résultats, notamment pour les sites éthiopiens.

Tout d'abord, et principalement lors des missions de fouille, une première détermination du matériel s'est faite grâce à l'ouvrage de R. Walker (1985) « A Guide to Post-Cranial Bones of East African Animals ». Par la suite, différentes références ont été utilisées en fonction des taxons.

Pour les Suidae, nous avons utilisé les critères crâniens et dentaires décrits par Cooke et Wilkinson (1978). Pour la détermination des tribus de Bovidae à partir des restes dentaires, nous nous sommes principalement fondée sur l'article de Gentry (1978). Pour les restes post-crâniens, plusieurs ouvrages ont été consultés : Van Neer (1989), Peters (1986b ; 1988) et Peters et *al.* (1997). L'article de Peters (1988) nous a été particulièrement utile pour la distinction entre les genres *Bos* et *Syncerus* à partir des restes post-crâniens et donc pour la question de la présence ou non de bœuf domestique. Il faut savoir en effet que, comme le décrit Gentry (1978), les critères dentaires ne sont que peu efficaces dans ce cas.

3.1.2. Détermination ostéométrique

Pour compléter les informations livrées par les critères morphoscopiques, nous avons eu recours aux données métriques. Pour cela, les ossements archéologiques provenant d'individus adultes, ont été mesurés au pied à coulisses au demi-millimètre près selon les références de Driesch (1976).

Afin de comparer ces résultats avec les mesures des espèces actuelles, nous avons recensé, dans un premier temps, les données métriques déjà existantes dans la littérature. Nous avons ainsi utilisés les données de Van Neer (1989), Peters (1986b), Peters et al. (1997), Guérin et Faure (1996).

Par la suite et en fonction des besoins, nous avons complété ces données par la prise de mesure de certains ossements de quelques taxons. Ces données proviennent principalement du Musée National d'Histoire Naturelle de Paris mais aussi du National Museum of Natural History-Smithsonian Institution (Washington DC, USA), de l'American Museum of Natural History (New York, USA) et du Natural History Museum (Londres, Grande-Bretagne).

Toutes les données métriques, quelles soient bibliographiques ou inédites, sont présentées en Annexe 2.A et 2.B.

Un denier point reste à souligner concernant les Bovidae. Nous avons en effet qu'ils sont, potentiellement, très divers et les critères de détermination morphoscopique ou métrique ne suffisent pas toujours à attribuer les vestiges à une espèce, un genre, une tribu, voire une sous-famille. Nous avons donc réparti les restes non-attribuables à un de ces niveaux, en cinq catégories inspirées des propositions de Brain (1974). Les critères de répartition ont principalement portés sur la taille des ossements plus que sur le poids des animaux, comme l'a suggéré Van Neer (1989) (Tabl. 3.1).

- Catégorie I : les plus petits Bovidae qui comprennent uniquement les Neotragini de la région.
- Catégorie II : Cephalophinae, petits Antilopinae et Caprinae domestiques (mouton et chèvre).
- Catégorie III : la plus diversifiée avec 17 espèces représentées qui comprennent les *Tragelaphus* de taille moyenne, les Reduncinae, les grands Antilopinae et les Caprinae sauvages.
- Catégorie IV : elle comprend un grand *Tragelaphus*, un grand Reduncinae ainsi que les Hippotraginae et les Alcelaphinae.
- Catégorie V : les plus grands Bovidae à savoir le buffle, l'éland du Cap et le bœuf.

3.1.3. Indice de taille

En plus des analyses métriques bivariées utilisées à des fins de détermination spécifique, nous avons travaillé à la construction d'un indice standard de taille pour tenter de suivre l'évolution de la stature de bovins dans la Corne de l'Afrique au cours des derniers millénaires. Pour cela, nous avons utilisé la méthode des log-ratios. « Celle-ci consiste à calculer, pour chaque mesure prise sur le matériel, la différence de logarithme décimal avec les dimensions d'un individu ou d'une population de référence. Ces différences de logarithme sont ensuite intégrées dans un même histogramme de fréquences, tous types de mesures confondus » (Tresset, 1996).

Cette technique a été mise au point sous une forme non logarithmique par Ducos (1968) avec la création du SI (Size Index) puis par Uerpmann (1979) avec le RSI (Relative Size Index) et le VSI (Variability Size Index). Le LSI (Logarithm Size Index) a lui été développé par Meadow dès 1981. C'est Helmer (1992) qui a largement diffusé son utilisation en France. Depuis quelques années, la méthode a été largement remise en question (Meadow, 1999 ; Zeder, 2000) et plusieurs auteurs ont montré que les variations de taille pouvaient être dues à un changement dans la proportion du sexe des animaux abattus avec une augmentation des femelles (Ducos, 1991). La détermination du sexe des animaux étudiés est donc très importante pour éviter ces erreurs (Vigne *et al.*, sous presse). De plus, Zeder (2000) met en avant que la taille peut aussi être influencée par l'environnement.

Le choix d'un individu ou d'une population standard pour étudier des populations provenant d'une région éloignée géographiquement et à l'environnement très différent, peut conduire à obtenir une image fausse des variations. Lors de l'application de cette méthode, il faut donc comparer des données provenant d'une zone homogène et surtout ne pas analyser les valeurs exactes de l'indice mais uniquement les tendances générales de l'évolution de la taille. Enfin, la technique ne peut être appliquée pour des taxons trop allométriques, c'est-à-dire présentant des rapports de proportions variables selon les individus. C'est le cas pour les Bovidae sauvages où les fortes variations entre individus et entre populations réduisent la portée de la méthode.

3.2. Caractérisation taphonomique des assemblages

3.2.1. Variables de quantification

3.2.1.1. *Nombre de Restes (NR)*

Les restes osseux et dentaires ont été décomptés en Nombre de Restes (NR). Cette variable prend en compte la totalité des restes, elle est reproductible et additive. Cependant son inconvénient majeur est sa sensibilité à la fragmentation différentielle en fonction des espèces, des classes d'âge et de parties du squelette (Poplin, 1976a ; Vigne, 1988).

3.2.1.2. *Poids des Restes (PdR)*

La mesure du poids des restes de chaque espèce permet de réduire les problèmes de fragmentation car le poids de l'os ne dépend pas de son degré de fracturation (Vigne, 1991). Réalisé sur l'ensemble de l'assemblage, il permet même d'estimer le taux de fragmentation par le rapport PdR/NR. Toutefois, il n'a été que peu utilisé au cours de ce travail en raison des problèmes taphonomiques liés aux conditions de gisement sur les sites de Djibouti. Dans cette région désertique, l'enfouissement est très faible et les os, en raison de processus climato-édaphiques forts, subissent une fossilisation rapide. Au cours du processus, on assiste notamment à un remplacement progressif des molécules organiques par des molécules minérales, entraînant une recomposition de l'os et, par là, un changement de sa masse. Les ossements archéologiques trouvés en contexte désertique présentent des degrés de fossilisation variables selon leur structure, l'âge de l'animal, l'espèce et la sédimentation du site. Les vestiges fauniques provenant des sites djiboutiens offrent donc des masses qui ne sont pas comparables entre elles et qui ne peuvent donc pas être utilisées lors de la quantification des assemblages.

3.2.1.3. *Nombre Minimal d'Individus de fréquence (NMIf)*

Le Nombre Minimal d'Individus de fréquence (NMIf) est un autre moyen de contourner les problèmes de fragmentation différentielle des parties squelettiques (Poplin, 1976a, b et c, 1977 et 1980). Toutefois, s'il donne une sous-estimation du Nombre Réel d'Individus (Poplin, 1976a), il n'est pas une fonction linéaire du NR, ce qui entraîne une surévaluation des espèces peu représentées (Vigne, 1988). Par ailleurs, l'estimation du NMI part du principe que l'animal complet a été apporté sur le site, ce qui n'est pas forcement le cas, notamment pour les espèces chassées. Il faut souligner également que le NMIf n'est pas additif mais qu'il est reproductible lorsqu'il est de fréquence (Ducos, 1988 ; Vigne, 1991).

Le NMI est estimé à partir du NMPS (Nombre Minimal de Parties Squelettiques) qui est la détermination du nombre minimal de pièces anatomiques de chaque espèce ayant participé à l'élaboration d'un ensemble osseux donné (Poplin, 1976a, Vigne, 1988).

Catégorie	Espèce	Nom vernaculaire
I	*Madoqua guentheri*	Dik-dik de Guenther
I	*Madoqua saltiana*	Dik-dik de Salt
II	*Cephalophus natalensis*	Céphalophe du Natal
II	*Cephalophus weynsi*	Céphalophe de Weyn
II	*Cephalophus harveyi*	Céphalophe de Harvey
II	*Sylvicapra grimmia*	Céphalophe de Grimm
II	*Gazella dorcas*	Gazelle dorcas
II	*Oreotragus oreotragus*	Oréotrague
II	*Dorcatragus megalotis*	Beira
II	*Ourebia ourebi*	Ourébi
II	*Ovis aries*	Mouton
II	*Capra hircus*	Chèvre
III	*Tragelaphus buxtoni*	Nyala des montagnes
III	*Tragelaphus spekei*	Sitatunga
III	*Tragelaphus scriptus*	Guib harnaché
III	*Tragelaphus imberbis*	Petit koudou
III	*Redunca redunca*	Redunca
III	*Redunca fulvorufula*	Redunca de montagne
III	*Kobus kob*	Cobe de Buffon
III	*Kobus megaceros*	Cobe de Mrs Gray
III	*Litocranius walleri*	Gérénuk
III	*Ammodorcas clarkei*	Dibatag
III	*Gazella granti*	Gazelle de Grant
III	*Gazella spekei*	Gazelle de Speke
III	*Gazella thomsoni*	Gazelle de Thomson
III	*Gazella rufifrons*	Gazelle à front roux
III	*Gazella soemmeringi*	Gazelle de Soemmering
III	*Capra nubiana*	Bouquetin de Nubie
III	*Capra walie*	Bouquetin d'Abyssine

Catégorie	Espèce	Nom vernaculaire
IV	*Tragelaphus strepsiceros*	Grand koudou
IV	*Kobus ellipsiprymnus*	Cobe à croissant
IV	*Oryx gazella*	Oryx
IV	*Alcelaphus buselaphus*	Bubale
IV	*Hippotragus equinus*	Hippotrague
IV	*Damaliscus lunatus*	Sassaby
V	Syncerus caffer	Buffle
V	*Taurotragus oryx*	Eland du Cap
V	*Bos taurus*	Boeuf

Tabl. 3.1 : Catégories de taille des Bovidae est-africains adaptées des propositions de Brain (1974)

3.2.1.4. *Biomasse*

La dernière variable de quantification employée au cours de ce travail est l'estimation de la biomasse par taxon, qui repose sur une évaluation du poids vif de chaque taxon ayant participé à l'échantillon. Nous n'avons appliqué cette méthode que dans la tentative de reconstitution des environnements exploités par l'homme. A cette fin, nous avons affilié chaque espèce à un ou plusieurs milieux en fonction de son écologie. Or les trois paramètres présentés ci-dessus posent tous des problèmes majeurs que nous avons tenté de modérer par l'utilisation de la biomasse. Toutefois, les faiblesses de cette méthode sont nombreuses. Ainsi, comme l'a souligné Vigne (1991) dans sa méthode sur l'estimation du PVA (Poids de Viande et Abats), l'évaluation de la masse des animaux ayant participé à la formation de l'assemblage n'est valable que si elle prend en compte l'âge d'abattage des animaux et notamment la proportion de jeunes individus dont la masse est évidemment bien inférieure à celles des adultes.

Par ailleurs, comme pour le NMI, l'estimation de la biomasse de chaque taxon présuppose que les animaux entiers ont été apportés sur le site ce qui n'est pas toujours le cas. Enfin, beaucoup de mammifères sauvages sont très allométriques et l'estimation de leur masse moyenne est donc très arbitraire. On peut en voir l'exemple pour les quelques espèces présentées dans la figure 3.1 et dont la masse peut aller du simple au triple, comme dans le cas du phacochère où les proportions de graisse peuvent fortement varier en fonction de l'environnement et des saisons. Dans le cas du buffle, comme pour beaucoup de Bovidae, il semble que cela soit avant tout le dimorphisme sexuel qui soit responsable de la grande amplitude pondérale.

Dans la reconstitution de l'environnement, l'utilisation conjointe de ces variables complémentaires permettra de pondérer leur faiblesse respective.

3.2.2. Conservation différentielle

3.2.2.1. *Processus anthropiques de dégradation*

Les processus anthropiques de dégradation peuvent se manifester sous différentes formes que nous avons tenté d'enregistrer pour chaque assemblage.

La fragmentation d'origine anthropique résulte généralement du cassage des os frais dans le but de récupérer de la moelle. Par ailleurs, l'industrie sur os, corne ou ivoire nécessite également un découpage de ces matières. Enfin, l'exposition des os au feu peut également provoquer l'éclatement des restes. Comme nous l'avons vu ce phénomène va principalement être quantifié par le rapport PdR/NR qui donne un poids moyen pour les fragments. Si le poids moyen est faible, nous aurons alors affaire à une forte fragmentation dont les conséquences principales seront les mauvaises performances de détermination aussi bien au niveau anatomique qu'au niveau spécifique.

L'origine de cette fragmentation sera abordée par l'observation et la quantification des modes de fracturation. Ces derniers, en effet, peuvent être très informatifs sur l'utilisation des os par l'homme. D'après les données présentées par Bridault (1994) et Lyman (1994), la forme des fractures est souvent caractéristique du facteur responsable. Différents travaux réalisés sur le sujet ont tenté de classifier ces formes et leur origine. Toutefois, ils ont tous mis en évidence qu'un même type de fracture peut avoir été provoqué par plusieurs processus qu'il est souvent impossible d'individualiser. Dans notre étude, nous nous sommes donc concentrée sur un type de fracture qui est à la fois très révélateur de comportement humain et dont les facteurs responsables potentiels sont assez limités. Il s'agit en effet des « fractures spiralées » dont l'origine peut être triple : cassage des os dans le but de récupérer la moelle, intervention des carnivores ou encore exposition au feu (Lyman, 1994). Dans tous les cas, ce type de fracturation marque une action intervenue sur os frais. Dans la suite de ce travail, nous essayerons donc d'individualiser ces facteurs pour mettre en évidence, quand cela sera possible, les actions typiquement anthropiques liées à la moelle.

Les traces anthropiques présentes sur les os sont parfois plus difficilement perceptibles car elles interviennent avant les traces post-dépositionnelles et donc peuvent être atténuées par ces dernières. Ainsi, la persistance des traces de découpe varie selon le type d'outil qui les a faites mais aussi selon l'intensité des processus taphonomiques. Dans la région qui nous concerne, la majorité de l'industrie lithique est faite en obsidienne, ressource abondante dans ce contexte volcanique. Les outils, très tranchants, ne laissent alors que des traces relativement superficielles sur le cortex osseux. Par ailleurs, dans les gisements à forte sédimentation d'Ethiopie, de même que dans ceux de surface de Djibouti, les phénomènes climato-édaphiques ont fortement altéré les os, effaçant probablement une grande partie de ces traces.

Toujours est-il que lorsqu'elles sont visibles, ces traces apportent d'importantes informations quant aux techniques de découpe des carcasses et de préparation des quartiers. Nous verrons donc en particulier leur distribution sur le squelette pour tenter d'appréhender les schémas de découpe qui peuvent varier d'un assemblage à l'autre et même d'une espèce à l'autre.

Le second type de traces anthropiques regroupe celles laissées par l'action du feu. Nous les avons placées dans cette partie mais il faut souligner que dans certains cas, elles peuvent être d'origine naturelle. Ainsi, sur le site de Moche Borago localisé dans les flancs d'un volcan, les nombreuses couches de tephras attestent de l'activité du volcan entre les périodes d'occupation du site. Les os alors en surface ont été abondamment dégradés par cette forte action thermique.

Dans le cas d'actions anthropiques, les traces de brûlure résultent de plusieurs types d'activités. Il y a tout d'abord la cuisson qui, lorsque la viande est en contact direct avec la flamme, peut laisser des brûlures d'extrémité aux endroits où l'os est apparent. On observe alors sur les ossements archéologiques des traces très localisées aux

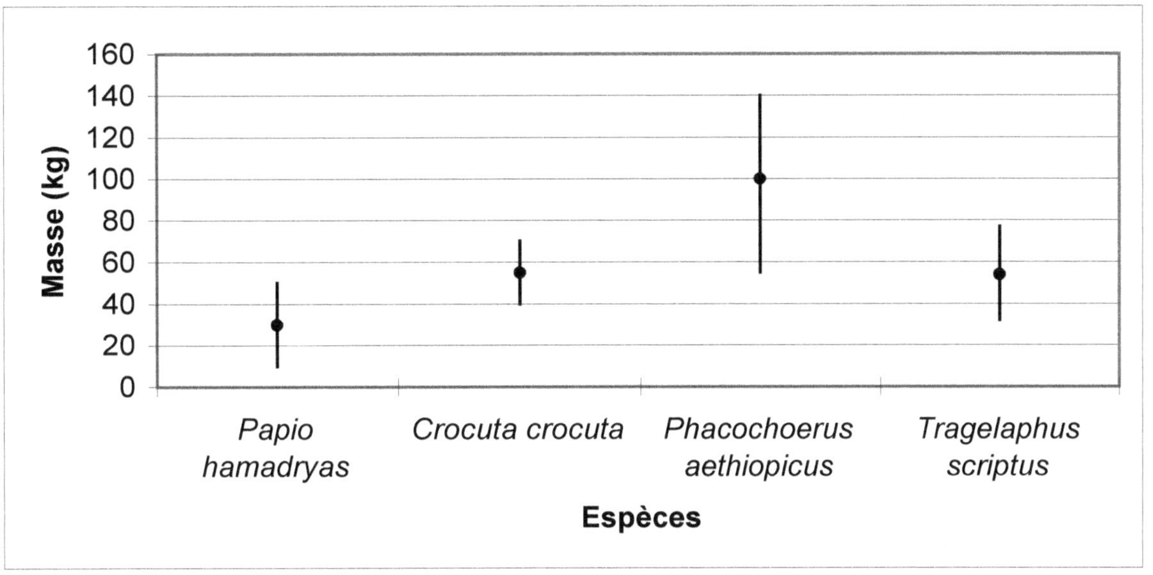

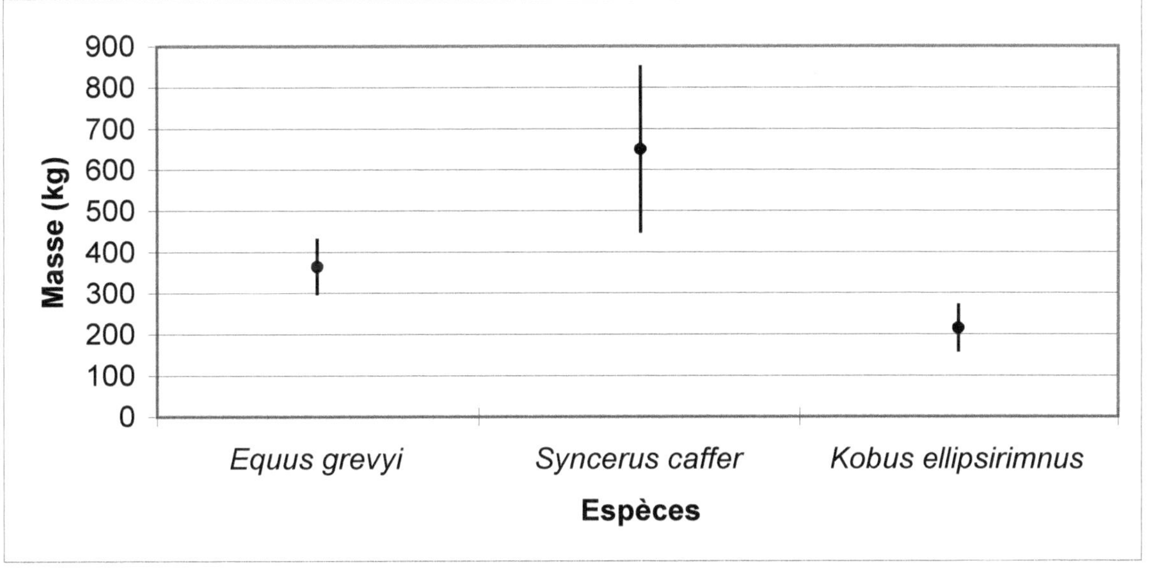

Fig. 3.1 : Exemples des variations de masse de quelques mammifères adultes est-africains selon les données de Kingdon (1997).

niveaux des épiphyses ou des diaphyses à l'endroit où l'os a été fracturé (Vigne, 1988).

Outre la cuisson, d'autres facteurs peuvent pousser les occupants d'un site à brûler les os : le nettoyage du site, la protection contre les charognards pouvant être attirés par ces restes et enfin l'utilisation des ossements comme combustibles lorsque la région n'offre que de faibles ressources boisées. Dans tous ces cas, l'os présente des traces de brûlure diffuses, d'intensité variable mais qui, contrairement aux brûlures de cuisson, ne correspondent pas à un schéma précis.

Enfin, il est à noter que la présence de forts pourcentages de traces de feu au sein d'un ensemble laisse supposer qu'une partie des os de l'assemblage original a disparu du fait des processus de carbonisation et de calcination. Cette disparition est généralement plus forte pour les os plus fragiles des jeunes individus ou des animaux de petite taille.

3.2.2.2. *Processus post-dépositionnels*

Comme nous l'avons mentionné précédemment, le degré d'action des processus post-dépositionnels conditionne non seulement la conservation générale de l'assemblage mais aussi le degré d'observation des actions anthropiques. Il est donc très important de quantifier ces processus pour évaluer leur impact et donc le degré de fiabilité des assemblages.

Ces processus sont de différentes natures et peuvent intervenir tout au long de l'évolution taphonomique. Ainsi, les animaux, comme les carnivores ou les rongeurs, notamment le porc-épic, peuvent être d'importants agents d'accumulation ou de destruction d'assemblage osseux (Brain, 1981). Leurs actions se traduisent par des traces de grignotage dont les formes permettent parfois leur détermination spécifique. Par ailleurs, ils peuvent fragmenter les os et provoquer, comme nous l'avons vu, des fractures de forme spiralée.

Après leur rejet, les os peuvent passer un certain temps à l'air libre et donc subir les phénomènes climato-édaphiques tels que l'intempérisation. Selon Miller (1975, p. 217) : l'intempérisation comprend « les effets sur les os de la saturation, de la dessiccation et des variations de température». Elle va se traduire sur les ossements par des aspects macroscopiques (fragmentation, écaillage et fissuration) et des aspects microscopiques (décomposition des molécules organiques, dissolution, recristallisation, altération chimique des minéraux) qui ont été décomposés en étapes successives, permettant une évaluation de son impact (Behrensmeyer, 1978). Différents facteurs locaux influencent les modalités de l'intempérisation : humidité, température, PH du sol mais aussi taille et âge des animaux ainsi que durée d'exposition au soleil et aux intempéries. La reconnaissance et la quantification de ce phénomène livrent des informations sur la vitesse de l'enfouissement des os ou sur leur traitement différentiel. Il sera particulièrement fort dans des régions sub-désertiques comme Djibouti où la sédimentation est très lente et où les conditions climatiques sont extrêmes. Toutefois, en raison des multiples paramètres pouvant intervenir lors de ce phénomène, l'estimation de la durée d'exposition est particulièrement difficile, d'autant que certaines traces ressemblant à celles provoquées par l'intempérisation (craquelures) peuvent en fait provenir de la cuisson de la viande (Gifford-Gonzalez, 1989), surtout lorsque les os ne sont pas complètement exposés au feu mais partiellement protégés par la chair.

Enfin, lors de leur enfouissement, les restes peuvent subir les phénomènes physico-chimiques dus au sédiment qui peut avoir un effet corrosif et entraîner une abrasion de la surface des os. Le poids des sédiments peut quant à lui provoquer une déformation des os et une augmentation de la fragmentation bien que son impact soit difficilement quantifiable.

De manière générale, tous ces processus agissent de façon conjointe sur le matériel faunique. Nous serons donc particulièrement attentive au degré de leur impact respectif et à leurs conséquences sur la validité de l'assemblage archéologique par rapport à l'assemblage d'origine.

3.2.3. Caractérisation du spectre de faune

3.2.3.1. *Indices de richesse et de diversité*

Pour mesurer la richesse taxinomique (c'est à dire le nombre de taxons présents dans un assemblage), nous avons choisi d'utiliser l'indice de richesse mis au point par Margaleff (Cruz-Uribe, 1988) car il semble peu sensible à la fragmentation et à la taille des échantillons :

$dl = (S-1)/\mathrm{Log}_n N$, où S est le nombre de taxons dans l'assemblage et N, le NRd total.

D'une manière générale, plus l'indice sera élevé, plus le spectre sera « riche » et plus l'exploitation sera ouverte et large.

Par la suite, pour quantifier la représentation proportionnelle des différents taxons au sein d'un échantillon, c'est-à-dire la diversité, nous avons choisi d'utiliser la réciproque de l'indice de Simpson (Dajoz, 2000) :

$H=1/\Sigma pi^2$, avec $pi = ni/N$, où *ni* est le NRd de chaque taxon et N le NRd total. Par ce calcul, il apparaît que plus l'indice est élevé, plus la distribution du Nombre de Restes par espèce est régulière et donc, plus l'acquisition des ressources est diversifiée.

Comme le souligne Grouard (2001), un spectre présentant de forts indices de richesse et de diversité attestera d'une économie de subsistance généralisée, diversifiée et non spécialisée. L'utilisation conjointe de ces deux indices permettra de comparer l'évolution des économies au sein d'un même site ou entre les sites.

3.2.3.2. *Détermination de l'âge et du sexe*

Au cours de ce travail nous avons tenté, quand cela été possible, d'évaluer l'âge et le sexe des animaux abattus. Ces données sont particulièrement importantes pour comprendre la gestion des troupeaux, dans le cas de l'élevage, et les modalités de la chasse (sélective ou non).Toutefois, nous nous sommes, encore une fois, heurtée à la mauvaise conservation des assemblages qui ont fortement réduit les possibilités d'utilisation de ces estimations.

Pour les reconstitutions des âges d'abattage, l'évaluation des stades d'éruption et d'usures dentaires a été privilégiée car leur fiabilité semble plus grande (Vigne, 1988). Toutefois, ils n'ont pu être utilisés que dans peu de cas. Pour les buffles de Moche Borago, nous avons eu recours aux données de Grimsdell (1973) et à celles de Schaller (1972) pour les antilopes de taille moyenne telles que celles du genre *Gazella*. Pour le lion d'Ali Daba 2, son âge à été estimé à partir des stades définis par Smuts et *al.* (1978). Lorsque les données dentaires n'étaient pas suffisantes, les stades d'épiphysation ont alors été employés. Dans le cas du bœuf d'Asa Koma, nous avons utilisés les données présentées par Barone (1954). Pour les Canidae de ce même site nous avons fait appel au même ouvrage en utilisant les données relatives au chien ; aucune donnée sur le chacal n'ayant été trouvé.

Le problème de l'estimation du sexe des animaux a été plus complexe. Deux types de critères peuvent être utilisés dans ce cas. Nous avons d'une part les critères morphoscopiques qui peuvent être variés selon les espèces mais qui se heurtent au problème de conservation des pièces discriminantes. Ainsi dans le cas des bovins, on utilise généralement la forme des chevilles osseuses ou encore la morphologie du bassin (Chaix et Méniel, 1996). Or ces restes, dans les assemblages étudiés, ne sont que très rarement présents ou suffisamment complets pour être utilisés. D'autre part, nous trouvons les critères ostéométriques puisque beaucoup d'animaux présentent un fort dimorphisme sexuel. Là encore, de nombreuses difficultés ont été rencontrées pour leur emplois. Pour un grand nombre d'espèces, en effet, le manque de référentiels métriques ne permet pas de valider les éventuelles différences mesurées sur les ossements archéologiques. De plus, dans le cas des Bovidae, la grande proximité métrique de certains taxons, notamment ceux de format moyen (Bovidae de taille 3), ne permet pas de savoir si les variations sont imputables au dimorphisme sexuel ou aux différences interspécifiques, dans le cas des ossements où les critères de détermination spécifique sont absents.

3.2.3.3. *Fréquences de parties squelettiques*

Différents facteurs entrent en jeu dans la sélection des parties anatomiques conservées. Ils peuvent jouer tout au long du processus taphonomique et se divisent en deux grandes catégories : l'un dit « naturel » c'est-à-dire résultant de l'action des animaux, végétaux ou des autres processus post-dépositionnels décrits ci-dessus et l'autre dit « anthropique » c'est-à-dire témoignant d'un transport différentiel des parties du corps, de variation dans le traitement de la carcasse, de rejet différentiel mais aussi de sélection au moment de la découverte archéologique liée au problème d'échantillonnage, de tamisage et de détermination différentielle, surtout spécifique, toutes les parties n'étant pas discriminantes (Horard-Herbin, 1996).

Pour tenter de quantifier cette perte ou ces choix, nous avons choisi la méthode du Pourcentage de Représentation proposée par Dodson et Wexlar (1979) :

PR = (FOi / (FTi x NMI)) x 100, où FOi est la fréquence observée de l'élément squelettique i (cette fréquence correspond au Nombre Minimal de Parties Squelettiques i observées dans l'échantillon pour l'espèce considérée), FTi est la fréquence théorique de l'élément squelettique i (cette fréquence correspond au nombre de parties squelettiques normalement présentes dans le squelette de l'espèce considérée).

3.3. Méthodologie pour l'étude des poissons

Les restes de poissons proviennent tous des sites archéologiques de Djibouti. Leur analyse a principalement concerné l'abondant assemblage d'Asa Koma en collaboration avec Wim Van Neer (Van Neer et Lesur, 2004).

3.3.1. Critères de détermination

La détermination s'est faite sur des critères ostéologiques et biogéographiques. D'après les comparaisons avec la collection de référence du Royal Museum of Central Africa (Tervuren, Belgique), un premier niveau de détermination a pu être atteint et une tribu et un genre ont pu être reconnus sur le site d'Asa Koma. Par la suite et selon les données biogéographiques du Lac Abhé, deux espèces ont pu être identifiées (Van Neer et Lesur, 2004).Les mêmes procédures ont été appliquées aux restes des deux autres sites djiboutiens (Ali Daba 2 et Hara Idé 2).

3.3.2. Taphonomie et quantification

Au niveau de la quantification de l'assemblage et des marqueurs de conservation, nous avons utilisé des méthodes proches de celles pratiquées sur les assemblages de mammifères. Nous avons ainsi compté le Nombre de Restes (NR), estimé le Nombre Minimal d'Individus (NMI) et mesuré le poids moyen par reste. Les profils de représentation des parties squelettiques ont été construits selon le pourcentage du NR. Concernant les traces, nous nous sommes particulièrement intéressée aux brûlures dans un but de reconstitution des techniques de préparation alimentaire.

3.3.3. Reconstitution de taille

La reconstitution des tailles de poissons n'a été réalisée que sur l'assemblage d'Asa Koma où les données étaient suffisantes.

La méthode se fonde sur le calcul d'équation de puissance à partir d'un référentiel composé de deux espèces de *Clarias* et de trois de Tilapinii (Van Neer et Lesur, 2004). Pour chacun des os, nous avons donc calculé la corrélation entre la mesure d'un os et la taille totale de l'animal. Une fois ces équations calculées, nous les avons appliquées au matériel d'Asa Koma en choisissant l'os ayant fourni le plus de mesures. Nous avons alors obtenu pour chacune des deux espèces présentes sur le site, un diagramme montrant la taille des différents individus qui composent l'assemblage. Nous avons pu alors nous fonder sur ces résultats pour tenter d'appréhender les stratégies halieutiques employées par les pêcheurs de ce site.

3.4. Validation statistique des résultats et analyses factorielles

3.4.1. Tests statistiques

Tout au long de ce travail, nous avons tenté quand cela était possible, de valider statistiquement nos résultats. Pour cela nous avons eu recours à différents tests adaptés aux problématiques et aux effectifs des échantillons.

Les tests paramétriques utilisent dans leurs calculs les valeurs moyennes, variances, écart-types. Ils « s'appliquent aux échantillons de répartition normale et de variances homogènes, donc d'effectifs suffisants » (Chenorkian, 1996, p. 23). Parmi ceux-ci, nous avons utilisé le test du chi^2 qui étudie la distribution d'une série de caractères dans plusieurs échantillons. Cependant deux conditions sont nécessaires pour que le test soit applicable : l'effectif total doit être supérieur ou égal à 40 et aucune valeur ne doit être inférieure à 5. Lorsque ces conditions sont remplies, nous pourrons donc mettre en évidence d'éventuelles différences au sein de deux assemblages. De plus, l'application du test de corrélation associé à une régression linéaire simple, permettra, dans quelques cas, d'estimer le degré de corrélation entre deux paramètres au sein d'un nuage formé par les points d'un diagramme de dispersion. Nous avons également eu recours au test du T de Student pour la comparaison des valeurs moyenne d'un même paramètre entre deux échantillons différents.

Lorsque la taille des échantillons est trop petite, il n'est plus possible de contrôler la normalité des distributions et l'égalité des variances. Nous avons alors eu recours au test non paramétrique « non pas fondés sur la valeur des variables mais sur les rangs pris par ces valeurs » (Chenorkian, 1996, p. 51). Parmi ceux-ci nous avons utilisé le test de corrélation des rangs de Spearman. Il évalue « l'existence de liens éventuels entre deux séries quantitatives issues de deux variables différentes et qui qualifient les mêmes individus » (Chenorkian, 1996, p. 68). Un des intérêts de ce test est qu'il est applicable à de faibles effectifs, ce qui n'est pas le cas des tests paramétriques.

Enfin, afin de comparer les distributions de deux échantillons indépendants, le test de Kolmogorov-Smirnov a été employé. C'est un test basé sur la comparaison des distributions cumulatives de fréquences N1(x) et N2(x) des deux échantillons (fréquences cumulées) en prenant le même intervalle pour chaque distribution (Monchot, 1996).

3.4.2. Analyses factorielles

En plus des tests, une analyse factorielle des correspondances (AFC) a pu être réalisée pour comparer certains taxons et la distribution anatomique de leurs restes. Elle vise à présenter graphiquement un tableau de contingence donné qui rassemble les valeurs relatives des caractères pris en compte dans l'analyse, c'est-à-dire leurs correspondances. C'est une méthode très performante pour la description de données qualitatives (Bouroche et Saporta, 1980). La distribution des échantillons sera donc représentée en fonction de deux axes principaux (généralement F1 et F2, les plus significatifs), le centre du graphique correspondant alors aux valeurs moyennes du tableau de contingence. L'axe F1 représente la tendance dominante de la structuration et résulte le plus souvent d'une combinaison pondérée de plusieurs caractères qui concourent à l'effet global (De Lagarde, 1995). Il faut donc tenir compte dans les interprétations, du poids relatif des contributions de chaque caractère sur les différents axes (Bouroche et Saporta, 1980).

Chapitre 4. Les espèces en présence

Pour la présentation des différents taxons, nous avons choisi de suivre une classification « traditionnelle », c'est-à-dire suivant les caractères anatomiques plus que les nouveaux résultats génétiques ; ces derniers nous paraissant trop éloignés de nos données ostéologiques.

4.1. Classe des poissons

Seuls les sites djiboutiens ont livré des restes de poissons. D'après l'étude des restes provenant d'Asa Koma (Van Neer et Lesur, 2004), deux espèces ont été reconnues qui vivent toutes deux dans le lac Abhé. Les critères ostéologiques et biogéographiques ont été utilisés dans cette détermination et il semble que nous soyons en présence de *Clarias gariepinus* et de *Oreochromis niloticus*.

Les sites d'Hara Idé 2 et d'Ali Daba 2 ont également livré des restes de poissons qui, après comparaisons avec le matériel d'Asa Koma, semblent provenir des mêmes espèces (Annexe 1.4, 1.5 et 1.6).

4.2. Ordre des Crocodiliens

4.2.1. Famille : Crocodylidae

4.2.1.1. Crocodylus niloticus *(Laurenti, 1768) ; crocodile*

Le crocodile du Nil est encore très répandu en Afrique de l'Est. On le trouve principalement dans les lacs ou les rivières à haut débit telles que la rivière Awash qui se jette dans le lac Abhé (Spawls et *al.*, 2002).

Le site d'Asa Koma a livré 28 restes de crocodile. 23 sont des fragments crâniens indéterminés (Annexe 1.3). On trouve également un fragment d'orbite gauche et quatre morceaux de plaques dermiques.

Sur le site d'Hara Idé 2, au sein du foyer 1, un fragment de dent de cette espèce a été exhumé (Annexe 1.4).

Le site d'Ali Daba 2 a, quant à lui, apporté 827 restes de crocodile. La répartition anatomique de ces restes est présentée dans les Annexe 1.5 et 1.6. Par ailleurs, même si les ossements sont trop fracturés pour être mesurés, il semble, d'après les individus de comparaison consultés au MNHN, que les deux individus présents dans cet assemblage soient des adultes de taille moyenne (3 m environ).

4.3. Classe des oiseaux

Seuls les sites d'Asa Koma et d'Ali Daba 2 ont livré des restes d'oiseaux.

4.3.1. *Struthio camelus* (Linnaeus, 1758) ; autruche

Les restes provenant de cet animal sont tous des fragments de coquille d'œuf et aucun ossement n'a été trouvé (Annexe 1.3).

4.3.2. *Phoenicopterus ruber* (Pallas, 1811) ; flamand rose

Sur le site d'Ali Daba 2, deux fragments de tarso-métatarse ont été exhumés. Ils proviennent tous deux du flamand rose, espèce migratoire qui se rencontre encore actuellement sur les bords du lac Abhé, à proximité du site.

4.3.3. *Aves* sp.

Une dizaine d'ossements d'oiseaux ont été exhumés. Malheureusement, en raison de la fragmentation de ces restes et de la diversité taxinomique potentielle dans cette région, aucune détermination n'a pu être faite (Annexe 1.3).

4.4. Ordre des Primates

Parmi tous les sites étudiés, seul celui de Moche Borago a fourni des ossements de primates. Toutes les données sont rassemblées dans l'Annexe 1.1a,b,c,d,e et f.

4.4.1. Famille : Cercopithecidae Gray, 1821

4.4.1.1. *Sous-famille : Cercopithecinae Gray, 1821*

4.4.1.1.1. *Papio hamadryas* (Linnaeus,1758) ; babouin

Le babouin se trouve actuellement dans une grande partie de l'Afrique de l'Est. Il mesure jusqu'à un mètre de long sans la queue et peut peser jusqu'à 50 Kg pour les mâles. C'est un animal de savane humide et de forêt ouverte où il trouve l'herbe et les fruits pour se nourrir. Il est parfois carnivore même si la viande ne représente qu'une petite part de son alimentation. Il vit en bande et est actif pendant le jour. Le groupe passe souvent la nuit dans les massifs rocheux, à l'abri des éventuels prédateurs. Il est considéré en Ethiopie comme un nuisible car il pille les champs de maïs et de sorgho (Bonotte, 2002)

Sept restes de la Fosse et de la Phase I Intermédiaire de Moche Borago proviennent selon toute vraisemblance d'un *Papio hamadryas*. Un fragment de radius proximal gauche et un calcanéus présentent d'ailleurs des dimensions tout à fait comparables aux babouins actuels (Tabl. 4.1 et 4.2)

Référence	Taxon	Sexe	Os	Bp	Dp
MBG Fosse	***Papio hamadryas***	**?**	**Radius G**	**(19.2)**	**(18.3)**
MNHN 1934-616	*Papio hamadryas*	F	Radius	17.3	15.5
MNHN 1934-616	*Papio hamadryas*	F	Radius	17.5	15.6
MNHN 1900-448	*Papio hamadryas*	M	Radius	21.9	19.5
MNHN 1900-448	*Papio hamadryas*	M	Radius	23.5	20.1
MNHN A.3910	*Papio hamadryas*	?	Radius	19.3	16.5
MNHN A.3910	*Papio hamadryas*	?	Radius	19.5	16.9

Tabl. 4.1 : Mesures de radius proximal de babouin de Moche Borago comparées aux babouins actuels (mesures en millimètres). D'après les critères de Driesh (1976).

Référence	Taxon	Sexe	Os	GL	GB
MBG Phase I I	***Papio* sp.**	**?**	**Calcanéus G**	**X**	**20.5**
MNHN 1934-616	*Papio hamadryas*	F	Calcanéus	47.4	22.6
MNHN 1900-448	*Papio hamadryas*	M	Calcanéus	50.4	28.1
MNHN 1900-448	*Papio hamadryas*	M	Calcanéus	52.1	28.5

Tabl. 4.2 : Mesures du calcanéus de babouin de Moche Borago comparées aux babouins actuels (mesures en millimètres). D'après les critères de Driesh (1976).

4.4.1.1.2. *Cercopithecus aethiops* Neumann, 1902; grivet

Le grivet est un petit singe (entre 45 et 65 cm de long sans la queue pour environ 5 Kg) vivant à la lisière des forêts claires, dans les fourrés denses et en savane humide. Comme le babouin, il est végétarien même s'il consomme parfois des œufs, des insectes, des oiseaux et des rongeurs. Il vit en bande d'une dizaine d'individus, parfois en association avec le cercopithèque à diadème (*Cercopithecus mitis*). Enfin, comme le babouin, il est considéré comme une vermine par les paysans éthiopiens à cause des dégâts qu'il provoque dans les cultures (Bonotte, 2002).

Le site (Fosse) a livré sept éléments pouvant être rapportés au grivet. Il s'agit cinq de restes dentaires et de deux fragments de fémurs présentant les caractères propres à ce taxon. En effet, pour les distinguer des Colobinae, nous nous sommes servis des critères de Szalay et Delson (1979). Ils signalent ainsi que les reliefs des couronnes des molaires sont peu marqués et que les tubercules sont mal individualisés chez *Cercopithecus* ; les prémolaires inférieures portent une *fovea* distale profonde chez *Colobus* ; enfin, du côté mésial, la couronne plonge très bas sur la racine antérieure chez le colobe.

4.4.1.2. *Sous-famille des Colobinae, Jerdon, 1867*

4.4.1.2.1. *Colobus guereza* Rüppell, 1835 ; colobe guereza

C'est un singe typiquement de forêt qui mange presque exclusivement des feuilles. Il a une taille qui peut varier entre 50 et 90 cm sans la queue pour un poids entre 10 et 23 Kg. On le trouve à toutes les altitudes, même si en Ethiopie, il est maintenant réfugié dans les zones des plateaux encore densément boisées. Dans cette région, il semble que nous soyons en présence de la sous-espèce *Colobus guereza guereza*.

Un fragment de mandibule gauche avec P4, M1, M2 et M3 ainsi qu'une P/2 droite provenant de la Phase II et de la Fosse se rapportent au colobe guereza. Les caractères discriminants utilisés sont les mêmes que pour *Cercopithecus aethiops*.

4.4.1.3. *Cercopithecidae Indéterminés*

Il nous faut signaler que pour neuf restes appartenant à la famille des Cercopithecidae (Annexe 1.1), la distinction n'a pu être faite entre *Cercopithecus aethiops* et *Colobus guereza*, malgré les mesures prises sur certains d'entre eux (Tabl.4.3).

Référence	Taxon	Sexe	Os	GLP
MBG I I	***Cercopithecus/Colobus***	**?**	**Scapula G**	**13**
MNHN 1901-498	*Cercopithecus aethiops*	?	Scapula	15
MNHN 1901-498	*Cercopithecus aethiops*	?	Scapula	15.3
MNHN A.3.844	*Colobus guereza*	?	Scapula	19.1
MNHN A.3.844	*Colobus guereza*	?	Scapula	18.8

Tabl. 4.3a : Mesures de la scapula de Cercopithecidae de Moche Borago comparées aux données actuelles (mesures en millimètres). D'après les critères de Driesh (1976).

Référence	Taxon	Sexe	Os	Bp	Dp
MBG Fosse	***Cercopithecus/Colobus***	**?**	**Radius D**	**13**	**9.5**
MBG III	***Cercopithecus/Colobus***	**?**	**Radius D**	**14**	**X**
MNHN 1901-498	*Cercopithecus aethiops*	?	Radius	11.2	10
MNHN 1901-498	*Cercopithecus aethiops*	?	Radius	10.8	9.9
MNHN A.3.844	*Colobus guereza*	?	Radius	13	10.8
MNHN A.3.844	*Colobus guereza*	?	Radius	12.5	10.5
MNHN A.12.834	*Colobus guereza*	?	Radius	13.8	12
MNHN A.12.834	*Colobus guereza*	?	Radius	13.2	11.5

Tabl. 4.3b : Mesures de la scapula et des radius de Cercopithecidae de Moche Borago comparées aux données actuelles (mesures en millimètres). D'après les critères de Driesh (1976).

Nous les avons donc laissés sous la mention Cercopithecidae.

4.4.2. Famille : Galagonidae, Gray, 1825

Deux espèces de *Galago* sont potentiellement présentes dans la Corne de l'Afrique : *Galago senegalensis* et *Galago gallarum*. Ce dernier semble toutefois plus affilié aux basses terres du sud de la Somalie.

4.4.2.1. Galago senegalensis *Geoffroy, 1796 ; galago du Sénégal*

C'est un très petit singe dont la taille sans la queue ne dépasse pas les 30 cm pour un poids moyen de 200 gr. Il vit dans les forêts claires à Acacia d'Ethiopie et se nourrit principalement de la gomme des arbres, d'insectes et de fruits.

Seuls deux ossements, venant de la Fosse, semblent se rapporter au galago. Il s'agit d'un fragment distal gauche d'humérus et d'un fragment proximal gauche de fémur. De part leur taille et leur conformation, ces restes sont tout à fait comparables aux individus de référence du MNHN (Tabl. 4.4).

Référence	Taxon	Sexe	Os	Bd
MBG Fosse	***Galago senegalensis***	**?**	**Humérus G**	**10.8**
MNHN 1966-286	*Galago senegalensis*	M	Humérus	10.3
MNHN 1966-286	*Galago senegalensis*	M	Humérus	10.5
MNHN 1964-307	*Galago senegalensis*	M	Humérus	9.1
MNHN 1971-18	*Galago senegalensis*	?	Humérus	10.4
MNHN 1971-18	*Galago senegalensis*	?	Humérus	10.1

Tabl. 4.4 : Mesures de l'humérus du galago de Moche Borago comparées aux données actuelles (mesures en millimètres). D'après les critères de Driesh (1976).

4.5. Ordre des Carnivores

4.5.1. Famille : Canidae, Fischer, 1817

4.5.1.1. Canis *sp. Linnaeus, 1758*

Quatre espèces du genre *Canis* sont potentiellement présentes dans la Corne de l'Afrique : *Canis aureus, C. adustus, C. mesomelas* et C. *simiensis*. Ce dernier est le loup d'Abyssinie, endémique à l'Ethiopie et qui ne vit que sur les plateaux. Il se nourrit principalement de gros rongeurs. En raison de la pression anthropique et de la destruction de son habitat, il trouve actuellement refuge sur les steppes de haute altitude, à plus de 3 000 m, mais sa population est en constante diminution et il risque de disparaître dans les années à venir. Les autres espèces sont des chacals vivant dans les milieux semi-désertiques, comme la plaine du Gobaad à Djibouti. Actuellement seuls le *Canis aureus* (chacal doré) et le *Canis mesomelas* (Chacal à chabraque) semblent encore présents dans la région, en raison de leur meilleure résistance à la sécheresse. Toutefois, il est tout à fait possible que le *Canis adustus* (chacal à flancs rayés) ait été présent par le passé.

Seul le site d'Asa Koma a livré des restes de Canidae (Annexe 1.3). Un première étude de ce matériel à été réalisée et publiée par Guérin et Faure (1996). Les auteurs arrivaient à la conclusion que le Canidae d'Asa Koma était un chacal, très certainement un *Canis adustus*, selon la conformation et la taille des dents, et surtout des carnassières. Ces résultats ont été complétés par le matériel provenant des fouilles réalisées en 1994 et en 1996, et toutes les données métriques compilées dans le référentiel (Annexe 2.A.1 et 2.B.1). Comparées aux trois espèces de chacals présents dans la région (*Canis aureus, Canis adustus* et *Canis mesomelas*) et au chien pariah, il apparaît qu'il est difficile de déterminer spécifiquement ce matériel, notamment de faire la distinction entre *Canis aureus* et *Canis adustus*, de format très proche comme nous pouvons le voir sur la figure 4.1. C'est pourquoi, nous avons préféré laisser la mention *Canis* sp.

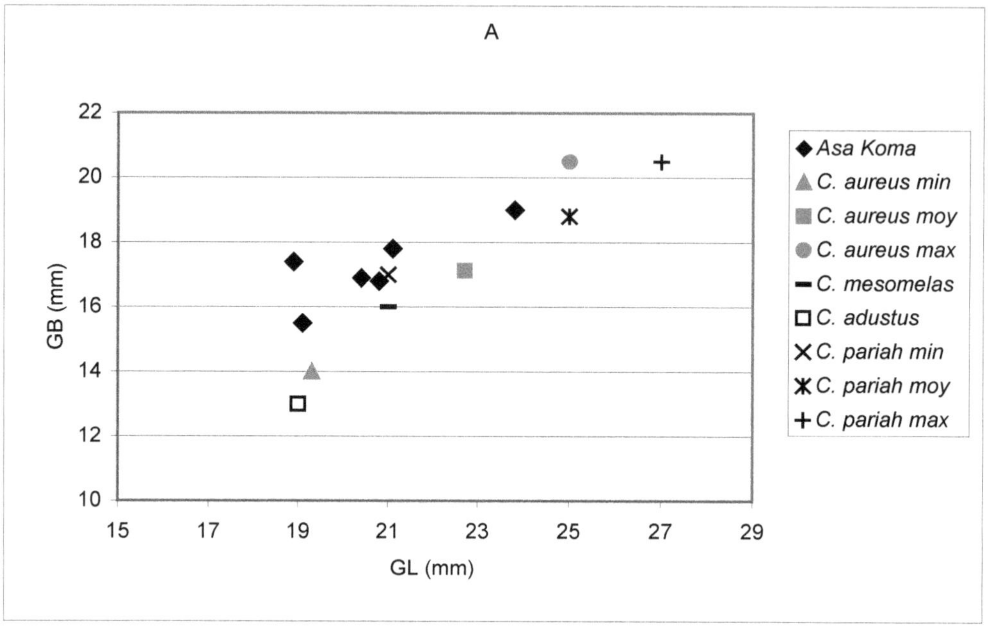

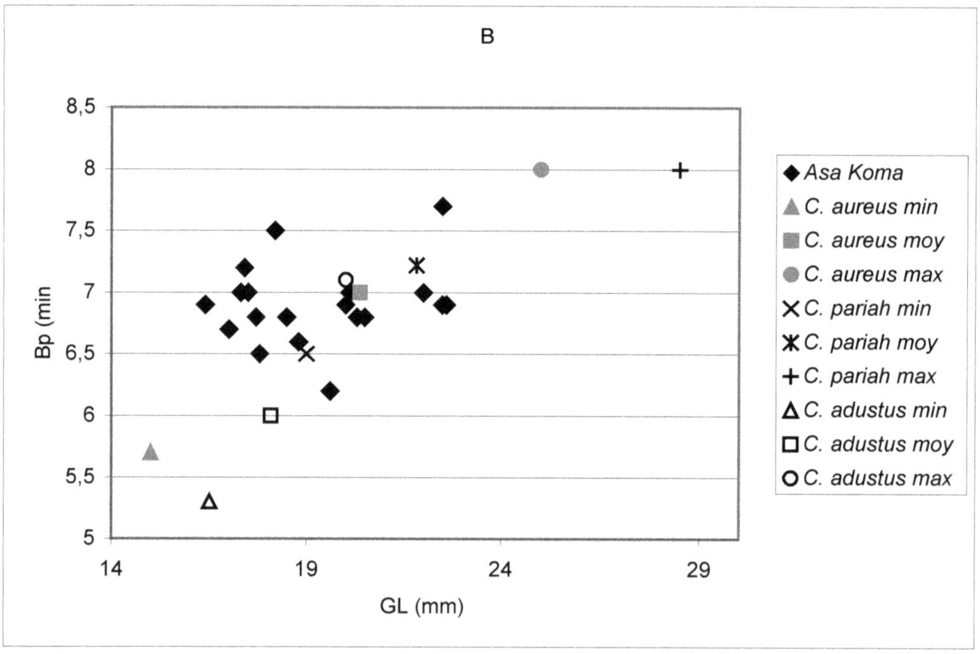

Fig 4.1: Diagramme des mesures du Canidae d'Asa Koma comparées aux références actuelles (Guérin et Faure, 1996) A: Rapport GL/ GB pour le talus ; B: Rapport GL/BP pour les phalanges proximales.

De même sur le site d'Hara Idé 2, une M/1 droite de Canidae a été exhumée dans la locus 1 (Annexe 1.4). Il s'agit d'une dent extrêmement usée, pour laquelle il est difficile de déterminer l'espèce, même si elle semble également provenir d'un chacal.

Le site d'Ali Daba 2 a livré 14 restes de Canidae qui comprennent essentiellement des fragments d'os d'extrémités (tarse, métapodes et phalanges) ainsi que quelques vertèbres caudales. Bien que les mesures n'aient pas pu être prises en raison de la forte fragmentation des os, leur conformation se rapporte clairement au chacal. Nous les avons donc placé dans la catégorie *Canis* sp.

4.5.2. Famille : Hyaenidae Gray, 1821

4.5.2.1. *Sous-famille : Hyaeninae Gray, 1821*

4.5.2.1.1. *Crocuta crocuta* (Erxleben, 1777) ; hyène tachetée

La hyène tachetée est présente dans toute l'Afrique de l'Est. On la trouve dans tous les milieux ouverts (secs ou humides) potentiellement porteurs de proies ou de charognes, sauvages ou domestiques.

Trois restes de *Crocuta crocuta* proviennent du site de Moche Borago (Phase III et Fosse) : un fragment de maxillaire gauche avec une P4/, un calcanéus droit et une phalange proximale (Annexe 1.1.b et f). La taille et la conformation de ces ossements sont les mêmes que pour les individus de référence du MNHN (Tabl. 4.5)

Référence	Taxon	Os	Sexe	GL	GB
MBG Fosse	***Crocuta crocuta***	**Calcanéus D**	**?**	**63.5**	**30**
MNHN 1036-609	*Crocuta crocuta*	Calcanéus	?	63.5	26.9

Référence	Taxon	Os	Sexe	GL	Bp	SD	Bd
MBG Phase III	***Crocuta crocuta***	**Phal 1**	**?**	**32.4**	**13.9**	**9.5**	**X**
MNHN 1936-609	*Crocuta crocuta*	Phal 1 ant	?	35.6	13.5	9.7	11.2
MNHN 1936-609	*Crocuta crocuta*	Phal 1 ant	?	35	13.4	9.1	11
MNHN 1936-609	*Crocuta crocuta*	Phal 1 post	?	32	12.1	8.4	10.4
MNHN 1936-609	*Crocuta crocuta*	Phal 1 post	?	32.4	12.2	8.1	9.9
MNHN 1936-609	*Crocuta crocuta*	Phal 1 post	?	32.4	12.2	8.7	10.1
MNHN 1936-609	*Crocuta crocuta*	Phal 1 post	?	31.7	11.8	8	9.8
MNHN 1984-036	*Crocuta crocuta*	Phal 1 ant	?	32.7	10.7	6.8	9.4
MNHN 1984-036	*Crocuta crocuta*	Phal 1 ant	?	33.8	10.9	6.8	9.5
MNHN 1984-036	*Crocuta crocuta*	Phal 1 post	?	32	10.9	6.8	9.2
MNHN 1984-036	*Crocuta crocuta*	Phal 1 post	?	31.2	10.9	6.7	9.1
MNHN 1984-036	*Crocuta crocuta*	Phal 1 post	?	31.4	10.8	7	9.2
MNHN 1984-036	*Crocuta crocuta*	Phal 1 post	?	34	10.5	6.9	8.9

Tabl. 4.5 : Mesures du calcanéus et de la phalange proximale de hyène de Moche Borgao comparées aux données actuelles (Mesures en millimètres). D'après les critères de Driesh (1976). (Phal 1, phalange proximale ; ant, antérieure ; post, postérieure).

4.5.3. Famille : Felidae Fischer, 1817

4.5.3.1. *Sous-famille: Felinae Fischer, 1817*

4.5.3.1.1. *Leptailurus serval* (Schreber, 1776) ; serval

Le serval est un petit Felinae (environ 75 cm sans la queue pour un poids variant de 14 à 18 Kg). On le trouve dans l'Afrique sub-saharienne. Il se nourrit de petits animaux (oiseaux, rongeurs, lagomorphes, petits bovidés) et vit dans les forêts et les savanes arborées. Il est nocturne et arboricole.

Un ulna complet trouvé à Moche Borago (Fosse, Annexe 1.1b) provient de serval et présente des dimensions très proches des individus actuels (Tabl.4.6). Au niveau morphologique, cet os présente des caractères propres au serval, à savoir : un processus coronoïde bien développé distalement ainsi qu'une tubérosité de l'olécrâne moins prononcé que chez le caracal (Walker, 1985).

Référence	Taxon	Os	Sexe	GL	BPC
MBG Fosse	***Leptailurus serval***	**Ulna G**	**?**	**174**	**15,6**
MNHN 1913-470	*Leptailurus serval*	Ulna G	?	167	13,2
MNHN 1925-202	*Leptailurus serval*	Ulna G	?	171	14,8

Tabl. 4.6 : Mesures de l'ulna de serval de Moche Borago comparées aux données actuelles (Mesures en millimètres). D'après les critères de Driesh (1976).

4.5.3.1.2. *Felis silvestris* ; Schreber, 1775 (chat sauvage)

Le chat sauvage est très répandu en Afrique. C'est un petit animal de savane (environ 30 cm de long sans la queue pour un poids moyen de 5 Kg) qui se nourrit de petits animaux (oiseaux, insectes, lézards, rongeurs).

Le site d'Asa Koma a livré un fragment proximal de fémur gauche qui présente les traits morphologiques propres au Felinae, à savoir un tête fémorale très ronde et très proéminente, et un grand trochanter peu élevé mais plus large que chez les Canidae (Walker, 1985). D'un point de vue métrique cet os se rapporte au chat sauvage (Tabl. 4.7).

Référence	Taxon	Os	Sexe	Bp	DC
AK 94 A11 3a	***Felis sylvestris***	**Fémur G**	**?**	**26.7**	**14.1**
MNHN 1953-207	*Felis sylvestris*	Fémur	?	23.5	11.3

Tabl. 4.7 : Mesures du fémur de chat sauvage d'Asa Koma comparées aux données actuelles (Mesures en millimètres). D'après les critères de Driesh (1976).

4.5.3.2. *Sous-famille : Pantherinae Pocock, 1917*

4.5.3.2.1. *Panthera leo* (Linnaeus, 1758) ; lion

Le lion est le plus grand Felidae d'Afrique. Il était très répandu dans la plupart des régions de la Corne de l'Afrique jusqu'au 19e siècle où la pression anthropique et la chasse ont considérablement réduit son ère de répartition. On le trouve encore actuellement dans les parcs naturels d'Ethiopie et dans quelques zones refuges du sud somalien et de l'Ouest éthiopien. Il se nourrit de tous les grands mammifères et principalement de grands Bovidae. Il vit en groupe familiaux et chasse collectivement par rabattage (Estes, 1991).

Sur le site d'Ali Daba 2, plusieurs ossements post-crâniens de lion ont été exhumés (Annexe 1.5). Il s'agit de cinq fragments d'un tibia proximal droit, d'un fragment de diaphyse d'ulna droit ainsi que de trois métatarsiens (II gauche, III gauche et III droit). Toutes les mesures sont présentées dans le tableau ci-dessous et comparées avec les individus de référence du MNHN (Tabl. 4.8).

Référence	Taxon	Os	Sexe	GL	Bp	Dp	Bd
AD2/ I32 n°22	***Panthera leo***	**MTIII G**	**?**	**114,3**	**21,8**	**29,3**	**19**
AD2/ I33 n°21	***Panthera leo***	**MTII G**	**?**	**114,8**	**15,3**	**26,5**	
AD2/ I37 n°23	***Panthera leo***	**MTIII D**	**?**		**21,8**	**29,7**	
MNHN 1911-328	*Panthera leo*	MTIII D	?	121	21,9	31,2	19
MNHN 1939-539	*Panthera leo*	MTIII D	F	125,4	21	31,3	19,3
MNHN 1939-539	*Panthera leo*	MTII D	F	116,2	14,8	26,5	19,9

Tabl. 4.8 : Mesures des métatarses de lion d'Ali Daba 2 comparées aux données actuelles (Mesures en millimètres). D'après les critères de Driesh (1976).

Par ailleurs, ce même site a livré quatre fragments deux mandibules complètes (une droite et une gauche) provenant d'un très jeune individu. Les seules dents sorties sont les trois incisives déciduales gauches, la canine déciduale gauche et la 4e prémolaire déciduale gauche, cette dernière étant fragmentée. Par ailleurs, ces mandibules présentent un long diasthème sur lequel une crête se développe de façon très prononcée. La présence de ce diasthème et de cette crête nous confirme donc qu'il s'agit bien de *Panthera leo*. D'après les informations aux éruptions dentaires chez le lion (Smuts *et al.*, 1978), il semble que cet individu soit âgé d'environ un mois.

4.5.3.2.2. *Panthera pardus* (Linnaeus, 1758) ; léopard

Le léopard est également très présent dans toute l'Afrique à l'exception du Sahara. Il se nourrit d'animaux de taille moyenne comme les bovidés, chien, babouin… Il est nocturne, solitaire et arboricole.

Dans la Fosse de Moche Borago, un fragment distal de phalange intermédiaire d'un doigt 3 ou 4 se rapporte par sa taille et sa conformation au léopard. Il présente, en effet, les caractéristiques d'une phalange d'un animal aux griffes rétractables (Walker, 1985), avec des mesures proches de celles des léopards de comparaison (Tabl. 4.9). Là encore, ce reste provient de Moche Borago (Fosse, Annexe 1.1b).

Référence	Taxon	Os	Sexe	Bd
MBG Fosse	***Panthera pardus***	**Phal 2**	**?**	**9.5**
MNHN 1904-305	*Panthera pardus*	Phal 2 ant	?	10.5
MNHN 1904-305	*Panthera pardus*	Phal 2 ant	?	10
MNHN 1909-384	*Panthera pardus*	Phal 2 ant	?	10
MNHN 1909-384	*Panthera pardus*	Phal 2 post	?	9.2
MNHN 1909-384	*Panthera pardus*	Phal 2 post	?	9.7

Tabl. 4.9 : Mesure de la phalange intermédiaire de léopard de Moche Borago comparées aux données actuelles (Mesures en millimètres). D'après les critères de Driesh (1976).

Le site d'Ali Daba 2 a livré un deux fragments de léopard provenant d'un humérus gauche dont seule la partie proximale manque (Annexe 1.5). En comparaison avec le lion, l'extrémité distale présente une crête épicondylaire moins développée et un tubercule médial plus large et moins pointue. Par ailleurs, même s'il n'est pas possible de prendre de mesures en raison de la fragmentation, l'estimation de la largeur de cette extrémité permet de dire qu'elle ne rentre pas dans les variations métriques du lion présentées dans Gross (1992), mais bien dans celle du léopard.

4.5.4. Familles : Herpestidae ou Viverridae

Les Herpestidae et Viverridae sont deux familles de carnivores très diversifiées. On en trouve sept espèces pour la première et quatre espèces pour la seconde dans la Corne de l'Afrique (Kingdon, 1997). Elles regroupent donc de nombreuses espèces de genettes et de mangoustes qui occupent une grande variété de milieux et qui se nourrissent principalement de petits animaux comme les rongeurs, les oiseaux, les mollusques, les amphibiens et les lézards. Elles consomment également parfois quelques fruits.

Deux fragments de prémolaires inférieures ainsi que deux fragments distaux d'humérus (un droit et un gauche) semblent provenir de l'une ou l'autre de ces familles. Ils ont tous été livrés par le site de Moche Borago (Fosse, Annexe 1.1b). Cependant, en l'absence d'un matériel plus complet, notamment en reste dentaire, il n'est pas possible de préciser plus la détermination, même si une mesure à pu être prise sur un humérus (Tabl. 4.10). Nous voyons en effet que cette mesure se rapproche à la fois d'espèce de Viverridae comme la *Genetta muculata* (genette tigrine) et que celles d'Herpestidae comme *Helogale hirtula* (mangouste velue) ou *Atilax paludinosus* (mangouste des marais).

Référence	Taxon	Os	Sexe	Bd
MBG Fosse	***Viverridae/Herpestidae***	**Humérus D**	**?**	**17.8**
MNHN A.2090	*Civettictis civetta*	Humérus	?	29.1
MNHN 1929-73	*Helogale hirtula*	Humérus	M	18.5
MNHN 1929-73	*Helogale hirtula*	Humérus	M	18.5
MNHN 1884-364	*Genetta maculata*	Humérus	?	19.5
MNHN 1884-2476	*Atilax paludinosus*	Humérus	?	17.6

Tabl. 4.10 : Mesure de l'humérus distal de Viverridae ou d'Herpestidae de Moche Borago comparées aux données actuelles (Mesures en millimètres). D'après les critères de Driesh (1976).

4.6. Ordre des Perissodactyles,

4.6.1. Famille : Equidae Gray, 1821

Tous les sites djiboutiens ont livré des restes d'équidés. Nous en trouvons en effet cinq sur le site d'Asa Koma (Annexe 1.3), 31 sur le site d'Ali Daba 2 (Annexe 1.5) et un sur celui d'Hara Idé 2 (Annexe 1.4). Quatre espèces d'équidés sont potentiellement présents dans la région : l'âne sauvage (*Equus africanus*), l'âne domestique (*Equus asinus*), le zèbre de grevyi (*Equus grevyi*) et le zèbre de Burchell (*Equus burchellii*). Dans le cas présent, hormis une incisive provenant du site d'Ali Daba 2, aucun élément crânien ou dentaire ne compose ces assemblages et nous devons donc nous focaliser sur les quelques ossements suffisamment bien préservés pour tenter une détermination spécifique. Les données métriques issues de quatre de ces fragments sont présentées en Annexe 1.B.2. Malgré l'extrême faiblesse des échantillons, les mesures effectuées sont tout à fait informatives. Il apparaît ainsi que pour les sites d'Ali Daba 2 et d'Hara Idé 2 nous ayons affaire à un équidé de grand format qui correspond à celui du zèbre de grevyi (Fig. 4.2).

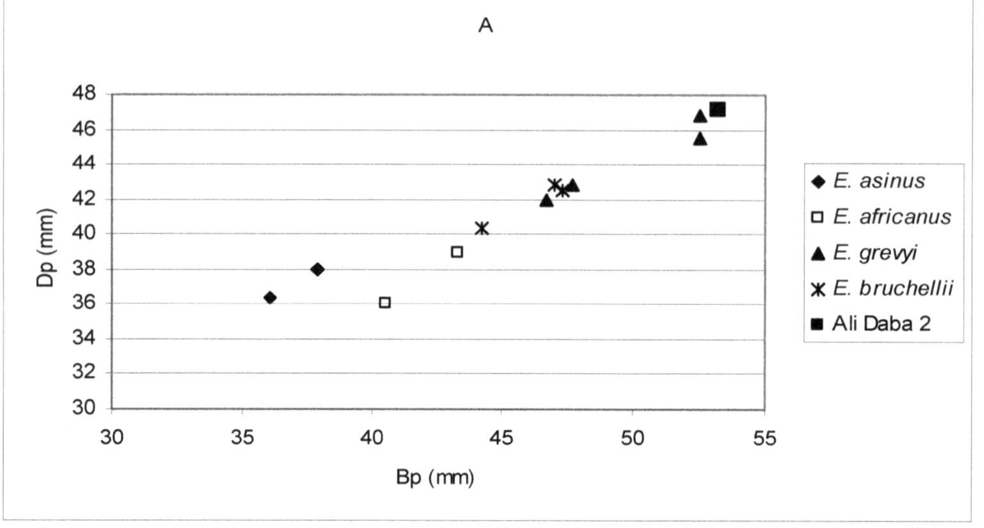

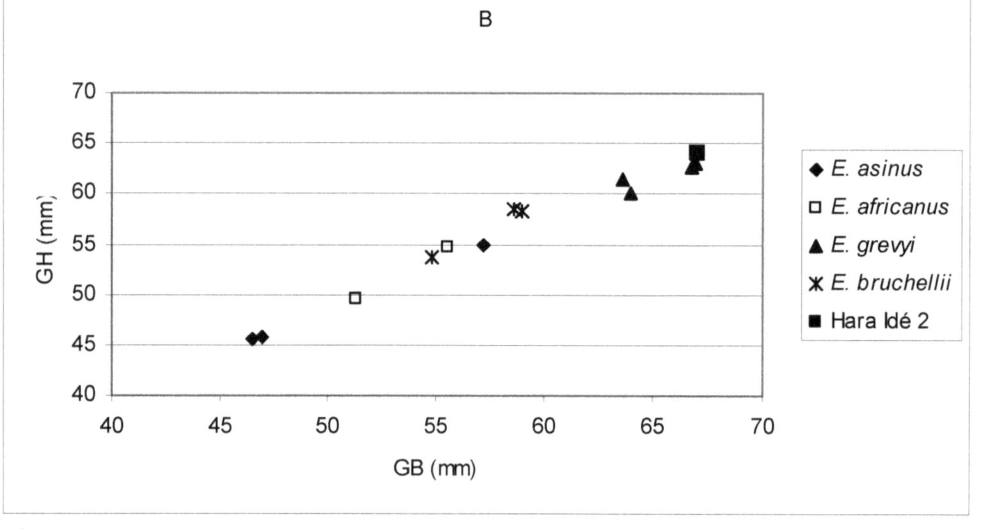

Fig. 4.2: Diagrammes des mesures des Equidae de Djibouti comparées aux références actuelles A: Rapport Bp/Dp pour le métatarse sur le site d'Ali Daba 2 ; B: Rapport GB/GH pour le talus sur le site d'Hara Idé 2

En revanche dans le cas d'Asa Koma, l'animal semble de dimension plus réduite et ses mesures rentrent dans l'intervalle de l'âne. La distinction entre l'âne sauvage et domestique est très délicate et peu d'ouvrages traitent de la question (Eisenmann, 1986, 1995 ; Uerpmann, 1991). Elle est possible notamment en observant les variations de proportion de certains os comme les métapodes (Eisenman et Bekouche, 1986). Par ailleurs, dans le cas qui nous concerne, nous pouvons nous servir de l'index crée par Uerpmann (1991) sur l'épiphyse distale du radius et qui prend en compte « la largeur comme un pourcentage de la profondeur (Bx100/D) » (Fig. 4.3). D'après les résultats de cet auteur, l'indice varie entre 80,6% et 88,8% chez les ânes sauvages et entre 76,5% et 84,5% pour les ânes domestiques. L'équidé d'Asa Koma, en sus de son format gracile, offre un indice de 75,2 ce qui le placerai plutôt parmi les ânes domestiques. Cependant, il est très difficile de se fonder sur un seul fragment osseux pour déterminer non seulement l'espèce d'un taxon mais aussi son statut domestique ou sauvage. Nous laisserons donc ce taxon sous la mention *Equus* cf *asinus*.

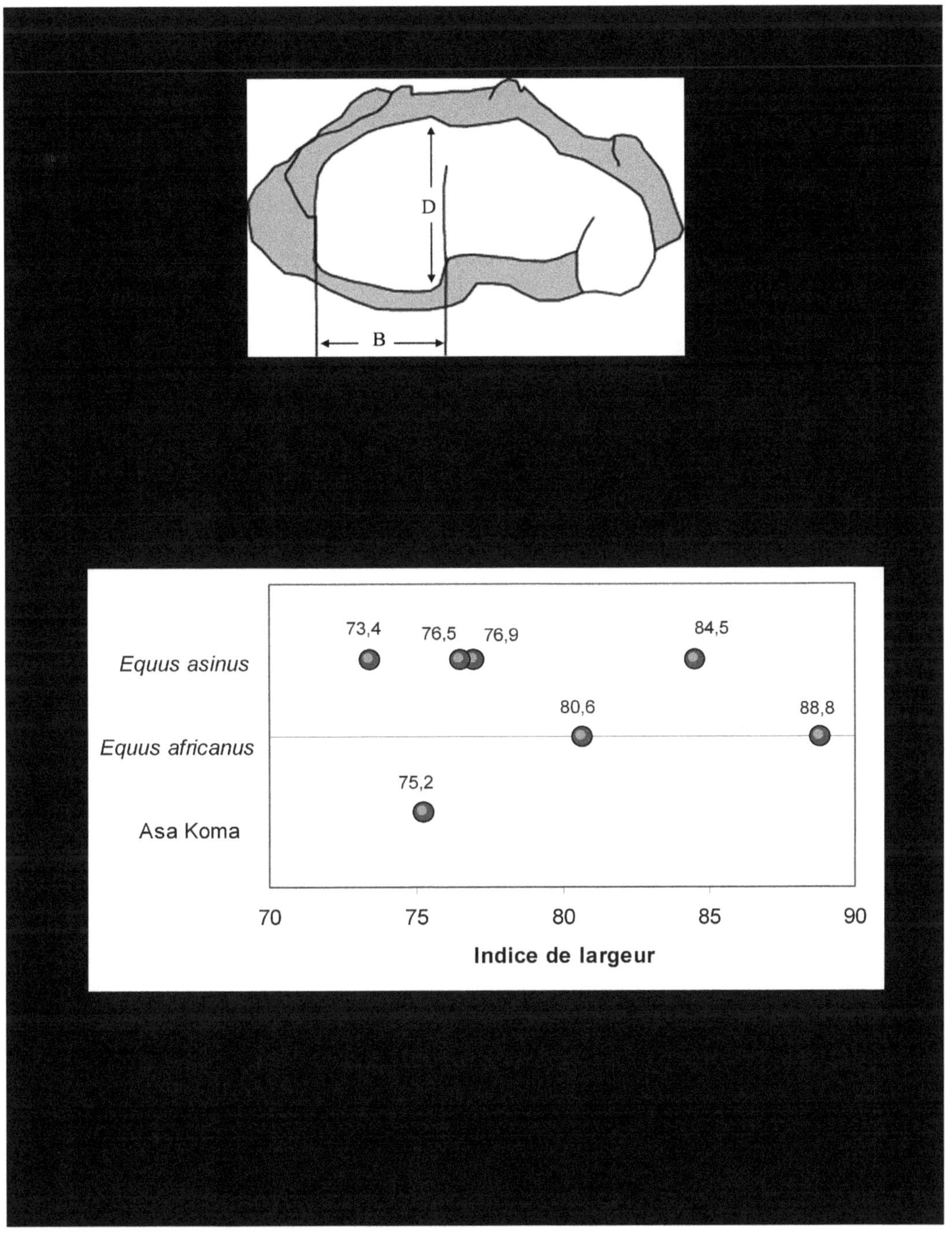

Fig. 4.3: Calcul de l'indice de largeur pour la distinction entre l'âne sauvage et l'âne domestique selon les propositions de Uerpmann (1991).

4.7. *Ordre des Artiodactyles*

4.7.1. Famille: Hippopotamidae Gray, 1821

4.7.1.1. Hippopotamus amphibius *Linnaeus, 1758 ; hippopotame*

L'hippopotame est un des plus grands mammifères d'Afrique avec un poids pouvant dépassé les trois tonnes. Il vit dans les lacs, rivières et marécages mais sort la nuit pour se nourrir d'herbe. Il vit en groupe de cinq à quinze têtes et est très territorial. On le trouve actuellement dans les lacs de la partie Sud de la vallée du rift (Kingdon, 1997).

Sur le site d'Asa Koma, un éclat de dent jugale d'hippopotame a été exhumé en 1996 (Tabl.5.5). Toutefois, sa taille très réduite empêche tout positionnement au sein des rangées dentaires.

Le site d'Hara Idé 2 a, quant à lui, livré 32 restes de ce taxon dont 18 fragments dentaires (Annexe 1.4). Parmi ces derniers, on trouve un fragment d'une canine supérieure gauche et 17 autres provenant également de canines sans qu'il soit possible d'être plus précis. Le reste de l'assemblage est constitué d'un fragment de vertèbre lombaire, de onze d'un humérus distal gauche et de deux restes d'un quatrième métacarpien gauche.

Enfin sur le site d'Ali Daba 2, 326 fragments d'hippopotame ont été trouvés (Annexe 1.5 et 6). Il faut noter que seuls huit restes ne sont pas dentaires et qu'ils proviennent tous du ramassage de surface. Il s'agit de deux fragments de crâne, deux de côtes, deux de radius droit (un reste de diaphyse et un reste distal) et enfin, deux petits sésamoïdes. Les neuf fragments dentaires proviennent de dents jugales et le reste de canines supérieures et inférieures.

4.7.2. Famille des Suidae Gray 1821

Seuls les sites éthiopiens de Moche Borago (Phase III, Phase I Récente, Phase I Intermédiaire, Fosse et Phase I Ancienne) et d'Akirsa ont fourni des restes de Suidae. Les répartitions anatomiques des restes sont présentés dans les tableaux Annexe 1.1a,b,c,d et f pour Moche Borago et dans le tableau Annexe 1.2 pour Akirsa. Les analyses métriques des ossements post-crâniens ont permis une première distinction entre d'une part *Hylochoerus* et d'autre part *Phaochoerus* et *Potamochoerus* qui présentent tous deux un format similaire alors que *Hylochoerus* est plus grand. Ces résultats apparaissent dans les graphiques (Fig. 4.4) et en Annexe 1.B.3. Au vu de ces données, il semble d'aucun reste post-crânien trouvé en contexte archéologique ne soit attribuable à *Hylochoerus* et que tous proviennent soit de *Potamochoerus* soit de *Phacochoerus.*

Sur le site d'Akirsa (Sols 2 et 3), parmi les 15 restes provenant de cette famille, aucun élément osseux ou dentaire ne permet une détermination spécifique, nous avons donc la totalité des vestiges sous la mention Suidae.

A Moche Borago, la détermination spécifique entre ces deux espèces n'a pu être réalisée que sur les éléments dentaires et crâniens grâce à la présence de crânes actuels au MNAA et aux critères décrits par Cooke et Wilkinson (1978, p. 438-439).

4.7.2.1. Phacochoerus *sp. Cuvier, 1826 ; Phacochère*

Deux espèces de phacochères vivent actuellement dans la Corne de l'Afrique : *Phacochoerus aethiopicus* (phacochère du Cap) et *P. africanus* (phacochère commun). Les deux ont une taille proche (entre 100 et 150 cm de long) mais le dernier est beaucoup plus lourd avec un poids allant jusqu'à 150 kg alors que le phacochère du Cap ne dépasse pas les 100 kg. Le phacochère commun est le plus répandu et vit principalement dans les savanes arborées. Le phacochère du Cap, quant à lui, vit dans les milieux plus désertiques du sud et de l'est de la Corne. Les deux espèces vivent principalement d'herbe et en saison sèche de racines et de rhizomes (Kingdon, 1997).

Sur le site de Moche Borago (Fosse), seuls trois ossements ont pu être attribués au phacochère :

- un fragment du bord supra-orbital gauche marqué par une forte robustesse et une grande élévation par rapport au fronto-parietal
- un fragment de maxillaire gauche situé au niveau de la fosse canine présentant également une grande robustesse et des reliefs très marqués.
- une troisième molaire inférieure gauche allongée et très hypsodonte (Fig. 4.5).

Ces trois pièces présentent toutes les caractéristiques propres au phacochère.

Par ailleurs, trois autres restes possèdent aussi certains des traits typiques de cette espèce comme la robustesse et des reliefs développés, mais jamais de façon indiscutable. C'est pourquoi nous les avons laissés dans la catégorie "Suidae".

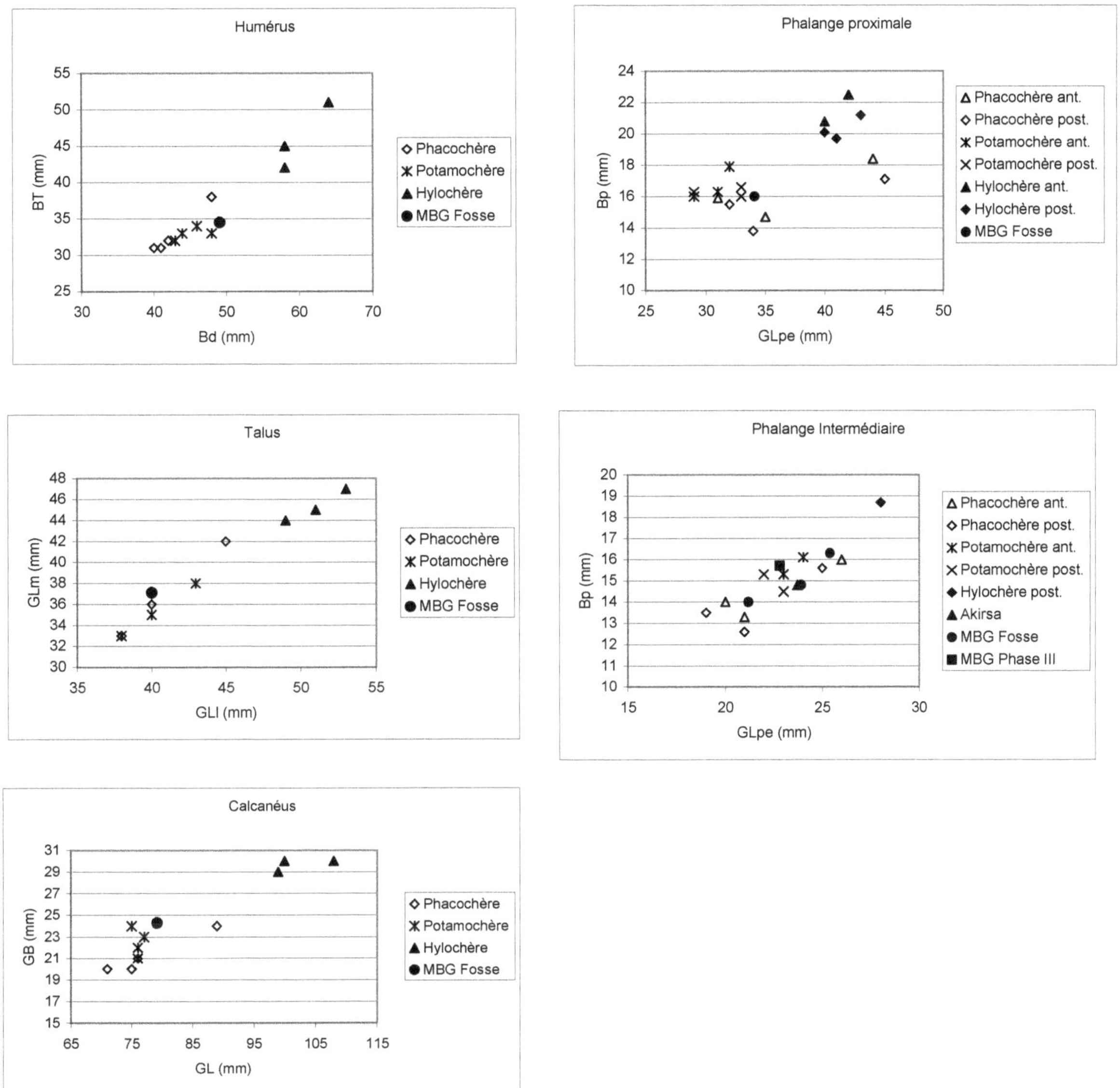

Fig 4.4: Diagrammes des mesures de Suidae de Moche Borago comparées aux références actuelles. D'après les critères de Driesh (1976)

Fig. 4.5 : 3e molaire inférieure gauche de *Phacochoerus* sp. provenant de la Fosse de Moche Borago.

4.7.2.2. Potamochoerus larvatus *(Cuvier, 1822) ; potamochère*

Le potamochère est un Suidae d'assez grande taille (un mètre de long environ pour une poids allant jusqu'à 150 Kg). Il vit dans des habitats fermés de forêts ou de broussailles denses. Il est omnivore et s'adapte très bien à aux conditions locales et saisonnières. Il se nourrit de tubercules, de racines, de graines mais aussi d'amphibiens, de larves ou d'escargots.

Sur le site de Moche Borago (Phase I Intermédiaire et Fosse), 20 pièces appartiennent au Potamochère. Il s'agit de:

- un fragment de protubérance occipitale externe gauche se terminant en pointe ;
- deux fragments de maxillaires gauches, tous deux caractérisés par la présence d'une crête latérale se développant au niveau de la bosse canine ;
- un fragment de maxillaire droit situé au niveau de la troisième molaire ;
- un fragment de maxillaire gauche avec la quatrième pré-molaire ainsi que les première, deuxième et troisième molaires ;
- un fragment de maxillaire gauche avec la troisième molaire ;
- un fragment de mandibule gauche comportant une partie du bord interalvéolaire de même que les alvéoles des pré-molaires ; il présente un long diasthème d'aspect "pincé" entre la canine et la première pré-molaire
- un fragment de mandibule droite avec les deuxième et troisième pré-molaires ;
- un fragment de mandibule droite avec les première et deuxième molaires ;
- une canine supérieure gauche peu développée et d'incurvation uniquement latérale ;
- deux troisièmes molaires supérieures (une droite et une gauche) ;
- deux troisièmes molaires inférieures (une droite et une gauche) ;
- six fragments de dents jugales.

Toutes les dents présentent la caractéristique d'être bunodonte, peu développée et de taille réduite, traits qui les différencient des dents de phacochère.

De plus, comme pour le phacochère, 19 restes possèdent certaines caractéristiques du potamochère sans pour autant que leur attribution soit totalement sûre. Ils ont donc été laissés dans la catégorie "Suidae".

4.7.3. Famille des Bovidae Gray 1821

4.7.3.1. *Sous-famille : Bovinae Gray, 1821*

4.7.3.1.1. Tribu : Bovini

Deux Bovini sont présents dans la Corne : le bœuf domestique (*Bos taurus*) et le buffle de savane (*Syncerus caffer*). Ce dernier est de grande taille avec une hauteur au garrot entre 100 et 170 cm pour un poids allant jusqu'à 850 Kg. Jusqu'à récemment, le buffle était très répandu dans tout l'Afrique hormis le Sahara. Il peut, en effet, occupé une très grande variété de milieux jusqu'à une altitude de 4 000 m. Comme pour les autres grands mammifères sauvages, son aire de répartition est aujourd'hui très réduite, se militant presque exclusivement au réserves et parcs naturels. Il se nourrit d'herbes et de feuilles. Il vit en troupeaux de taille variable et ne migre qu'en cas d'absolue nécessité.

A Moche Borago, l'ensemble des phases a livré 1889 restes se rapportant à cette tribu. Parmi cet assemblage, 393 restes sont attribuables au *Syncerus caffer* (buffle) provenant des phases III, II, I Récente, I Intermédiaire et Fosse (Annexe 1.1b, c, d, e et f).

227 restes dentaires, dont certains ont été dessinés en Fig. 4.6, semblent provenir du buffle selon les observations faites sur les collections de référence. Par ailleurs, F. Marshall (1990b) a mis en évidence les différences de proportions pour les molaires supérieures de *Bos* et *Syncerus*. Le buffle, en effet, offre des dents plus larges alors que chez *Bos*, elles sont plus allongées. Nous avons donc réuni différentes données métriques provenant des deux taxons en y ajoutant les quelques mesures disponibles pour Moche Borago (Fosse). Comme le montre la figure 4.7, ceci confirme très clairement que les Bovini issu de la Fosse sont bien des buffles.

Comme présenté dans le tableau 4.11, 166 os post-crâniens ont pu être déterminés grâce aux critères de Peters (1988). Par ailleurs, 80 ont pu être mesurés et comparés avec les données de référence (Annexe 1.B.4). Enfin, 1249 vestiges de Bovini n'ont pu être déterminés spécifiquement (Annexe 1.1a, b, c, d, e et f). Il n'est pas à exclure que certains d'entre eux proviennent de *Bos* mais aucun élément morphologique ou métrique ne peut appuyer cette hypothèse et l'aspect dense et robuste des vestiges semble correspondre davantage au *Syncerus caffer*.

Sur le site d'Akirsa (Sols 1, 2 et 3), 48 restes (répartis comme présentés dans le Annexe 1.2 semblent provenir de la tribu des Bovini. La plupart (41) sont des restes dentaires. Malheureusement en raison de la très forte fragmentation, seuls deux fragments ont pu être attribués précisément à une dent. Il s'agit d'une M2/ droite et d'une M/3 droite. Aucune des deux n'est complète mais elles présentent cependant les caractéristiques des Bovini décrites par Gentry (1978). Parallèlement, on trouve quatre fragments de diaphyses de côtes, un pisiforme gauche, un grand et un petit sésamoïde. Toutefois, aucun de ces vestiges n'est assez bien conservé pour présenter des critères de discrimination donnés par Peters. Il nous est donc impossible de savoir si ces ossements proviennent de *Syncerus caffer* ou de *Bos* sp., sauvage ou domestique.

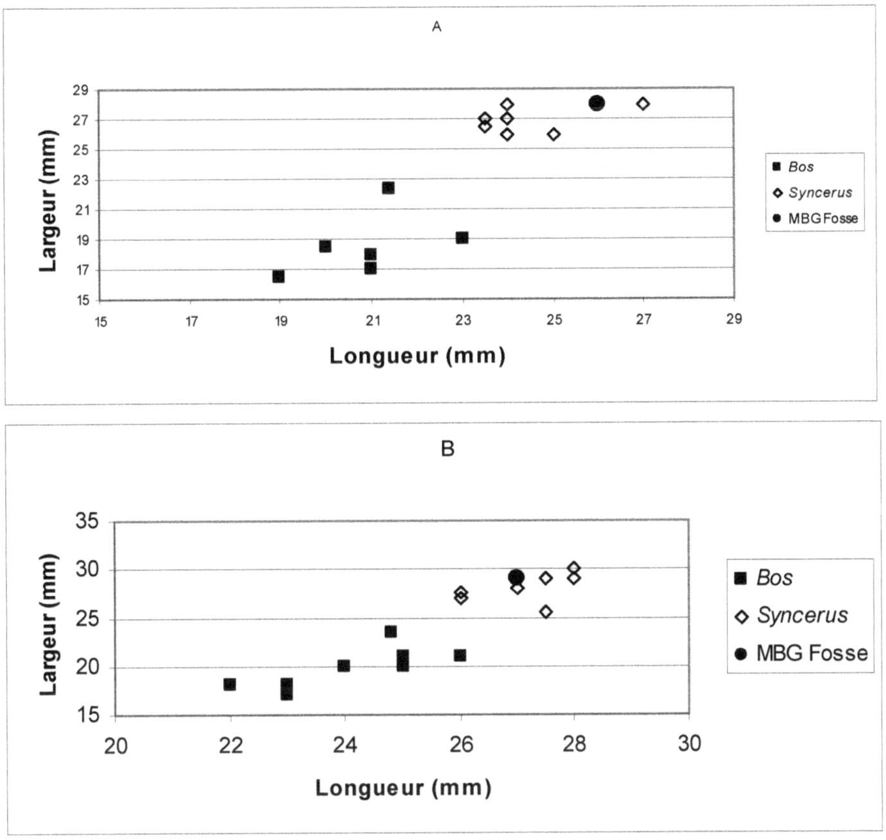

Fig. 4.7 : Rapport longueur/largeur pour les molaires supérieures 1 et 2 des Bovini de Moche Borago comparées aux données actuelles selon les propositions de Marshall (1990b). A : M1/ ; B : M2/

Origine	NR	Os	Partie	Lat	Critères de Peters (1988)
MBG Fosse	1	Scapula	dist	G	L'incisure glénoïde est bien développée
MBG Fosse MBG Fosse	8 2	Humérus Humérus	dist dist	D G	La transition entre l'épicondyle latéral et la fosse radiale est caractérisée par une surface crânio-proximale d'attachement peu marquée. L'epicondyle médial est peu développé distalement.
MBG Fosse MBG Fosse	8 8	Radius-ulna Radius-ulna	prox prox	D G	La marge caudale de la surface articulaire proximale présente un dessin propre à *Syncerus* .Le processus coronoïde latéral est peu développé latéralement. L'incisure latérale a une forme triangulaire et est peu prononcée sur les côtés dorsal et latéral.
MBG II MBG Fosse MBG Fosse	1 2 3	Capitato-trapèzoïde Capitato-trapèzoïde Capitato-trapèzoïde		G D G	Os d'aspect plutôt carré et où la surface articulaire médiale reste uniforme
MBG Fosse	1	Pyramidal		D	La facette articulaire médiale est peu prononcée
MBG I Re MBG Fosse	1 1	Semi-lunaire Semi-lunaire		D G	L'angle entre le bord palmaire et le bord médial de la facette articulaire distale est d'environ 45°
MBG Fosse MBG Fosse	2 1	Scaphoïde Scaphoïde		D G	Le bord médial a une forme peu anguleuse
MBG Fosse MBG Fosse	19 3	Métacarpe Métacarpe	prox prox	D G	La tuberosité osseuse du métacarpe III est peu développée
MBG Fosse	1	Patella		G	La patella a un corps plus développé latéro-médialement
MBG Fosse MBG Fosse	4 6	Tibia Tibia	dist dist	D G	La maléole latérale est peu développée et la morphologie de la facette articulaire maléolaire est propre au *Syncerus.*
MBG II MBG Fosse	1 3	Os malléolaire Os malléolaire		D D	La partie crânio-proximale de l'os pointe proximalement
MBG Fosse MBG Fosse	7 8	Talus Talus		D G	Le *caput tali* ne présente aucune torsion latérale au niveau de sa surface articulaire
MBG Fosse MBG Fosse	4 3	Calcanéus Calcanéus	dist dist	D G	Le *sustentaculum tali* est bien prononcé médialement. La partie proximale du processus coracoïde est peu développée dorsalement. La transition vers la partie proximale de l'os s'étend peu de façon plantaire.
MBG Fosse MBG Fosse	1 4	Cubo-naviculaire Cubo-naviculaire		D G	Le côté plantaire de la moitié latéral de l'os ne présente aucune proéminence. La petite surface articulaire distale, latéro-plantaire est bien développée.
MBG Fosse	23	Métatarse	prox	G	La surface articulaire latéro-plantaire de l'epiphyse proximale est bien développée latéralement
MBG III MBG Fosse	1 5	Phalange proximale Phalange proximale			Phalange présente un aspect arrondi. La *fovea* articulaire est bien délimitée et les facettes articulaires pour l'os sésamoïde proximal sont bien prononcées
MBG Fosse	17	Phalange proximale	prox		La *fovea* articulaire est bien délimitée et les facettes articulaires pour l'os sésamoïde proximal sont bien prononcées
MBG Fosse	2	Phalange intermédiaire			Le corps de la phalange est plus fin. La différence entre les cavités glénoïdes axiales et abaxiales est peu marquée et la tuberosité abaxiale du torus est bien prononcée
MBG I Re MBG I In MBG Fosse	1 1 7	Phalange intermédiaire Phalange intermédiaire Phalange intermédiaire	prox prox prox		La différence entre les cavités glénoïdes axiales et abaxiales est peu marquée et la tuberosité abaxiale du torus est bien prononcée
MBG Fosse	1	Phalange distale			Le processus extenseur est peu développé. La facette articulaire pour l'os sésamoïde distal est étroite et peu développée distalement. Le bord axial de la surface articulaire ne présente aucun retrait
MBG Fosse	5	Phalange distale	prox		La facette articulaire pour l'os sésamoïde distal est étroite et peu développée distalement. Le bord axial de la surface articulaire ne présente aucun retrait

Tabl. 4.11 : Liste des os attribuables au *Syncerus caffer* selon les critères de Peters (1988). (prox = proximal ; dist = distal)

Les Loci 1 et 3 d'Hara Idé 2, ont livré 30 restes de Bovini. Un fragment de P4/ gauche pour le locus 1 et 29 restes (répartis comme indiqué dans le Annexe 1.4) pour le locus 3. Encore une fois, le très mauvais état de conservation des restes ne nous a pas permis l'utilisation des critères de Peters pour les os post-crâniens. La forte fragmentation des restes dentaires nous permet seulement de les attribuer au Bovini.

Sur le site d'Ali Daba 2, 20 vestiges osseux proviennent de Bovini (Annexe 1.5 et 6).

Parmi eux, deux acétabulum droits ont pu être mesurés et semblent correspondre aux dimensions de *Syncerus caffer* (Annexe 1.B.4). Les autres restes ne présentent aucun des critères morphologiques ou métriques requis pour la distinction *Syncerus/Bos*.

Le site d'Asa Koma a livré 215 restes de Bovini dont 11 présentent clairement les caractéristiques de *Bos* (bœuf). Il s'agit de :

- deux P3/ (une droite et une gauche) ;
- une P4/ droite ;
- deux processus articulaires de mandibules gauches ;
- un processus condylaire de mandibule ;
- un fragment distal d'humérus gauche où la transition entre l'épidondyle latéral et la fosse radiale est caractérisée par une surface crânio-proximale d'attachement plutôt pointue et où l'épicondyle médial est bien développé distalement ;
- un fragment distal de calcanéus droit où la partie proximale du processus coracoïde est bien développée dorsalement et où la transition vers la partie proximale du calcanéus s'étend en direction plantaire ;
- un fragment abaxial de phalange proximale et un fragment distal de phalange proximale ; Dans les deux cas, en vue abaxiale et axiale, on note un aspect très anguleux de la phalange ;
- une phalange intermédiaire qui présente un aspect robuste et comprimé. De plus, la différence de taille entre les cavités glénoïdes axiales et abaxiales est bien marquée. Enfin, la tuberosité abaxiale du "torus palmaire/plantaire" est peu développée.

Outre leurs caractères morphologiques propres à *Bos*, quatre de ces vestiges ont pu être mesurés. Les mesures sont présentées en Annexe 2.B.5 et comparées à des données actuelles ou provenant de différents sites archéologiques historiques et à des données actuelles. Nous reviendrons sur ces résultats lorsque nous traiterons de l'évolution du bœuf domestique dans le Corne de l'Afrique (§ 10).

Par ailleurs, toujours à Asa Koma, 204 autres ossements proviennent de Bovini. Cependant, comme pour les sites d'Akirsa, d'Hara Idé 2 et d'Ali Daba 2, la mauvaise conservation des restes occulte les critères de distinction entre *Syncerus* et *Bos*. Nous avons donc rassemblé ces vestiges sous la mention Bovini.

4.7.3.1.2. Tribu : Tragelaphini

Parmi les deux genres existant au sein de cette tribu, à savoir *Taurotragus* et *Tragelaphus*, seul ce dernier est représenté parmi l'ensemble des sites étudiés.

Cinq espèces sont présentes dans la Corne de l'Afrique. De plus petit au plus grand, on trouve : *Tragelaphus scriptus, T. imberbis, T. spekei, T. buxtoni* et *T. strepsiceros*. Il occupe une grande variété de milieux même si on les trouve principalement dans les savanes et les forêts ouvertes relativement humides. Ils se nourrissent principalement de feuilles provenant d'une grande diversité d'espèces végétales. Enfin, on peut noter que le *Tragelaphus buxtoni* (nyala des montagnes) est endémique à l'Ethiopie. Il vit sur les plateaux à des altitudes comprises entre 2 800 m et 3 800 m, au sein de forêts claires et des steppes. Toutefois, il est possible que cette répartition actuelle corresponde à une zone refuge et qu'avant, le nyala des montagnes avait une distribution plus large (Yalden *et al.*, 1996).

A Moche Borago (Phase 3 et Fosse ; Annexe 1.1b et f), quatre dents peuvent lui être attribuées : une M1/ droite, un fragment de M/3 gauche ainsi qu'un fragment de maxillaire droit avec M1 et M2 (Fig 4.8A). Ces dents sont plutôt brachyodontes, sans trace de colonnette interlobaire et avec un dessin des fossettes centrales simple. Les molaires supérieures présentent des styles latéraux bien marqués et des côtes du paracône et du métacône peu développés. La molaire inférieure n'a pas de "pli caprin" et présente un lobe latéral intermédiaire pointu (le lobe antérieur étant fracturé). Tous ces caractères morphologiques correspondent bien aux Tragelaphini (Gentry, 1978). De part leur conformation, ces dents semblent se rapporter à un Tragelaphe de taille moyenne, probablement le *Tragelaphus buxtoni* (nyala des montagnes) pour la M/3 (Annexe 1.A.2).

Au sein des restes de Bovidae présents sur ce site (phase I Récente, phase I Intermédiaire et Fosse), sept autres se rapportent au genre *Tragelaphus* mais à un taxon plus petit que le précédent. On trouve en effet un talus droit et deux gauches qui possèdent un *caput tali* profond caractéristique de ce genre (Peters, 1986b). De plus, on observe quatre cubo-naviculaires (trois droits et un gauche) dont la portion antérieure de l'apophyse du processus plantaire est comprimée, ce qui correspond bien au *caput tali* marqué du talus. En ce qui concerne la taille, il semblerait que ces ossements proviendraient de *Tragelaphus scriptus* (guib harnaché). (Annexe 2.B.6, Fig. 4.9)

Sur le site d'Asa Koma, 41 restes sont attribuables au *Tragelaphus scriptus*. Leur répartition anatomique est présentée dans le Annexe 1.3. Parmi eux, les restes dentaires présentent les caractères définis par Gentry (1978 : Fig. 4.8A). Leurs dimensions ainsi que celle des ossements correspondent tout à fait à cette espèce (Annexe 2.B.6, Fig. 4.9 et 4.10).

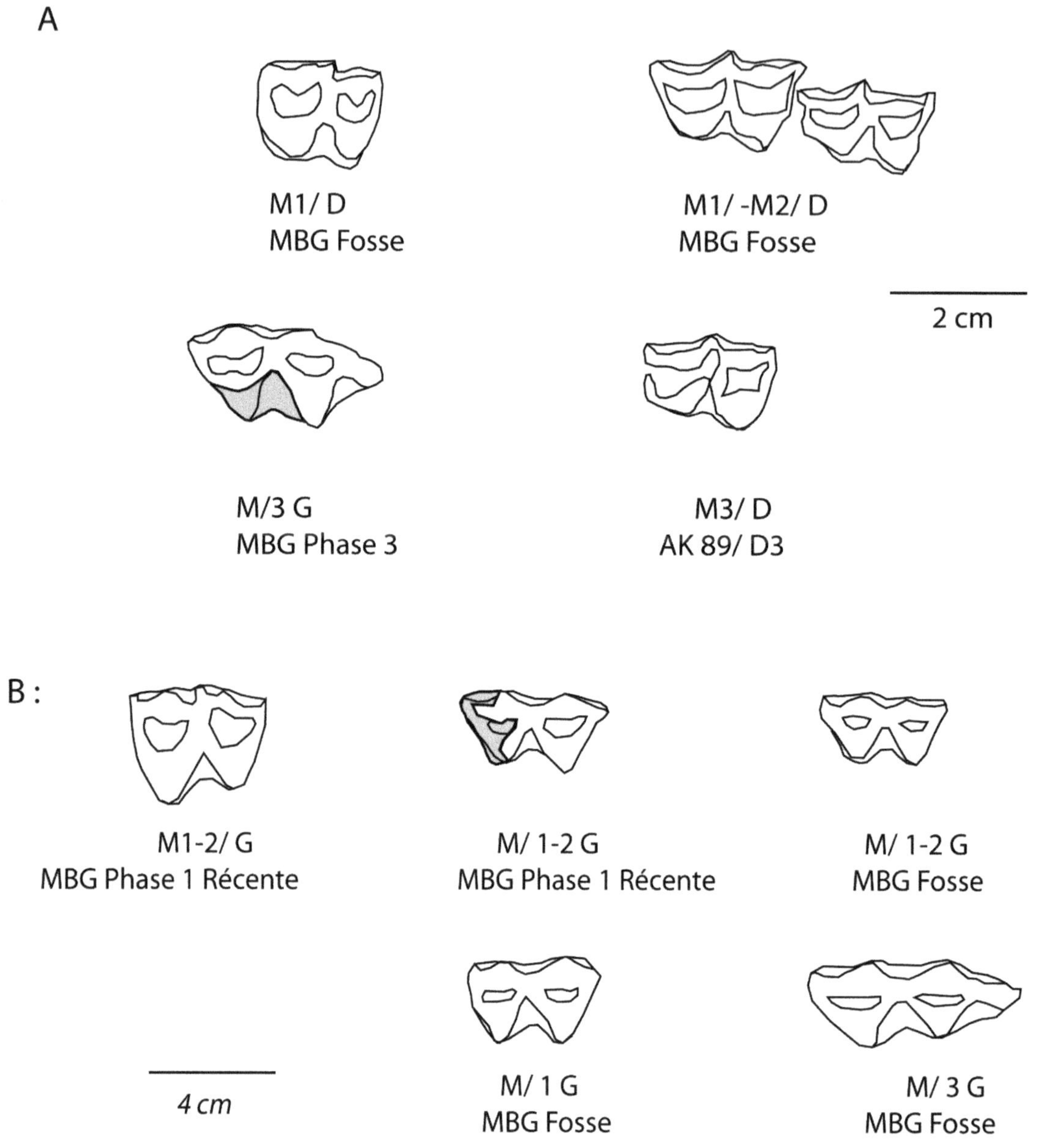

Fig. 4.8 Faces occlusales des dents jugales de Moche Borago (MBG) et d'Asa Koma (AK)
A : Tragelaphini
B : Neotragini
Partie manquante estimée

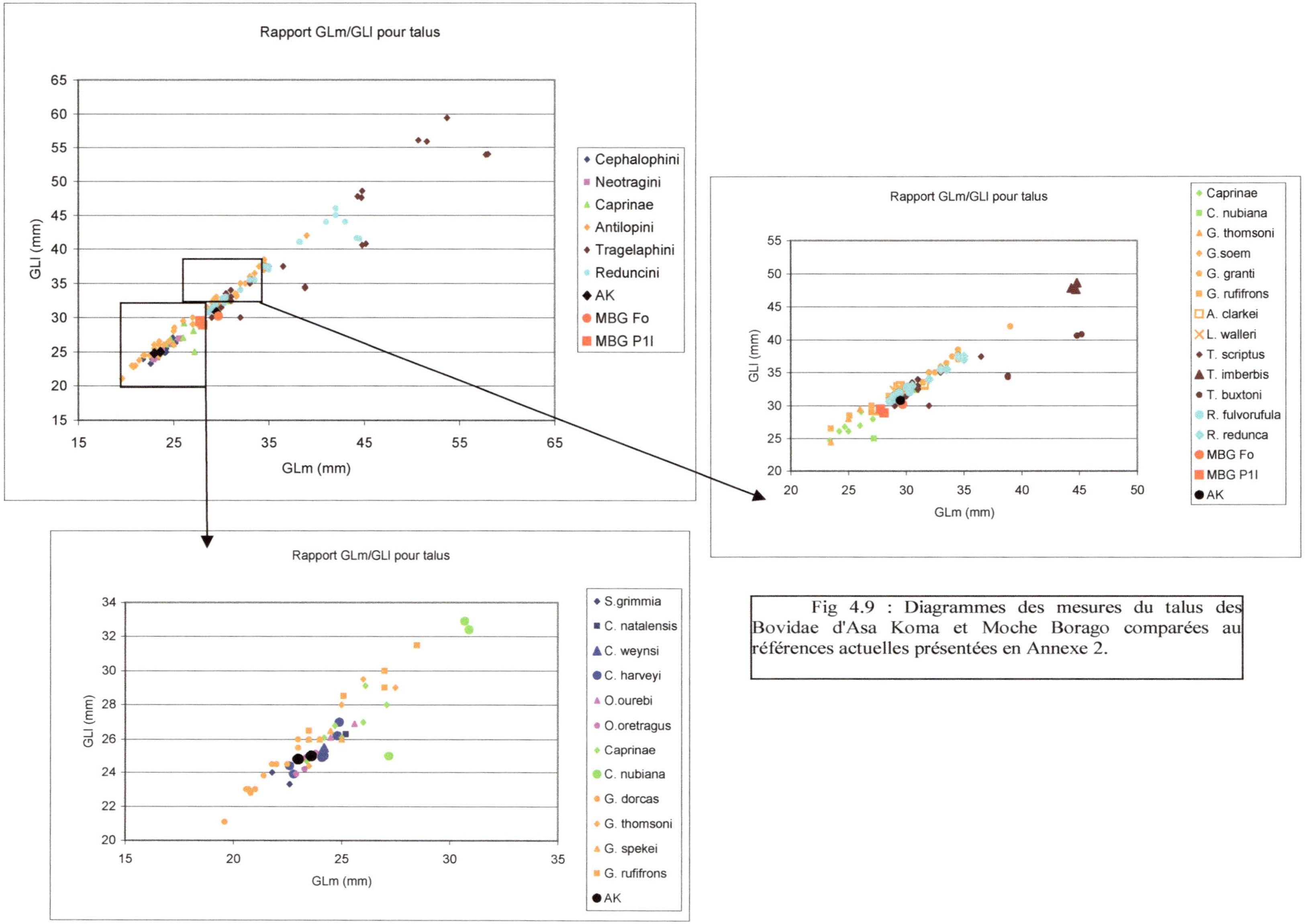

Fig 4.9 : Diagrammes des mesures du talus des Bovidae d'Asa Koma et Moche Borago comparées au références actuelles présentées en Annexe 2.

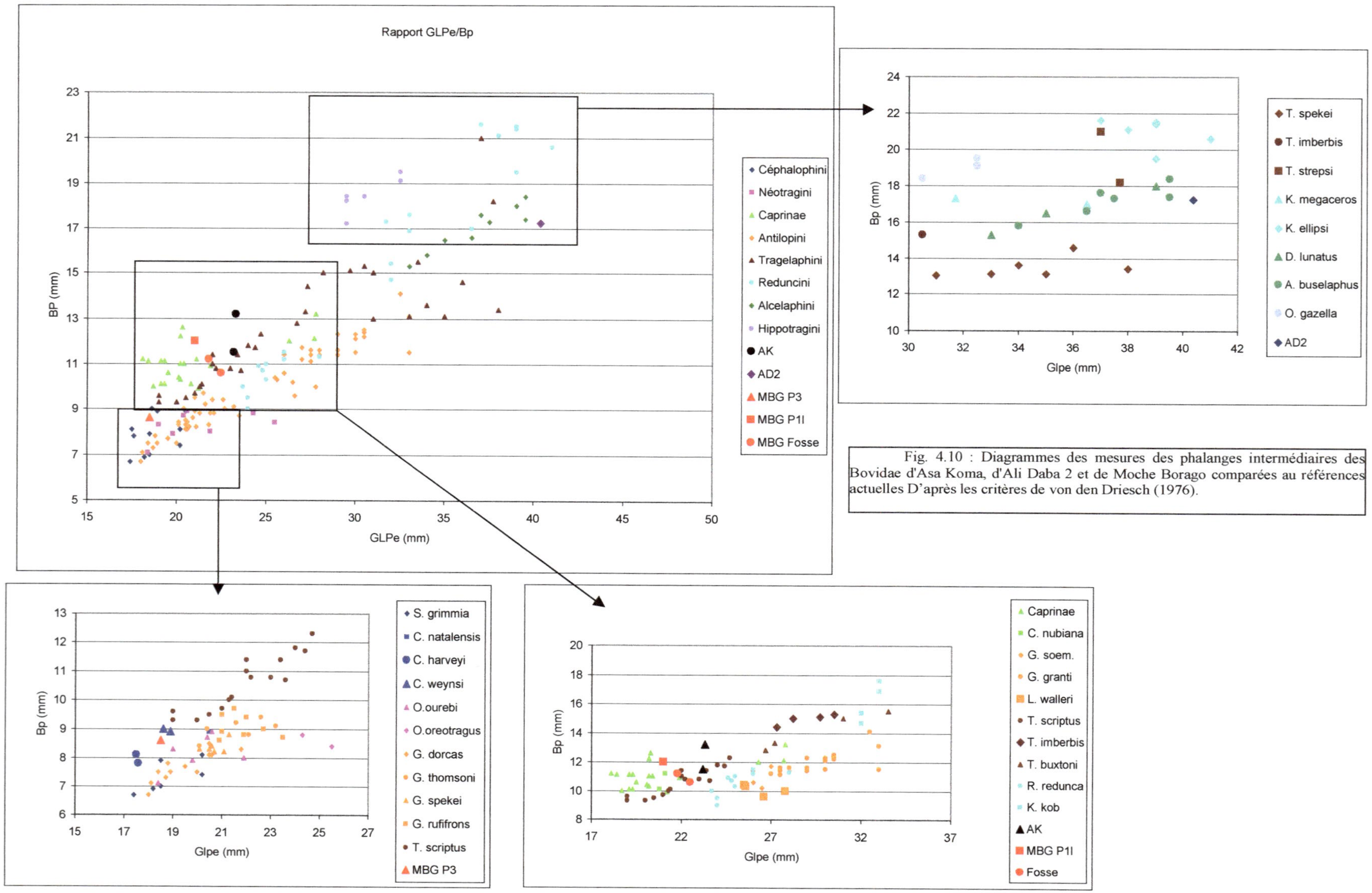

Fig. 4.10 : Diagrammes des mesures des phalanges intermédiaires des Bovidae d'Asa Koma, d'Ali Daba 2 et de Moche Borago comparées au références actuelles D'après les critères de von den Driesch (1976).

4.7.3.2. *Sous-famille : Antilopinae Gray, 1821*

4.7.3.2.1. Tribu : Neotragini

C'est une tribu relativement diversifiée dans la Corne de l'Afrique avec cinq espèces présentes (*Madoqua guentheri* et *saltiana, Dorcatragus megalotis, Oreotragus oreotragus* et *Ourebia ourebi*). Tous ces bovidés sont de petite taille, le plus grand d'entre eux (*Ourebia ourebi*) atteignant une hauteur au garrot de 65 cm maximum. Ils occupent principalement les milieux ouverts, savanes semi-aride et arborée, et mangent surtout de l'herbe et quelques feuilles et tubercules.

Sur le site de Moche Borago (phase 1 Récente et Fosse), six restes peuvent être attribués à cette tribu. Il s'agit de cinq restes dentaires et d'un reste crânien (Annexe 1.1b et d). Les dents sont représentées par une M1-2/ gauche, deux M/1-2 gauches ainsi que par une mandibule gauche avec M1 et M3 (Fig. 4.8B). Elles présentent toutes les caractéristiques propres aux Neotragini, décrites par Gentry (1978), à savoir une absence de colonnette interlobaire, une forme rectiligne et pointue de l'émail extérieur des murs et, pour la molaire supérieure, un aspect relativement peu cintré des côtes du paracône et du métacône. Le reste crânien quant à lui se compose d'un fragment de pariétal droit avec le début de la cheville osseuse.

En l'absence de données plus abondantes, notamment en ce qui concerne le post-crânien, il est difficile d'aller plus avant dans la détermination. Par les mesures des dents nous pouvons simplement supposer que nous sommes en présence soit de *Madoqua guentheri* (dik-dik de Guenther) soit de *Madoqua saltiana* (dik-dik de Salt), (Annexe 1.A.3).

4.7.3.2.2. Tribu : Antilopini

C'est la tribu la plus diversifiée dans la Corne avec sept espèces présentes : (de la plus petite à la plus grande) *Gazella dorcas, spekei, thomsoni, granti* et *soemmeringi, Ammodorcas clarkei* et *Litocranius walleri*. Ce sont des Bovidae de taille moyenne (hauteur au garrot entre 60 et 100 cm toutes espèces confondues) qui se sont très adaptés au milieu sec grâce à leur tolérance à la chaleur et à leur aptitude à assimilé l'eau des plantes. Ils mangent principalement de l'herbe, des buissons et des feuilles (Kingdon, 1997).

A Moche Borago (Phase 1 Intermédiaire, Fosse et Phase 1 Ancienne), cinq restes dentaires se rapportent à la tribu des Antilopini (Annexe 1.1a,b et c). Il s'agit de trois M1-2/ droite, une M1/ droite et une P/4 gauche (Fig. 4.11A). Toutes ces dents sont hypsodontes sans colonnette interlobaire présentant un dessin de la cavité centrale simple et des côtes du paracône et du métacône peu développés (Gentry, 1978). De part leur taille ces dents semblent provenir soit de *Gazella rufifrons* (gazelle à front rouge) soit de *Gazella thomsoni* (gazelle de Thomson) soit de *Gazella spekei* (gazelle de Speke) (Annexe 1.A.4).

De plus, nous avons un talus droit présentant un *caput tali* peu profond qui semble être un critère de détermination du genre *Gazella* (Peters, 1986b), de même que deux cubo-naviculaire (un droit et un gauche) où cette fois la portion antérieure de l'apophyse du processus plantaire n'est pas comprimée, ce qui correspondrait au faible développement du *caput tali* du talus. Nous avons vu en effet précédemment que lorsque l'apophyse est comprimée, elle semble s'associer avec le *caput tali* profond du talus du *Tragelaphini*.

On trouve également un fragment de scapula droite présentant un projection crâniale du *tuberculum supraglénoïdale*, un de tibia distal droit où la transition entre le corps tibial et la malléole médiale est caractéristique de ce genre et deux phalanges distales où le processus de l'extenseur est très développé. Tous ces critères ont été décrits par Peters (1986b) comme étant typiques des gazelles. Par ailleurs, ces quatre restes présentent tous des tailles correspondant aux trois espèces de *Gazella* déjà citées (Annexe 2.B.6, Fig. 4.12 et 4.13).

Sur le site d'Akirsa (Sols 2 et 3), deux restes sont attribuables au genre *Gazella* (Annexe 1.2). Il s'agit tout d'abord d'un fragment de DP/4 gauche ayant toute les caractéristiques dentaires décrites plus haut. De plus, nous avons une phalange distale qui présente, une fois encore, un processus de l'extenseur développé (Peters, 1986b). En raison de sa taille, cette phalange est à rapprocher de celle de *Gazella soemmeringi* (gazelle de Soemmering) (Annexe 1.B.6 ; Fig. 4.13).

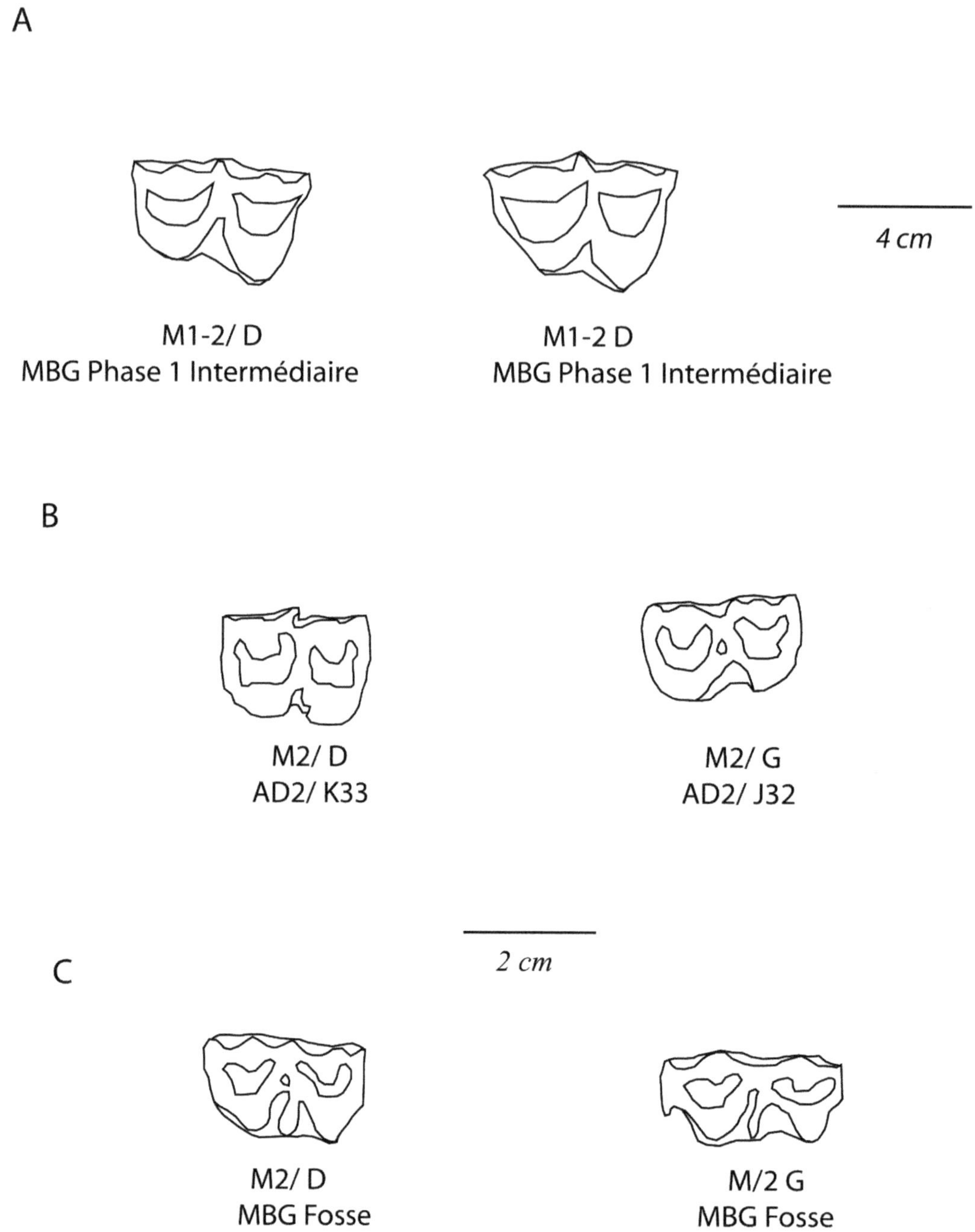

Fig. 4.11 : Face occlusales des dents jugales de Moche Borago (MBG) et d'Ali Daba 2 (AD2):
A : Antilopini
B : Alcelaphini
C : Reduncini

Fig. 4.12: Diagrammes des mesures de scapula des Bovidae de Moche Borago comparées aux références actuelles. D'après les critères de von den Driesch (1976).

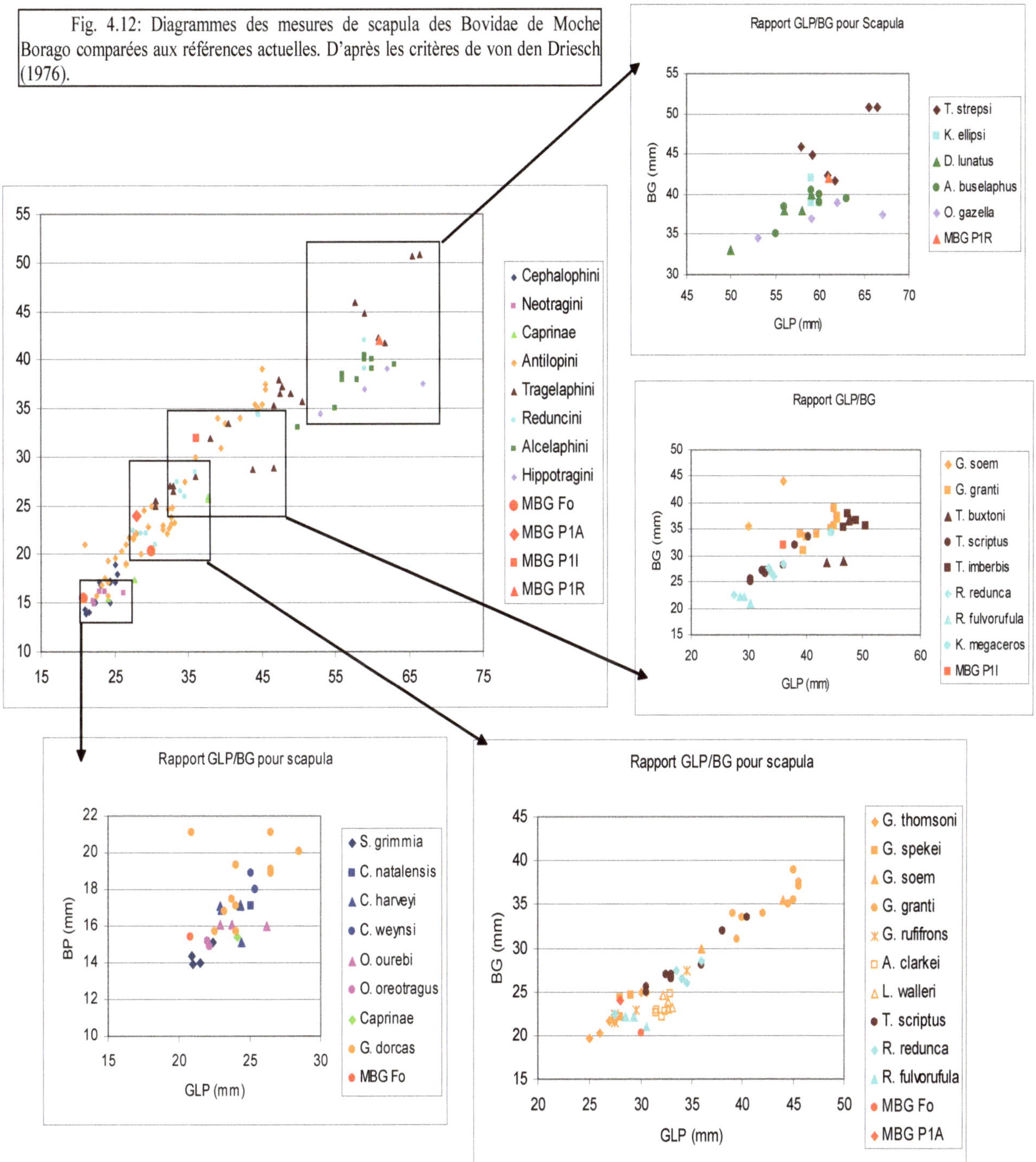

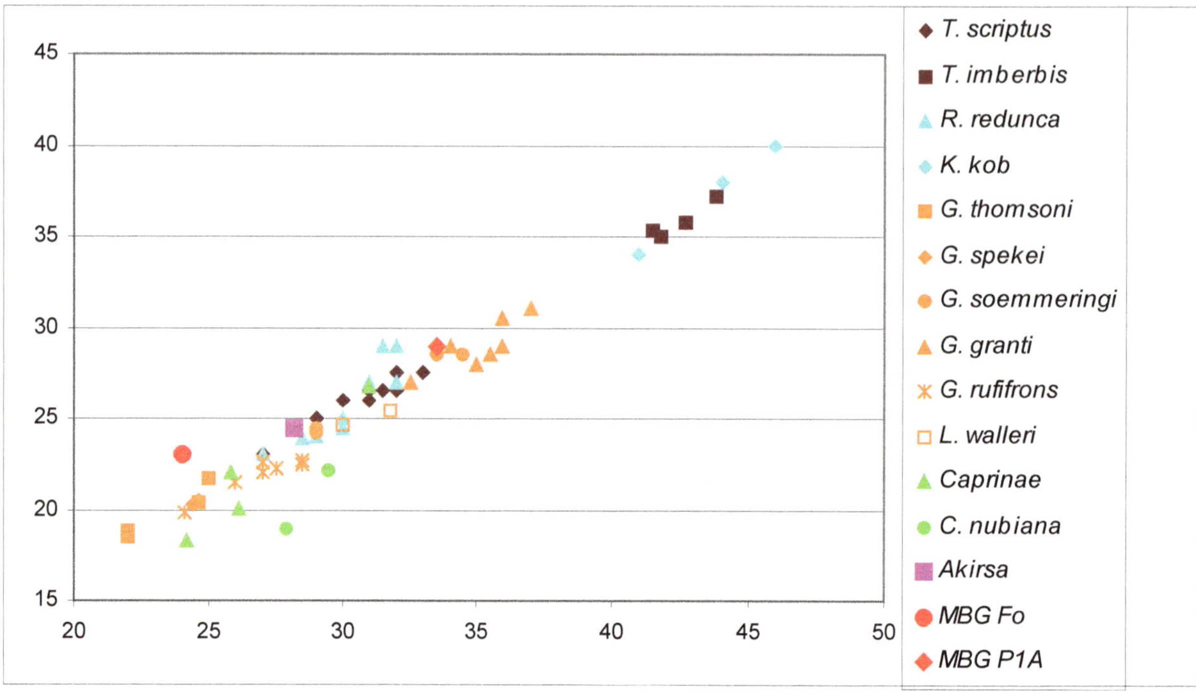

Fig. 4.13: Diagramme des mesures des phalanges distales de Bovidae de Moche Borago et Akirsa comparées aux références actuelles présentées en Annexe 2.

Par ailleurs, 14 autres restes de même format dont la répartition anatomique est rassemblée dans le Annexe 1.2, semblent provenir de cette tribu. Cependant, sans plus de données métriques ou morphologiques, nous les avons conservés sous la mention *Gazella* sp.

Le site d'Asa Koma a livré dix restes de *Gazella*. Il s'agit de :

- un fragment distal d'humérus gauche où la crête de l'épicondyle latéral s'étend latéralement ;
- un fragment proximal d'ulna droite présentant un olécrâne relativement mince ;
- un unciforme gauche dont le bord proximal est bien développé proximalement ;
- un fragment proximal de fémur gauche avec une tête fémorale qui présente une crête nette, formant ainsi une frontière tranchée entre les parties médiale et latérale de l'extrémité proximale ;
- deux talus (un droit et un gauche), d'aspect mince et dont la surface articulaire médiale est bien développée du côté disto-plantaire ;
- un cubo-naviculaire gauche où la partie latéro-plantaire montre une proéminence bien développée ;
- un fragment proximal de phalange proximale présentant un épicondyle abaxial prononcé ;
- un fragment proximal de phalange intermédiaire où la limite palmaire/plantaire de la surface articulaire proximale est parallèle à l'axe transverse ;
- un fragment proximal de phalange distale avec un développement fort du processus de l'extenseur.

Tous ces restes présentent donc les caractères morphologiques du genre *Gazella* décrits par Peters (1986b).

De plus, certains d'entre eux ont pu être mesurés. Ainsi, nous pouvons voir d'après les données métriques et le graphique réalisé sur les deux talus que les mesures sont tout à fait comparable à celles de *Gazella dorcas* (gazelle dorcas) (Annexe 1.B.7 et Fig. 4.9). Il semble donc que la gazelle d'Asa Koma soit une gazelle dorcas.

Parallèlement, 23 autres restes présentant un format et une morphologie comparable et dont la répartition anatomique est réunie dans le Annexe 1.3, ont été ajouté à cet ensemble.

4.7.3.3. *Sous-famille : Reduncinae Lydekker et Blain, 1914*

4.7.3.3.1. Tribu : Reduncini

Cinq espèces de cette tribu sont présentes dans la Corne : (de la plus petite à la plus grande) *Redunca fulvorufula, Kobus megaceros, Redunca redunca, Kobus kob* et *K. ellipsrimnus*. Les aires de répartition de cette tribu sont assez restreintes car les espèces sont très dépendantes de l'eau. Ce sont principalement des brouteurs qui fréquentent les savanes arborées humides et les forêts claires (Kingdon, 1997).

Dans l'abri-sous-roche de Moche Borago (Fosse), deux dents semblent provenir de Reduncini (Fig. 4.11C). Il s'agit d'une M2/ droite et d'une M/2 gauche. Ce sont des dents plutôt hypsodontes avec une colonnette interlobaire bien marquée. Le lobe médial de la molaire supérieure et le lobe latéral de la molaire inférieure sont comprimés, les côtes du paracône et du métacône sont petites mais bien prononcées entre les styles. Enfin, la molaire inférieure présente le "pli caprin" (Gentry, 1978). D'après leur taille, ces dents correspondent à un animal du format du *Kobus ellipsiprymnus* (cobe à croissant) (Annexe 1.A.5).

De plus, en association avec ces dents, 16 restes osseux et une incisive semblent de par leur conformation provenir de ce même taxon (Annexe 1.1b). Parmi ces restes, 1 fragment distal de phalange proximale présente en effet une mesure tout à fait correspondante (Annexe 2.B.8).

Sur le site d'Ali Daba 2, deux dents provenant du même individu (M2/ et M3/ droite) présentent des caractères similaires à ceux décrits ci-dessus mais dans des dimensions plus modestes. Associées aux données biogéographiques, il semble que nous ayons affaire à un *Kobus kob* (cobe de Buffon) (Annexe 1.5).

4.7.3.4. *Sous-famille des Alcelaphinae Rochebrune, 1883*

4.7.3.4.1. Tribu : Alcelaphini

Seules deux espèces de cette tribu se trouvent dans la Corne : *Damaliscus lunatus* (sassaby) et *Alcelaphus buselaphus* (bubale). Ce dernier est le plus grand avec une hauteur au garrot d'environ 130 cm pour un poids allant de 125 à 200 Kg. Le sassaby est plus petite (hauteur au garrot d'environ 120 cm pour un poids moyen de 150 Kg) . Comme les Reduncini, les Alcelaphini, sont des brouteurs, ont un assez grand besoin en eau et occupent principalement les savane herbeuse humide et les forêts claires (Kingdon, 1997).

Sur le site d'Ali Daba 2, huit vestiges dentaires se rapportent à cette tribu. Ces restes proviennent tous de la fosse. Il s'agit d'une M1/, d'une M2/ et d'une M3/ gauche, d'une M2/ droite et de quatre fragments. Comme nous pouvons le voir notamment sur les dessins des deux M2/ (Fig.4.11B), ces dents présentent les caractéristiques propres à cette tribu : à savoir qu'il s'agit de dents hyposdontes, sans colonnette interlobaire et avec une fossette centrale compliquée. De plus, le lobe médial des molaires supérieures et le lobe latéral des molaires inférieurs est plutôt arrondi. Enfin, les côtes sont assez arquées sur les molaires supérieures et les molaires inférieures n'ont pas de "pli caprin" (Gentry, 1978).

De par leur taille, ces dents paraissent provenir de l'espèce *Alcelaphus buselaphus* (bubale) (Annexe 1.A.6).

Par ailleurs, 44 restes semblent également provenir de cette tribu (Annexe 1.5). Nous trouvons notamment 36 fragments d'une cheville osseuse gauche et une phalange intermédiaire dont les mesures sont tout à fait comparables avec celles d'Alcelaphini actuels. (Annexe 2.B.8 et Fig.4.8). Cependant, sans plus de certitude, nous avons laissé ces vestiges sous la mention cf. Alcelaphini.

4.7.3.5. *Bovidae Indéterminés*

Dans tous les sites étudiés, de nombreux restes n'ont pu être attribués génériquement en raison de la fragmentation et du manque de critères de détermination. C'est ainsi le cas pour 382 restes sur le site d'Asa Koma, six à Ali Daba 2 et 134 à Moche Borago (Annexe 1.1a, b, c, d, e et f, 1.3, 1.5 et 1.6). Cependant, un certain nombre d'entre eux à pu être regroupé selon différents formats de bovidés sauvages. Une partie a pu être mesurée et comparée à des références actuelles pour tenter d'affiner leur attribution entre les quatre groupes de taille de Bovidae définis dans le chapitre 3.

4.7.3.5.1. Bovidae T1

Le site d'Asa Koma a livré un fragment de diaphyse d'humérus droit dont le format le rapproche de cet ensemble (Annexe 1.3). Toutefois, aucun caractère morphologique ou métrique n'ayant pu être observé, nous sommes amenée à le laisser sous la mention Bovidae T1.

4.7.3.5.2. Bovidae T2

Sur le site de Moche Borago, trois des cinq phases ont livrés huit restes de cette catégorie (Phase 3, Phase 2, Phase 1 Intermédiaire et Fosse). La répartition anatomique de ces restes est récapitulée dans les Annexe 1.1b, c, e et f. Trois de ces vestiges ont pu être mesurés et comparés aux collections de référence. Il s'agit d'un fragment distal de scapula droite, d'un scaphoïde droit et d'une phalange intermédiaire. D'après les données brutes et les graphiques, il semble que ce taxon soit un Neotragini sans qu'il soit possible de l'identifier spécifiquement (Annexe 2.B.7 et Fig. 4.12).

Sur le site de Hara Idé 2 à Djibouti, le locus 3 a livré 27 restes attribuables à des bovidae de taille 2 (répartition anatomique des restes dans le Annexe 1.4). Malheureusement, le très mauvais état de conservation du matériel ne nous a pas permis la prise de mesures ou l'observation de critères morphologiques discriminants.

4.7.3.5.3. Bovidae T3

A Moche Borago, toutes les phases ont livré des restes de cette catégorie. Comme nous l'avons vu précédemment, certaines de ces phases ont donné des ossements de deux taxons appartenant à cet ensemble. Cependant, malgré les résultats métriques et sans plus de données morphologiques, nous préférons conserver l'intégralité des vestiges présentés ici sous la mention Bovidae de taille 3. Il s'agit donc de 94 restes (Annexe 1.1) dont 18 ossements ont pu être mesurés (Annexe 2.B.6). Parmi ces derniers, il convient toutefois de signaler qu'en raison de la faiblesse des mesures collectées et de la disparité de données provenant des collections actuelles, 12 de ces mesures (provenant de deux fragments distaux de scapula, de trois fragments distaux de métapodes, de quatre fragments de tibia, un proximal et trois distaux, et de trois fragments proximaux de phalange proximale) sont difficilement interprétables.

Concernant les six autres os (un calcanéum gauche, un talus droit, trois phalanges intermédiaires et une distale), malgré la possibilité de réaliser des diagrammes bivariés intégrant des données des collections actuelles pour quelques-uns de ces os, les interprétations ne sont pas toujours aisées et il est impossible de déterminer s'ils appartiennent au genre *Gazella* ou *Tragelaphus* (Fig. 4.9, 4.10, 4.13 et 4.14)

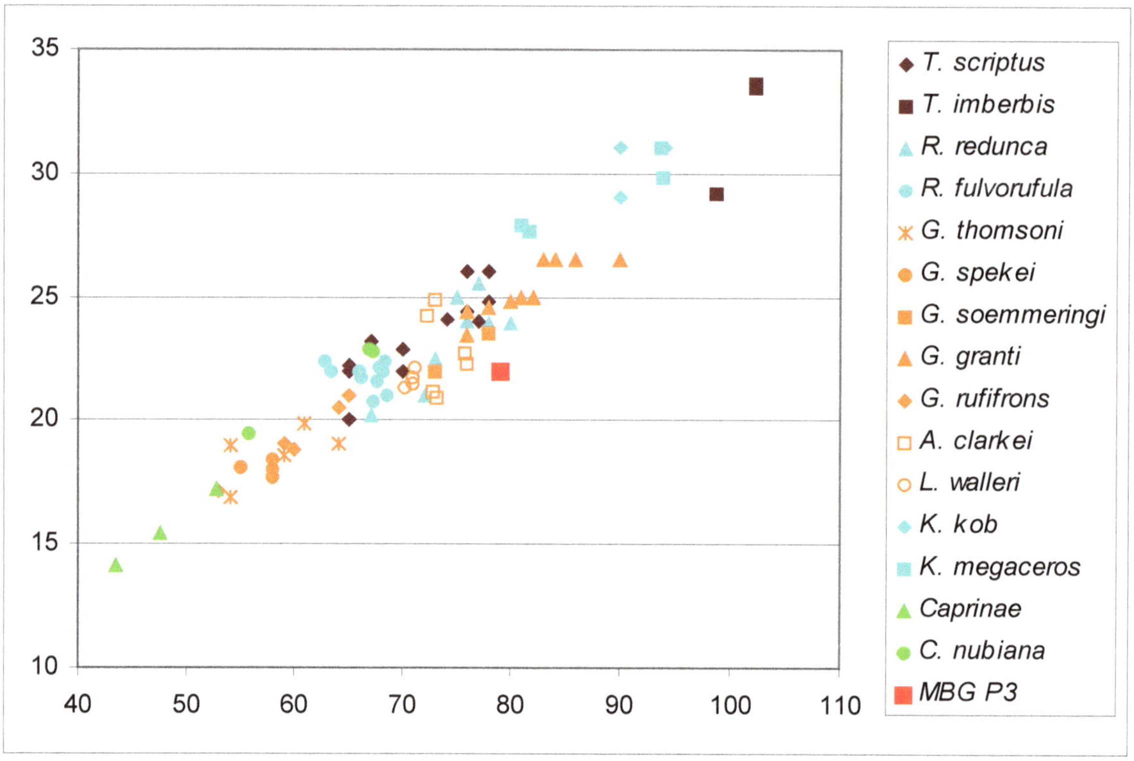

Fig. 4.14: Diagramme des mesures des calcanéum de Bovidae de Moche Borago comparées aux références actuelles présentées en Annexe 2.

Sur le site d'Hara Idé 2, 24 restes dentaires et osseux proviennent de Bovidae de taille moyenne. Cependant, la très mauvaise conservation des vestiges et leur forte fragmentation ne nous permettent pas d'affiner la détermination. La répartition anatomique de ces restes est rassemblée dans l'Annexe 1.4.

4.7.3.5.4. Bovidae T4

Au sein des phases 3, 1 Récente et 1 Intermédiaire du site de Moche Borago, 26 restes de Bovidae de taille 4 ont été exhumés (Annexe 1.1c, d et f), un fragment distal de scapula gauche, un semi-lunaire gauche, un unciforme gauche et un pyramidal gauche ainsi qu'un fragment proximal de phalange intermédiaire ont pu être mesurés. Dans tous les cas, les résultats semblent se rapprocher de ceux de *Kobus ellipsiprymnus* (Annexe 2.B.8 et Fig.4.12). Il est donc possible que nous ayons affaire au même taxon que celui présent dans la Fosse. Toutefois, sans plus de précision morphologique, nous avons préféré laisser ces vestiges sous cette mention plus générale.

4.8. Ordre des Lagomorphes

4.8.1. Famille : Leporidae Fischer, 1817

4.8.1.1. Lepus capensis *Linnaeus, 1758 ; lièvre du Cap*

Le lièvre du Cap est le seul lagomorphe présent dans la région. Il occupe principalement la savane semi-aride où il se nourrit d'herbe (Kingdon, 1997).

Il semble donc que tous les restes décrits ci-dessous proviennent du lièvre du Cap.

En Ethiopie, seul le site de Moche Borago (toutes les phases) a livré des restes de *Leporidae*. On recense un fragment de maxillaire droit sans dent, deux incisives supérieures et 27 os post-crâniens (Annexe 1.1).

A Djibouti, les trois sites étudiés (Asa Koma, Ali Daba 2 et Hara Idé 2) offrent des restes de *Leporidae* (Annexe 1.3, 1.4 et 1.5).

4.9. Ordre des Hyracoïdes

4.9.1. Famille : Procavidae Thomas, 1892

Cette famille appartient au super-ordre des ongulés. Les damans sont des animaux de la corpulence d'un chat, avec un corps rond et trapu, et courts sur pattes. Ils ont une tête ovoïde avec un petit museau pointu et des oreilles courtes (Laurent et Laurent, 2002). Trois genres composent cette famille : *Heterohyrax, Procavia* et *Dendrohyrax*, ce dernier étant typiquement de forêt dense. Les deux autres genres se répartissent dans une grande partie de l'Afrique sub-saharienne et du Nord-Est (Kingdon, 1997).

Tous les restes de Procavidae proviennent du site de Moche Borago et sont réunis dans les Annexe 1.1b, c, d et e. Ces restes proviennent de la Phase 2, Phase 1 Récente, Phase 1 Intermédiaire et Fosse. Cependant, seuls quelques ossements provenant de la Fosse ont permis une détermination spécifique.

4.9.1.1. Heterohyrax brucei *(Gray, 1868); daman des steppes*

Le daman des steppes vit dans les milieux rocheux, les savanes jusqu'à une altitude de 3 000 m. Il se nourrit d'herbe, de bulbe, de racines et parfois d'insectes. Il vit en colonie et est principalement diurne.

Treize restes se rapportent au daman des steppes; il s'agit de quatre fragments de maxillaire, de cinq fragments de mandibule et de quatre fragments distaux d'humérus. Nous avons pu ainsi remarquer que les restes dentaires de cette espèce sont plus petits et les lignes d'émail plus fines que chez *Procavia capensis* et que le processus condylaire des mandibules est plus développé latéralement. Concernant l'humérus, la partie distale est plus aplatie transversalement avec une surface articulaire plus allongée. Cependant, pour cet os, il n'a pas été possible de confirmer ces critères morphologiques par les données métriques, comme le montrent les mesures réunies ci-dessous (Tabl.4.12).

Référence	Taxon	Os	Sexe	Bd
MBG Fosse	***H.brucei***	**Humerus G**	**?**	**13,6**
MBG Fosse	***H.brucei***	**Humerus D**	**?**	**11,9**
MBG Fosse	***H.brucei***	**Humerus D**	**?**	**11,9**
MBG Fosse	***H.brucei***	**Humerus D**	**?**	**12**
MNHN 1934-92	*H.brucei*	Humerus	?	13,1
MNHN 1934-92	*H.brucei*	Humerus	?	12,8
KMMA 12 617	*H.brucei*	Humerus	?	12,8
MNHN 1999-27	*P.capensis*	Humerus	?	12,3
MNHN 1999-27	*P.capensis*	Humerus	?	12,6
MNHN 1934-94	*P.capensis*	Humerus	?	12
MNHN 1934-94	*P.capensis*	Humerus	?	12,3
MNHN A.12.355	*P.capensis*	Humerus	?	12,8
MNHN A.12.355	*P.capensis*	Humerus	?	12,8
KMMA 20 098	*P.capensis*	Humerus	?	12,6

Tabl. 4.12 : Mesures des humérus distaux des damans des steppes de Moche Borago comparées aux données actuelles (mesures en millimètres). D'après les critères de Driesh (1976).

4.9.1.2. Procavia capensis *(Pallas, 1766) ; daman des rochers*

Le daman des rochers a les mêmes caractéristiques que celui des steppes mais il vit en général dans des milieux plus secs.

Seul un fragment proximal de fémur gauche provient d'un daman des rochers. Selon les observations faites sur la collection actuelle du MNHN, il apparaît que chez cette espèce, la tête fémorale et le grand trochanter soit plus proéminent et le col plus fin que chez *Heterohyrax brucei.*

4.9.1.3. *Procavidae indéterminés*

En plus de ces ossements, 46 restes appartiennent à la famille des Procavidae sans qu'aucune espèce n'ait pu être déterminée. Toutefois, les mesures réalisées sur des fragments de scapula et présentées dans le tableau ci-dessous (Tabl. 4.13) tendent à montrer que, pour cet os au moins, nous sommes en présence de restes de *Heterohyrax brucei.* Sans plus de précision, nous avons cependant conservé ces 46 fragments sous la mention Procavidae.

Référence	Taxon	Os	Sexe	GLP
MBG 1051	**Procavidae**	**Scapula D**	**?**	**11,5**
MBG 3010 KL 13/15	**Procavidae**	**Scapula D**	**?**	**12,3**
MNHN 1934-92	H.brucei	Scapula	?	12,7
MNHN 1934-92	*H.brucei*	Scapula	?	12,9
KMMA 12 617	*H.brucei*	Scapula	?	12,3
MNHN 1999-27	*P.capensis*	Scapula	?	14,5
MNHN 1999-27	*P.capensis*	Scapula	?	14
MNHN 1934-94	*P.capensis*	Scapula	?	13,1
MNHN A.12.355	*P.capensis*	Scapula	?	14,9
KMMA 20 098	*P.capensis*	Scapula	?	14,4

Tabl. 4.13 : Mesures des scapula des Procavidae de Moche Borago comparées aux données actuelles (mesures en millimètres). D'après les critères de Driesh (1976).

4.10. Conclusion

L'utilisation de critères morphoscopiques et ostéométriques sur les dents et les os provenant des assemblages des cinq sites archéologiques étudiés au cours de ce travail nous a permis une détermination relativement précise des taxons. Ainsi, 36 espèces ont été reconnues provenant de 30 genres et 19 familles. La majorité de ces animaux sont des mammifères mais nous avons pu noter la présence dans les sites djiboutiens de deux espèces de poissons, d'une espèce de reptile et de trois espèces d'oiseaux.

Chapitre 5. Présentation et analyse critique des assemblages fauniques d'Ethiopie

5.1. Moche Borago

5.1.1. Présentation et conservation de l'Assemblage

Le site de Moche Borago a livré 33 098 restes fauniques dont 24 178 proviennent de la Fosse. Cette structure est clairement rattachée à l'occupation de la Phase 1 Intermédiaire. Toutefois, il s'agit d'un ensemble clos homogène dont la position est légèrement excentrée par rapport aux autres structures de cette phase. Nous avons donc choisi de la traiter séparément, ce qui permettra par la suite de tenter une comparaison spatiale de la distribution des restes entre la Fosse et le reste de la Phase 1 Intermédiaire. Par ailleurs, comme nous l'avons vu précédemment, le sondage 2 n'a pu être raccordé stratigraphiquement aux autres sondages et n'a livré aucune datation. Il ne sera donc pas traité au cours de cette étude.

Comme nous le voyons sur le tableau 5.1 et la figure 5.1, le fort taux d'esquilles (entre 61 et 73%) et le faible poids moyen des restes (entre 0,75 et 1,77 gr par reste) observés dans les niveaux holocènes, témoignent d'une forte fragmentation et expliquent en partie les mauvaises performances de la détermination (entre 90 et 91% d'indéterminés) (Fig. 5.2). Par ailleurs, on observe une corrosion des surfaces osseuses assez importante dans toutes les phases, et plus particulièrement dans les niveaux supérieurs. Ce phénomène est imputable aux propriétés physico-chimiques du sédiment, et notamment du tephra, relativement acide. Les phases récentes semblent également avoir été touchées par l'intempérisation, qui témoigne d'une exposition longue des restes aux facteurs climatiques, pourtant réduits dans cet abri bien protégé. Enfin, la forte détérioration par le feu, particulièrement remarquable dans les Phases 1 Intermédiaire, 1 ancienne et plus encore dans la Fosse (où plus de 74% des restes portent des traces de carbonisation ou de calcination), est à lier, tout du moins partiellement, aux couches de cendres et de tephra, et donc à l'activité volcanique du mont Damota. Les phénomènes thermiques sont également observables à travers la conservation des restes dentaires, et notamment de ceux des Bovidae. Ces derniers, en effet, possèdent des dents que l'hétérogénéité tissulaire rend plus sensibles aux chocs thermiques. Près de 80% des dents sont éclatées, limitant encore une fois la détermination. Si l'on considère uniquement la Fosse qui présente le plus fort taux d'éclatement dentaire, sa position dans la grotte, près du bord et de la cascade, pourrait avoir joué un rôle dans ce phénomène. En effet, les dents, après avoir été fortement chauffées et fragilisées par le dépôt des cendres volcaniques ardentes, ont pu éclater par le choc thermique dû à une exposition soudaine à l'eau.

	Pléistocène	Phase 1 A	Fosse	Phase 1 I	Phase 1 R	Phase 2	Phase 3
NR	86	236	24178	2778	4346	679	713
PdR	31	200	42879	2973	3255	612	786
PdR/NR	0,36	0,85	1,77	1,07	0,75	0,9	1,1
% Indéterminés	100	91,5	91,6	91,3	96,5	91,8	90,74
% Esquille	100	72,9	73	61,1	70,9	73,9	69,6
% Intempérisation	0	0	1	0	0	6,2	10,5
% Corrosion	100	13,6	6,7	19,9	19,6	31,5	47,8
% Os carbonisés	0	26,3	68	31,7	33,3	13,7	5,6
% Os calcinés	0	10,6	6,2	7,3	11,2	3,5	2,7
% Grignotage	0	0	0,2	0	0	0	0
% Découpe	0	0	0	0	0	0	0
% Racine	0	0	0	0	0	0	0,3
% Fracture spiralée	0	15,7	8,8	8,1	7	10	21,3

Tabl. 5.1 : Présentation des marqueurs taphonomiques des différentes phases de Moche Borago (d'après les critères de Vigne, 1996). NR, Nombres de Restes ; PdR, Poids de Restes (en gramme) ; Esquille, tout fragment non attribuable à une pièce anatomique.

On note des traces très sporadiques dues aux racines et aux grignotages des animaux. Les quelques marques témoignant de l'activité végétale dans l'abri ne sont observables qu'au sein de la Phase 3, donc des couches les plus superficielles. De plus, elles proviennent toutes du sondage 1 où des plantes avaient en effet été remarquées lors de la première fouille en 1998. Concernant le grignotage, les traces sont toutes caractéristiques des porcs-épics, encore présents dans l'abri. Enfin, un certain nombre de fragments d'os longs sont fracturés « en spirale » et présentent des esquillements caractéristiques du cassage sur os frais.

Finalement, cette forte activité post-dépositionnelle a beaucoup limité toute autre manifestation altérant les surfaces osseuses, notamment anthropiques. Nous n'avons pu observer, en effet, aucune trace de découpe ou de désarticulation sur l'ensemble de l'assemblage. Plusieurs raisons peuvent être évoquées pour expliquer cette absence. Tout d'abord, les artefacts lithiques trouvés en association avec les restes fauniques sont exclusivement en obsidienne, matériau très tranchant qui n'affecte que superficiellement la surface osseuse. De plus, cette dernière a été fortement altérée par la corrosion et la carbonisation, effaçant très probablement les faibles traces existantes.

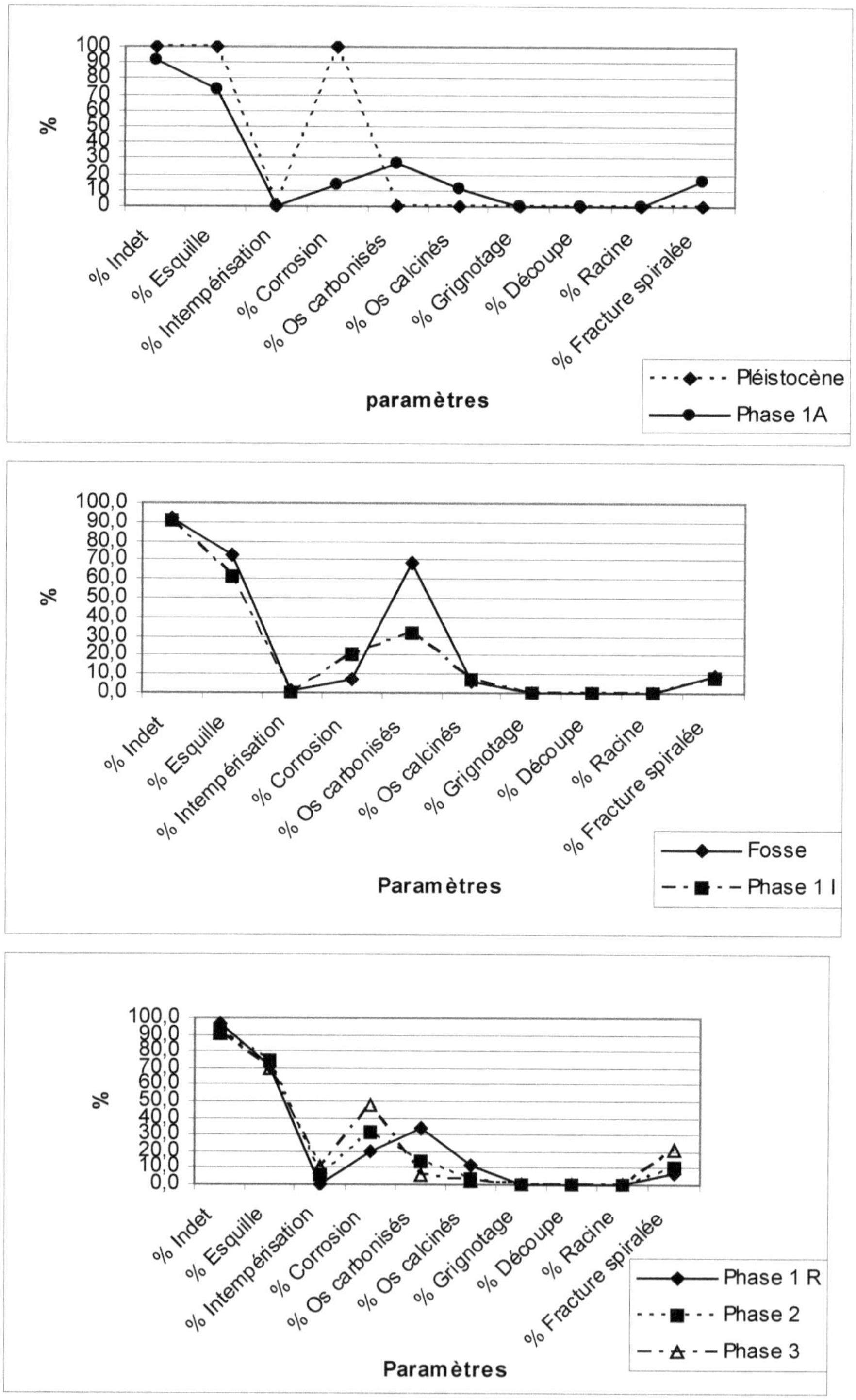

Fig. 5.1 : Profil taphonomique de l'assemblage faunique de Moche Borago (d'après les critères de Vigne, 1996). Indet, indéterminés; Esquille, tout fragment non attribuable à une pièce anatomique.

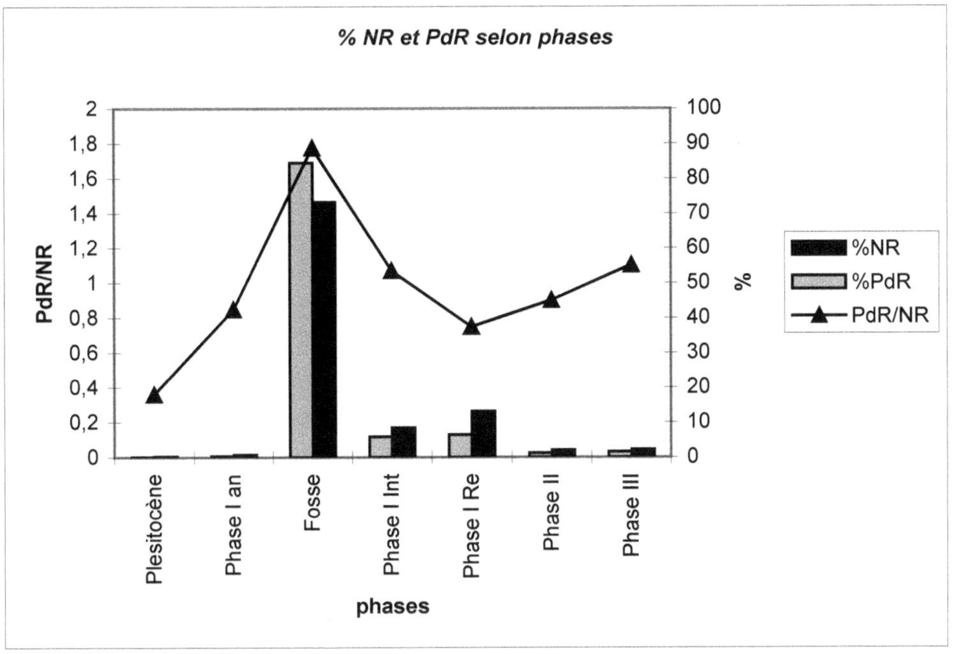

Fig. 5.2 : Variations du pourcentage de NR, de PdR et PdR/NR selon les phases.
NR, Nombres de Restes ; PdR, Poids de Restes (en gramme) ; PdR/NR : poids moyen par reste (en gramme)

Nous avons tenté d'évaluer statiquement les variations entre les profils taphonomiques au moyen d'un test du Chi^2. Il nous à fallu cependant écarter du test la phase Pléistocène dont le profil marqué uniquement par les effets importants de la corrosion ainsi que les paramètres très peu représentés comme l'intempérisation, les traces de grignotage, de découpe et de racines. De ce fait, nous n'avons travaillé qu'à partir du nombre d'indéterminés, d'esquilles, de traces de corrosion, de traces de carbonisation et de calcination ainsi que du nombre de fractures spiralées, soit six paramètres en tout.

Il apparaît qu'avec des Chi^2 globalement forts et des probabilités très faibles, toutes les phases sont significativement différentes les unes des autres (Tabl. 5.2A). Toutefois, il nous faut rappeler que le test du Chi^2 est exigeant et que les moindres variations rendent les différences significatives. Pour tenter de comprendre quels sont les paramètres taphonomiques qui influent le plus dans ces résultats, nous avons regardé en détail les contributions de chacun d'entre eux. D'une manière générale, ce sont surtout les phénomènes de corrosion et de carbonisation qui marquent les différences entre les profils. Ainsi, le tableau 5.2B présente le pourcentage des contributions aux Chi^2 de ces deux paramètres et l'on observe que l'un ou l'autre participe souvent à plus de 40 % du total. Dans le cas de la Fosse en particulier, la corrosion contribue très largement au test avec parfois plus de 70% dans la comparaison avec la Phase 3. En définitive, cette hétérogénéité correspond bien à la stratigraphie du site où des dépôts d'origine très variée (anthropique, volcanique ou éolienne) ont été mis en évidence par les analyses géomorphologiques (Sordoillet, in Gutherz *et al.*, 2002). Il semble donc qu'il y ait eu dans tous les assemblages les actions conjointes et répétitives de la corrosion et du feu mais dans des proportions très variables selon les phases. Dans la suite du raisonnement, il nous faudra donc garder à l'esprit que les différents degrés d'intensité de ces processus ont pu jouer sur la préservation différentielle des différents assemblages.

Pour le niveau Pléistocène, seuls 86 restes ont été exhumés dont la totalité est des esquilles indéterminables. Elles présentent toutes des surfaces très corrodées, témoignant des mauvaises conditions de préservation au sein de ce sédiment.

A		Phase 3	Phase 2	Phase 1 R	Phase 1 I	Fosse	Phase 1 A
Phase 3	Chi2	X					
	Probabilité	X					
Phase 2	Chi2	49,2	X				
	Probabilité	2,0199E-09	X				
Phase 1 R	Chi2	459,4	169,7	X			
	Probabilité	4,6078E-97	8,4549E-35	X			
Phase 1 I	Chi2	349,9	126,3	33,03	X		
	Probabilité	1,8392E-73	1,4504E-25	3,7122E-06	X		
Fosse	Chi2	2214	1003,2	1606,9	1160	X	
	Probabilité	0	1,219E-214	0	1,3547E-248	X	
Phase 1 A	Chi2	149,2	53,77	12,14	15,8	104,5	X
	Probabilité	1,9761E-30	2,3368E-10	0,03291901	0,007438898	5,9431E-21	X

P>0,5	non significatif
0,5<P<0,1	peu significatif
0,1<P<0,01	significatif
P<0,01	très significatif

B		Phase 3	Phase 2	Phase 1 R	Phase 1 I	Fosse	Phase 1 A
Phase 3	corrosion	X					
	carbonisés	X					
Phase 2	corrosion	44,2	X				
	carbonisés	49,8	X				
Phase 1 R	corrosion	51,1	30,3	X			
	carbonisés	32,2	36,9	X			
Phase 1 I	corrosion	45,2	23,6	11,3	X		
	carbonisés	44	52,6	50,4	X		
Fosse	corrosion	77,7	66,3	49,3	61,36	X	
	carbonisés	16,1	24,2	37,2	28,5	X	
Phase 1 A	corrosion	34,7	39	23,1	32	21,9	X
	carbonisés	48,1	30,4	34,4	37,5	43,1	X

Tabl. 5.2 : A : Test du Chi^2 sur les profils taphonomiques de Moche Borago
B : Pourcentage des contributions de la corrosion et de la carbonisation aux Chi^2.

5.1.2. Spectre de faune

Les résultats globaux des spectres sont résumés dans le tableau 5.3 et la figure 5.3.

5.1.2.1. *Phase I Ancienne*

Elle présente le plus petit assemblage avec seulement 20 restes déterminés. Ils proviennent en majorité de Bovini (huit restes) parmi lesquels aucune espèce n'a pu être identifiée. On note également la présence du genre *Gazella* dont les sept restes de la catégorie Bovidae T3 proviennent très certainement. Enfin, deux restes de Suidae et un de lièvre complètent l'assemblage.

5.1.2.2. *Fosse*

L'assemblage de la Fosse est le seul à offrir des vestiges provenant de tous les taxons de la liste. Cependant les Bovini représentent plus de 80% des vestiges parmi lesquels près de 19% proviennent sans aucun doute de buffles. De plus, au moins cinq autres Bovidae entrent dans la composition de la collection : un Neotragini (trois restes), d'une *Gazella* sp. (sept restes), de deux Tragelaphini (un de petite taille représenté par deux restes : *Tragelaphus* cf *scriptus* et un de taille moyenne avec trois restes : *Tragelaphus* cf *buxtoni*) et un Reduncini (deux restes : cf *Kobus ellipsiprymnus*). Alors que toutes les autres peuvent se rapporter à un des taxons déjà cités, la catégorie Bovidae T2 qui ne compte qu'un fragment de scapula, semble représenter une autre espèce qui, comme nous l'avons vu précédemment, pourrait être un Cephalophini. Chez les artiodactyles non ruminants, les Suidae sont également bien représentés avec plus de 7% des restes, parmi lesquels ont retrouve deux espèces: le potamochère (19 restes) et le phacochère (quatre restes). Les autres taxons ne sont présents que de façon plus sporadique mais offrent une grande variété taxinomique, avec des représentants des Lagomorphes (lièvre : 13 restes), des Procavidae (daman des rochers : un reste et daman des steppes : 13 restes), des Cercopithecidae (babouin : un reste, grivet : sept restes , colobe guereza : deux restes et galago : deux restes), des Felidae (léopard : un reste et serval : un reste), des Vivveridae (quatre restes) et des Hyenidae (hyène tachetée : deux restes).

	Phase 3			Phase 2			Phase 1 Récente			Phase 1 Intermédiaire			Fosse			Phase 1 Ancienne			Total
	NR	%NR	NMI	NR	%NR	NMI	NR	%NR	NMI	NR	%NR	NMI	NR	%NR	NMI	NR	%NR	NMI	NR
Bovini	21	32.3		36	61.0		67	44.7		115	48.1		1249	61.3		8	40	1	**1496**
Syncerus caffer	2	3.1	1	2	3.4	1	2	1.3	1	1	0.4	1	386	18.9	8				**393**
Neotragini							3	2.0	1				3	0.1	1				**6**
Gazella sp.										3	1.3	1	7	0.3	1	2	10	1	**12**
Tragelaphus cf *Scriptus*							1	0.7	1	4	1.7	1	2	0.1	2				**7**
Tragelaphus cf *buxtoni*	1	1.5	1										3	0.1	2				**4**
cf *Kobus ellipsiprimnus*													2	0.1	1				**2**
Bovidae T2	1	1.5	1	1	1.7	1				5	2.1	1	1	0.0	1				**8**
Bovidae T3	10	15.4	1	1	1.7	1	26	17.3	1	23	9.6	1	36	1.8	3	7	35	1	**103**
Bovidae T4	1	1.5	1				21	14.0	1	4	1.7	1	16	0.8	2				**42**
Bovidae	19	29.2		6	10.2		4	2.7		45	18.8		60	2.9					**134**
Phacochoerus sp.													4	0.2	1				**4**
Potamochoerus porcus										1	0.4	1	19	0.9	2				**20**
Suidae	5	7.7					9	6.0		11	4.6		129	6.3		2	10	1	**156**
Lepus capensis	3	4.6	1	7	11.9	1	6	4.0	1	6	2.5	1	13	0.6	1	1	5	1	**36**
Procavia capensis													1	0.0	1				**1**
Heterohyrax brucei													13	0.6	3				**13**
Procavidae				2	3.4		1	0.7	1	9	3.8		34	1.7					**46**
Papio hamadryas										2			5	0.2	1				**7**
Cercopithecus aethiops													7	0.3	2				**7**
Colobus guereza				1	1.7	1							2	0.1	1				**3**
Galago senegalensis													2	0.1	1				**2**
Cercopithecidae	1	1.5	1							1	0.4	1	7	0.3					**9**
Panthera pardus													1	0.0	1				**1**
Leptairulus serval													1	0.0	1				**1**
Viverridae													4	0.2	1				**4**
Crocuta crocuta	1	1.5	1										2	0.1	1				**3**
Petits mammifères				3	5.1		10	6.7		9	3.8		30	1.5					**52**
Total	**65**	**100**	**8**	**59**	**100**	**5**	**150**	**100**	**7**	**239**	**100**	**9**	**2039**	**100**	**38**	**20**	**100**	**5**	**2572**

Tabl. 5.3 : Spectre de faune de Moche Borago.
NR, Nombre de Restes ; NMIf, Nombre Minimal d'Individus de fréquence.

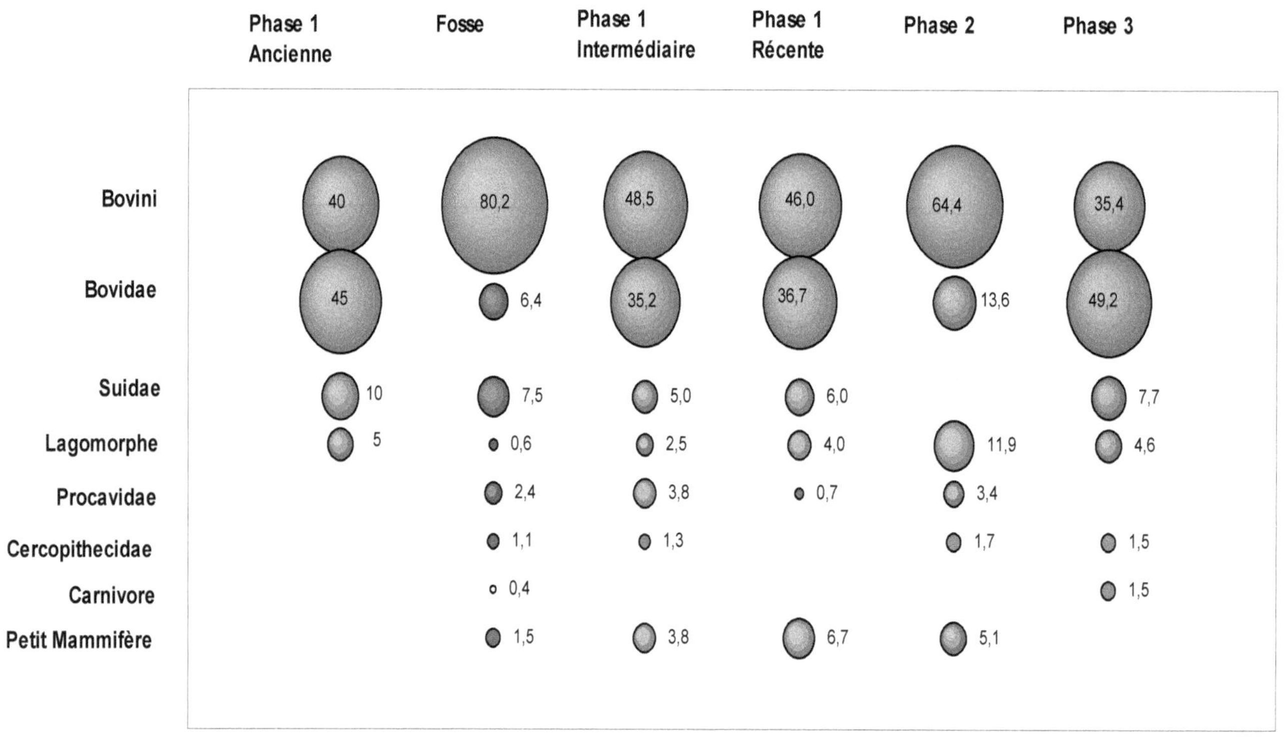

Fig. 5.3 : Représentation graphique du spectre de faune selon le Nombre de Restes.

5.1.2.3. *Phase I Intermédiaire*

Les Bovini, comme précédemment, dominent nettement l'assemblage avec près de 50% des restes. Toutefois, un unique ossement (une phalange intermédiaire) a pu être attribué au buffle. Parmi les autres Bovidae, une gazelle (3 restes) et un Tragelaphini de petite taille (quatre restes) sont représentés ainsi que toutes les catégories des différentes tailles de Bovidae (32 restes). On note également la présence du potamochère (un reste) auquel les onze restes qui ont été classés dans la catégorie des Suidae sont très probablement rapportables aussi. Hors artiodactyles, cette collection offre quelques restes de lièvre (six restes), de Procavidae (neuf restes), de babouin (deux restes), de Cercopithecidae (un reste) et de petits mammifères (neuf restes ; cette catégorie regroupe les restes osseux qui n'ont pu être attribués à aucune de ces trois premières ou aux lagomorphes).

5.1.2.4. *Phase 1 Récente*

Plus de 45% des vestiges proviennent des Bovini mais, comme pour les autres phases seuls deux restes appartiennent au buffle. On observe également la présence de Neotragini (trois restes) et d'un Tragelaphini de petite taille, représenté par un talus, et à qui les 26 restes de la catégorie Bovidae T3 sont certainement imputables. Enfin, 21 ossements de Bovidae T4 complètent cette liste de ruminants.

De plus, cette collection comporte neuf restes de Suidae, six de lièvre, un de Procavidae et dix de petits mammifères indéterminés.

5.1.2.5. *Phase 2*

Cette phase n'offre que 59 vestiges déterminés dont près des deux-tiers proviennent des Bovini. Une fois encore, deux de ces restes (un capitato-trapèzoïde et un os malléolaire) sont attribuables au buffle. Nous trouvons également d'autres Bovidae mais aucun n'a pu être clairement identifié. Les vestiges sont donc demeurés dans les catégories: Bovidae T2 ou T3. D'autres taxons sont aussi représentés : le lièvre (sept restes), un Procavidae (deux restes), le colobe guereza (un reste). Enfin, trois restes de petits mammifères n'ont pas pu être déterminés.

5.1.2.6. *Phase 3*

La phase III n'a livré que 65 restes déterminés. Un tiers provient de Bovini (21 restes), notamment du buffle pour au moins deux de ces restes (une phalange proximale et une P4/). Toutefois si nous ne pouvons pas exclure la présence du bœuf (Chapitre 4), l'aspect robuste et dense de ces ossements rappelle fortement les caractéristiques morphologiques du buffle.

Par ailleurs, près de la moitié de l'assemblage est composée de restes de Bovidae dont très peu ont pu être déterminés. En effet, seul un reste dentaire se rattache clairement à la tribu des Tragelaphini, dont le représentant semble être de taille moyenne (*Tragelaphus* cf *buxtoni*). Le manque de caractères discriminants nous a obligé à laisser les autres dans de grandes catégories déjà définies: Bovidae T2, T3 ou T4.

Le reste de la collection se répartit entre les Suidae (cinq restes), le lièvre (trois restes), les Cercopithecidae (un reste) et l'hyène tachetée (un reste) qui n'apparaissent que de façon sporadique.

Tous les résultats présentés jusqu'ici le sont en Nombre de Restes. Si l'on regarde maintenant le Nombre Minimal d'Individus, très peu d'informations apparaissent. En effet toutes les phases présentent pour tous les taxons des NMIf de 1, à l'exception de la Fosse. Pour cette dernière, on observe des NMIf variant de 1 à 3 sauf pour le buffle pour lequel nous obtenons un NMIf de 8, établi à partir du radius et de l'ulna proximaux, du talus et du calcanéus. La Fosse étant un ensemble clos qui semble avoir été fouillée dans une grande partie, nous avons là une estimation probablement fiable du nombre de buffles ayant participé à la constitution de cet assemblage. Si nous regardons les résultats provenant du NMIc (Nombre Minimal d'Individus de combinaison), les données restent les mêmes, révélant une bonne homogénéité au sein des individus. Ainsi, on observe tout au long de la séquence, une très nette domination des Bovidae et plus particulièrement des Bovini, qui, sauf dans le cas de la Phase 2, représentent plus de 80 % des assemblages (Fig. 5.3). Il est également intéressant de noter l'occurrence du lièvre dans toutes les phases et des Suidae dans cinq sur six d'entres elles.

Pour tenter de caractériser statistiquement les variations des spectres, nous avons effectué un test de Spearman et évalué ainsi l'existence ou non de lien entre les phases. Dans ce but, nous avons regroupé les différents taxons selon huit grandes catégories (Bovini, Autres Bovidae, Suidae, Lagomorphe, Procavidae, Cercopithecidae, Carnivore et Petits Mammifères) puis comparé les rangs de ces catégories au sein de chaque phase.

Les résultats montrent que la Phase 1 Ancienne et la Phase 3 sont très bien corrélées entre elles, de même que la Phase 1 Intermédiaire et la Phase 1 Récente (Tabl. 5.4). Par ailleurs, la Fosse et la Phase 1 Intermédiaire, de même que la Fosse et la Phase 1 Récente et la Phase 1 Intermédiaire et la Phase 3 présentent des corrélations significatives.

	Phase 3	Phase 2	Phase 1 R	Phase 1 I	Fosse	Phase 1 A
Phase 3						
Phase 2	0,54					
Phase 1R	0,61	0,71				
Phase 1I	0,78*	0,64	0,93**			
Fosse	0,52	0,33	0,79*	0,81*		
Phase 1A	0,93**	0,45	0,6	0,8*	0,64	

p >0,05		non significativement corrélé
0,05> p >0,01	*	significativement corrélé
p <0,01	**	très significativement corrélé

Tabl. 5.4 : Test de Spearman sur les différents spectres fauniques de Moche Borago. (pour n = 8; seuil de 0,05 = 0,74 et seuil de 0,01 =0,88 ; Schwartz, 1980)

Les liens entre la Fosse et la Phase 1 Intermédiaire confirment par la faune que la Fosse fait partie de cette phase. Nous essayerons donc d'expliquer les quelques différences qui les caractérisent que nous analyserons l'utilisation de la Fosse au sein de la Phase 1 Intermédiaire (Chapitre 9). Les autres corrélations résultent non seulement des similitudes dans les proportions des taxons dominants tels que les Bovini ou les autres Bovidae mais aussi par la présence ou l'absence des autres taxons. Ainsi, les liens entre la Phase 3 et la Phase 1 Ancienne s'expliquent par l'absence ou la très faible représentation des catégories que l'on pourrait qualifier de « secondaires » comme les Procavidae, les Cercopithecidae, les Carnivores ou encore les Petits Mammifères. La Phase 1 Récente offre des résultats proches de la Phase 1 Intermédiaire et de la Fosse, aussi bien dans les proportions des taxons dominants que dans l'occurrence des espèces plus minoritaires. Enfin, il est intéressant de noter que la Phase 2 est la seule à n'être corrélée avec aucune autre.

Nous verrons dans la suite de ce travail comment ces corrélations ou leur absence nous informent sur les comportements humains au cours des différentes occupations mais aussi sur les conditions environnementales alors présentes.

5.1.3. Représentation des parties squelettiques

L'analyse de la représentation des différentes parties squelettiques au sein des différents assemblages nous permet d'évaluer à la fois le choix anthropique fait sur les carcasses des animaux et les éventuelles conservations différentielles. Les résultats bruts en NR pour chaque phase sont réunis dans les tableaux 1a,b,c,d,e et f de l'Annexe 1.

Cependant, pour tenter de réduire le fort biais introduit par la fragmentation, nous avons choisi d'analyser ces données par la méthode de Pourcentage de Représentation des Parties Squelettiques proposée par Dodson et Wexlar (1979). En raison de la faiblesse numérique de la plupart des échantillons, nous n'avons pu appliquer cette méthode que pour les restes de Bovini, de Bovidae de taille 3 et de Suidae provenant de la Fosse. Nous avons donc réuni les données du buffle et des Bovini, présumant que ces derniers provenaient également du premier. Pour les Suidae, même si deux espèces ont pu être reconnues, on peut supposer qu'elles ont été traitées de la même façon par les hommes et que les os se comportent de la même manière face aux dégradations post-dépositionnelles. Pour les Bovidae de taille 3, nous avons traité ensemble les restes de gazelle, de guib harnaché et de Bovidae de taille 3 non attribué spécifiquement dans le but d'augmenter les effectifs. Il apparaît donc pour les Bovini de la Fosse (Fig.5.4), toutes les parties du squelette sont représentées à au moins 10%, témoignant d'une arrivée de la totalité des animaux sur le site (entiers ou plus probablement en morceaux). Par ailleurs, on observe une bonne représentation de certaines parties de la tête notamment des mandibules et condyles occipitaux, qui témoignent de l'apport de l'arrière de la tête, mais aussi des os longs des membres antérieurs et postérieurs, ainsi que de certains os courts très résistants comme le talus et le calcanéus. En revanche, on observe un déficit de la face, du rachis, de la scapula, des extrémités, notamment des phalanges distales et de certains os courts comme le carpe ou la patella. Ces résultats nous permettent d'ores et déjà de faire quelques interprétations. Une partie des absences ou des sur-représentations est imputable aux phénomènes post-dépositionnels. En effet, le déficit du rachis ou de certains os comme la scapula peut être dû à leur relative fragilité. A l'opposé, la bonne représentation de la mandibule ou des os du tarse s'explique partiellement par leur robustesse (Brain, 1981). Toutefois la dégradation taphonomique ne suffit pas à expliquer ces profils.

Ainsi le fort pourcentage des membres suggère une utilisation alimentaire de ces animaux. Par ailleurs, l'absence des éléments de la face et des phalanges distales nous permet de suggérer dès maintenant l'éventualité de la récupération et de l'utilisation des peaux.

Les données provenant des Suidae de la Fosse sont moins facilement utilisables car l'échantillon est plus petit (NMI = 4 ; Fig. 5.5). On observe une nette dominance de la tête, et notamment des mandibules. Ce phénomène est récurrent chez ces animaux dont l'architecture crânienne est très robuste. Si les autres éléments ne dépassent pas les

50%, on peut toutefois noter une bonne présence de la ceinture pelvienne et de la plupart des os des membres à l'exception des métapodes et des phalanges. Le déficit de ces dernières, pourtant résistantes, pourrait attester, comme pour le buffle, du travail de la peau. La sous-représentation des autres éléments (rachis, scapula et patella) pourrait avoir les mêmes causes que chez le buffle.

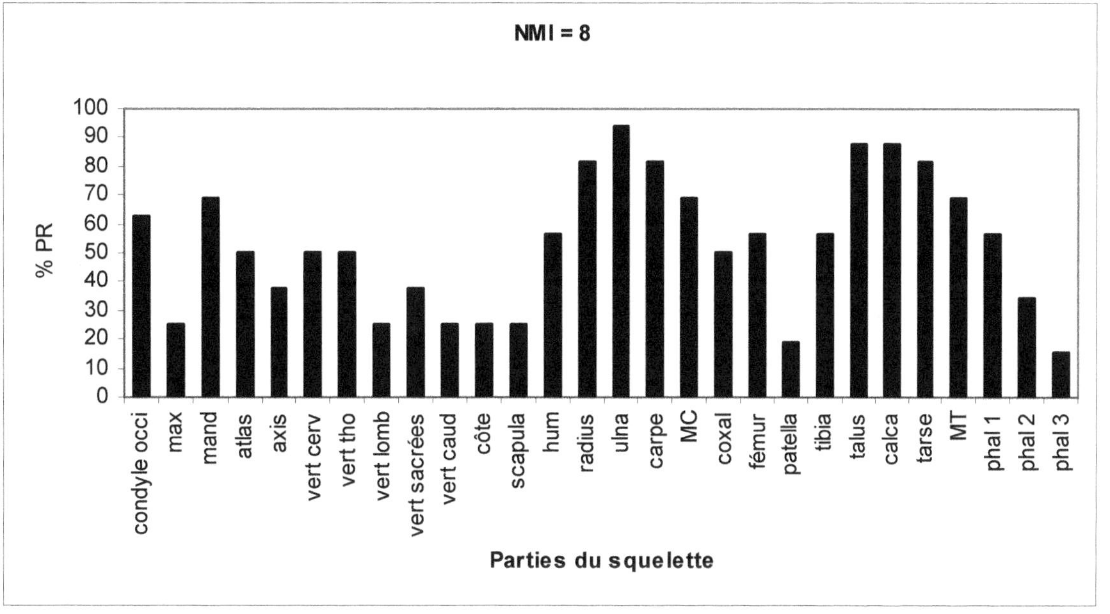

Fig. 5.4 : Profils de représentation des parties squelettiques des Bovini de Moche Borago. (condyle occi : condyle occipital ; max : maxillaire ; mand : mandibule ; vert : vertèbres ; cerv : cervicales ; tho : thoraciques ; lomb : lombaires ; caud : caudales ; hum : humérus ; MC : métacarpe ; calca : calcanéus ; MT : métatarse ; phal 1 : phalange proximale ; phal 2 : phalange intermédiaire ; phal 3 : phalange distale)

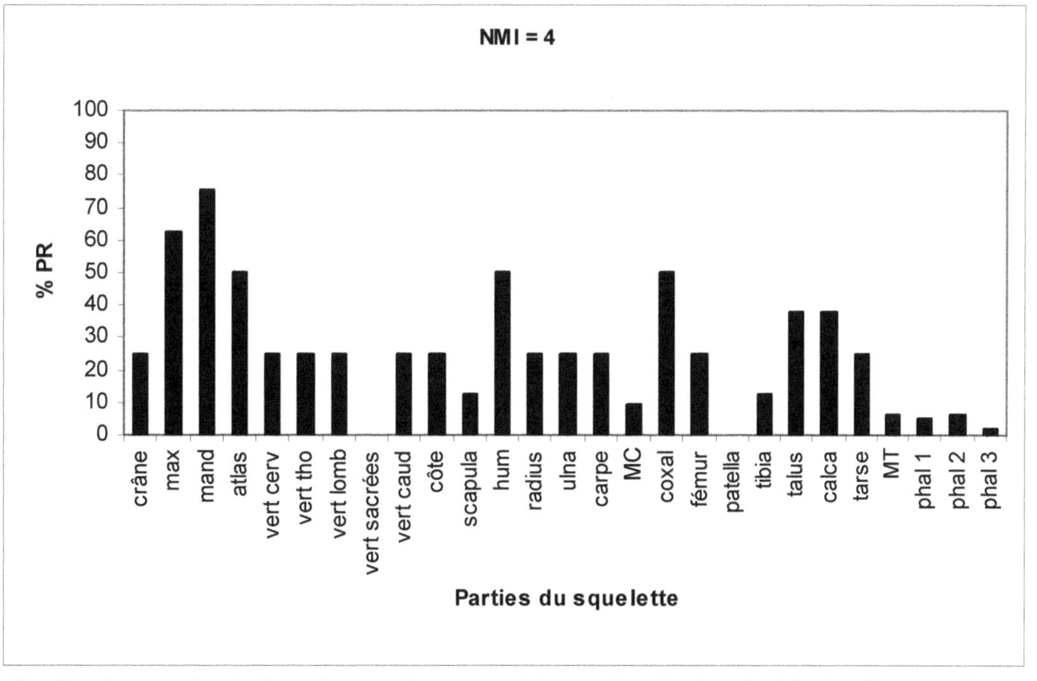

Fig. 5.5 : Profils de représentation des parties squelettiques des Suidae de Moche Borago. (condyle occi : condyle occipital ; max : maxillaire ; mand : mandibule ; vert : vertèbres ; cerv : cervicales ; tho : thoraciques ; lomb : lombaires ; caud : caudales ; hum : humérus ; MC : métacarpe ; calca : calcanéus ; MT : métatarse ; phal 1 : phalange proximale ; phal 2 : phalange intermédiaire ; phal 3 : phalange distale)

Pour les Bovidae de taille 3, le NMI est faible (3) et ne nous permet pas d'interpréter les résultats de façon quantitative (Fig. 5.6). Nous pouvons uniquement remarquer la présence de toutes les régions anatomiques. Seuls quelques os comme les premières vertèbres cervicales, les vertèbres caudales, l'humérus et la patella sont absents. Ces manques sont peut-être dus à une fonte des os fragiles ou à une forte fragmentation limitant la détermination, tous deux résultant d'une importante dégradation taphonomique.

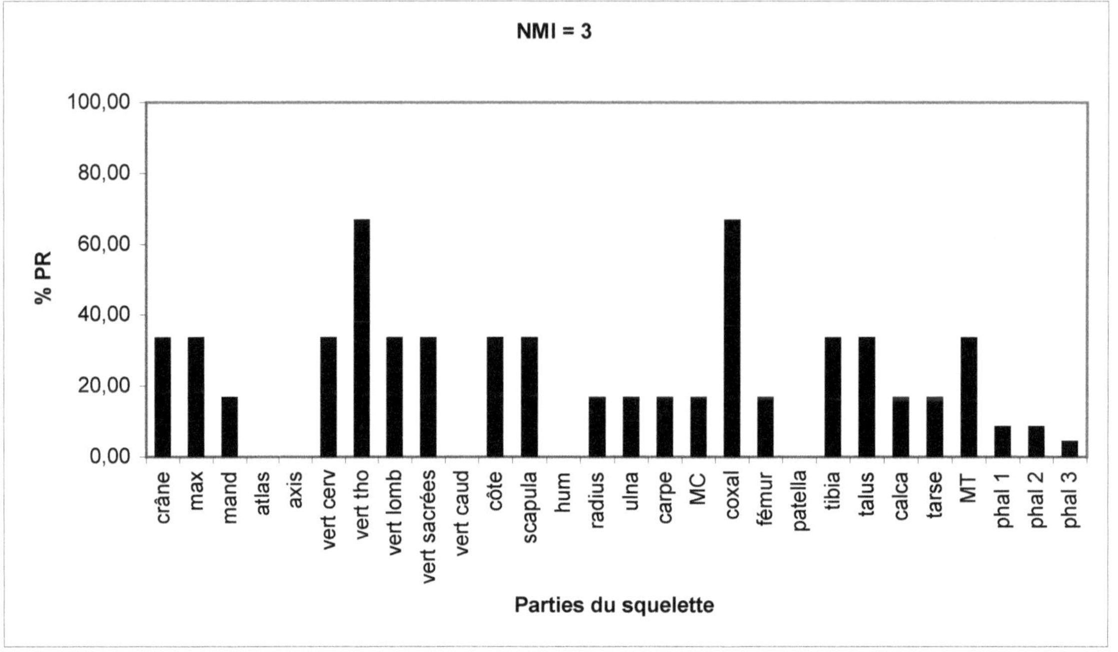

Fig. 5.6 : Profils de représentation des parties squelettiques des Bovidae de taille 3 de Moche Borago. (condyle occi : condyle occipital ; max : maxillaire ; mand : mandibule ; vert : vertèbres ; cerv : cervicales ; tho : thoraciques ; lomb : lombaires ; caud : caudales ; hum : humérus ; MC : métacarpe ; calca : calcanéus ; MT : métatarse ; phal 1 : phalange proximale ; phal 2 : phalange intermédiaire ; phal 3 : phalange distale)

Pour tenter de voir, malgré la faiblesse des échantillons, si ces caractéristiques se retrouvent sur les autres taxons et au sein des autres phases, nous avons réalisé des graphiques pour les grandes catégories de mammifères définies préalablement, en regroupant les grandes régions du squelette (tête, rachis, membre antérieur, membre postérieur et extrémités). Il nous faut signaler que, si les données ont été quantifiées en Nombre de Restes, nous avons écarté les fragments de dents jugales des Bovidae pour lesquelles la fragmentation est telle qu'elle biaise les résultats. Par ailleurs, nous n'avons pas pris en compte les assemblages comptant moins de huit restes ou pour lesquels une seule région squelettique était représentée. Par exemple, dans la phase 3, les lagomorphes ne sont représentés que par trois restes provenant d'extrémités, ce qui n'est pas interprétable quantitativement.

Ainsi, nous voyons que pour les Bovini, les différentes phases présentent des profils assez similaires (Fig.5.7). La représentation de la tête est très variable mais ne dépasse jamais 33% ; celle du rachis est relativement bonne et constante durant toutes les phases. De même, les pourcentages du membre antérieur sont homogènes même s'ils sont moins élevés que ceux du rachis. Enfin, la représentation du membre postérieur et des extrémités est très variable, allant de 0% pour le membre postérieur de la phase 3 à 47% pour les extrémités de la phase 1 Récente.

Pour les Bovidae, malgré une grande disparité des effectifs, on observe une assez bonne cohérence des données pour toutes les phases à l'exception de la phase I Ancienne. Nous pouvons ainsi noter un déficit plus ou moins fort de la tête et des membres et une relativement bonne représentation du rachis et des extrémités. A l'opposé, la phase 1 Ancienne montre une bonne représentation de la tête, du membre antérieur et des extrémités avec un déficit du rachis et du membre postérieur.

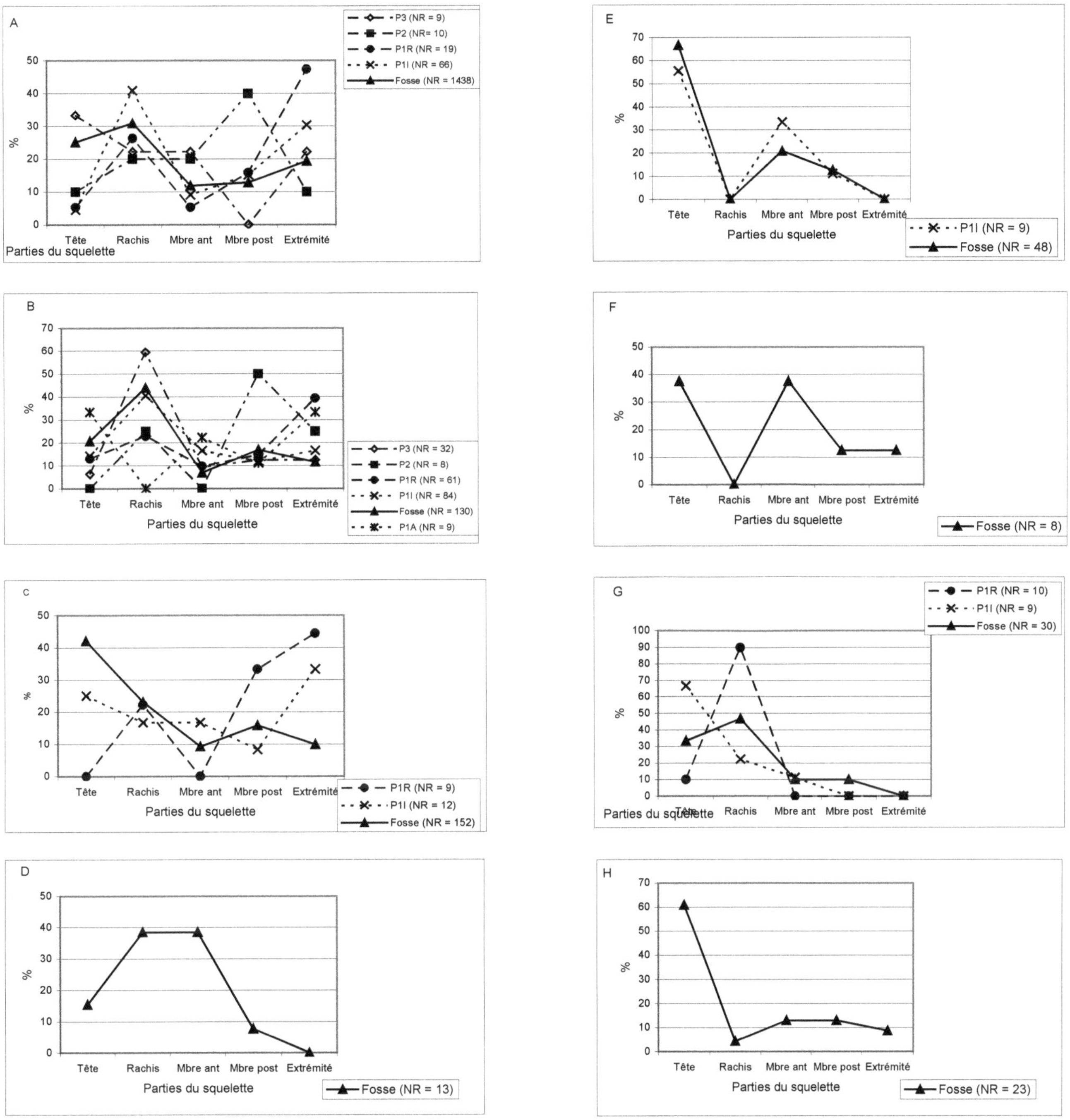

Fig. 5.7 : Répartition des ensembles anatomiques pour les catégories taxinomiques selon les phases en pourcentage du Nombre de Restes. A : Bovini ; B : Bovidae ; C : Suidae ; D : Lagomorphes ; E : Procavidae ; F : Carnivores ; G : Petits Mammifères ; H : Primates

Concernant les Suidae, encore une fois les données sont très variables selon les phases. On observe une totale absence d'éléments de la tête et du membre antérieur pour la phase 1 Récente. La phase 1 intermédiaire offre, tout du moins pour les membres et les extrémités, un profil inverse de la Fosse. Or, la Fosse fait partie de la phase 1 intermédiaire même si nous les traitons séparément. Ces données nous permettent d'ores et déjà de mettre en évidence une distribution spatiale particulière des restes au sein de cette phase. Toutefois, nous ne raisonnons que sur 12 restes présents hors de la Fosse, ce qui limite les conclusions

Pour les lagomorphes, seule la Fosse a livrée plus de huit restes. On observe alors un net déficit du crâne, du membre postérieur et des extrémités qui sont peut-être le reflet de la dégradation taphonomique, ces éléments étant relativement fragiles de par leur petite taille.

Enfin, concernant les autres taxons, les données sont trop inégales pour être discutées en détail. Ainsi, la bonne représentation des parties crâniennes, notamment pour les Procavidae, les Carnivores et les Primates est essentiellement due à un problème de détermination. En effet, ce sont surtout ces parties qui offrent les critères discriminants entre les différents taxons. Les autres, et surtout le rachis, n'ont pu être attribués à l'une ou l'autre des catégories que dans très peu de cas. Cela explique la sur-représentation du rachis dans la catégorie Petit Mammifère. Enfin, ces animaux étant petits, ils ont été plus sensibles à la détérioration post-dépositionnelle et ont donc dû subir une fonte taphonomique plus forte.

5.1.4. Détermination de l'âge et du sexe

Nous avons restreint nos analyses d'âge et du sexe à l'assemblage provenant de la Fosse qui a livré pour certaines espèces un nombre d'individus assez important pour être significatif.

L'âge d'abattage des buffles a pu être estimé à partir des stades d'éruptions et d'usures des dents dont la plupart sont isolées. Pour cela, nous avons utilisé les stades définis par Grimsdell (1973). Les profils d'abattage sont présentés en Nombre de Dents (ND ; Vigne, 1988) et en Nombre Minimal d'Individus dentaire (NMId). Les pourcentages des effectifs par classe d'âge ont été corrigés en fonction de l'amplitude de ces dernières (Fig. 5.8).

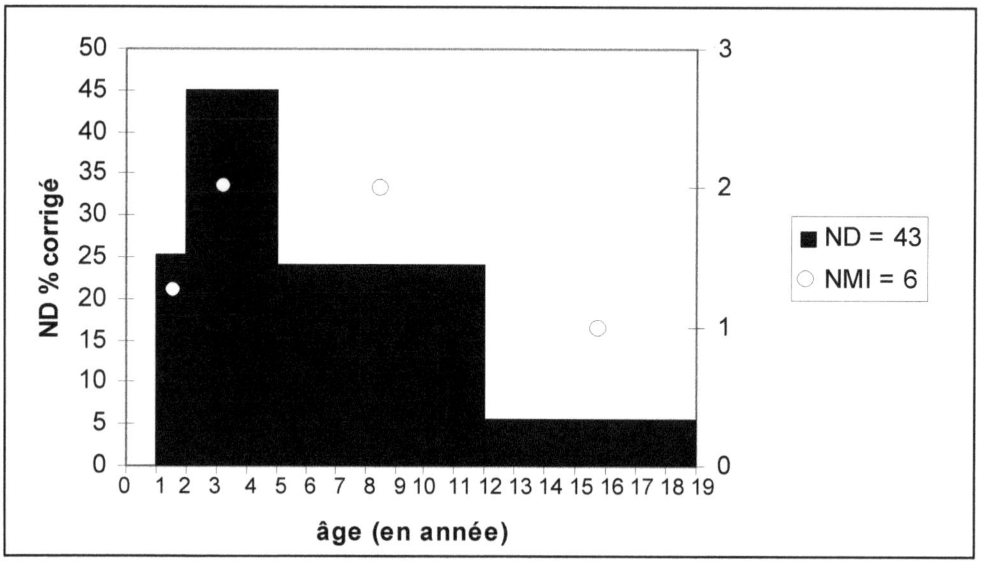

Fig. 5.8 : Profil d'abattage des buffles de la Fosse de Moche Borago.

On observe donc un choix dans les individus abattus qui semble principalement concerné les buffles sub-adultes (âges de deux à cinq ans) et adultes (âges entre cinq et douze ans). La présence de sub-adultes est d'ailleurs confirmée par les quelques épiphyses non soudées trouvées dans cet assemblage. Cependant, en l'absence de référentiel actuel, il nous est impossible de les utiliser dans l'estimation des âges d'abattage. Les animaux jeunes (entre un et deux ans) sont également bien représentés mais on note une absence complète de buffle de moins de un an. Toutefois, cette dernière remarque est à nuancer car les fortes dégradations post-dépositionnelles comme la carbonisation ont pu détruire une partie des restes les plus fragiles notamment ceux des jeunes. Ces résultats nous offrent donc des informations intéressantes sur les tactiques de chasse et les stratégies d'abattage employées par les chasseurs que nous développerons dans le chapitre 8.

Pour les Suidae, seule la présence d'une mandibule de potamochère avec une 3e molaire sortante nous permet d'estimer que cet individu était âgé d'environ 2 ans au moment de sa mort. Pour les autres individus et notamment ceux de phacochère, aucune information ne nous a permis de mettre en évidence d'éventuelle présence de jeunes. Toutefois, il nous faut garder à l'esprit les problèmes taphonomiques évoqués pour le buffle qui peuvent être en partir responsables de ce manque. Pour les Bovidae de taille 3 (c'est-à-dire correspondant à la gazelle et au guib harnaché), les stades d'éruption dentaires évalués par Schaller (1972) indiquent qu'au moins un sub-adulte (entre un et deux ans) compose l'assemblage ; les autres animaux étant des adultes. Enfin, toutes les autres espèces ne semblent représentées que par des adultes.

Les informations sur le sexe des individus peuvent être perceptibles à la fois par les données morphoscopiques et métriques. Pour ces dernières, la faiblesse des échantillons et les incertitudes concernant les déterminations spécifiques, de bovidés notamment, nous interdisent leurs utilisations. Du point de vue des critères morphoscopiques, nous pouvons noter la présence d'un atlas très gracile au sein des restes de cobe à croissant (cf *Kobus ellipsiprimnus*). Or, chez cette espèce, seuls les mâles portent des cornes (Kingdon, 1997), ce qui nécessite une architecture robuste du rachis, et notamment des premières vertèbres cervicales qui supportent un grand poids de la tête. Il semblerait donc que le cobe présent dans la Fosse soit une femelle.

Aucune information n'est en revanche disponible sur les proportions des mâles et des femelles pour les autres taxons.

5.1.5. Origine de l'assemblage et validité des sources

Finalement, le matériel provenant de Moche Borago est abondant mais son état de conservation est relativement mauvais. De ce fait, de nombreuses informations ont disparu, notamment celles concernant les hypothétiques activités anthropiques. Ainsi, en raison du très fort pourcentage de brûlures dû au volcanisme actif, il nous a été très difficile, voire pratiquement impossible, d'appréhender les traces de feu imputables à l'homme. De même, toutes les traces éventuelles de découpes sont, elles aussi, absentes.

En ce qui concerne la représentation des parties squelettiques, la dégradation post-dépositionnelle semble également forte. D'une part, la fonte taphonomique, notamment due à la carbonisation, a pu provoquer la disparition des éléments osseux les moins résistants comme les vertèbres thoraciques, l'humérus proximal ou encore le fémur distal (Brain, 1981), et des petits taxons. D'autre part, l'importante fragmentation a limité la détermination, spécialement pour certaines parties comme les diaphyses d'os longs, les vertèbres ou les côtes pour lesquelles la reconnaissance des espèces voire des tribus n'a plus été possible.

Il nous faut donc maintenant tenter d'établir l'origine de ces assemblages. Cette tâche est d'autant plus délicate que les cavités telles que cet abri sont des refuges privilégiés pour les animaux sauvages. Toutefois, de nombreux éléments semblent attester que les assemblages résultent bien d'activités humaines.

Tout d'abord, toutes les couches dont proviennent les ossements ont livré des artefacts tels que de l'industrie lithique ou de la céramique. De surcroît, le spectre de faune montre un fort pourcentage de buffle. Or, au vue de la configuration de l'abri au fond d'un ravin et de son accès difficile, le long d'une pente abrupte, il est très peu probable que ces animaux aient pu accéder au site par eux-même. Leur présence correspond donc à un apport par un prédateur de grande taille ou très puissant (homme ou grands carnivores : lions, hyènes, voire léopards). Or, aucune trace de morsure de grands carnivores n'a été observée sur le matériel. De plus, la conformation du site ne correspond pas à une tanière. Il semble donc que le seul prédateur responsable de ces accumulations soit l'homme.

Par ailleurs, même si toutes les parties squelettiques sont représentées, il semble que soient conservées de manière préférentielle les parties les plus charnues des membres, attestant de la consommation de ces animaux.

Enfin, il est possible d'appréhender les activités anthropiques par la fracturation de certains ossements. Un pourcentage, assez variable selon les phases, d'os longs présente en effet des fracturations en spirale qui, comme vu précédemment, peuvent être imputable à une cassure sur os frais vraisemblablement due à l'homme dans le but d'une récupération de moelle. Sur certains os, on peut de plus observer des esquillements caractéristiques de cassage sur os frais, et le point de percussion peut être alors localisé. Il faut néanmoins rappeler, qu'en raison de la forte activité thermique, il est possible qu'une partie des ces fractures proviennent de l'exposition à la chaleur. Nous tenterons donc dans le chapitre 7, d'évaluer la part de l'action anthropique dans la réalisation de ces fracturations.

Il paraît donc assez clair que les assemblages osseux provenant des différentes phases de Moche Borago résultent d'activités anthropiques. Malgré la forte dégradation taphonomique qui a limité l'exploitation des sources ainsi que le choix des méthodes d'analyses, les données semblent assez fiables pour tenter une interprétation.

5.2. Akirsa

5.2.1. Présentation et conservation de l'assemblage

L'assemblage d'Akirsa n'a livré que 1277 restes fauniques. La quasi totalité de ces restes provient des sols 2 et 3 avec respectivement 671 pour le premier et 578 pour le second (Fig. 5.9). D'une manière générale la conservation des restes est très mauvaise, comme en témoignent, pour les sols 2 et 3, les 90% d'indéterminés et les 80% d'esquilles. Cet état se traduit également à travers le poids moyen des restes dont le plus important est de 0.51 gramme/reste pour le sol 2. Malgré un pourcentage d'indéterminés et d'esquilles plus faible, l'assemblage du sol 1 n'en est pas moins très abîmé. La raison de cette contradiction est, d'une part, que nous raisonnons sur un nombre très faible de restes (28) et, d'autre part, que les dix restes déterminés sont en fait des fragments de dents de Bovini en mauvais état.

Tous ces éléments témoignent d'une très forte fragmentation imputable à plusieurs facteurs. Le premier est largement prépondérant et certainement responsable en grande partie de la destruction prononcée des vestiges. Il s'agit de l'action du feu qui a affecté jusqu'à 100% des restes dans le sol 1. Dans les autres sols, la situation est moins radicale mais tout aussi significative (88% pour le sol 2 et 94% pour le sol 3). Cette dégradation se manifeste à travers la calcination qui est supérieure à la carbonisation dans tous les cas. Ce phénomène s'explique aisément par le contexte archéologique. En effet, toute la stratigraphie du site est dominée par la présence de structures de combustion (§ 2.3.1.2). Le second facteur est la corrosion qui n'a que peu ou pas altéré la surface des vestiges. Elle est due aux sédiments latéritiques qui ont attaqué le cortex osseux au sein des assemblages des sols 2 et 3.

Plusieurs éléments résultent de cette forte dégradation par le feu. D'une part, on peut observer sur la figure 5.9 qu'aucune autre trace, qu'elle soit naturelle ou anthropique, n'est visible sur les restes. La carbonisation et la calcination ont en effet profondément affecté la surface des os, et par là même, effacé les autres traces potentielles. Par ailleurs, la forte crémation des vestiges a non seulement entraîné une importante fragmentation des os et des dents comme nous l'avons vu précédemment, mais aussi la très probable disparition de certains ossements provenant d'individus jeunes ou d'animaux de petite taille, qui sont plus fragiles.

Finalement on observe une situation relativement proche de celle de Moche Borago où la dégradation par le feu est aussi remarquable (§ 5.1.1). Toutefois cette comparaison est à nuancer. En effet, l'origine en est différente. A Moche Borago, la position de l'abri dans les flancs d'un volcan, de même que les nombreuses couches de tephras au sein de la stratigraphie témoignent sans contexte de l'origine volcanique de ces marques. A Akirsa, au contraire, aucun phénomène volcanique ne peut être évoqué et la présence des multiples foyers atteste que les traces sont dues à une action humaine. Par ailleurs, les os de Moche Borago sont avant tout carbonisés ce qui n'entraîne que peu de déformations. Dans le cas d'Akirsa, l'assemblage est marqué par les traces de calcination, phénomène beaucoup plus destructeur.

	Sol 1	Sol 2	Sol 3	Total
NR	28	671	578	1277
PdR	11	332	262	605
PdR/NR	0,4	0,51	0,47	0,47
% Indéterminés	64,3	92,8	96,4	84,5
% Esquille	60,7	83,9	82,0	75,5
% Intempérisation	0,0	0,0	0,0	0,0
% Corrosion	0,0	6,3	3,6	3,3
% Os carbonisés	10,7	32,6	21,1	21,5
% Os calcinés	89,3	56,0	73,0	72,8
% Grignotage	0,0	0,0	0,0	0,0
% Découpe	0,0	0,0	0,0	0,0
% Racine	0,0	0,0	0,0	0,0
% Fracture spiralée	0,0	0,0	0,0	0,0

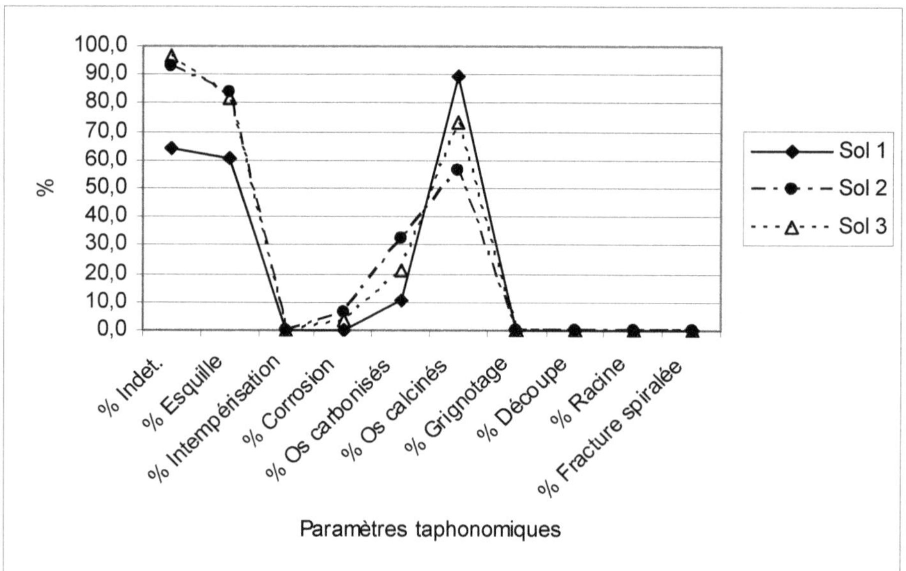

Fig. 5.9 : Profil taphonomique de l'assemblage faunique d'Akirsa (d'après les critères de Vigne, 1996)
NR, Nombres de Restes ; PdR, Poids de Restes (en gramme) ; Indet., indéterminés ; Esquille, tout fragment non attribuable à une pièce anatomique.

5.2.2. Spectre de faune

Les sols 3 et 2 présentent des spectres tout à fait similaires (Tabl. 5.5 et Fig. 5.10). En effet même si les proportions de Suidae et de gazelle semblent légèrement varier d'un sol à l'autre, ces variations ne sont statistiquement pas significatives et ne résultent probablement que de l'échantillonnage. Ainsi, si l'on effectue un test du Chi^2 sur ces valeurs, alors les assemblages ne sont pas significativement différents l'un de l'autre ($Chi^2 = 1{,}74$; ddl = 2 ; p = 0,41). Toutefois, malgré cette homogénéité, nous ne pouvons pas réunir les deux spectres dans la suite des analyses puisque ces deux occupations sont séparées par environ 1 000 ans.

Peu de choses sont à dire pour le sol 1 qui n'a livré que 10 restes provenant tous de fragments dentaires de Bovini.

	Sol 1			Sol 2			Sol 3			Total
	NR	% NR	NMI	NR	% NR	NMI	NR	% NR	NMI	NR
Bovini	10	100,00	1	28	58,3	1	10	47,6	1	**48**
Gazella* cf. *soemmeringi				1	2,1	1	1	4,8	1	**2**
***Gazella* sp.**				8	16,7		6	28,6		**14**
Suidae				11	22,9	1	4	19	1	**15**
Total	**10**	**100,00**	**1**	**48**	**100**	**3**	**21**	**100**	**3**	**79**

Tabl. 5.5 : Spectre de faune d'Akirsa.
NR, Nombre de Restes ; NMIf, Nombre Minimal d'Individus de fréquence.

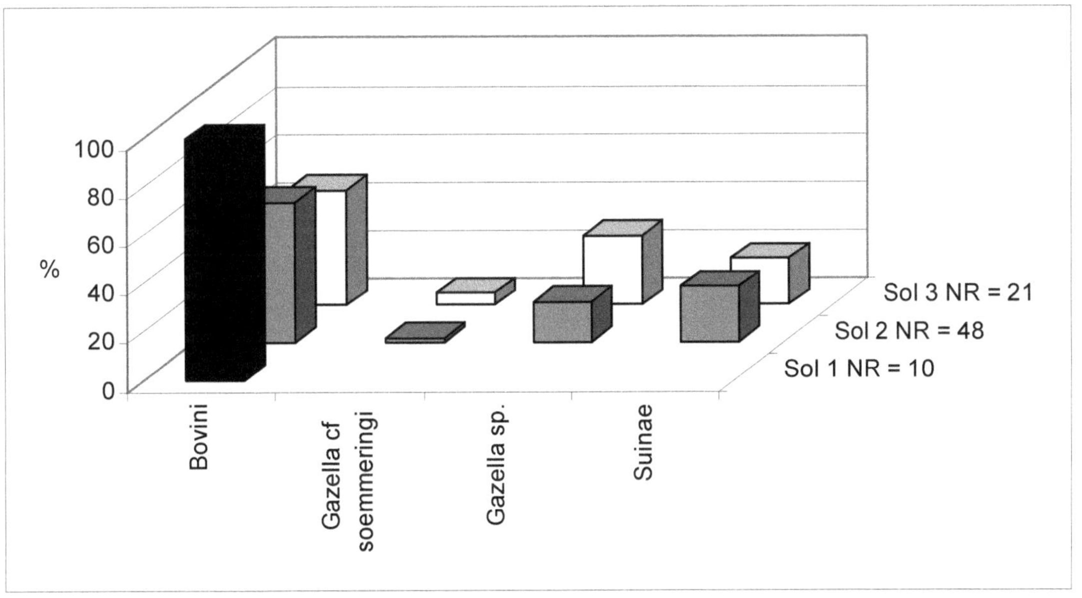

Fig. 5.10 : Représentation graphique du spectre de faune d'Akirsa selon le Nombre de Restes.

Par ailleurs, nous avons vu que les Bovini ainsi que les Suidae ne peuvent pas être attribués à une espèce précise en raison du manque de caractères discriminants sur les os fortement altérés et sur les dents toutes fragmentées (Chapitre 4). Pour les gazelles, le seul reste mesurable offre des résultats proches des gazelles de grand format telle que *Gazella soemmeringi* (Annexe 2.B.7).
En résumé peu de variations sont observables sur cette séquence. Les sols 3 et 2 ont livré des résultats non significativement différents et le sol 1 est difficilement interprétable puisque seul 10 fragments dentaires nous sont parvenus. Dans tous les cas, il faut bien souligner que nous travaillons sur un nombre très réduit de restes, rendant peu fiable toute interprétation quantitative.

5.2.3. Représentation des parties squelettiques

Le tableau 2 de l'annexe 1 présente la répartition anatomique des vestiges des différents taxons pour chacun des sols. Les données sont trop faibles pour pouvoir être analysées en détail et nous ne pouvons nous en tenir qu'à quelques remarques d'ordre général. D'une part, dans tous les sols, les Bovini sont majoritairement représentés par des fragments de dents. Seuls quelques os post-crâniens complètent les assemblages dans les sols 2 et 3. Les Suidae et Antilopini ont, quant à eux, livré quelques restes osseux et dentaires mais aucun fait particulier n'est à souligner et la présence des restes est trop anecdotique pour être interprétée comme l'éventuel reflet de processus naturels ou anthropiques.

5.2.4. Détermination de l'âge et du sexe

Au sein de ces trois assemblages très mal conservés, il semble que seuls des individus adultes soient représentés. Ce fait peut partiellement s'expliquer par la forte dégradation taphonomique qui touche davantage les restes les plus fragiles, comme ceux des jeunes. De plus, aucun élément n'indique les proportions de mâles et de femelles.

5.2.5. Origine de l'assemblage et validité des sources

Finalement, l'assemblage faunique d'Akirsa est très fortement dégradé, principalement par les calcinations au sein des foyers. Ces dernières ne sont pourtant pas directement imputables à des activités alimentaires humaines. En effet, aucune marque ne semble correspondre aux brûlures d'extrémités typique des cuissons par rôtissage mais elles semblent plutôt dues à une longue exposition au feu. On peut alors supposer qu'elles correspondent à un rejet des déchets dans les foyers dans un but de nettoyage, de chauffage, d'éclairage ou encore de protection contre les prédateurs.

Par ailleurs, comme pour Moche Borago, l'accès difficile à l'abri situé sur une pente abrupte rend très improbable la venue naturelle de grandes espèces telles que celle de la tribu des Bovini. Leur présence est certainement attribuable à l'homme.

Compte tenu de ces éléments et de l'association des ossements avec le matériel céramique et lithique, l'origine anthropique de ces restes ne fait aucun doute. Nous pourrons alors nous servir des quelques résultats obtenus à partir des assemblages des sols 2 et 3, les seuls qui aient d'ailleurs fourni des dates radiométriques (1040 ± 30 BP pour le sol 2 et 2080 ± 55 BP pour le sol 3).

Chapitre 6. Présentation et analyse critique des assemblages fauniques de Djibouti

6.1. Asa Koma

Lors des différentes campagnes de fouille, les ossements d'animaux ont été récoltés à vue et par tamisage (0,5 mm) puis les refus de tamis ont été triés à sec sur le site. Lors de la dernière campagne, en 1996, une attention plus particulière a été portée à la récolte des restes de poissons : Cette année-là, en plus de la récolte lors de la fouille, des prélèvements systématiques ont été réalisés dans tous les carrés fouillés à différents niveaux de décapages. Le sédiment de ces prélèvements a été tamisé sur une maille de 1 mm puis de 0,5 mm et les refus de tamis ont été conservés.

Au cours de la présente étude, seuls les restes provenant de la fouille ont été analysés. Les restes de poissons issus des prélèvements n'ont fait l'objet que d'un échantillonnage. Les méthodes de collecte n'étant pas les mêmes que celles de la fouille, nous avons voulu nous assurer que cette dernière n'avait pas trop biaisé les données. Nous avons donc analysé cinq prélèvements de 1996 provenant de cinq carrés différents et de plusieurs décapages. Dans un second temps, un test du Chi^2 a été effectué entre les restes récoltés pendant la fouille et ceux résultant des prélèvements. Pour cela, nous avons d'abord comparé le nombre de restes de *Clarias* et de Tilapinii. Il apparaît que la différence entre les échantillons n'est que peu significative avec une probabilité supérieure à 0,2 (ddl = 1 et chi^2 = 1,33). Puis nous avons comparé, au sein des restes de Tilapinii, les proportions entre les restes crâniens et les post-crâniens. Là encore la différence est peu significative avec une probabilité supérieure à 0,1 (ddl = 1 et chi^2 = 1,96). Les assemblages provenant de la fouille semblent donc peu biaisés par rapport aux prélèvements systématiques.

6.1.1. Présentation et conservation de l'assemblage

Le site d'Asa Koma a livré 30 559 restes dont la majeure partie (22 903) est constituée de restes de poissons. Les processus de conservation des ossements de poissons répondant à des critères bien particuliers, nous n'avons réalisé l'étude taphonomique qui suit qu'à partir des restes de mammifères et d'oiseaux.

Pour ces deux dernières catégories taxinomiques, 7 656 restes ont été exhumés. Parmi ceux-ci, seuls 957 ont pu être attribués à un taxon, laissant plus de 87% des restes indéterminés (Fig. 6.1).

Le faible taux de détermination s'explique en partie par une intense fragmentation (plus de 43% d'esquilles ; poids moyen par reste = 1,06 gr. ; taille de la majorité des fragments = entre 2 et 3 cm ; Fig. 6.2). Cette mauvaise conservation est attribuable en grande partie aux phénomènes d'intempérisation qui ont fortement dégradé l'assemblage. En effet, on note que près de 32% des vestiges en portent les traces. Ces dernières, présentes sur toutes les parties du squelette, se répartissent dans trois des cinq stades définis par Behrensmeyer (1978), principalement au sein du stade 1 (Fig. 6.3). On observe également un blanchiment des os et un éclatement de quasiment toutes les dents d'ongulés. Une grande partie des os a donc été exposée aux intempéries. Le problème est alors d'estimer la durée de cette exposition. Elle est en effet variable selon les os, selon le climat, le vent, la pluie… D'autres facteurs comme l'abrasion (fort probable compte tenu du vent soufflant sur la colline) ont également pu intervenir. De plus, certaines traces, comme les craquelures, ressemblant à celles provoquées par l'intempérisation peuvent en fait provenir de la cuisson de la viande (Gifford-Gonzalez, 1989), surtout si les os ne sont pas complètement exposés à la flamme. Tous ces facteurs rendent l'évaluation difficile. Il est d'ailleurs fort possible que beaucoup d'os aient totalement disparu de cette façon, en atteignant le stade 5 où ils tombent en poussière.

La majeure partie des autres traces observables sur les surfaces osseuses provient de la dégradation par le feu. Plus de 21% des restes en portent les marques et, sur la totalité des os longs présents dans l'assemblage, près de 7,5% portent des brûlures d'extrémités ; ces dernières étant très probablement des témoins de la cuisson de la viande par rôtissage comme nous le détaillerons dans le chapitre suivant.

Une fois encore, la dégradation résultant des phénomènes post-dépositionnels comme l'intempérisation, a fortement limité l'observation des marques plus discrètes que sont la découpe et le grignotage. Ce dernier n'est présent que sur 0,07% des restes et semble imputable à des carnivores. Malheureusement, en raison de leur rareté et de leur superficialité, il est impossible de les attribuer à un animal particulier. Concernant les traces de découpe ou de désarticulation, on observe un taux extrêmement faible (0,01%), probablement consécutif à l'abrasion des surfaces osseuses. Enfin, près de 30% des os longs présentent des fractures spiralées ainsi que des esquillements caractéristiques du cassage par percussion sur os frais.

	Asa Koma
NR	**7656**
PdR	**8119,57**
PdR/NR	**1,06**
% Indéterminés	87,5
% Esquille	43,40
% Intempérisation	31,90
% Os carbonisés	21,07
% Grignotage	0,07
% Découpe	0,01

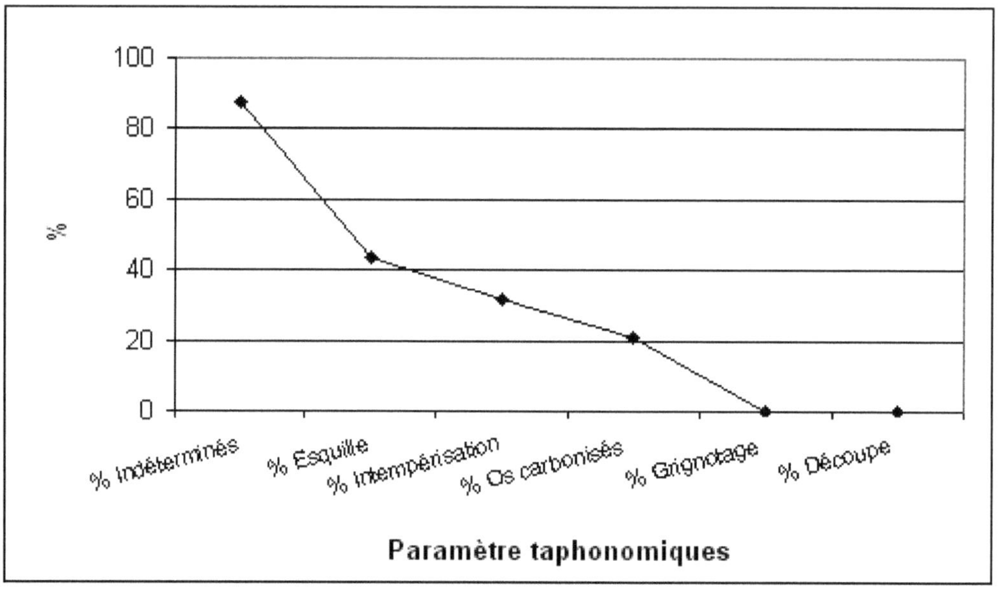

Fig. 6.1 : Profil taphonomique de l'assemblage faunique d'Asa Koma (d'après les critères de Vigne, 1996) NR, Nombres de Restes ; PdR, Poids de Restes (en gramme) ; Esquille, tout fragment non attribuable à une pièce anatomique.

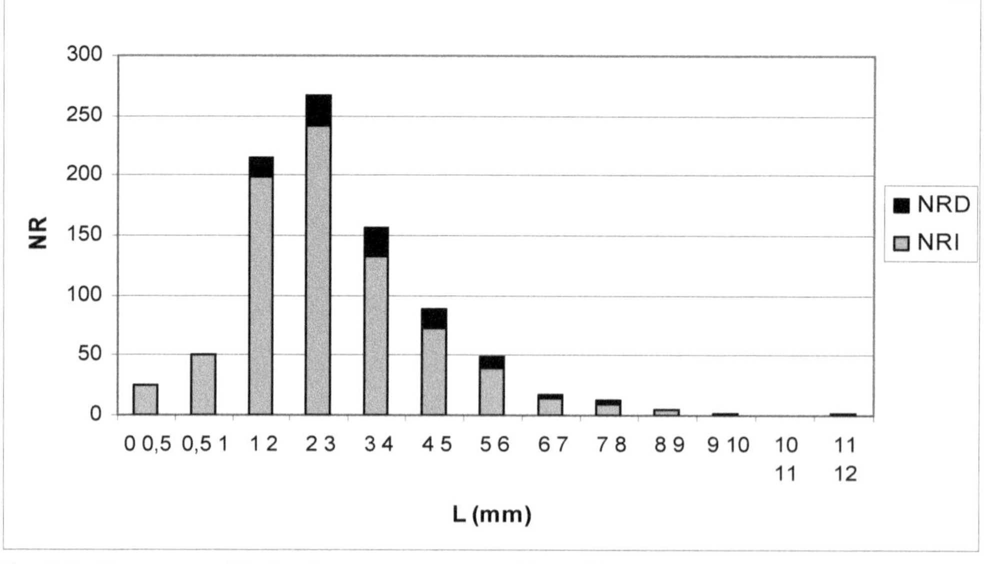

Fig. 6.2 : Longueur (L) des fragments osseux d'Asa Koma
NRD : Nombre de Restes Déterminés ; NRI : Nombres de Restes Indéterminés

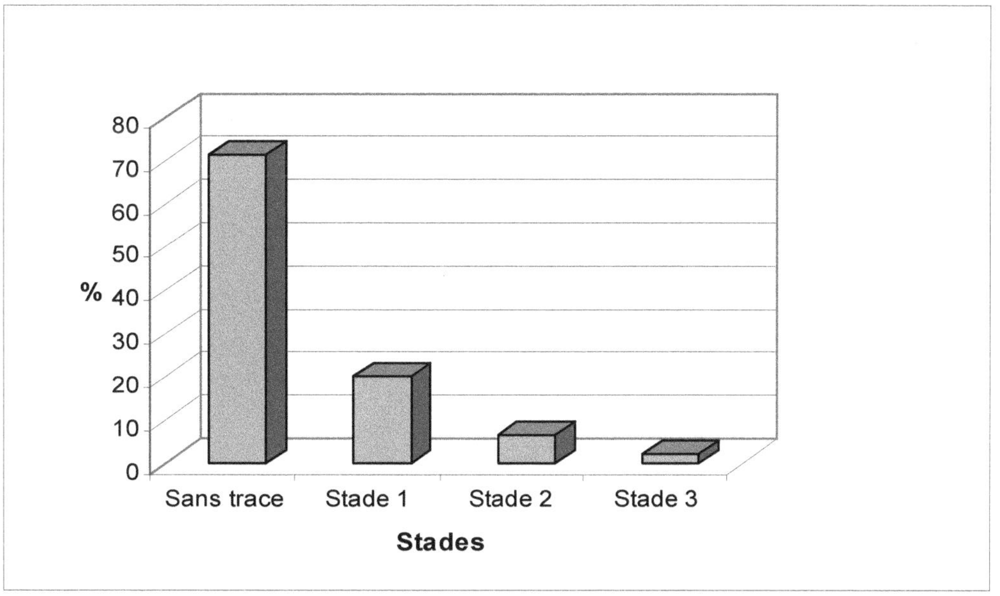

Fig. 6.3 : Stades d'intempérisation des restes déterminés d'Asa Koma selon les critères de Berhensmeyer (1978)

6.1.2. Spectre de faune

Le spectre d'Asa Koma est très nettement dominé par les restes de poissons, parmi lesquels deux taxons ont été reconnus, un représentant du genre *Clarias* et un de la tribu des Tilapinii (Van Neer et Lesur, 2004). Ce dernier compose à plus de 94% l'assemblage avec 22 450 ossements exhumés.

Le reste (957 restes déterminés) est composé de dix espèces de mammifères, de deux espèces d'oiseaux et d'une espèce de reptiles (Tabl. 6.1). Si l'on ne regarde que la liste de faune, on note que la plus grande diversité provient des Bovidae qui sont représentés par 4 taxons dont un domestique, le bœuf (*Bos taurus* : 11 restes). Les autres comprennent des antilopes de petite taille comme le guib harnaché (*Tragelaphus scriptus* : 41 restes), la gazelle dorcas (*Gazella dorcas* : 33 restes) et le dik-dik (*Madoqua saltiana* : un reste). Nous trouvons également des restes d'Equidae (*Equus* cf. *asinus* : cinq restes), de Canidae (*Canis* sp. : 214 restes), de Felidae (*Felis silvestris :* un reste), de Leporidae (*Lepus capensis :* 17 restes), d'Hippopotamidae (*Hippopotamus amphibius :* un reste) et de Gerbillidae (deux restes). Concernant les oiseaux, les vestiges proviennent, d'une part, de fragments d'oeuf d'autruche (*Struthio camelus*) et, d'autre part, d'ossements d'un taxon dont l'espèce n'a pu être identifiée. Nous comptons également 28 fragments d'os de crocodile (*Crocodylus niloticus*). Enfin, pour les poissons, les données biogéographiques ont permis d'identifier l'espèce de Tilapinii comme étant du *Oreochromis niloticus* et celle de Clarias comme étant du *Clarias gariepinus* (Van Neer et Lesur, 2004). En Nombre de Restes, les restes de poissons représentent donc près de 96% de l'assemblage dont plus de 94% pour les Tilapinii. Concernant le Poids des Restes, ces derniers ont un poids moyen de 0,05 gr. par reste, témoignant d'une forte fragmentation. Celui des *Clarias* est de 0,81 gr. par reste, en raison d'une fossilisation plus importante et d'un squelette naturellement plus robuste que chez les Tilapinii. Enfin, en Nombre Minimal d'Individus, les Tilapinii dominent encore une fois très largement l'assemblage avec au moins 476 individus représentés.

Pour les autres classes, si en terme de diversité, les Bovidae dominent, il n'en va pas de même selon le Nombre de Restes (NR) ou le Nombre Minimum d'Individus de fréquence (NMIf) (Tabl. 6.2, Fig. 6.4a et 6.4c). En effet, selon ces variables, le Canidae d'Asa Koma (probablement un chacal) est largement prépondérant, suivi par les *Bovini*, le guib harnaché et la gazelle dorcas. En revanche, le Poids des Restes montre une nette domination des *Bovini* (Fig. 6.4b). Enfin, selon toutes les variables, les autres taxons ne sont présents que de façon occasionnelle.

L'assemblage osseux d'Asa Koma montre donc une très claire domination des poissons et notamment des Tilapinii. D'une manière secondaire, les mammifères sont surtout représentés par le chacal et le bœuf, avec une importante diversité pour les Bovidae. Les autres classes (Reptile et Oiseau), ne semblent jouer qu'un rôle secondaire, leur présence étant très sporadique.

Taxons	NR	%NR	PdR (g)	%PdR	NMI	% NMI
Bos taurus	11	0,05	422,1	12,9	3	0,6
Bovini	204	0,9	335	10,2		
Gazella dorcas	33	0,1	47,8	1,5	2	0,4
Tragelaphus scriptus	41	0,2	76,7	2,3	3	0,6
Madoqua saltiana	1	0,0	0,9	0,03	1	0,2
Bovidae	382	1,6	330,8	10,1		
Equus cf *asinus*	5	0,02	49,3	1,5	1	0,2
Canis sp.	214	0,9	300,6	9,2	6	1,2
Felis silvestris	1	0,0	7,6	0,2	1	0,2
Lepus cf *capensis*	17	0,07	8,7	0,3	1	0,2
Hippopotamus amphibius	1	0,0	7,4	0,2	1	0,2
Gerbillidae	2	0,01	0,2	0,01	1	0,2
Struthio camelus	8	0,03	13,9	0,4	1	0,2
Aves sp.	9	0,04	5,3	0,2	1	0,2
Crocodylus niloticus	28	0,1	85,6	2,6	1	0,2
Tilapinii	22450	94,1	1220	37,2	476	93,0
Clarias sp.	453	1,9	368,4	11,2	13	2,5
TOTAL	**23860**	**100**	**3280,28**	**100**	**512**	**100**

Tabl. 6.1 : Spectre de faune d'Asa Koma.
NR, Nombre de Restes ; PdR, Poids de Restes (en gramme) ; NMIf, Nombre Minimal d'Individus de fréquence.

Taxons	NR	%NR	PdR (g)	%PdR	NMI	% NMI
Bos taurus	11	1,1	422,1	25,0	3	13,0
Bovini	204	21,3	335	19,8		
Gazella dorcas	33	3,4	47,8	2,8	2	8,7
Tragelaphus scriptus	41	4,3	76,7	4,5	3	13
Madoqua saltiana	1	0,1	0,9	0,05	1	4,3
Bovidae	382	39,9	330,8	19,6		
Equus cf *asinus*	5	0,5	49,3	2,9	1	4,3
Canis sp.	214	22,4	300,6	17,8	6	26,1
Felis silvestris	1	0,1	7,6	0,4	1	4,3
Lepus cf *capensis*	17	1,8	8,7	0,5	1	4,3
Hippopotamus amphibius	1	0,1	7,4	0,4	1	4,3
Gerbillidae	2	0,2	0,2	0,01	1	4,3
Struthio camelus	8	0,8	13,9	0,8	1	4,3
Aves sp.	9	0,9	5,3	0,3	1	4,3
Crocodylus niloticus	28	2,9	85,6	5,1	1	4,3
TOTAL	**957**	**100**	**1691,9**	**100**	**23**	**100**

Tabl. 6.2 : Spectre de faune d'Asa Koma, hors poisson.
NR, Nombre de Restes ; PdR, Poids de Restes (en gramme) ; NMIf, Nombre Minimal d'Individus de fréquence.

6.1.3. Représentation des parties squelettiques

6.1.3.1. Les poissons

Au sein des Tilapiini, on observe une légère prépondérance des restes post-crâniens qui représentent 53,5% du total (dont plus de 10% sont carbonisés). Néanmoins, la répartition de l'ensemble des parties du squelette nous montre que la majorité des ossements du crâne est bien présente au sein de l'assemblage, témoignant d'un apport complet des animaux sur le site (Tabl. 6.3, Fig. 6.5 ; Van Neer et Lesur, 2004) Les traces de feu sont, quant à elles, assez bien réparties et ne montrent pas clairement de traitement différentiel selon les parties du squelette (Fig. 6.5 ; Van Neer et Lesur, 2004). Concernant les *Clarias*, on peut noter une nette domination des parties crâniennes avec plus de 69% des restes (dont plus de 11% sont carbonisés). Cela se reflète dans la répartition détaillée des parties du squelette par un fort pourcentage de fragments de plaques crâniennes (Tabl. 6.4, Fig. 6.6 ; Van Neer et Lesur, 2004). Cette supériorité numérique peut s'expliquer par la constitution robuste de ces éléments mais également par leur plus forte fragmentation. Enfin, la sous-représentation des vertèbres pourrait être due à la conservation différentielle (Van Neer et Lesur, 2004).

	NR	%NR	NR brûlé	%NR brûlé
Neurocrâne	585	2,6	63	1,5
Prémaxillaire	72	0,3	12	0,3
Maxillaire	72	0,3	13	0,3
Dentaire	14	0,1	1	0,02
Articulaire	64	0,3	7	0,2
Carré	53	0,2	8	0,2
Hyomandibulaire	915	4,1	134	3,2
Vomer	193	0,9	28	0,7
Palatin	43	0,2	4	0,1
Operculaire	288	1,3	55	1,3
Suboperculaire	6	0,03	1	0,02
Lacrimal	133	0,6	18	0,4
Epihyal	1	0,004	0	0,0
Ceratohyal	43	0,2	4	0,1
Urohyal	13	0,1	6	0,1
Supracleithrum	170	0,8	23	0,6
Cleithrum	512	2,3	94	2,3
Postcleithrum	1	0,004	0	0,0
Postemporal	107	0,5	8	0,2
Otolithe	339	1,5	21	0,5
Scapula	43	0,2	5	0,1
Parasphenoïde	136	0,6	34	0,8
Basioccipital	219	1,0	42	1,0
Exooccipital	41	0,2	9	0,2
Pterygophore anal	994	4,4	225	5,4
Pterygophore dorsal	308	1,4	57	1,4
Epine ventrale	209	0,9	51	1,2
Epine dorsale ou anale	1356	6,0	325	7,8
Basipterygium	356	1,6	50	1,2
Vertèbre	8858	39,4	1740	42,0
Indet	6331	28,2	1106	26,7
Total	**22475**	**100**	**4144**	**100**

Tabl. 6.3 : Répartition des parties squelettiques des Tilapinii d'Asa Koma
NR : Nombre de Restes ; NR brûlé : Nombre de Restes portant des traces de carbonisation

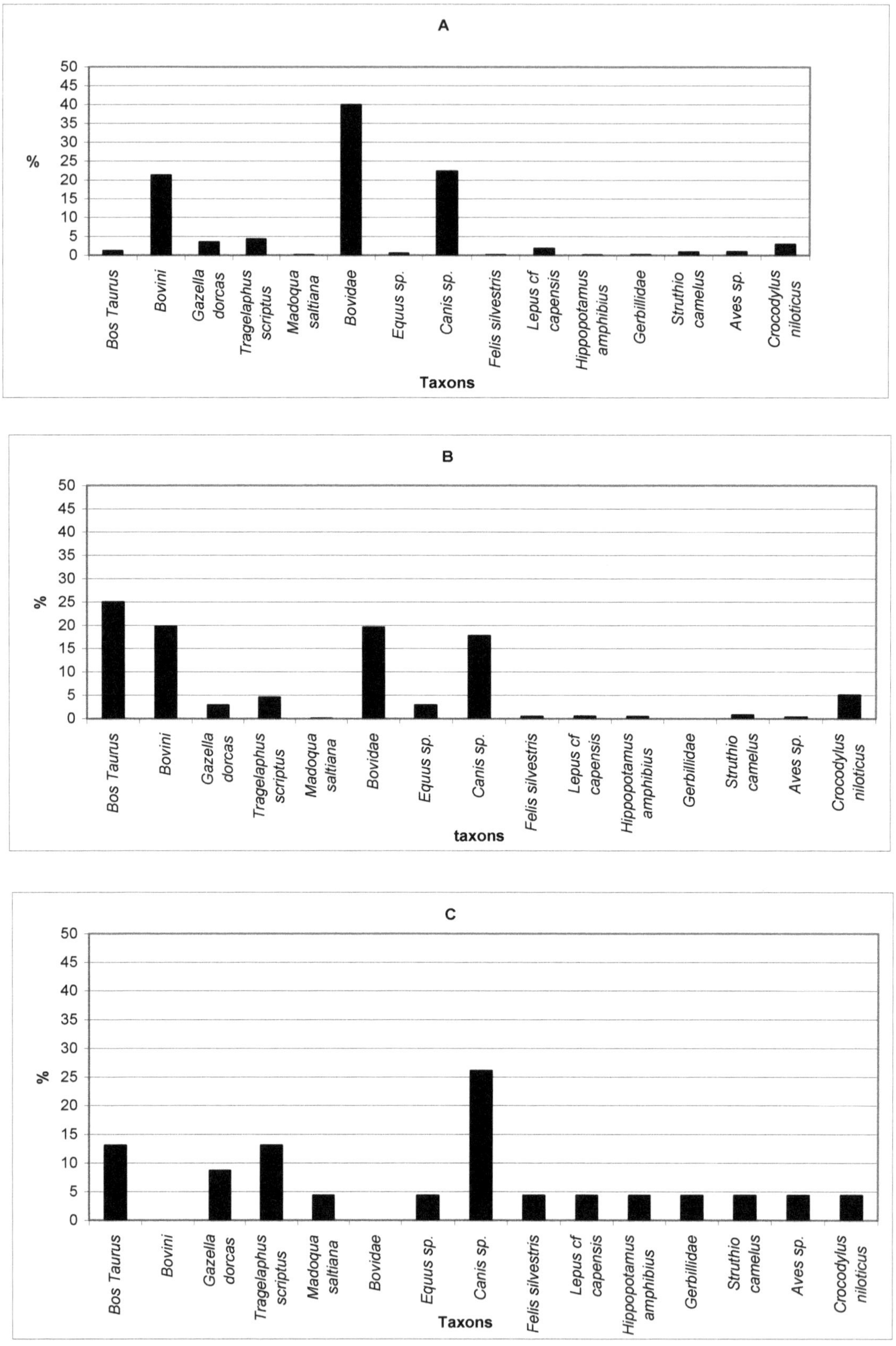

Fig. 6.4 : Répartition des taxons d'Asa Koma (sauf poisson) selon trois paramètres quantitatifs appliqués aux Restes Déterminés
A : selon le NR (Nombres de Restes)
B : selon le PdR (Poids de Restes, en gramme)
C : selon le NMIf (Nombre Minimal d'Individus de fréquence)

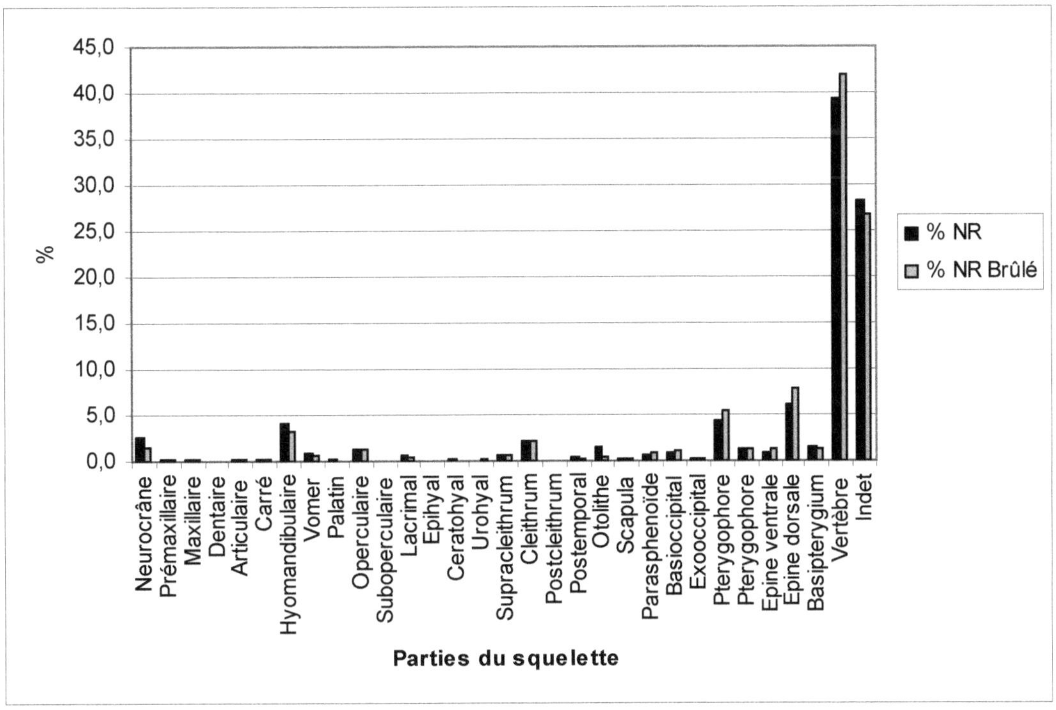

Fig. 6.5 : Pourcentage des parties squelettiques des Tilapinii d'Asa Koma
A : selon le Nombre de restes ; NR = 22475
B : selon le Nombre de Restes portant des traces de carbonisation ; NR Brûlé = 4144

	NR	%NR	NR brûlé	%NR brûlé
Plaque crâne	164	38,3	18	22,5
Prémaxillaire	3	0,7	2	2,5
Dentaire	1	0,2	0	0,0
Articulaire	24	5,6	7	8,8
Carré	7	1,6	2	2,5
Palatin	3	0,7	1	1,3
Operculaire	2	0,5	0	0,0
Lacrimal	1	0,2	0	0,0
Urohyal	5	1,2	0	0,0
Mésetmoïde	6	1,4	2	2,5
Cleithrum	13	3,0	5	6,3
Parasphenoïde	1	0,2	0	0,0
Basioccipital	1	0,2	0	0,0
Epine pectorale	34	7,9	6	7,5
Rayon Branchial	6	1,4	2	2,5
Vertèbre	121	28,3	29	36,3
Indet	36	8,4	6	7,5
Total	**428**	**100**	**80**	**100**

Tabl. 6.4 : Répartition des parties squelettiques du *Clarias* d'Asa Koma NR : Nombre de Restes ; NR brûlé : Nombre de Restes portant des traces de carbonisation

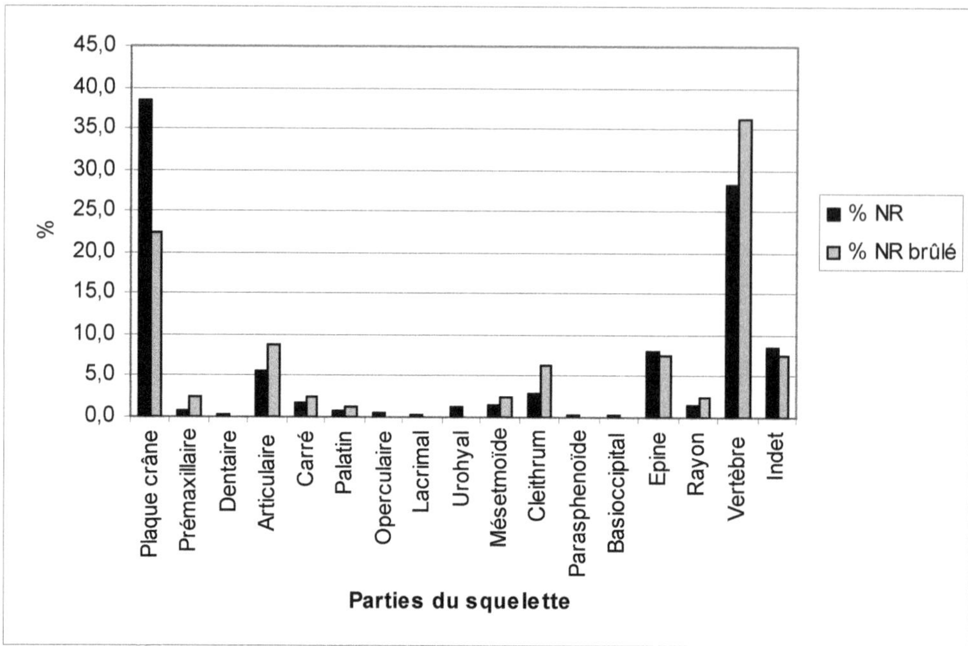

Fig. 6.6 : Pourcentage des parties squelettiques du *Clarias* d'Asa Koma
A : selon le Nombre de restes ; NR = 428
B : selon le Nombre de Restes portant des traces de carbonisation ; NR Brûlé = 80

6.1.3.2. Les mammifères

Pour tenter de mieux appréhender l'origine de l'assemblage des mammifères, nous avons réalisé des profils des parties squelettiques selon les propositions de Dodson et Wexlar (1979), pour les taxons ayant fourni un nombre suffisant de restes.

Pour les Canidae (NMI = 6), on observe que toutes les parties du corps sont représentées avec un fort pourcentage de crâne et particulièrement de la mandibule (Fig. 6.7). Le squelette axial présente, quant à lui, des taux assez variables mais déficitaires d'une manière générale. L'occurrence des ceintures et des membres est globalement bonne mais avec un déficit du carpe et du tarse (hors talus et calcanéus). Enfin, les pourcentages des extrémités sont relativement faibles.

Pour le bœuf, il nous faut signaler qu'en raison de la faiblesse numérique des ossements attribuables de façon certaine à ce taxon, nous avons également pris en compte les restes de *Bovini* (Fig. 6.8). En effet, le bœuf étant le seul représentant de cette tribu, il est très probable que tous les vestiges de *Bovini* en proviennent effectivement. Les résultats de ce profil sont toutefois difficiles à interpréter quantitativement car le NMI n'est que de 3. Nous pouvons donc uniquement signaler que toutes les grandes régions anatomiques sont représentées même si quelques os sont absents, peut-être en raison de la dégradation taphonomique.

Enfin, nous avons regroupé les restes provenant des Bovidae de taille 3, qui comprennent notamment ceux du guib harnaché, pour distinguer la distribution de leurs parties squelettiques (Fig. 6.9). On observe une relativement bonne représentation de toutes les régions anatomiques avec une nette domination du talus, du calcanéus et des ceintures (scapula et coxal). Les déficits les plus notables concernent les phalanges, les vertèbres ainsi que le zeugopode et l'autopode du membre antérieur. Comme pour le bœuf, la faiblesse du NMI (4) nous empêche d'aller bien avant dans les interprétations. Le manque de vertèbres ou de certains os longs est imputable à la fonte post-dépositionnelle et à la forte fragmentation. Le seul fait notable est la quasi-absence de phalanges qui sont des éléments résistants, ce qui pourrait signifier un traitement particulier des extrémités peut-être en rapport avec la récupération de la peau.

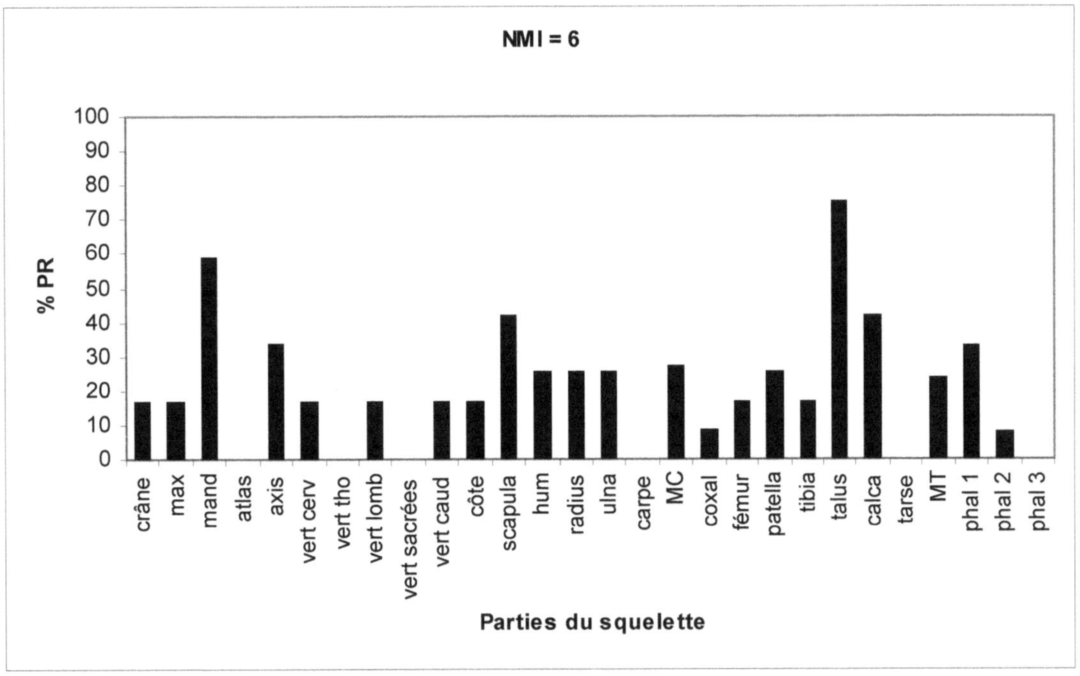

Fig. 6.7 : Profils de représentation des parties squelettiques des Canidae d'Asa Koma. (condyle occi : condyle occipital ; max : maxillaire ; mand : mandibule ; vert : vertèbres ; cerv : cervicales ; tho : thoraciques ; lomb : lombaires ; caud : caudales ; hum : humérus ; MC : métacarpe ; calca : calcanéus ; MT : métatarse ; phal 1 : phalange proximale ; phal 2 : phalange intermédiaire ; phal 3 : phalange distale)

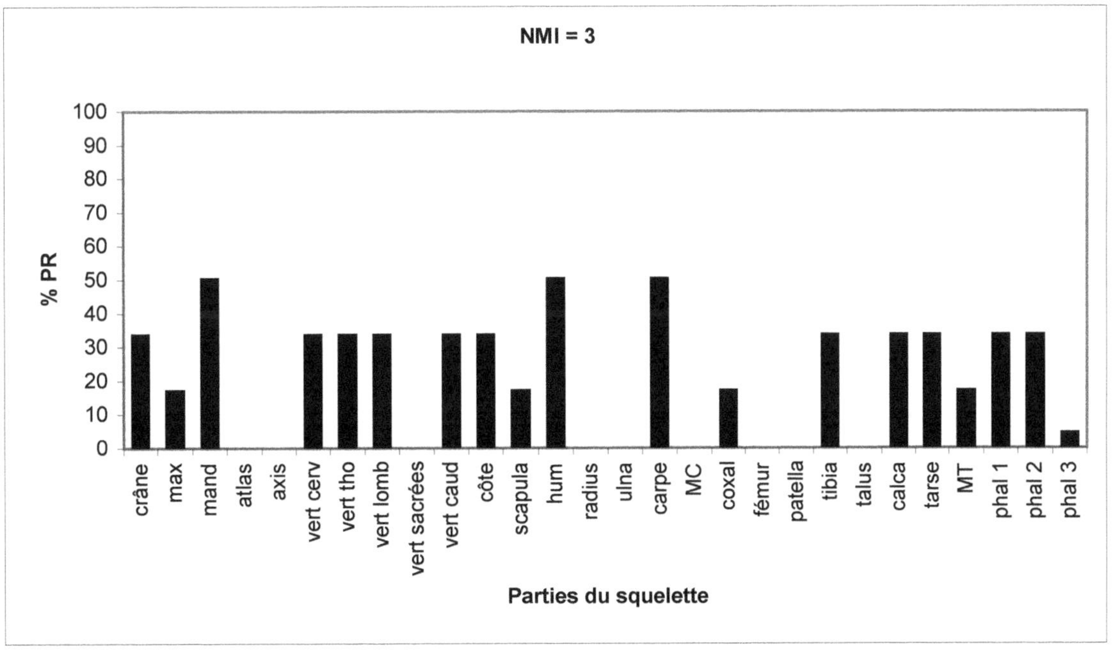

Fig. 6.8 : Profils de représentation des parties squelettiques des Bovinae d'Asa Koma. (condyle occi : condyle occipital ; max : maxillaire ; mand : mandibule ; vert : vertèbres ; cerv : cervicales ; tho : thoraciques ; lomb : lombaires ; caud : caudales ; hum : humérus ; MC : métacarpe ; calca : calcanéus ; MT : métatarse ; phal 1 : phalange proximale ; phal 2 : phalange intermédiaire ; phal 3 : phalange distale)

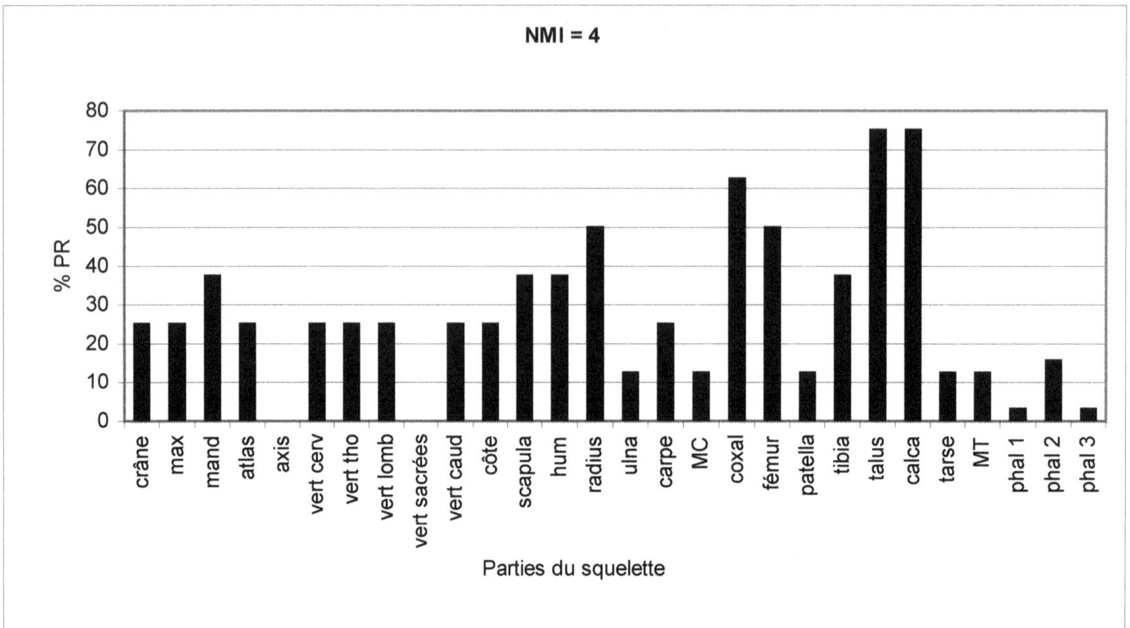

Fig. 6.9 : Profils de représentation des parties squelettiques des Bovidae de taille 3 d'Asa Koma. (condyle occi : condyle occipital ; max : maxillaire ; mand : mandibule ; vert : vertèbres ; cerv : cervicales ; tho : thoraciques ; lomb : lombaires ; caud : caudales ; hum : humérus ; MC : métacarpe ; calca : calcanéus ; MT : métatarse ; phal 1 : phalange proximale ; phal 2 : phalange intermédiaire ; phal 3 : phalange distale)

Les autres taxons n'ont pas livré assez de restes pour permettre un traitement similaire des données (Annexe 1.3). Nous pouvons simplement noter, pour la gazelle dorcas et le lièvre (c'est-à-dire pour les deux espèces les mieux représentées), une nette domination des membres et une assez bonne occurrence des restes dentaires.

En conclusion, la présence, plus ou moins importante, de toutes les parties squelettiques, nous montre que les animaux ont été rapportés complets sur le site. Seul l'hippopotame qui n'est représenté que par un fragment dentaire a pu faire l'objet d'une collecte partielle. De même, l'autruche n'est présente sur le site qu'à travers ses oeufs.

6.1.4. Détermination de l'âge et du sexe

Pour le bœuf, la présence d'une phalange intermédiaire dont l'épiphyse proximale n'est pas soudée témoigne de la présence d'un individu de moins de 18 mois (Barone, 1954). Toutefois, par sa taille et sa structure, cet os ne paraît pas provenir d'un très jeune. On peut donc évaluer qu'il s'agit d'un sub-adulte âgé d'entre 12 et 18 mois. Tous les autres restes ne semblent provenir que d'individus adultes, de plus de deux ans. D'après le Nombre Minimal d'Individus, nous aurions un sub-adulte et deux adultes.

Pour les autres bovidés, nous avons utilisé les données sur les éruptions et usures dentaires de Schaller (1972). Il semble que, sur les deux gazelles évaluées par le NMI, l'une soit sub-adulte et l'autre adulte, et que le cas des guibs harnachés soit similaire, avec un sub-adulte et deux adultes.

L'âge des Canidae a été estimé à partir des stades épiphysations du chien (Barone, 1954), aucun référentiel relatif au chacal n'ayant été trouvé. Parmi les six individus présents, l'un est âgé d'environ six mois, un autre entre neuf et douze mois et les derniers semblent tous adultes. Parmi ceux-ci, l'examen des usures dentaires ne paraît pas montrer la présence d'individus très âgés.

Concernant le sexe des animaux, aucun élément ne nous renseigne sur la proportion des mâles, des femelles et éventuellement des castrés dans le cas du bœuf.

6.1.5. Origine de l'assemblage et validité des sources

Comme nous l'avons remarqué précédemment, la dégradation taphonomique est assez importante et constitue un biais pour toutes les informations livrées par le matériel. Les dommages dus à l'intempérisation ont certainement entraîné la disparition des parties les plus fragiles, comme le fémur distal, l'humérus proximal ou encore les vertèbres sacrées (Brain, 1981) ainsi que la fonte d'éléments osseux appartenant à des espèces de petite taille ou à des individus très jeunes. Ainsi pour le chacal, la prédominance des mandibules et des talus, c'est-à-dire des éléments denses et donc résistants, suggère que ces processus ont pu favoriser leur conservation alors que les éléments plus fragiles présentent un déficit plus marqué. D'autre part, la fragmentation, anthropique ou post-dépositionnelle, a, quant à elle, limité la détermination, notamment des vertèbres et des éléments crâniens.

L'association des restes animaux à des structures d'habitat et à des artefacts céramiques et lithique témoigne sans conteste de l'origine anthropique de l'assemblage. Par ailleurs, la fréquence des parties squelettiques nous montre une nette prédominance des membres, semblant refléter des déchets de consommation, voire d'autres activités anthropiques. Cela est confirmé par le fort pourcentage de traces de carbonisation, et notamment de brûlures d'extrémités qui témoignent de l'utilisation de la technique de rôtissage. Il faut toutefois signaler que la carbonisation complète d'une grande proportion des parties squelettiques peut être associée à plusieurs types de comportement. D'une part, pour les os longs, les brûlures peuvent être mises en relation avec l'extraction de la moelle (Gifford-Gonzalez, 1989), comme d'ailleurs certaines fracturations. D'autre part, elles peuvent correspondre à un rejet volontaire des os dans le foyer dans un but de nettoyage, de protection contre les charognards ou encore en vue de pallier un manque de combustible, si ce n'est pour toutes ces raisons à la fois. Par ailleurs, le fort pourcentage de fractures spiralées des os longs et les traces d'esquillements attestent d'une fracturation sur os frais, très certainement dans le but de récupérer la moelle.

Finalement, malgré l'impact de la dégradation taphonomique, la bonne cohérence de l'assemblage et son abondance ainsi que les différentes analyses nous ont livré des résultats raisonnablement fiables pour continuer la discussion.

6.2. *Hara Idé 2*

Les restes fauniques étudiés proviennent des locus 1, 2 et 3. Parallèlement des ossements d'animaux ont été trouvés dispersés sur les différents locus ou autour du site. Les restes ont été récoltés et positionnés par GPS. Cependant, ils ne seront pas pris en compte dans cette étude. Leur grande dispersion et l'absence de lien avec les structures archéologiques empêchent toute interprétation et tout rattachement à une quelconque période.

6.2.1. Présentation et conservation de l'assemblage

Au total, le site a livré 2 241 restes, dont plus de la moitié (1 255) provient du locus 3.

Comme pour les autres sites, nous avons regroupé différents paramètres pour évaluer la dégradation taphonomique (Tabl. 6.5). Il faut cependant souligner que nous n'avons pas pris en compte le poids des restes car tous présentent des degrés de fossilisation variés, faussant toute tentative de comparaison. Par ailleurs, comme pour Asa Koma, nous n'avons pas intégré les ossements de poissons dans le calcul des différents critères, leur évolution taphonomique étant trop différente de celle des ossements de mammifères.

	Locus 1	Locus 2	Locus 3
NR total	250	736	1255
NR sans poisson	162	4	1225
% Indéterminés	95,68	100,00	90,45
% Esquille	88,27	100,00	64,00
% Intempérisation	100	100	85
% Corrosion	0	0	0
% Os carbonisés	0	0	8,57
% Os calcinés	0	0	0
% Grignotage	0	0	0
% Découpe	0	0	0
% Racine	0	0	0
% Fracture spiralée	0	0	19,80

Tabl. 6.5 : Profil taphonomique de l'assemblage faunique d'Hara Idé 2 calculé sans les restes de poissons (d'après les critères de Vigne, 1996).
NR, Nombres de Restes ; Esquille, tout fragment non attribuable à une pièce anatomique.

On observe donc que les trois assemblages sont marqués par de forts pourcentages d'indéterminés et d'esquilles. L'altération des surfaces osseuses en raison des problèmes d'intempérisation est également très importante. Cette situation s'explique aisément puisque la plupart des restes a été retrouvée en surface et a donc été exposée pendant un temps difficile à définir aux variations climatiques. Seul le locus 3 offre un taux moins élevé. Une certaine partie des os provient, en effet, de structures creuses de combustion qui ont permis un enfouissement des vestiges et donc une meilleure conservation. De plus, dans ce même locus, quelques traces de carbonisation sont visibles parmi les restes. Encore une fois, leur présence peut être mise en relation avec l'utilisation des foyers. Les vestiges n'ont livré aucune autre marque, anthropique ou naturelle. L'abrasion du cortex osseux due à l'intempérisation est très probablement la cause de cette absence. Enfin, le locus 3 a livré un pourcentage relativement important d'os longs fracturés «en spirale». Ces fracturations peuvent être les témoins d'un traitement anthropique, peut-être lié à la récupération de la moelle.

6.2.2. Spectre de faune

L'occurrence des différentes espèces a été traitée selon les 3 locus, le lien archéologique entre ces différentes zones n'ayant pas pu être établi pour l'instant (Tabl. 6.6 et Fig. 6.10).

	Locus 1			Locus 2			Locus 3			Total
	NR	%NR	NMI	NR	%NR	NMI	NR	%NR	NMI	NR
Crocodylus niloticus							1	0,6	1	**1**
Hippopotamus amphibius							32	21,9	1	**32**
Bovini	4	4,2	1				29	19,8	1	**33**
Equus grevyi	1	1,1								**1**
Bovidae T2							27	18,5	2	**27**
Bovidae T3							24	16,4	1	**24**
***Canis* sp.**	1	1,1	1							**1**
Lepus capensis							3	2,0	1	**3**
Micromammifères	1	1,1	1							**1**
***Clarias* sp.**	81	85,3	4	18	2,4	2	12	8,2	2	**111**
Tilapinii	7	7,4	2	714	97,5	17	18	12,3	3	**739**
Total	**95**	**100**	**9**	**732**	**100**	**19**	**146**	**100**	**12**	**973**

Tabl. 6.6 : Spectre de faune d'Hara Idé 2.
NR, Nombre de Restes ; NMIf, Nombre Minimal d'Individus de fréquence.

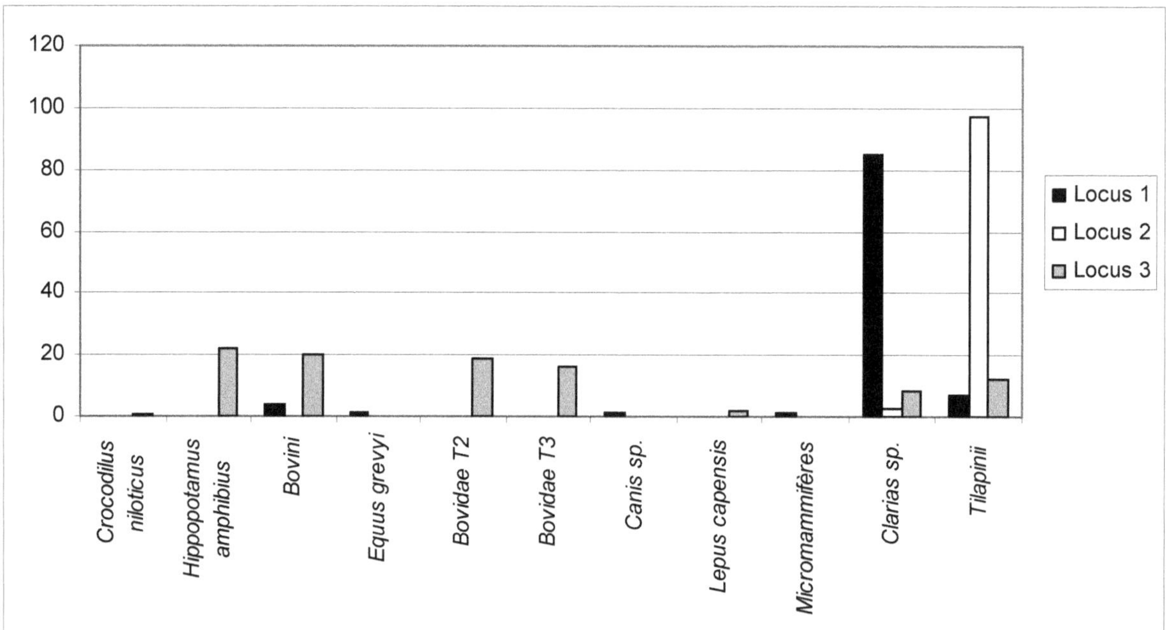

Fig. 6.10 : Représentation graphique du spectre de faune d'Hara Idé 2 selon le Nombre de Restes et en fonction des locus.

Le locus 1 a livré 95 restes fauniques situés dans deux zones d'épandage (1/02 et 1/08) dont la majorité (85.3%) provient de *Clarias*. De plus, un os d'*Equus* cf *grevyi* a été retrouvé à proximité de la sépulture 1/01. Il est difficile de déterminer spécifiquement le *Clarias* mais il est probable que nous ayons affaire à la même espèce que celle présente à Asa Koma, c'est-à-dire *Clarias gariepinus* (Van Neer et Lesur, 2004). Par ailleurs, on trouve des restes de Tilapinii, de Bovini, d'*Equus*, de *Canis* et de micromammifères. Comme pour les *Clarias*, le représentant des Tilapinii est certainement le même qu'à Asa Koma, à savoir *Oreochromis niloticus*. Pour les Bovini, il n'a pas été possible de déterminer s'ils appartenaient au genre *Bos* ou *Syncerus*, en raison du mauvais état de conservation des restes. Il en va de même pour l'*Equus* et le *Canis* qui n'ont pas pu être attribués à une espèce bien que l'os d'équidé ait livré des mesures proches de celles du zèbre de grevyi (Annexe 2.B.2). L'appartenance du reste de micromammifère au niveau archéologique s'avère problématique : il est possible qu'il soit moderne.

Le locus 2 matérialisé par des structures cendreuses n'a livré que des restes de poissons avec une nette prépondérance des Tilapinii (97% de l'assemblage et au moins 64 individus).

Enfin, le locus 3 est dominé par les restes d'hippopotame (21%). Il faut cependant souligner que la plupart d'entre eux, notamment les restes dentaires, sont très fragmentés ce qui amplifie leur représentation au sein du NR. En effet, un seul individu semble être présent dans l'assemblage.

Par ailleurs, on note une bonne présence des Bovidae et notamment des Bovini. Une fois encore, aucune espèce n'a pu être attribuée à cette tribu. Les autres membres de cette famille semblent être des animaux de taille petite à moyenne, du format de la gazelle. En ordre décroissant viennent ensuite les restes de poissons (Tilapinii et *Clarias*) puis de *Lepus capensis*. Enfin, une dent de *Crocodylus niloticus* complète l'assemblage. Nous avons donc un spectre diversifié mais principalement composé de mammifères, notamment de Bovidae. Ces observations sont toutefois à nuancer puisque, en nombre d'individus, ce sont les Tilapinii qui dominent très légèrement, alors que les autres taxons ne sont représentés que par un ou deux individus.

6.2.3. Représentation des parties squelettiques

Pour les poissons, nous n'avons traité que les restes provenant du locus 2. Comme nous l'avons vu précédemment, le tamisage des autres zones a été trop partiel pour permettre d'obtenir une vue d'ensemble fiable des parties du squelette présentes.

Sur le tableau 6.7 et la figure 6.11, les Tilapinii offrent une image proche de celle observée à Asa Koma, à savoir une représentation de toutes les parties squelettiques avec une nette domination des vertèbres et des éléments post-crâniens en général. Pour les *Clarias* (Tabl. 6.8), les données sont moins significatives en raison du faible nombre de fragments. On observe cependant une présence des restes crâniens et post-crâniens. La prépondérance des plaques crâniennes peut s'expliquer par le fait qu'elles sont plus sensibles à la fragmentation et qu'elles produisent donc un plus grand nombre de restes.

Tilapinii	NR	%NR	NR brûlé	%NR brûlé
Neurocrâne	6	0,8	2	0,3
Prémaxillaire	5	0,7	3	0,4
Maxillaire	1	0,1		
Carré	2	0,2		
Hyomandibulaire	12	1,6	2	0,3
Vomer	2	0,2	1	0,1
Operculaire	6	0,8		
Lacrimal	2	0,2		
Ceratohyal	3	0,4		
Supracleithrum	5	0,7		
Cleithrum	3	0,4		
Postemporal	3	0,4		
Otolithe	5	0,7		
Parasphenoïde	2	0,2		
Basioccipital	4	0,5	1	0,1
Pterygophore anal	17	2,3	5	0,7
Pterygophore dorsal	6	0,8	1	0,1
Epine ventrale	42	5,8	4	0,5
Epine dorsale ou anale	142	19,9	14	1,9
Basipterygium	1	0,1		
Vertèbre	205	28,7	19	2,6
Indet	240	33,6	25	3,5
Total	**714**	**100**	**77**	**10,7**

Tabl. 6.7 : Répartition des parties squelettiques des Tilapinii d'Hara Idé 2 (Locus 2)
NR : Nombre de Restes ; NR brûlé : Nombre de Restes portant des traces de carbonisation

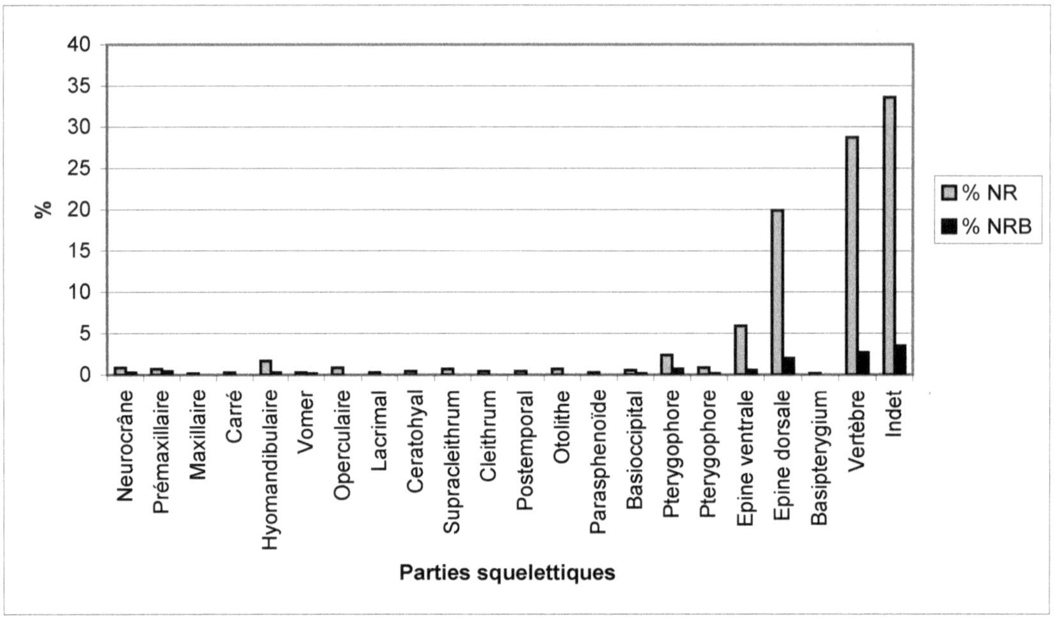

Fig. 6.11 : Pourcentage des parties squelettiques des Tilapinii d'Hara Idé 2 (locus 2)
Selon le Nombre de restes (NR = 714) et selon le Nombre de Restes portant des traces de carbonisation (NR Brûlé = 77)

Clarias	NR	%NR	NR brûlé	%NR brûlé
Crâne	13	72,2		
Prémaxillaire				
Dentaire				
Articulaire	1	5,6		
Carré				
Palatin				
Operculaire				
Lacrimal				
Urohyal				
Mésetmoïde				
Cleithrum				
Parasphenoïde				
Basioccipital				
Epine pectorale	2	11,1		
Rayon Branchial	1	5,6	1	50
Vertèbre	1	5,6	1	50
Indet				
Total	**18**	**100**	**2**	**100**

Tabl. 6.8 : Répartition des parties squelettiques du *Clarias* d'Hara Idé 2 (locus 2)
NR : Nombre de Restes ; NR brûlé : Nombre de Restes portant des traces de carbonisation

En raison du très faible nombre d'ossements, les données provenant des mammifères et des reptiles n'ont pas pu être traitées selon les propositions de Dodson et Wexlar (1979) mais ont uniquement été synthétisées en NR (Annexe 1.4). Nous ne commenterons pas les données pour les taxons ayant livré moins de 10 restes, leur présence étant trop anecdotique pour être significative. En revanche pour les autres taxons, c'est-à-dire l'hippopotame et les Bovidae du locus 3, on observe que sont représentés les éléments crâniens et post-crâniens. On note d'une manière générale un déficit du rachis et des membres. Ces derniers ne sont bien représentés que pour les Bovidae de taille 2.

6.2.4. Détermination de l'âge et du sexe

Les mauvaises conditions de conservation des restes pour les trois locus ont probablement entraîné une disparition des ossements les plus fragiles, à savoir ceux provenant des jeunes individus. De ce fait et au vu de la faiblesse des échantillons, il semble que seuls les individus adultes soient représentés. Par ailleurs, aucun élément discriminant ne permet de connaître le sexe des individus qui composent les assemblages.

6.2.5. Origine des assemblages et validité des sources

6.2.5.1. Locus 1

Comme nous l'avons vu, le locus 1 est celui qui a livré le moins de matériel et uniquement en surface. L'assemblage est fortement marqué par l'intempérisation ce qui a entraîné la disparition de certaines parties squelettiques et très probablement aussi de certains taxons. Il est donc difficile de se fonder sur le spectre de faune ou les fréquences des parties squelettiques, pour montrer la part du facteur anthropique dans la constitution de cet assemblage. Par ailleurs, l'absence de tamisage a très certainement joué en défaveur des petites espèces comme les Tilapinii qui sont probablement sous-représentés.

Enfin, les deux zones d'épandage n'ont livré aucun autre matériel archéologique en association avec les vestiges fauniques. Seul le talus d'équidé est peut-être associé à une sépulture. Le problème est qu'il ne semble pas provenir de la même fosse que celle dans laquelle a été déposé le corps humain (Duday, comm. pers.). Seuls la proximité des deux éléments et leur enfouissement permettent de les rapprocher sans qu'aucun élément fiable ne vienne pour l'instant étayer cette hypothèse.

Finalement, la concentration de ces restes provenant de différentes espèces dans un périmètre assez restreint ainsi que la proximité des structures funéraires suggèrent fortement une accumulation anthropique. Toutefois, l'absence d'autres artefacts archéologiques ainsi que l'impossibilité de dater ces restes et donc de les placer chronologiquement par rapport aux autres locus, rendent cet assemblage osseux difficilement interprétable. Nous ne le prendrons donc pas en compte dans la suite des analyses.

6.2.5.2. Locus 2

La situation du locus 2 est, quant à elle, beaucoup plus favorable. Tout d'abord la forte concentration d'ossements de poissons au sein de trois structures de combustion et en association avec du matériel lithique atteste très certainement de leur origine anthropique. Par ailleurs, sur le tableau 6.7 et la figure 6.11, on observe que plus de 10% des restes de Tilapinii présentent des traces de carbonisation, distribuées sur l'ensemble du squelette. Il est donc possible d'envisager que les restes des poissons consommés sur le site aient ensuite été rejetés au sein de ces structures. Concernant ces dernières, aucun élément ne révèle la nature de leur utilisation et on peut uniquement supposer leur rôle dans la préparation des poissons.

6.2.5.3. Locus 3

Les vestiges osseux trouvés dans ce locus proviennent, pour la plus grande part, de foyers et de la zone d'épandage qui les entoure. Leur association avec de la céramique et de l'industrie lithique ainsi que les 10% d'os portant des traces de brûlure témoignent d'une origine anthropique. Le spectre faunique, relativement diversifié, avec une prépondérance des Bovidae et des poissons, plaide en faveur de la consommation même s'il est difficile d'interpréter les différentes proportions des parties du squelette représentées. Les éléments semblent donc suffisamment nombreux et fiables pour continuer l'interprétation dans la suite de ce travail.

Finalement nous avons donc affaire à trois types d'accumulation différents dont deux au moins apparaissent comme étant d'origine anthropique. La dégradation taphonomique semble avoir particulièrement touché le locus 1 et l'assemblage osseux est donc difficilement interprétable, d'autant plus qu'aucune datation ne permet de le placer sur une échelle chronologique. Les locus 2 et 3 reflètent quant à eux une occupation humaine dans laquelle les vestiges osseux d'animaux témoignent très probablement des ressources alimentaires utilisées. Il semble, par ailleurs, qu'ils correspondent à deux périodes d'occupation distinctes, puisque d'une part, le locus 3 a livré de la céramique qui semble plus ancienne que celle d'Asa Koma et que, d'autre part, le locus 2 pourrait dater du 19e siècle de notre ère.

6.3. *Ali Daba 2*

Les quatre zones décrites au chapitre 2 ont livré de la faune. Par ailleurs, un ramassage de surface systématique a été réalisé sur tout le site. Cependant, en raison de l'impossibilité d'associer les restes trouvés lors de cette opération à ceux découverts au sein des zones, nous ne les prendrons pas en compte dans cette étude.

Comme nous l'avons vu, la fouille de ces zones a été conduite très finement, et en dehors de la zone G-H-I / 22-23-24, toutes les autres ont fait l'objet d'un relevé au 1/5e. En revanche, par manque de temps, aucun tamisage n'a été réalisé. En conséquence, les restes de poissons trouvés n'ont pas été quantifiés et leur présence, plus ou moins abondante selon les secteurs, sera donc uniquement mentionnée.

Par ailleurs, la mission de terrain de janvier 2004 a permis l'achèvement de la fouille de la Fosse (I-J-K-L / 31-32-33) qui maintenant s'étend également sur les carrés H 31-32. De nombreux ossements d'animaux ont de nouveau été mis au jour. Cependant, seuls quelques restes (choisis car appartenant à des taxons non présents dans le sommet de la Fosse dégagé en 2002) ont pu être rapidement rapportés en France et donc intégrés aux résultats de la précédente mission. Les données présentées ci-dessous ne sont donc qu'un échantillon qui paraît représentatif de l'ensemble. En effet, l'assemblage sorti en 2004 semble comparable, en terme de liste de faune tout du moins, à celui de 2002. Seules les données quantitatives seront donc probablement modifiées lors de l'étude de la totalité de l'assemblage.

6.3.1. Présentation et conservation de l'assemblage

La zone ayant livré le plus de vestiges est celle de la Fosse (I-J-K-L / 31-32-33), avec la présence de 1298 fragments (Tabl. 6.9). Parmi eux, plus de 23% n'ont pu être déterminés et 17% environ se composent d'esquilles. Les autres zones ont produit un nombre de restes beaucoup plus réduit (261 pour la zone H-I / 37-38 ; 487 pour G-H-I / 22-23-24 et 68 pour E-F-G / 37-38). Il est intéressant de noter que comme pour la Fosse, la zone H-I / 37-38 ne compte que peu de restes indéterminés (36%) et peu d'esquilles (près de 32%). A l'inverse les deux autres offrent des assemblages moins bien préservés avec plus de 94% d'indéterminés et 83% d'esquilles. Ce résultat s'explique en grande partie par les conditions de gisement. En effet, dans les zones G-H-I / 22-23-24 et E-F-G / 37-38, les restes n'ont été découverts qu'en surface, alors que dans les deux autres, les vestiges ont bénéficié d'un enfouissement qui les a protégés de l'intempérisation. Concernant ce phénomène, bien qu'il ait affecté une bonne partie des ossements, aucune donnée n'apparaît dans les résultats. Cela s'explique par la forte présence des traces de carbonisation qui ont occulté une partie des autres traces. Nous avons donc préféré ne pas quantifier les traces d'intempérisation mais uniquement signaler leur présence. Ainsi, les marques dues à l'action du feu sont très importantes (entre 77% et 92%) sauf dans la zone E-F-G / 37-38 où elles n'affectent que 42% des ossements. Il est à signaler que pour les mettre en évidence dans les zones I-J-K-L / 31-32-33 et H-I / 37-38, nous avons tout d'abord ôté la fine couche de calcite formée à la surface des vestiges à l'aide d'un bain d'acide formique dilué à 10%.

Malgré cette forte carbonisation, quelques traces anthropiques sont demeurées visibles. Ces marques concernent le percement et la taille de dents et d'ossements pour la réalisation d'objets, très probablement des pendentifs. Elles n'apparaissent que dans les zones I-J-K-L / 31-32-33 et H-I / 37-38 où elles ne concernent qu'un pourcentage très faible de restes (respectivement 0,3% et 0,4%).

Concernant les fragmentations, les zones H-I / 37-38 et E-F-G / 37-38 ont livré des restes d'os longs présentant des fracturations « en spirale » : 10% pour la première et 14% pour la seconde.

Enfin, il faut noter que nous n'avons pas pris en compte le Poids des Restes dans cette analyse. La raison en est la fossilisation d'une partie non négligeable des vestiges. Le degré de minéralisation étant variable selon les ossements et selon les espèces, il n'est pas possible de comparer leur poids. Pour une meilleure homogénéité des données, nous avons préféré ne pas utiliser ce paramètre.

	I-J-K-L/31-32-33	H-I/37-38	G-H-I/22-23-24	E-F-G/37-38
NR	1305	261	487	68
% Indéterminés	23,6	36,4	94,7	94,1
% esquille	17,2	31,8	84,8	83,8
% Corrosion	0,0	0,0	0,0	0,0
% Intempérisation	?	?	?	?
% Carbonisés	93	77	92,4	42,6
% Calcinés	0,0	0,0	0,0	0,0
% Grignotage	0,0	0,0	0,0	0,0
% Racine	0,0	0,0	0,0	0,0
% Découpe	0,3	0,4	0,0	0,0
% Fracture Spiralée	0,0	10,0	0,0	14,0

Tabl. 6.9 : Profil taphonomique de l'assemblage faunique d'Ali Daba 2 selon les différentes zones (d'après les critères de Vigne, 1996).
NR, Nombres de Restes ; Esquille, tout fragment non attribuable à une pièce anatomique.

6.3.2. Spectre de faune

Avant d'examiner en détail les résultats, il nous faut signaler que toutes les données sont présentées en Nombre de Restes bien que dans certains cas, les fragments d'une même espèce se rapportent au même os. Cependant, nous n'avons pas souhaité regrouper les restes en Nombre Minimum de Parties Squelettiques, ce qui aurait introduit un biais pour les espèces pour lesquelles les remontages ne sont pas possibles, notamment le crocodile et l'hippopotame. Néanmoins, nous avons tenté d'estimer le Nombre Minimal d'Individus de fréquence tout en sachant qu'il est très approximatif.

Comme nous pouvons le voir sur le tableau 6.10 et la figure 6.12, les deux zones de surface (G-H-I / 22-23-24 et E-F-G / 37-38) n'ont livré que très peu de restes déterminés qui comprennent du crocodile et de l'hippopotame pour E-F-G / 37-38 ainsi que du zèbre, des Bovidae dont du Bovini pour G-H-I / 22-23-24. Nous avons donc pour ces zones des spectres peu diversifiés et ne comprenant que ces taxons de grande taille. Ils témoignent certainement d'une conservation différentielle des restes.

Zones	I-J-K-L/31-32-33			H-I/37-38			G-H-I/22-23-24			E-F-G/37-38			Total	
Taxons	NR	% NR	NMI	NR	% NR	NMI	NR	% NR	NMI	NR	% NR	NMI	NR	% NR
Phoenicopterus ruber	2	0,197											**2**	**0,2**
Crocodilus niloticus	743	73,27	3	9	5,4	1				3	75	1	**755**	**62,4**
Hippopotamus amphibius	172	16,96	2	137	82,5	1				1	25	1	**310**	**25,6**
Equus cf *grevyi*	17	1,7	1	12	7,2	1	2	7,7	1				**31**	**2,6**
Kobus kob	2	0,197											**2**	**0,2**
cf Alcelaphus buselaphus	8	0,8	1										**8**	**0,7**
cf Alcelaphini	37	3,6											**37**	**3,1**
Bovini	6	0,6	1				3	11,5	1				**9**	**0,7**
Bovidae	3	0,296					1	3,8					**4**	**0,3**
Grand Ongulé	1	0,099					20	76,9					**21**	**1,7**
Panthera leo	6	0,6	1	8	4,8	1							**14**	**1,2**
Panthera pardus	2	0,197											**2**	**0,2**
Canis sp.	14	1,4											**14**	**1,2**
Lepus capensis	1	0,099	1										**1**	**0,1**
Total	**1014**	**100**	**10**	**166**	**100**	**4**	**26**	**100**	**2**	**4**	**100**	**2**	**1210**	**100**

Tabl. 6.10 : Spectre de faune d'Ali Daba 2 selon les zones. NR, Nombre de Restes ; NMIf, Nombre Minimal d'Individus de fréquence.

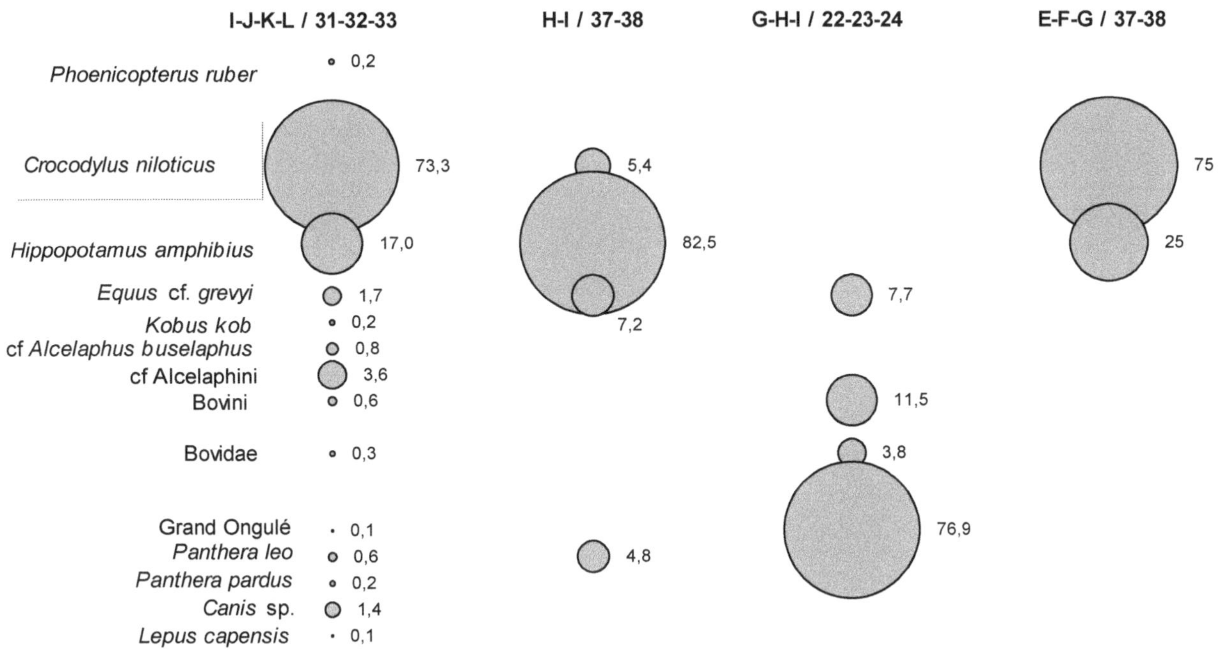

Fig. 6.12 : Représentation graphique du spectre de faune d'Ali Daba 2 selon le Nombre de Restes et en fonction des zones.

Pour la zone H-I / 37-38, malgré l'enfouissement, le spectre n'est pas très diversifié et ne présente des restes que de crocodile, de zèbre, de lion et d'hippopotame ; ce dernier domine très largement le spectre avec plus de 82%. Enfin, pour le secteur I-J-K-L / 31-32-33, le nombre d'espèces augmente cette fois considérablement. Le crocodile domine le spectre avec plus de 75% des ossements. Le reste de l'assemblage est composé de flamand rose, d'hippopotame, de zèbre de Grevyi, de Bovidae parmi lesquels du Bovini et de l'Alcelaphini (très probablement *Alcelaphus buselaphus*), des Grands Ongulés (Equidae ou Bovidae), de lion, de léopard, de chacal et de lièvre. Pour les secteurs I-J-K-L / 31-32-33, H-I / 37-38 et E-F-G / 37-38, on observe la présence d'une centaine de restes de *Clarias* et de Tilapinii.

6.3.3. Représentation des parties squelettiques

Les assemblages ont livré trop peu de restes pour que la fréquence des parties squelettiques soit estimée en pourcentage de représentation (Dodson et Wexlar, 1979). Nous avons donc résumé les données dans l'Annexe 1.5 et 1.6. De plus, nous avons regroupé les différents ossements en six grandes catégories (crâne, rachis, membre supérieur, membre inférieur et extrémités) pour tenter d'obtenir une vision plus synthétique. A ce sujet, il faut noter que, pour le crocodile, nous n'avons pas intégré les restes indéterminés, mais placé les ostéodermes au sein de la catégorie « Rachis ». En effet, anatomiquement ils se répartissent sous les écailles nuchales, dorsales et en partie caudales (Grassé, 1970). Enfin, pour le secteur I-J-K-L / 31-32-33, nous ne présentons les résultats que des espèces ayant livré au moins huit restes.

Ainsi, pour ce dernier, il apparaît très clairement (Fig. 6.13) que le crocodile n'est quasiment représenté que par les parties crâniennes, seuls quelques restes de vertèbres et d'ostéodermes complètent l'assemblage. Pour l'hippopotame, la situation est encore plus spécialisée puisque cet animal n'est présent qu'à travers des fragments de canine. Pour les autres taxons, il est difficile de commenter les données, sachant qu'ils ne sont représentés que par très peu de restes. Seuls l'Alcelaphini semble montrer une prépondérance des parties crâniennes. Toutefois, les 36 fragments proviennent tous de cheville osseuse dont il n'est pas possible de déterminer le nombre exact, peut-être n'y en a-t-il qu'une seule.

Pour les autres secteurs, il est également délicat d'expliquer les résultats compte tenu du très faible nombre de restes. Nous pouvons seulement remarquer qu'à chaque fois que l'hippopotame est présent (zones H-I / 37-38 et E-F-G / 37-38), il ne l'est que par des fragments de canine. Par ailleurs, pour les autres mammifères, on observe principalement des fragments post-crâniens. Ainsi, il est intéressant de noter que le lion a notamment livré trois métatarses (deux en I-J-K-L / 31-32-33 et un en H-I / 37-38) qui proviennent sans aucun doute du même individu. Ces deux structures semblent donc avoir été utilisées durant la même période.

D'une manière générale, on observe donc un traitement différentiel selon les taxons. En effet, le crocodile et l'hippopotame n'ont livré quasiment que des restes crâniens alors que les autres taxons offrent des fragments d'origines plus diversifiées et portant majoritairement sur le squelette post-crânien.

6.3.4. Détermination de l'âge et du sexe

Parmi les assemblages des quatre zones, seules les deux mandibules de lion attestent de la présence d'un très jeune individu, âgé d'un mois environ (§ 4.5.4.2.1). Les autres espèces ne semblent représentées que par des adultes. Par ailleurs, comme pour Hara Idé 2, aucun vestige ne nous livre d'information relative au sexe des animaux présents.

6.3.5. Origine des assemblages et validité des sources

Au vu des résultats, les quatre secteurs ayant livré de la faune sur le site d'Ali Daba 2 se comportent de manière assez différente, bien que certains rapprochements puissent être faits. En effet, on observe que pour les deux zones de surface (G-H-I / 22-23-24 et E-F-G / 37-38), la forte dégradation due à l'intempérisation a provoquée une importante fonte des ossements et une disparition des parties discriminantes, limitant la détermination. Par ailleurs, au sein de tous les assemblages, l'importante action du feu a masqué une partie des informations, notamment les traces de découpe et de percements qui ne sont présentes qu'en très faible nombre. Malgré ces quelques constantes, de nombreuses différences individualisent ces quatre ensembles et il faut donc les détailler un par un pour tenter d'en comprendre l'origine.

Tout d'abord, nous avons vu que les secteurs I-J-K-L / 31-32-33 et H-I / 37-38 ont pu être connectés par la présence de métatarses de lion provenant du même individu. Ces deux assemblages, situés à trois mètres l'un de l'autre, peuvent donc être traités conjointement. Plusieurs éléments attestent sans conteste de leur origine anthropique. D'une part, des fragments d'industrie lithique et un pilon en basalte ont été retrouvés en association avec les restes osseux. D'autre part, la présence de traces de perforation et de découpe sur certains ossements témoigne d'activités artisanales. Par ailleurs, le fort pourcentage d'os portant des traces de carbonisation implique une intervention humaine, bien que l'hypothèse d'un feu naturel ne puisse pas être complètement écartée. Enfin, le choix très sélectif des parties squelettiques de certains taxons comme le crocodile et l'hippopotame reflète encore une fois une origine anthropique. On peut de plus rappeler que la zone I-J-K-L / 31-32-33 a livré de nombreux restes humains, également carbonisés, et a été datée à 5000 ± 40 BP (Béta-173081) soit 3820-3730 avant J.-C.

Le cas des deux autres secteurs est plus complexe. Seuls 4 restes déterminés ne présentant aucune trace d'activité humaine ont été mis au jour dans la zone E-F-G / 37-38. Cependant, la présence dans cette même zone d'éléments de parure, d'artefacts lithiques et de nombreux ossements humains témoigne sans nul doute de l'origine anthropique de l'assemblage. Aucune date n'a été obtenue sur cette zone : il est donc difficile de la relier aux autres. Toutefois, il est intéressant de noter que les deux taxons représentés (crocodile et hippopotame) sont les deux mêmes qui dominaient très nettement les assemblages des secteurs I-J-K-L / 31-32-33 et H-I / 37-38. De plus, ils sont principalement représentés par des éléments crâniens comme précédemment. Enfin, dans les deux cas, on retrouve la présence d'éléments de parure, d'industrie lithique et d'ossements humains carbonisés. Il est donc possible d'envisager que cette zone corresponde à une même occupation que les deux autres, avec des modes de rejets différents. Ici, en effet, le matériel se situe uniquement en surface et les ossements humains sont nettement dominants ce qui n'est pas le cas dans les deux zones précédemment décrites. Toutefois, il est très difficile de valider ce raisonnement sachant que nous ne travaillons que sur quatre restes déterminés, et seule une datation radiométrique pourra confirmer ou infirmer cette hypothèse.

Enfin, la zone G-H-I / 22-23-24 a uniquement livré des ossements animaux sans aucun autre reste archéologique. Par ailleurs, elle offre un spectre très différent de celui des autres zones car uniquement composé de grands ongulés (équidés et bovidés) pour lesquels dominent surtout les éléments post-crâniens. Elle ne semble donc pas associée aux autres secteurs d'autant plus qu'elle a livré une datation bien plus récente (3910 ± 40 BP soit 2470-2350 avant J.-C.). Qu'en est-il alors de sa provenance ? En fait, le seul élément qui puisse témoigner de son origine anthropique est le fort taux de carbonisation des os et leur présence au sein d'une couche grise argilo-cendreuse, très différente du sédiment environnant.

Finalement au regard des caractéristiques des différents assemblages aussi bien d'un point de vue quantitatif (nombre de restes déterminés) que qualitatif (préservation, datation et origine anthropique), il nous semble préférable de n'entreprendre une interprétation qu'à partir de l'assemblage provenant des secteurs I-J-K-L / 31-32-33 et H-I / 37-38. Les données des deux autres zones ne sont pas suffisamment fiables pour continuer leur analyse.

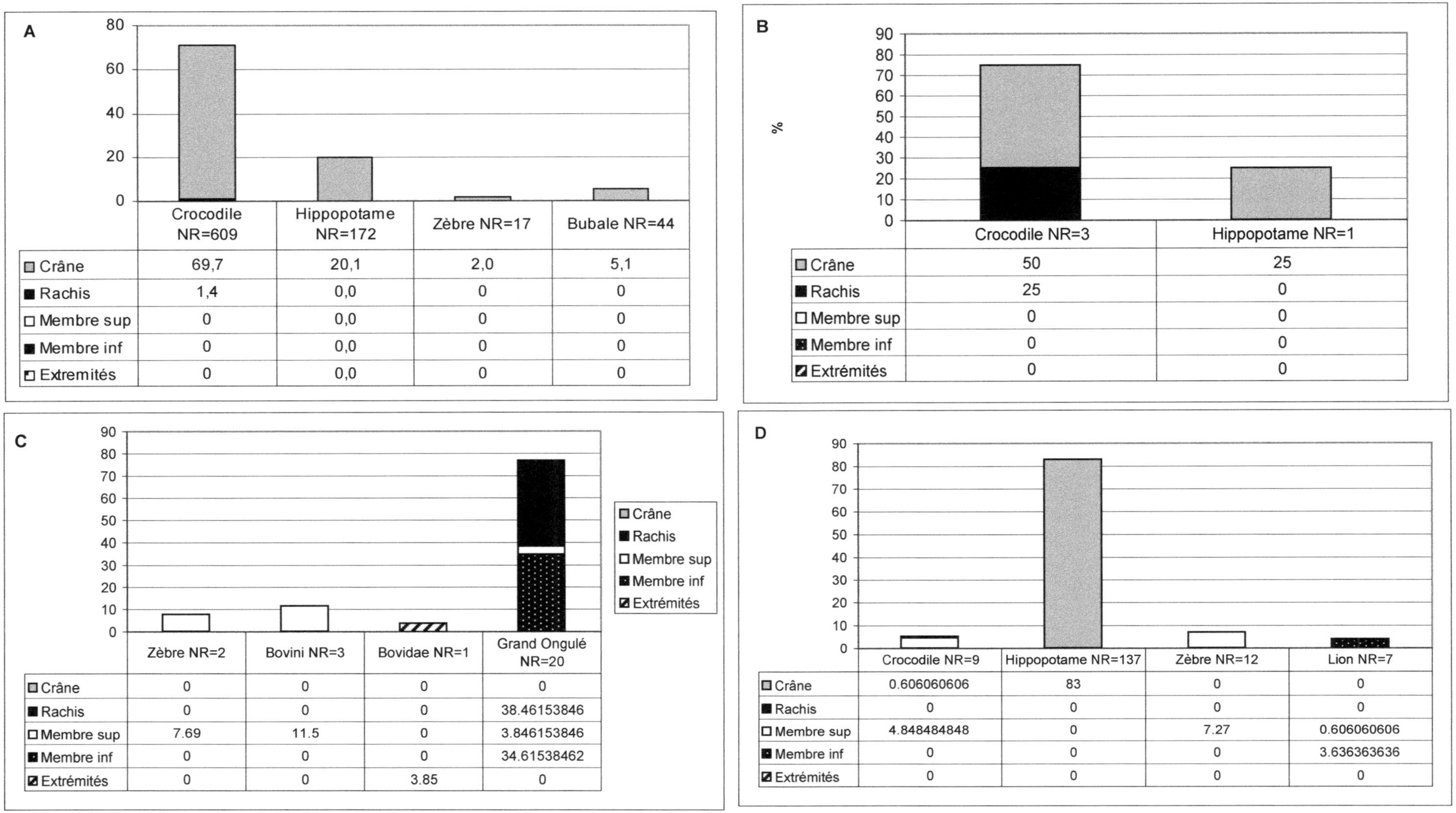

A

	Crocodile NR=609	Hippopotame NR=172	Zèbre NR=17	Bubale NR=44
Crâne	69,7	20,1	2,0	5,1
Rachis	1,4	0,0	0	0
Membre sup	0	0,0	0	0
Membre inf	0	0,0	0	0
Extremités	0	0,0	0	0

B

	Crocodile NR=3	Hippopotame NR=1
Crâne	50	25
Rachis	25	0
Membre sup	0	0
Membre inf	0	0
Extrémités	0	0

C

	Zèbre NR=2	Bovini NR=3	Bovidae NR=1	Grand Ongulé NR=20
Crâne	0	0	0	0
Rachis	0	0	0	38.46153846
Membre sup	7.69	11.5	0	3.846153846
Membre inf	0	0	0	34.61538462
Extrémités	0	0	3.85	0

D

	Crocodile NR=9	Hippopotame NR=137	Zèbre NR=12	Lion NR=7
Crâne	0.606060606	83	0	0
Rachis	0	0	0	0
Membre sup	4.848484848	0	7.27	0.606060606
Membre inf	0	0	0	3.636363636
Extrémités	0	0	0	0

Fig. 6.13 : Proportions différentes ensembles anatomiques des taxons d'Ali Daba 2 selon les zones. A: I-J-K-L / 31-32-33, B: E-F-G / 37-38, C: G-H-I / 22-23-24, D: H-I / 37-38.

Chapitre 7. Caractérisation des pratiques alimentaires, artisanales et funéraires

7.1. Apport et préparation des carcasses

Les spectres de faune de tous les sites étudiés sont quasi-exclusivement composés d'animaux sauvages. Leur apport sur le site correspond donc à une stratégie souvent alimentaire liée aux choix des hommes quant à l'utilité des animaux. Nous avons vu qu'un des premiers moyens de mettre en évidence ces stratégies est le calcul des fréquences des parties squelettiques pour les différents taxons quand cela était possible.

Dans le cas de Moche Borago, seuls les Bovini, les Bovidae de taille 3 et les Suidae de la Fosse ont livré suffisamment de restes pour être exploités de cette façon. Pour tenter de mettre en évidence les éventuels traitements différentiels entre les taxons, nous avons effectué le test de Kolmogorov-Smirnov en comparant deux à deux la distribution des NMPS (Nombre Minimal de Parties Squelettiques ; Monchot, 1996, 1997). Entre le buffle et les Bovidae de taille 3, la corrélation est significative ($z = 0,944$, $ddl = 1$; $p < 0,01$) de même qu'entre les Suidae et les Bovidae de taille 3 ($z = 0,46$, $ddl = 1$, $p < 0,01$). En revanche, on observe une corrélation peu significative entre les données du buffle et des Suidae ($z = 1,227$, $ddl = 1$, $p < 0,05$). Si l'on reprend les profils de représentations des parties squelettiques de ces taxons (Fig. 5.4, 5.5 et 5.6), nous observons, en effet pour tout les trois, une bonne représentation des parties crâniennes et des membres. En revanche, les extrémités des Suidae présentent un fort déficit, alors que celles des buffles sont bien présentes ; les Bovidae de taille 3 offrent une situation intermédiaire. Les différences mises en évidence par le test pourraient donc résulter des variations de représentations des extrémités.

Nous avons effectué le même test pour les données du bœuf et des Bovidae de taille 3 du site d'Asa Koma. Nous remarquons cette fois une mauvaise corrélation dans les variations de proportions des parties squelettiques ($z = 1,621$; $ddl = 1$; $p > 0,05$). Comme pour Moche Borago, cette différence semble avant tout se manifester par une sous-représentation des phalanges pour les Bovidae de taille 3 alors qu'elles sont bien présentes chez le bœuf.

Les importants problèmes de la conservation différentielle évoqués au cours des deux chapitres précédents peuvent être en partie responsable de ces différences. Toutefois, cela semble peu probable puisque les pertes, notamment chez les Suidae et les Bovidae de taille 3, sont marquées pour les phalanges alors que ces parties sont résistantes et donc moins sensible à la dégradation taphonomique.

Pour les taxons de chacun de ces sites, nous aurions donc un traitement semblable pour les régions anatomiques liées à la consommation comme les parties charnues des membres, mais peut-être un traitement différentiel pour les extrémités visant probablement la récupération des peaux.

Les assemblages d'Asa Koma et de la Fosse de Moche Borago comportent tous les deux des ossements de Bovini et de Bovidae de taille moyenne (taille 3). Nous avons donc tenté de comparer les données de ces deux sites. Il apparaît qu'il y a une bonne corrélation entre les données du bœuf et celles du buffle ($z = 0,879$, $ddl = 1$, $p < 0,01$), de même entre les données des Bovidae de taille 3 d'Asa Koma et de Moche Borago ($z = 0,579$, $ddl = 1$, $p < 0,01$). Ces résultats sont particulièrement intéressants car ils montrent que ce ne sont ni le statut des animaux (bœuf domestique à Asa Koma et buffle sauvage à Moche Borgao), ni les conditions environnementales (plaine semi-aride à Asa Koma et montagne avec forêts et savane humide à Moche Borago), ni les contextes taphonomiques (site de plein-air à faible sédimentation à Asa Koma et abri-sous-roche avec un fort enfouissement à Moche Borago) qui ont influé sur les distributions des parties squelettiques. Le facteur qui semble donc réellement déterminant est la taille des animaux avec les Bovini d'un côté et les animaux de plus petite taille (Bovidae taille 3 et Suidae) de l'autre.

Pour tenter de préciser ces premiers résultats, nous avons réalisé une analyse factorielle des correspondances (AFC) sur les NMPS (Nombre Minimal de Parties Squelettiques) de chacun de ces taxons.

69,77 % de la variance sont représentés par les deux premiers axes de l'AFC (F1 = 41,97 % et F2 = 27,80 % ; Fig.7.1, Annexe 3). L'axe F1 contient le principal résultat de cette analyse en révélant une distinction très nette entre les Bovini d'Asa Koma et de Moche Borago d'une part (dans la moitié positive), et les autres espèces des deux sites d'autre part (dans la moitié négative). Les fréquences qui contribuent principalement à cet axe sont celles des phalanges proximales (36,7%) et le coxal (23,7%).

L'axe F2 est marqué par les fréquences des phalanges intermédiaires (16% de la contribution), de l'ulna (15,5%) et du radius (12,1%). On observe alors que seul le bœuf d'Asa Koma semble marqué par les phalanges intermédiaires, alors que les autres taxons demeurent dans une position plus centrale.

L'axe F3 représente 15,71 % de la variance avec une forte contribution de l'humérus (21,1%), des vertèbres thoraciques (13,9%) et des métatarses (10,6%). Sur le plan F1 + F3 (Fig. 7.2), les Bovini et les Suidae de Moche Borago se projettent près de l'origine alors que les Bovidae de taille 3 de Moche Borago sont marqués par les vertèbres thoraciques et que les Bovidae de taille 3 d'Asa Koma par l'humérus. Dans tous les cas, on observe un regroupement très net entre les Bovini et les extrémités en général, à savoir les phalanges, le carpe et dans une moindre mesure les métapodes.

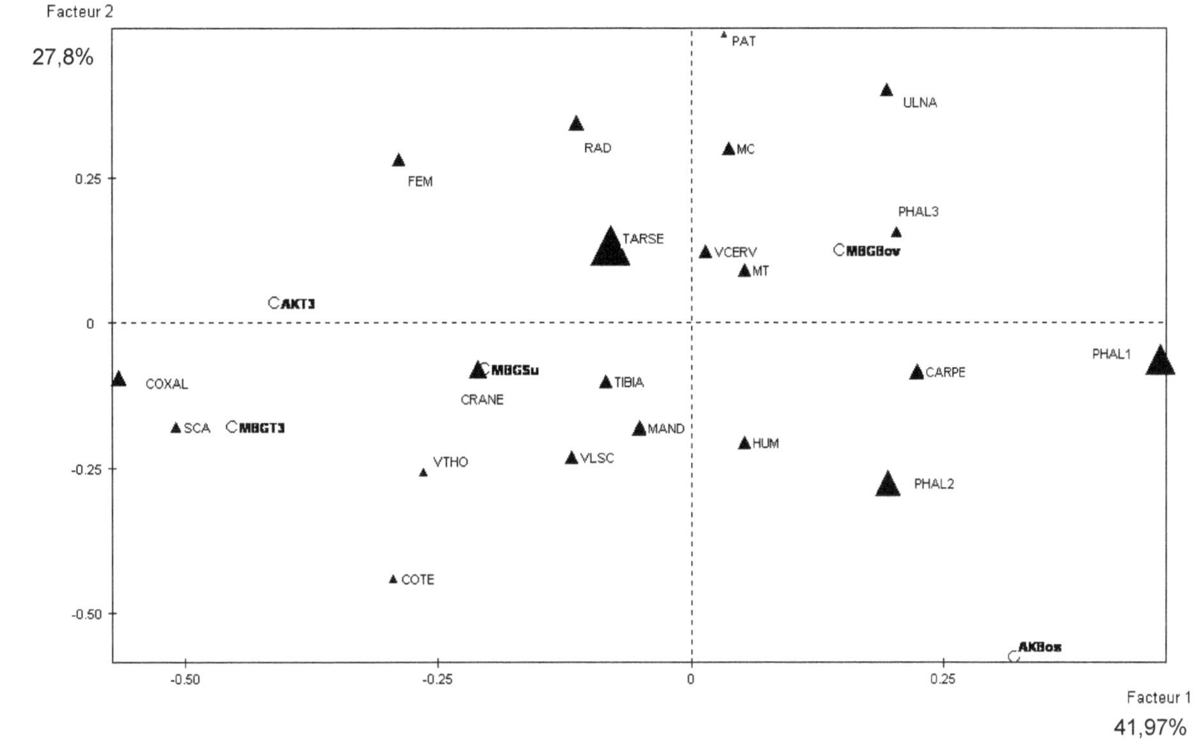

Fig. 7.1 : Représentation des axes F1 et F2 de l'analyse factorielle. MBGbov = Bovini de Moche Borago ; MBGsus = Suidae de Moche Borago ; MBGT3 = Bovidae de taille 3 de Moche Morago ; AKbov = Bovini d'Asa Koma ; AKT3 = Bovidae de taille 3 d'Asa Koma ; MAND : mandibule ; VCERV : vertèbres cervicales ; VTHO : v. thoraciques ; VLSC : v. lombaires, sacrées, caudales ; SCA : scapula ; HUM : humérus ; RAD : radius ; MC : métacarpe ; FEM : fémur ; PAT : patella ; MT : métatarse PHAL1 : phalange proximale ; PHAL2 : phalange intermédiaire ; PHAL3 : phalange distale.

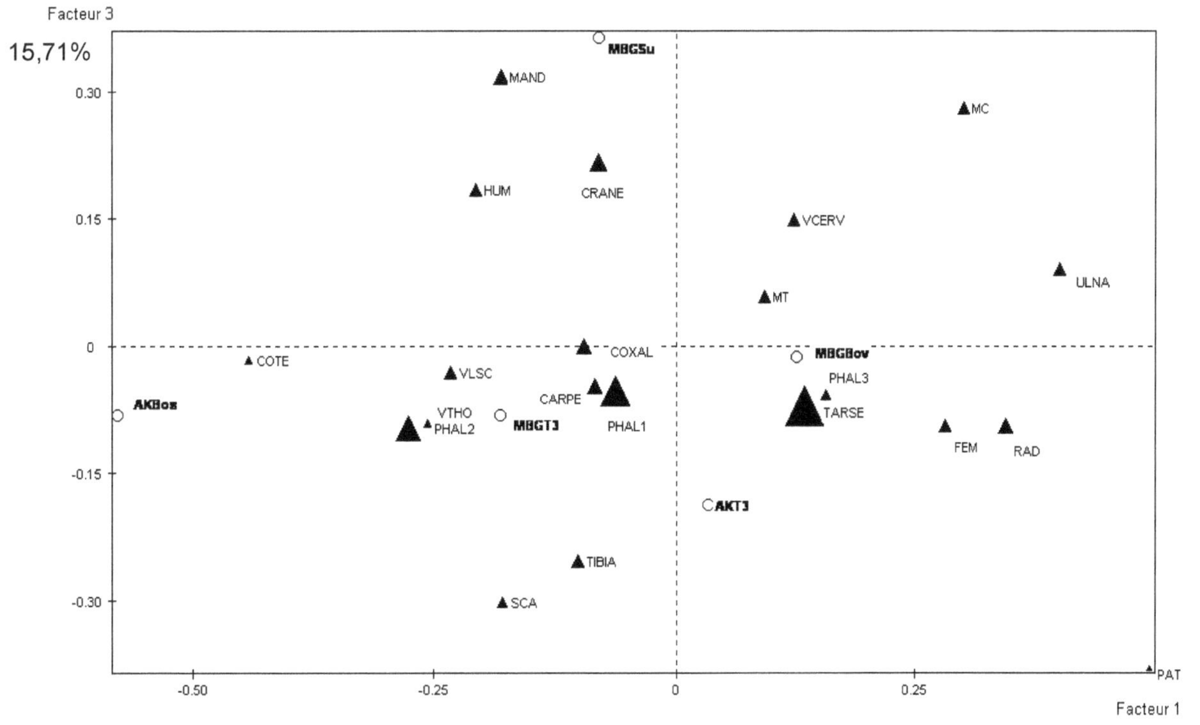

Fig. 7.2 : Représentation des axes F1 et F3 de l'analyse factorielle. (Abréviations : Fig. 7.1)

Finalement, plusieurs observations se dégagent de ces analyses. La première est que nous voyons une association très nette entre les Bovini de deux sites qui s'opposent le long de l'axe 1 aux petits taxons (Bovidae de taille 3 et Suidae). Cette association semble particulièrement liée aux fréquences des extrémités et des ceintures (coxal et scapula). Nous avons donc une bonne représentation des extrémités chez les Bovini et des ceintures chez les Bovidae de taille 3. Les Suidae, quant à eux, ont une position un peu marginale car, même s'ils se rapprochent des petits Bovidae, ils semblent surtout marqué par les éléments crâniens. Cela rejoint ce que nous avions observé précédemment (Fig. 5.5) et qui s'expliquent en partie par la robustesse de la tête chez ces animaux.

En conclusion, il semble que le bœuf domestique de la plaine du Gobaad et le buffle sauvage des montagnes du Wolayta aient été traités selon un schéma proche qui s'oppose aux traitement des animaux de plus petite taille (Bovidae de taille 3 et Suidae). Cette différence semble principalement se jouer au niveau des extrémités, et donc probablement au niveau du traitement des peaux, comme nous le détaillerons par la suite.

Il est également intéressant de noter que si le buffle est la principale ressource carnée de Moche Borago, le bœuf ne paraît que très secondaire à Asa Koma où l'exploitation animale semble avoir principalement porté sur les poissons. De plus, d'après leur répartition des parties squelettiques, ces derniers semblent avoir été rapportés sur le site (Van Neer et Lesur, 2004) puis préparés selon des méthodes qui seront détaillées plus loin.

Pour le site d'Akirsa, le manque de données et la mauvaise conservation de l'assemblage rend impossible toute tentative de percevoir clairement un éventuel choix dans le transport et le traitement des carcasses. Nous pouvons uniquement suggérer que les trois taxons présents, dont deux au moins sont sauvages (*Gazella* cf. *soemmeringi* et Suidae) ont été abattus dans un but de consommation.

Dans le cas d'Ali Daba 2, en raison de différents problèmes évoqués précédemment, notamment taphonomiques, nous ne nous intéresserons à présent qu'aux assemblages des secteurs I-J-K-L / 31-32-33 et H-I / 37-38 que nous traiterons en commun.

Nous avons vu que le spectre est assez diversifié avec cependant une nette domination des restes de crocodiles et d'hippopotames. Par ailleurs, ces espèces semblent principalement représentées par leurs restes crâniens et dentaires, offrant ainsi une image très différente de celle produite par une utilisation alimentaire. Enfin la présence d'objets en os ou en ivoire provenant de lion, d'hippopotame, de crocodile ou de zèbre, témoigne d'une activité artisanale, que nous étudierons dans la suite de ce chapitre.

Ces éléments suggèrent un apport partiel des animaux, tout du moins pour les plus grands comme le crocodile et l'hippopotame. Le traitement des autres taxons est plus difficilement perceptible en raison de la faiblesse des effectifs et aucun élément ne permet de dire s'ils ont été apportés entiers ou non sur le site.

Au sein des locus 2 et 3 d'Hara Idé 2, la présence de foyers est l'unique indice du statut alimentaire des mammifères et des poissons. Toutefois, les parties squelettiques sont trop peu nombreuses et trop dispersées pour marquer un traitement différentiel des espèces.

7.2. Pratiques alimentaires

7.2.1. Technique de cuisson

Pour tenter appréhender les techniques de préparation alimentaire, notamment la cuisson de la viande, nous avons tout d'abord observé la répartition des traces de feu sur les grandes régions anatomiques des principaux taxons des différents sites. Toutefois, nous avons vu que la plupart des assemblages ont été touchés par des phénomènes de carbonisation et de calcination postérieurs à la consommation ou au rejet, voire à l'enfouissement, et qui ne sont donc pas liés à la cuisson de la viande. Ainsi, sur le site d'Ali Daba 2, plus de 90% de l'assemblage provenant de fosse est carbonisé, interdisant toute interprétation relative à la cuisson.

Pour le site de Moche Borago, nous avons concentré les calculs sur le buffle qui a sans conteste fourni le plus de restes dans chacun des assemblages (Fig.7.3). Nous voulions voir, en effet, si, malgré les activités volcaniques dont les traces sont visibles pour toutes les phases, les ossements portaient encore les marques relatives à la cuisson des quartiers.

En fait, aucune phase ne présente de profil interprétable dans ce sens, d'autant que l'absence complète de brûlure d'extrémités interdit toute tentative de mise en évidence de rôtissage de la viande. Les résultats reflètent donc les activités volcaniques plus que les modes de cuisson. Cette hypothèse est renforcée par la différence de pourcentage de traces de brûlures entre les phase 1 Intermédiaire (50% environ) et la Fosse (74%). En effet, nous avons vu que cette dernière se trouve dans un position particulière sur le site, à savoir au bord de la falaise et en retrait de toutes les structures de combustion. Or, c'est la Fosse qui présentent le plus fort pourcentage de brûlure et non les autres niveaux de la phase 1 Intermédiaire. Cela tendrait à montrer que les traces sont principalement due à l'arrivée de cendres et de laves qui ont touchées en premier lieu les bords de l'abri donc les vestiges situés dans la Fosse.

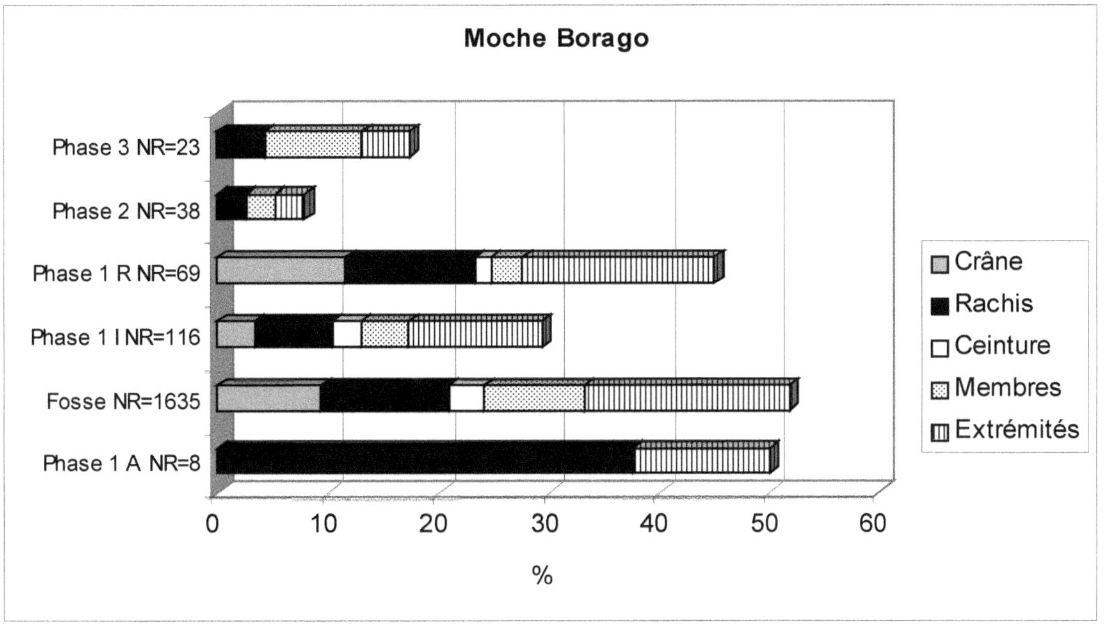

Fig. 7.3. Répartition des traces de brûlures selon les grandes régions anatomiques des Bovini de Moche Borago.

Sur le site d'Akirsa, en raison de la faiblesse de l'assemblage, nous avons réalisé les calculs à partir de tous les bovidés de tous les niveaux (Fig. 7.4). Le fort pourcentage de restes dentaires portant des traces de feu est partiellement dû à un problème taphonomique. En effet, comme nous l'avons vu précédemment pour les bovidés de Moche Borago, ces restes sont très sensibles aux effets de la chaleur et ont donc éclatés en de nombreux fragments sur-représentant les dents au sein des effectifs. Malgré cela, le fait que ces dents aient été exposées au feu, de même que toutes les autres parties du squelette, notamment les extrémités, montre que nous n'avons probablement pas affaire à des traces de cuisson mais plutôt à un rejet des déchets dans le foyer dans un but de nettoyage du site, de protection contre les prédateurs ou de production de chaleur, voire d'éclairage.

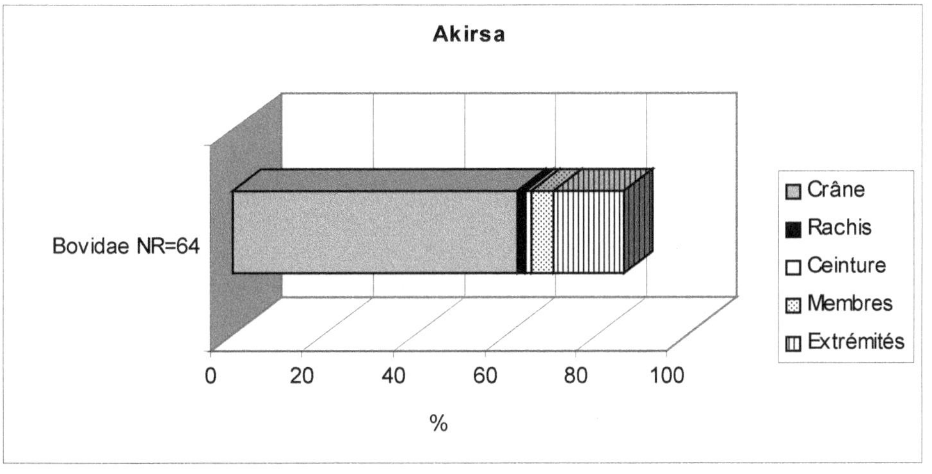

Fig. 7.4. Répartition des traces de brûlures selon les grandes régions anatomiques des Bovidae d'Akirsa.

Sur le site d'Asa Koma, l'abondance des restes brûlés de poissons de même que les nombreux foyers indiquent que les poissons étaient traités sur place (Van Neer et Lesur, 2004). Comme nous l'avons déjà mentionné, deux types de foyers ont été trouvés. Le premier comprend des foyers en cuvette comportant de grands charbons et pierres rubéfiées. La plupart de ces foyers semblent avoir été utilisés occasionnellement et principalement pour des cuissons directes ou indirectes de viande ou de végétaux. Le second type est représenté par des foyers à plats, composés d'une fine couche de limon rubéfié par la combustion, recouverte par un ou plusieurs lits de cendres et de charbons qui indiquent une utilisation prolongée (Gutherz *et al.*, 1996). Ces structures pourraient être liées à la préparation des poissons selon des modalités encore mal comprises.

Plus de 10% des os de poissons portent des traces de carbonisation. La répartition de ces traces, notamment celles présentes sur les arêtes et sur quelques os superficiels du crâne, est en partie liée à une exposition au feu durant la préparation. Toutefois, d'autres comme celles sur les vertèbres semblent résulter d'un rejet des restes dans les foyers. Finalement, il semble clair que le séchage des poissons a été accéléré par l'utilisation du feu, la procédure exacte restant inconnue (Van Neer et Lesur, 2004). Ainsi, on ne sait pas si les os étaient étalés sur les foyers plats ou suspendus par des grilles au dessus du feu. En effet, aucune preuve de l'utilisation de ces structures (comme des trous de poteaux) n'a été trouvée lors des fouilles.

Pour les mammifères, le schéma semble être le même que pour le site d'Akirsa. Nous avons estimé la fréquence des traces de brûlure pour les restes de bovins puis de canidés (Fig.7.5). Ici encore, nous observons une carbonisation répartie sur l'ensemble du squelette avec une nette prépondérance sur les extrémités dans le cas des canidés. Cette répartition associée au pourcentage élevé de traces de feu sur la totalité de l'assemblage (près de 19% pour les poissons et plus de 21% pour les autres taxons) témoigne principalement d'un rejet des restes de consommation dans les foyers dans un but de nettoyage ou pour l'utilisation des os comme combustibles, mais ne reflète que peu ou pas des modes de cuisson. Nous avons néanmoins tenté de quantifier les quelques brûlures d'extrémités présentes sur les os longs de canidés (Fig.7.6). Leur présence atteste certainement d'une cuisson par rôtissage, tout au moins pour ce taxon. Cependant, la faiblesse numérique de ces marques (6) ne permet en aucun cas de percevoir un schéma récurrent de cuisson et encore moins de l'extrapoler aux autres espèces.

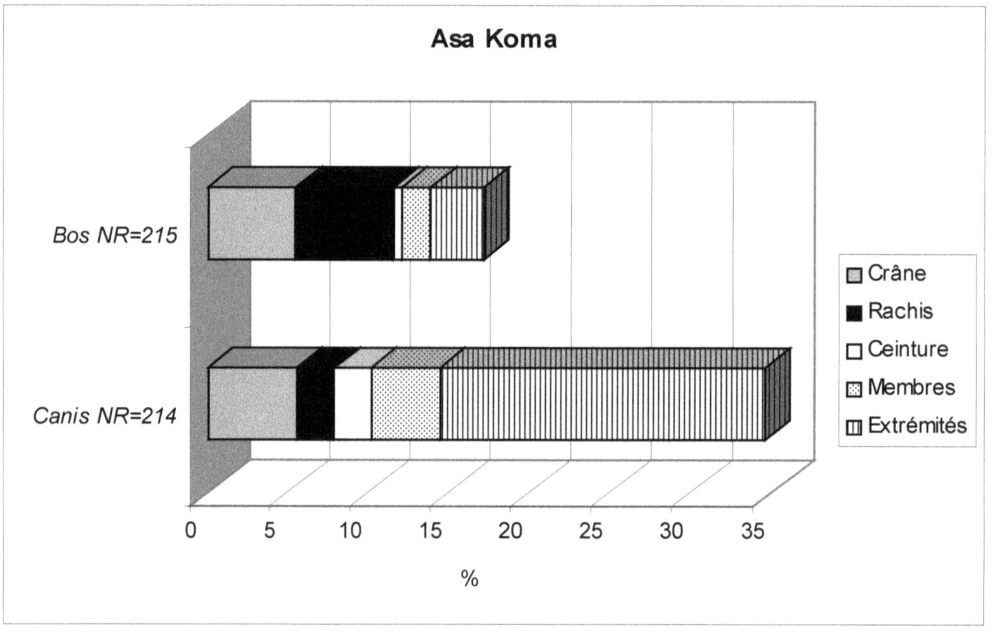

Fig. 7.5 Répartition des traces de brûlures selon les grandes régions anatomiques des principaux taxons d'Asa Koma.

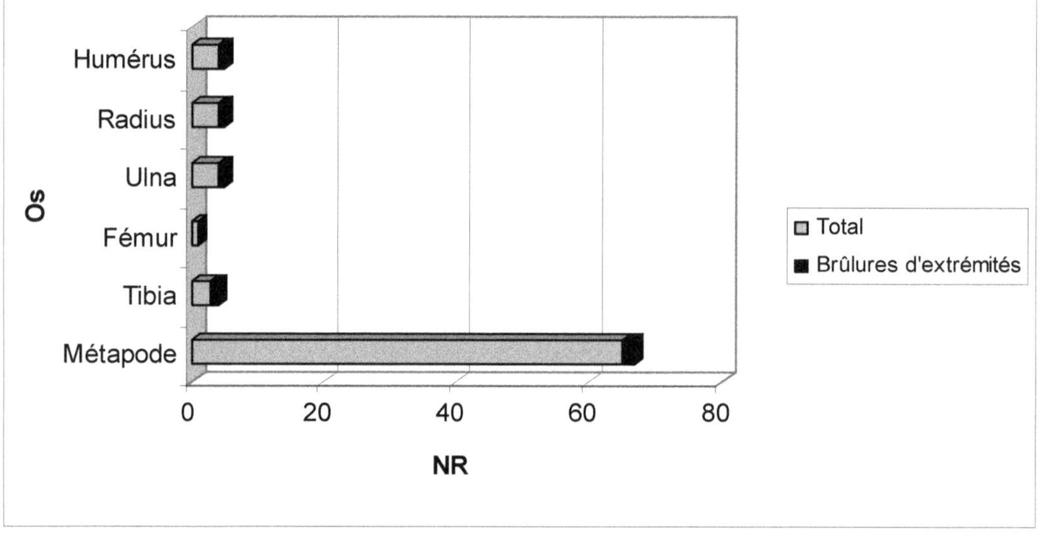

Fig. 7.6 Distribution des brûlures d'extrémités sur les os longs de Canidae d'Asa koma.

Pour Hara Idé 2, les calculs ont été réalisés uniquement pour les bovidés du locus 3 (Fig. 7.7). Il apparaît une claire domination des brûlures des éléments du rachis, et notamment des côtes. Malheureusement en raison de la forte fragmentation de l'assemblage, aucune brûlure d'extrémité n'a pu être observée sur les os longs. Le locus 2, composé de grands foyers plats matérialisés par de grandes nappes cendreuses, n'a livré que des restes de poissons, *Clarias* et Tilapinii, avec une nette prépondérance de ces derniers. La représentation des parties squelettiques de même que la présence des foyers plats, nous renvoie une image proche de celle d'Asa Koma. Ainsi, on peut penser que ces structures témoignent d'un mode de préparation lié à la conservation et à la consommation immédiate, comme le suggère les données d'Asa Koma.

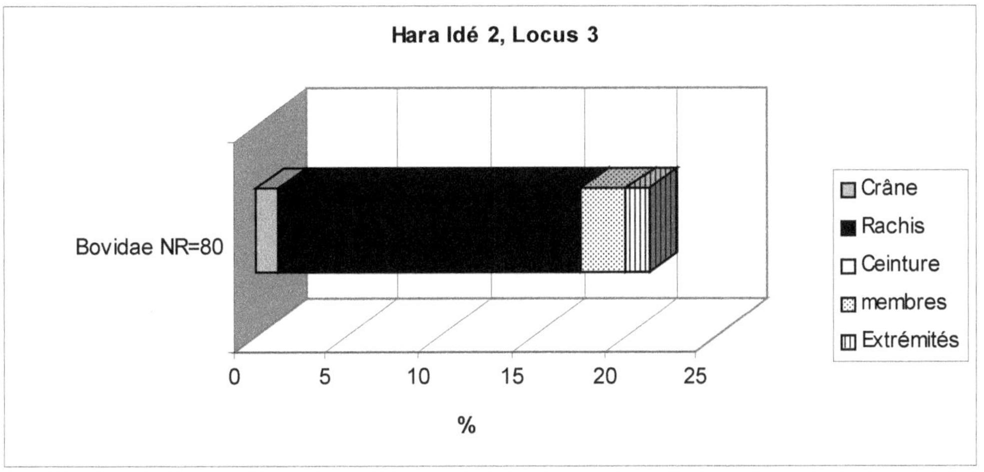

Fig. 7.7 Répartition des traces de brûlures selon les grandes régions anatomiques des Bovidae d'Hara Idé 2.

7.2.2. Utilisation de la graisse et moelle

En plus de la viande, les hommes ont pu consommer les autres éléments nutritifs des carcasses comme la graisse et la moelle.

Concernant cette dernière, une étude a été menée sur quelques huit espèces de mammifères africains comprenant des bovidés, équidés et suidés afin d'estimer le poids de moelle pour chaque espèce et les variations intra-spécifiques (Blumenschine et Madrigal, 1993). Les principaux résultats montrent que la taille des animaux, de même que l'âge et le sexe, expliquent les variations de poids de moelle entre et dans les différentes espèces de bovidés. Par ailleurs, les adaptations locomotrices et les structures des cavités internes sont aussi importantes et expliquent en grande partie les faibles taux de moelle dans les os longs de phacochère et de zèbre. Il semble donc que les hommes aient eu intérêt à choisir de manière préférentielle les bovidés mâles adultes. Par ailleurs, les animaux peuvent être sensibles aux conditions environnementales, et en cas de stress nutritionnel, les réserves de moelle vont diminuer. Ainsi, Marshall (1986, p. 223) a observé qu'au sein des populations pastorales Maasai du Lota-Mara, au cours de la sécheresse de 1984, les os longs étaient très rarement fracturés contrairement aux pratiques traditionnelles. Tous ces facteurs ont donc potentiellement joué sur les comportements des hommes bien qu'ils soient très difficilement perceptibles en raison de la mauvaise conservation des assemblages de tous les sites étudiés.

Les méthodes d'observation de ces pratiques sont assez limitées surtout dans les cas qui nous occupent. En effet, si les traces de percussion des os longs sont le meilleure moyen de quantifier la récupération de la moelle, nous avons vu qu'elles ne sont que très rares sur les différents assemblages, principalement en raison de la dégradation taphonomique. Un autre moyen est l'observation du pourcentage des fractures spiralées. Comme nous l'avons vu précédemment, ces fractures sont la marque d'une cassure sur os frais et peuvent être due la percussion ou la fracturation anthropique, à l'action des carnivores ou encore une brutale action thermique.

Sur tous les sites, les carnivores ne semblent pas avoir joué un rôle accumulateur ni destructif important. Toutefois, l'altération des surfaces osseuses et la forte fragmentation ne permettent pas une estimation précise de l'étendue de leur impact.

Nous avons vu à maintes reprises que l'action du feu a été relativement importante sur presque tous les sites. C'est donc principalement ce facteur qui peut biaiser l'évaluation de l'action anthropique dans ce type de fracturation. Pour tenter de séparer l'action du feu de celle de l'homme, nous avons calculé, pour les os longs de chaque site, le pourcentage d'os brûlés, le pourcentage de fractures spiralées mais aussi le pourcentage d'ossements portant ces deux types de marques. Seuls les os portant uniquement des fractures spiralées sans trace de feu peuvent être considérés comme provenant d'une action anthropique.

Avant de regarder en détail ces profils, il faut signaler que les assemblages du site d'Akirsa n'ont montré aucune fracture spiralée et que celui de la Fosse d'Ali Daba 2 n'en a livré que deux dont l'origine ne peut être estimée puisque plus de 90% des restes sont brûlés. Dans les deux cas, on peut évoquer le très faible pourcentage d'os longs comme étant responsable de ce phénomène. Par ailleurs, nous avons vu que l'assemblage de la fosse d'Ali Daba 2 semble correspondre surtout à un rejet d'activités artisanales et non de consommation. L'extraction de la moelle n'a donc probablement pas ou peu été pratiquée.

Pour Moche Borago, le calcul des profils sur l'ensemble des os longs des différentes phases nous offrent une première image sur l'exploitation de la moelle (Fig. 7.8). Tout d'abord, on observe que pour les phases où le pourcentage de feu est fort, celui de fractures spiralées est faible, et inversement. Ces deux phénomènes sont donc liés comme le montre le calcul du coefficient de corrélation ($r = 0,98$, $ddl = 5$, $p < 0,01$). Ce résultat tendrait à prouver que non seulement le feu peut provoquer des fractures spiralées mais aussi les masquer dans certains cas. Cette idée peut paraître contradictoire mais répond à différents processus. Il semble en effet que si les os présentaient des fractures en spirales d'origine anthropique puis étaient brûlés quant l'os était sec alors de nouvelles fractures peuvent se former, différentes des premières (Lyman, 1984). En revanche, si les os étaient brûlés frais alors les fractures pouvaient être spiralées. Si l'on applique ces observations au cas présent, il semble donc qu'une grande partie des os ont été brûlés sec, longtemps après le départ des hommes du site. Si l'on prolonge ce raisonnement, le os ont dû rester un certaine temps exposés à l'air libre avant d'être recouvert par les cendres volcaniques, laissant ainsi le temps aux éventuels carnivores de perturber l'assemblage. Or nous savons que certains comme la hyène ou la léopard étaient présents dans les environs puisque leurs restes apparaissent au sein des assemblages. Il est donc possible que pour ce site les carnivores soient responsables d'une partie non-quantifiable de ce type de fractures. Cependant, aucun autre indice de leur action, comme les traces de morsure, n'est visible sur les restes. Par ailleurs, comme nous l'avions mentionné précédemment, des esquillements visibles sur quelques diaphyses témoignent de percussion anthropique attestant d'une activité de récupération de la moelle.

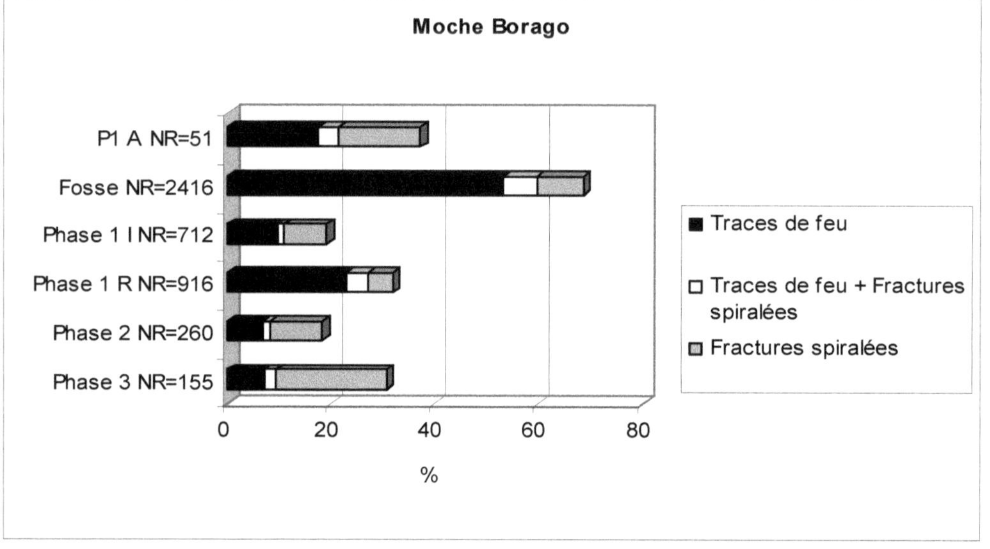

Fig. 7.8 Répartition des traces de feu et des fractures spiralées selon différentes phases de Moche Borago

Finalement, on peut dire que tous les facteurs potentiellement responsables des fractures spiralées ont agi sur les assemblages du site mais seul celui provenant de l'action du feu peut être quantifié (traces de feu associées aux fractures spiralées). Les carnivores ont pu avoir un impact sur les restes mais il semble très minime, en l'absence d'autre preuve plus probante. L'action anthropique est, quant à elle, attestée de façon sûre dans la Phase 1 Récente, la Phase 1 Intermédiaire et la Fosse.

Pour essayer de percevoir un peu mieux la situation de cette dernière, nous avons analysé la répartition de ces traces sur les vestiges du buffle provenant de la Fosse (Fig. 7.9). On observe cette fois-ci une nette domination des traces de feu associées aux fractures spiralées, notamment pour les os du membre antérieur comme l'humérus et le radius. Il semble difficile d'interpréter la figure car si l'action anthropique est attestée par les traces de percussion, elle est fortement perturbée par le feu et il ne semble pas possible de mettre en évidence des comportements différents selon les os longs du buffle. Seul le faible pourcentage de métapodes présentant des traces de feu ou des fractures spiralées suggère qu'il ont été traités différemment, sans que leur moelle en soit semble-t-il consommée.

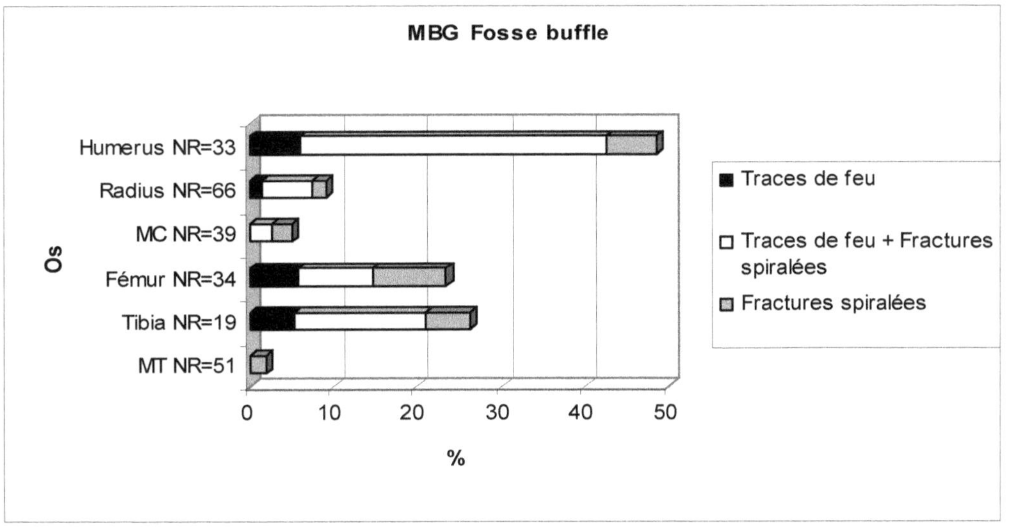

Fig. 7.9 Répartition des traces de feu et des fractures spiralées selon les grandes régions anatomiques du buffle de la Fosse de Moche Borago.

Le site d'Asa Koma a quant à lui été touché par des brûlures imputables à un rejet des vestiges dans les foyers après consommation. Toutefois quelques éléments significatifs semblent ressortir des profils (Fig.7.10).

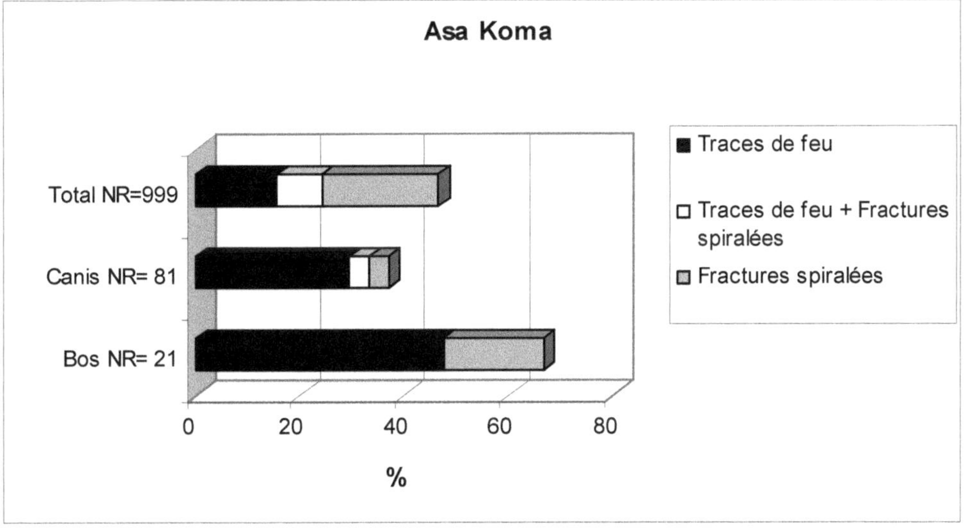

Fig. 7.10 Répartition des traces de feu et des fractures spiralées selon les grandes régions anatomiques pour les principaux taxons d'Asa Koma.

Ainsi, sur la totalité des os longs, plus de 22% portent des fractures spiralées sans trace de feu, attestant donc d'une action anthropique visant à récupérer la moelle. Nous avons par ailleurs calculé les pourcentages selon les deux principaux taxons mammaliens du site à savoir le chacal et le bœuf. Pour le chacal, les fractures spiralées, accompagnées ou non de brûlures, n'affectent que très peu d'ossements (7% au total). Pour le bœuf, ces fractures touchent cette fois près de 20% des os et aucune n'est associée aux marques de brûlures. Il est donc clair que les occupants d'Asa Koma ont préférentiellement recherché la moelle de bœuf et non celle de chacal. Cela témoigne d'une certaine abondance alimentaire puisque les habitants n'ont pas cherché à obtenir la totalité des éléments nutritifs de l'ensemble des taxons mais uniquement ceux qui étaient le plus avantageux en termes de coût/rendement. Cela renforce l'idée que ces hommes ne sont pas venus pour l'exploitation des mammifères mais surtout pour les poissons.

Pour le locus 3 d'Hara Idé 2, les calculs ont été réalisés à partir des os longs de bovidés (Fig. 7.11). Ce site est intéressant car il semble être le seul à ne pas avoir été touché par des brûlures survenues après la consommation. Ainsi, il présente un pourcentage relativement fort de fractures spiralées (18%) qui n'est pas lié à l'intervention du feu et donc certainement à l'extraction de la moelle par l'homme. Toutefois, il n'a pas été possible de localiser précisément ces fractures sur le squelette car elles touchent principalement des petits fragments de diaphyses d'os longs (2-3 cm en moyenne) qui ne sont attribuables à aucun os ni à aucune espèce en particulier.

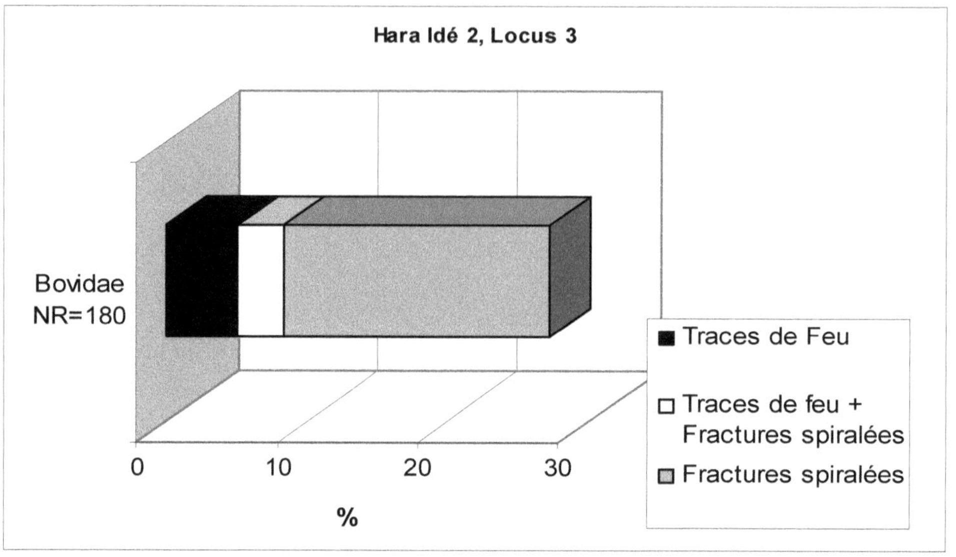

Fig. 7.11 Répartition des traces de feu et des fractures spiralées selon les grandes régions anatomiques des Bovidae d'Hara Idé 2.

7.3. Travail des peaux

Parallèlement à l'alimentation, nous avons vu que les animaux ont pu être utilisés à d'autres fins, parmi lesquels le travail de la peau semble avoir jouer un rôle important. Afin de documenter cette question, il nous a tout d'abord paru intéressant de présenter les résultats de l'étude des faunes des sites modernes de Gotcha-Chirayo et Gotcha-Ayenna (Konso, Ethiopie). Les enquêtes ethnographiques ont, en effet, montré que ces lieux avaient été occupés par des tanneurs dont certains, ou leurs descendants, ont pu apporter de nombreuses informations se rapportant à la récupération et à la préparation des peaux animales.

7.3.1. Les sites de Gotcha-Chirayo et Gotcha-Ayenna

La région montagneuse du sud éthiopien est une des dernières régions où des grattoirs de pierre sont toujours fabriqués et employés régulièrement pour traiter les peaux des animaux qui servent ensuite à la literie, à la fabrication de sacs ou de vêtements. Après avoir mené une étude recensant les techniques de fabrication et les morphologies de grattoirs des différents groupes ethniques, une équipe américaine dirigée par Kathryn Weedman et Steven Brandt (University of Florida, USA) a décidé de concentrer ses recherches sur les tanneurs et leurs outils au sein de la société Konsos (Fig. 7.12). Le but de cette démarche, comportant une enquête ethnographique et une fouille archéologique, était d'obtenir de nouvelles informations sur la signification de la variabilité des outils de pierre dans les sociétés préhistoriques et contemporaines (Brandt et Weedman, 2002a).

Les Konsos sont uniques parmi les tanneurs éthiopiens ; tous sont des femmes qui fabriquent et utilisent des grattoirs en chert, en agate et en quartz. La majorité des peaux travaillées proviennent de chèvres, de moutons ou de bœufs et chacune d'entre elles a son utilisation propre. La peau de chèvre sert à fabriquer des sacs de transport, des jupes pour l'usage quotidien et des jupes de cérémonies. La peau de mouton sert pour la réalisation des chapeaux de femme mariée et de vêtements funéraires d'enfants de moins de 3 mois. Enfin, les peaux de bœufs sont utilisées pour la fabrication de grands sacs, de draps, de vêtements funéraires d'adulte, de courroies, de chaussures et de vêtements de naissance. Dans le passé, la peau de certains animaux sauvages (buffle, antilopes, gazelles…) était également utilisée pour la fabrication de sacs, de draps et de boucliers (Brandt et Weedman, 2002b)

Dans un premier temps, l'étude s'est portée sur une enquête démographique et spatiale systématique concernant le passé et le présent des tanneurs ainsi que sur une analyse détaillée du processus du travail du cuir et des grattoirs : acquisition des matières premières, fabrication, utilisation, réutilisation, rejet des outils.

Dans un second temps, les fouilles archéologiques ont été entreprises dans deux maisons occupées à la fin du 19e siècle et au début du 20e siècle de notre ère par des tanneurs et aujourd'hui abandonnées, les résultats obtenus ont pu ainsi être comparés aux données ethnographiques. Le choix s'est porté sur ces sites car un des anciens occupants était toujours en vie pour expliquer l'organisation spatiale des structures et des activités au sein des enceintes. Ainsi, dans le cas de Gotcha-Chirayo, Sokati, fille de tanneuse et tanneuse elle-même, a accepté de parler de son histoire familiale au sein de son ancienne maison ainsi que de son métier et des techniques qu'elle emploie encore aujourd'hui (Brandt et Weedman, 2002b).

Notre travail a consisté en l'analyse des restes fauniques provenant de ces deux fouilles dans une perspective de caractérisation de l'alimentation et de l'artisanat.

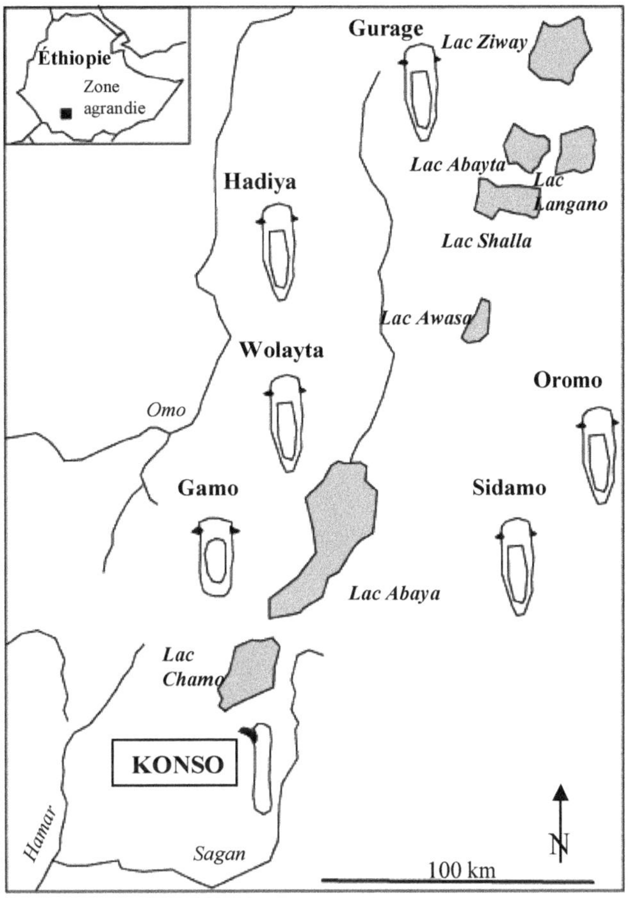

Fig. 7.12: Carte du sud de l'Éthiopie présentant la région Konso et les autres groupes ethniques produisant des racleurs en pierre (D'après Brandt et Weedman, 2002b).

Nous présentons donc uniquement les conclusions de ce travail (Lesur, accepté). Il est intéressant de noter que les informations recueillies au cours de ces analyses archéozoologiques concordent tout à fait avec les sources ethnographiques disponibles sur l'utilisation animale chez les Konsos.

Ainsi, bien qu'ils soient d'abord des agriculteurs, les Konsos élèvent des bœufs, moutons et chèvres ainsi que quelques poules. Alors qu'ils figurent de façon prédominante dans les rituels et qu'un homme brave est appelé "*horma*" (taureau), leur principale fonction dans la vie quotidienne est la production de fumier et de viande, un mets très apprécié des Konsos (Hallpike, 1972).

Les bœufs, moutons et chèvres occupent un statut marginal entre d'une part les hommes et d'autre part les animaux (Hallpike, 1972). Ainsi, vivent-ils dans l'enceinte des humains mais dans la partie inférieure. En fait, ils représentent le paradigme des animaux auquel tout autre doit être comparé pour pouvoir être consommé. Tous les trois ont, au moins pour les mâles, des cornes et des sabots ; ils sont exclusivement herbivores ; ils mangent le jour et dorment la nuit et, alors qu'ils ne creusent pas de terrier, ils vivent sur la terre, et non pas dans l'eau ou dans les airs. Tous les animaux pouvant être consommés possèdent les mêmes caractéristiques bien qu'ils n'aient pas forcement des cornes. Il faut mentionner l'exception représentée par les poules. Les Konsos élevaient ces animaux avant l'arrivée des Amhara, mais apparemment uniquement pour l'utilisation des plumes dans certains rituels féminins. Aujourd'hui certaines personnes commencent à en manger la viande ou les oeufs, probablement sous l'influence des traditions amhara. Une des raisons pour laquelle ils sont devenus une nourriture acceptable est que ces oiseaux pondent et nidifient sur le sol.

La chasse est peu pratiquée. Certains animaux sont chassés pour une combinaison de prestige, de valeur de la fourrure et de protection: léopard, lion, civette, serval et autres félins. Quelques antilopes sont chassées pour la viande et la peau surtout dans les basses terres. Les petits animaux comme certains félins sont piégés. Toutefois alors qu'autrefois la chasse était tenue en grande estime, elle n'est plus aujourd'hui qu'une occupation subsidiaire.

Les résultats archéozoologiques sont donc tout à fait en adéquations avec ces données. Tout d'abord, nous avons observés une nette prédominance des animaux domestiques dans les spectres de faune et notamment des bovins et des caprinés. Si nous avons souligné ci-dessus leur rôle dans l'alimentation, leur utilisation est également artisanale à travers surtout le travail de leur peau dont les fonctions sont multiples.

Sur les deux sites archéologiques, ce double statut a pu être mis en évidence à travers notamment des âges d'abattage, de la fréquence des parties squelettiques et de la répartition spatiale des restes. Toutefois, il n'est pas facile de différencier de façon précise ces deux emplois. Le cas est particulièrement vrai dans le cas de Gotcha-Chirayo pour lequel les sources ethnographiques ont révélé les pratiques bouchères faites sur le site.

Dans tous les cas, il semble donc que les bovins et les caprinés ont été utilisés pour leur viande et leur peau. Peu de distinctions ont été mis en évidence dans le traitement de ces deux taxons. Il s'agit à chaque fois d'individus adultes de sexe variés qui ont pu être amenés sur le site complets ou en quartiers. Ce dernier point semble s'appliquer surtout aux caprinés de Gotcha-Ayenna, site sur lequel aucune activité bouchère professionnelle ne semble avoir été pratiquée.

Dans le cas des poulets, il semble que leur statut soit avant tout alimentaire. Nous avons vu que leurs plumes pouvaient être utilisées dans certains rituels mais il y a peu de chance que les occupants de ces maisons aient participé à de telles cérémonies. Les artisans, en effet, ont chez les Konsos un statut particulier, considéré comme inférieur aux éleveurs. D'une manière générale, il ne sont donc que peu ou pas intégrer à la vie communautaire et encore moins aux pratiques rituelles (Hallpike, 1972).

En revanche, la présence des bovidés sauvages (petit koudou et dik-dik) paraît être le reflet des activités artisanales même si aucun élément archéozoologique ne permet de le confirmer. D'après les enquêtes faites auprès des anciens occupants de ces sites, aucune mention n'est faite d'une quelconque pratique de la chasse. En revanche, il était assez fréquent pour les tanneurs de travailler la peau de ces animaux apportée par les chasseurs. Enfin, la présence de quelques fragments d'œufs d'autruche atteste là encore des pratiques artisanales portant principalement sur la confection de perles pour la décoration de vêtements ou d'objets.

7.3.2. Comparaisons

Ces sites sont particulièrement intéressants d'un point de vue méthodologique car ils montrent comment l'analyse archéologique et archéozoologique perçoit l'histoire d'une maison connue préalablement par les sources ethnographiques. Ainsi, même si le tannage est prépondérant par rapport aux autres occupations (bouchère et culinaire notamment), les indices archéologiques et archéozoologiques suggérant cette activité se limitent à la forte présence de grattoirs et à la distribution des parties squelettiques (Lesur, accepté). Les autres éléments comme la répartition spatiale des restes n'est pas valable puisqu'elle se fonde sur des informations orales données par les anciens occupants de ces habitations. De plus, peu d'informations sortent des courbes d'abattage dont les stratégies sont gouvernées par la viande et le lait.

D'une manière générale, dans les sites archéologiques, hormis les cas exceptionnels où la peau est conservée, les principaux signes archéozoologiques attestant du tannage sont une fréquence particulière des éléments squelettiques notamment des extrémités (sur- ou sous-représentées) et des traces de découpe au niveau de ces mêmes os. Or les sites de Gotcha-Chirayo et Gotcha-Ayenna nous ont montré que même ces éléments sont aléatoires. En effet les traces de découpe sont peu visibles en raison des forts processus post-dépositionnels et de l'utilisation d'outils lithiques qui ne laissent que des traces superficielles. En comparaison, les traces liées à la découpe des carcasses semblent plus visibles car réalisées par des outils en métal. Par ailleurs, la fréquence relative des extrémités est, elle aussi, ambivalente. Dans le cas de Gotcha-Chirayo, on observe une sous-représentation des phalanges, notamment chez le bœuf, car les tanneurs ont l'habitude de jeter leurs déchets dans la poubelle commune du village. En revanche à Gotcha-Ayenna, les phalanges sont sur-représentées, surtout pour les caprinés, car les tanneurs préféraient les jeter par-dessus le bord de la falaise située au nord–est du site ou dans la zone juste devant. Nous observons donc deux phénomènes inverses qui ont la même cause. Il faut également souligner que ces comportements semblent liés au format des animaux concernés. Ainsi, les phalanges de bœuf sont plus souvent sous-représentées car leur taille les rend plus encombrantes alors que les petits os des caprinés sont plus aisément laissés sur place.

Dans l'étude qui nous concerne, deux sites sont particulièrement intéressants à cet égard car il présente un certain nombre d'éléments comparables à Gotcha-Chirayo et Gotcha-Ayenna . Dans le début de ce chapitre nous avons pu mettre en évidence au moyen de test non paramétrique et d'une analyse factorielle des correspondances, que les Bovini de Moche Borago et d'Asa Koma avaient été traités selon un schéma proche qui s'oppose à celui appliqué aux petits taxons comme les Bovidae de taille 3 et les Suidae. Ces différences se reflètent principalement dans les variations de fréquence des extrémités et particulièrement des phalanges. Ces dernières sont en effet bien représentées chez les Bovini alors qu'elles sont en net déficit pour les petits animaux. Nous observons donc un schéma complètement inverse des sites de Gotcha-Chirayo et Gotcha-Ayenna. Cependant, les résultats des sites du Konso sont très liés à la configuration des maisons et au mode de rejet (poubelle commune pour les gros déchets et poubelle individuelle pour les petits). Ce schéma a pu être différent pour Moche Borago et Asa Koma, et c'est surtout la sous- ou sur-représentation des extrémités qui est significative, quelle que soit la taille des animaux.

Par ailleurs, dans le cas de Moche Borago, les données étudiées ici proviennent de la Fosse, qui a une position excentrée par rapport aux autres structures et proche de la falaise. Comme à Gotcha-Chirayo ou à Gotcha-Ayenna, elle a donc pu être utilisée comme zone de rejets pour les déchets liés à la préparation des peaux. On peut également supposer que les occupants de Moche Borago ont récupéré les fourrures des primates, lagomorphes et carnivores. La fourrure aux longs poils noirs et blancs des colobes guereza est d'ailleurs encore très prisée aujourd'hui en Ethiopie. Bien évidemment, comme nous l'avions précisé précédemment, ces manques peuvent être dus à la dégradation taphonomique qui a pu entraîner la fonte des éléments des plus petits comme les phalanges des petits mammifères. Toutefois, nous ne pouvons exclure l'hypothèse selon laquelle ils reflètent véritablement une activité de tannage. Concernant les traces de découpe, là encore, les processus post-dépositionnels et particulièrement le feu, semblent responsables de leur quasi-absence sur la totalité du matériel. A Asa Koma, le déficit des phalanges de Canidae suggère aussi une utilisation de la peau.

Enfin, la présence de grattoirs au sein du matériel lithique de ces deux sites est un élément supplémentaire pour témoigner de ces pratiques.

7.4. Les autres formes d'artisanat

Si le tannage peut avoir été pratiqué sur plusieurs sites comme Asa Koma ou Moche Borago, il semble que les autres formes d'artisanats liés à la faune n'aient été pratiquées que sur les sites de Djibouti. Les raisons de ces différences peuvent être multiples et nous y reviendrons lorsque nous traiterons de la fonctionnalité des différents sites. Ainsi, à part quelques outils lithiques suggérant le travail de l'os comme des perçoirs sur le site de Moche Borago, aucun autre élément ne vient étayer cette hypothèse.

7.4.1. Industrie sur os

Le travail de l'os est particulièrement bien développé sur le site d'Asa Koma. Il a été étudié précédemment (Amblard in Gutherz *et al.*,1996) et, ne rentrant pas directement dans la problématique de ce travail, nous n'avons procédé à aucun réexamen de ce matériel. Nous ne reprendrons ici que les conclusions de la première étude.

Le matériel se compose de quelques grains d'enfilage et disques, d'un labret et de huit outils. Ces derniers sont tous des objets perforants et comprennent des pointes de sagaie, des extrémités distales de poinçons et une épingle à tête globuleuse. Elle sont toutes polies et une des pointes présente « des traces sombres liées à l'action du feu » (Amblard in Gutherz et *al.*,1996, p. 282).

Le labret quant à lui, « se rattache au type 54 de Camps-Fabrer ... Ce cylindre presque parfait (0.7x0.6 cm) est entièrement poli. Son extrémité est tronquée par une surface plano-convexe... » (Amblard in Gutherz et *al.*, *ibid.*).

Dans la fosse d'Ali Daba 2 a livré trois métatarsiens de lion. Ils présentent tous une perforation de l'extrémité proximale dans le sens médio-latéral (Fig.7.13). En raison de la forte carbonisation de ces os, les surfaces ont été partiellement abrasées. Malgré cela, on peut observer des petites stries circulaires des deux côtés des perforations, témoignant de l'utilisation d'un objet très certainement conique pour le percement par biforage, c'est-à-dire à partir des deux faces de l'os. On peut supposer que ces métatarses percés étaient utilisés comme des pendentifs. A titre comparatif, de nombreux cas similaires de métapodes percés ont été trouvés dans différents sites néolithiques d'Europe, où ils concernent principalement les Leporidae et les Canidae (Barge-Mahieu *et al.*, 1991).

Fig. 7.13 : Extrémité proximale de Métatarse III de lion carbonisée et perforée provenant d'Ali Daba 2.

7.4.2. Industrie sur coquille

Il semble que seul le site d'Asa Koma ait livré des objets faits en coquille d'œuf d'autruche. Comme pour l'industrie en os, nous n'avons pas étudié nous-même le matériel déjà analysé (Amblard in Gutherz *et al.*, 1996) et les vestiges décrits ici n'ont pas été comptabilisés dans les analyses précédentes.

Les tests présentent plusieurs aspects témoignant de leur transformation sur place. On compte 404 grains d'enfilage, 76 disques, 1 pendeloque, 227 tests sans trace anthropique et 2 fragments aménagés[1]. La présence de quelques éléments de parure faits à base de coquilles de bivalves et de gastéropodes est également à noter.

Nous ne détaillerons pas les techniques utilisées pour la réalisation de ces pièces mais nous pouvons noter qu'elles sont suffisamment bien développées aussi bien au niveau du façonnage que du décor pour montrer l'importance de cette activité au sein du site. « L'abondance apparente des grains d'enfilage ne doit cependant pas tromper. En effet, les quelques 450 grains d'enfilage recueillis ne correspondent en réalité qu'à environ deux tours de cou » (Amblard in Gutherz *et al.*, 1996, p. 282). De plus, certaines pièces

[1]A cela, il faut donc ajouté les 8 tests non-aménagés mentionné précédemment (Chapitre 6).

travaillées pourraient avoir été polies (*Ibid*). Toutefois, il semble que l'aspect plus ou moins granuleux des œufs d'autruches varie en fonction de l'origine des animaux (Poplin, 1995). Ainsi, il apparaît que les œufs d'autruche d'Afrique du Sud soient beaucoup plus poreux que ceux des autruches plus septentrionales. Or nous avons pu observer que les fragments non-aménagés d'œufs d'Asa Koma sont peu granuleux et pourraient donc être attribuée aux sous-espèces d'autruches nord-africaines. L'éventuel polissage sera donc à vérifier à la lumière de ces nouveaux éléments.

7.4.3. Industrie sur ivoire

Seul le site d'Ali Daba 2 a livré des restes d'ivoire travaillé. Nous avons vu, en effet, que les restes d'hippopotame sont très abondants et sont presque exclusivement représentés par des fragments de canines. Malheureusement, la plupart de ces restes ont souffert de l'action du feu et des phénomènes climato-édaphiques qui ont entraîné un délitement prononcé des fragments. Cependant, sur une canine relativement bien conservée, on peut observer des petites traces le long des bords externes, attestant d'un sciage de la dent dans le sens longitudinal (Fig. 7.14). Ce type de plaques ou d'objets allongés réalisé dans le sens longitudinal des canines d'hippopotame a déjà été observé en Egypte, depuis la période pré-dynastique et au Proche-Orient depuis l'Age des Métaux (Caubet et Poplin, 1987, 1992, 1997). La forme de l'objet reflète également la tendance des défenses d'hippopotame à « claquer en produisant du côté médial un grand bandeau plat, de forme arquée » (Poplin, 1992, p.193). La lame ainsi produite peut alors servir de base à l'artisan pour réaliser l'objet désiré, comme cela a été le cas pour le couteau prédynastique de Shiqmim (*Ibid*). Par ailleurs, différents types d'objets en ivoire d'hippopotame tels que des bracelets, ont été exhumés sur les sites de Kerma et Kadruka dès le 3e millénaire avant J.-C. (Chaix, comm. Pers.)

En janvier 2004, la fouille d'une autre fosse (Ali Daba 10) présentant également une association de restes humains carbonisés et de dents d'hippopotame, a mise au jour une lame tout à fait comparable faite dans une canine mais de dimensions plus réduite (Duday *et al.*, 2004). Cet objet porte, à une extrémité, une perforation circulaire (Fig. 7.15). Aucune précision supplémentaire quant à la technique employée pour la réalisation de l'objet ne peut être apportée pour l'instant. Toutefois, nous pouvons d'ores et déjà supposer que la lame d'Ali daba 2 a également porté une perforation similaire aujourd'hui disparue.

Fig. 7.14 : Plaques réalisées dans une canine inférieure d'hippopotame carbonisée provenant d'Ali Daba 2.

Fig. 7.15 : Vue de la Fosse d'Ali Daba 10 avec notamment un pendentif fait dans une canine d'hippopotame. Photo prise vers le Sud.

En 2004, la Fosse a aussi livrée une dent de crocodile percée à son extrémité distale. Enfin, une incisive inférieure d'équidé (probablement du zèbre comme pour les autres restes) a été trouvée percée au niveau de la racine sur la face labio-linguale (Fig. 7.16). La perforation est nette et présente un profil biconique. Comme pour les métatarsiens de lion, on peut supposer que cet dent était destinée à être portée en pendentif.

Fig. 7.16 : Incisive inférieure d'équidé perforée au niveau de la racine et carbonisée provenant d'Ali Daba 2.

En conclusion, on observe une grande diversité dans l'industrie osseuse des sites djiboutiens, diversité à la fois dans les matières (os, coquillage, coquille d'œuf et dent) et dans les espèces (lion, bivalves, gastéropodes, autruche, zèbre, hippopotame, crocodile). Nous n'avons présenté que les résultats préliminaires en ce qui concerne les sites d'Ali Daba et une étude approfondie sera menée lorsque la totalité du matériel sera disponible.

7.5. Pratiques funéraires

Le statut symbolique des animaux, qu'ils soient domestiques ou sauvages, est très difficilement interprétable. Les raisons autres qu'alimentaires ou artisanales d'abattre un animal peuvent être multiples et le plus souvent ne laissent aucune trace archéologique.

Il est cependant un cas pour lequel de nombreux sites ont apportés des informations directes. Il s'agit des associations humaines et animales dans les contextes funéraires. Nous présenterons ici l'exemple du site éthiopien de Tiya daté du 12e siècle ap. J.-C., vaste cimetière à stèles dont une fosse, située à proximité des tombes, a livrée des restes fauniques. L'analyse archéozoologique de ces restes a révélé la présence exclusive de bovins (Lesur, sous presse). Au moins quatre individus adultes ont été retrouvés comprenant probablement des mâles, des femelles et des castrés. Les résultats de l'analyse attestent d'un abattage et d'une consommation des animaux sur place. L'association de ces résultats avec les données anthropologiques provenant de l'étude du cimetière à stèles contigu à la fosse, suggèrent un lien possible entre l'utilisation des bovins et les inhumations (Lesur, sous presse), même si l'emploi de ces animaux dans le cadre des pratiques funéraires (consommation ou emploi de la peau comme enveloppe) n'a pas pu être clairement démontrée.

Dans le cas d'Asa Koma, nous avons vu que si les occupants étaient des éleveurs venus avec leur cheptel, il est difficile d'imaginer qu'ils aient volontairement tué des bovins uniquement pour la consommation, alors qu'ils semblent avoir concentré toute leur énergie sur la pêche et dans une seconde mesure la chasse. La présence des trois sépultures au sein même de l'habitat d'Asa Koma suggère qu'il y a comme à Tiya une relation entre les bovins et ces tombes. Elles sont regroupées et se situent dans les carrés A3-A4, au sommet du site (Fig. 2.17 ; Gutherz *et al.*, 1996) D'un point de vue anthropologique, les sépultures suivent toutes le même schéma à savoir une fosse de forme circulaire sous un petit cairn composé de blocs de basaltes plus ou moins grands. Elles comportaient toutes un squelette : un individu âgé de sexe indéterminé (sépulture 1), une jeune femme d'environ 18 ans (sépulture 2) ainsi qu'un homme âgé (sépulture 3) (Duday in Gutherz et *al.*, 1996). La sépulture 1 a été perturbée par un terrier mais les deux autres étaient intactes. Dans ces deux cas, il s'agit d'un dépôt primaire avec le corps déposé en position contractée. Cependant, dans le cas de la sépulture 2 « il n'est pas certain que l'attitude contractée du corps doive être imputée à l'existence de moyens de contention périssables (sac ou lien…) » (Duday in Gutherz et *al.*, 1996 p.267). Il semble en effet qu'en raison de l'étroitesse de la fosse, le corps était appuyé contre le bord du creusement comme l'indique la position de certains os. Aucune information n'est actuellement disponible pour les autres tombes quant à l'éventuelle existence d'une enveloppe périssable autour des cadavres.

Finalement, quels sont les éléments qui suggèrent un lien entre l'abattage des bovins et le fonctionnement des sépultures ? Tout d'abord, la majorité des restes de bovins se situent dans la partie sommitale du site, c'est-à-dire à proximité des tombes même si leur lien direct n'a pas pu être mis en évidence lors de la fouille. Par ailleurs, il faut signaler que les tombes ont été édifiées durant l'occupation du site. On a trouvé en effet des installations domestiques antérieures et postérieures à la construction de ces structures (Duday in Gutherz et *al.*, 1996). La position contractée des corps suggère l'utilisation d'une enveloppe même si elle est peu probable dans le cas de la sépulture 2. Enfin, l'existence de grattoirs dans l'industrie lithique nous autorise à penser que certaines peaux ont été tannées bien que nous ne connaissions ni le but (funéraire ou non) ni les espèces en question. D'un point de vue faunique, nous avons déjà montré que les bovins ont été consommés et leurs peaux peut-être traitées. Toutefois, comme à Tiya, aucune information directe ne confirme l'orientation funéraire de ces activités.

Par l'analyse des données anthropologiques et fauniques, les sites de Tiya et d'Asa Koma offrent donc des exemples possibles d'utilisation des bovins dans les pratiques funéraires. Ces résultats suggèrent alors que ces animaux ont acquis précocement un statut à part dans les sociétés de la Corne de l'Afrique, où, encore aujourd'hui, ils occupent une place importante dans les cérémonies rituelles ou funéraires.

Un autre site a également livré un exemple d'association de tombe avec des ossements animaux. Nous avons vu, en effet, que la sépulture 1/01 d'Hara Idé 2 a livré un talus de zèbre (*Equus grevyi*). Toutefois d'après H. Duday (comm. pers.), il semble que le cadavre et le talus ne proviennent pas de la même fosse. Il n'est donc pas certain qu'ils soient en association. Si l'on suppose malgré tout qu'ils sont liés, alors cela atteste du statut particulier de cet animal qui est cette fois sauvage et non domestique comme à Asa Koma. Par ailleurs, cela tendrait à montrer que le cas envisagé à Asa Koma n'est pas isolé dans cette région.

Enfin, l'association de restes de faune et de ossements humains au sein de la Fosse d'Ali Daba 2 atteste probablement de pratiques funéraires très différentes de celles évoquées précédemment. Nous trouvons en effet des fragments humains très carbonisés accompagnés des restes d'animaux dont certains sont travaillés. Toutefois, l'étude de ce site dont la fouille s'est terminée en janvier 2004 n'étant pas achevée, il est impossible pour l'instant de caractériser ces pratiques.

7.6. Conclusion

Sur les cinq sites présentés, les modes d'exploitation des animaux ont pu être multiples, même s'ils semblent avant tout portés sur l'alimentation. Cette dernière est marquée par une consommation préférentielle de la parties charnues des membres, par une cuisson de la viande, dont le rôtissage est attesté à Asa Koma, et une utilisation de la moelle mise en évidence à Moche Borago, Asa Koma et Hara Idé 2.

Par ailleurs, nous avons pu voir, par les comparaisons des sites de Moche Borago et d'Asa Koma, que le traitement des carcasses dépendait principalement de la taille des animaux et que les schémas appliqués aux Bovini s'opposaient à celui des autres taxons. Associées aux résultats d'une étude ethnoarchéologique, ces données nous également permis de mettre en évidence une très probable récupération et utilisation des peaux dont encore une fois les modalités ne sont pas les mêmes en fonction du format des animaux.

Les autres activités artisanales ne sont attestées que sur les sites djiboutiens et concernent l'industrie sur os, sur coquille et sur dent. Ces objets proviennent d'un grand nombre d'espèces (lion, bivalves, gastéropodes, autruche, zèbre, hippopotame, crocodile) et attestent de pratiques bien développées dans cette région sur une période allant du 4e millénaire (Ali Daba 2) au 2e millénaire avant J.-C. (Asa Koma). De plus, tous les objets d'Ali Daba 2 semblent avoir été destinés à la parure dans un cadre rituel alors que ceux provenant d'Asa Koma ont des fonctions plus diversifiés : parure (grains d'enfilage, disques), labret et objets perforants (pointes de sagaie, poinçons, épingle).

Enfin, par les comparaisons avec l'assemblage faunique de la Fosse de Tiya datée du 12e siècle après J.-C., nous avons tenté d'appréhender les pratiques funéraires où l'association entre vestiges humains et fauniques est probable à Asa Koma et Ali Daba 2 et possible dans le locus 1 d'Hara Idé 2.

Chapitre 8. Exploitation de l'environnement, techniques d'acquisition et Périodicité de l'occupation

Après avoir étudié comment et dans quel but, les occupants des différents sites ont utilisé les animaux, nous allons à présent nous intéresser à la façon dont ils ont exploité la diversité faunique et par là, les milieux naturels disponibles. Ces analyses nous amèneront également à tenter de comprendre les techniques de chasse et de pêche employées à ces fins et d'apporter de nouvelles interprétations sur la périodicité de ces occupations.

Enfin, les données paléoclimatiques nous ont montré que les environnements naturels des deux régions étudiées ont beaucoup évolué au cours des millénaires. Nous allons donc essayer de voir dans quelle mesure les données fauniques, associées aux autres données environnementales comme celles de la botanique et de la géomorphologie, peuvent contribuer à la reconstitution de ces milieux naturels.

8.1. Zones montagneuses

8.1.1. Environnements exploités

Afin de comprendre l'étendue et la diversité écologique des territoires exploités par l'homme, il est important de définir les écosystèmes dont proviennent les différentes espèces chassées sur le site de Moche Borago. Cette analyse permettra également de confronter nos résultats avec les données déjà existantes sur l'évolution du climat et du paysage dans cette région d'Ethiopie.

Dans un premier temps nous avons donc attribué à chacune des espèces présentes sur le site un ou plusieurs écosystèmes définis lors de la présentation de la liste d'espèces potentielles (Chapitre 2). Cinq grands milieux ont ainsi été reconnus: savane semi-aride, savane de montagne, milieux rocheux, forêt claire et forêt dense comme présenté dans le tableau 8.1.

Espèces	Savane semi-aride	Savane de Montagne	Milieux rocheux	Forêt claire	Forêt dense	Poids moyen
Syncerus caffer		■		░		800
Neotragini	■					5
Gazella sp.	■					30
Tragelaphus cf. *scriptus*		■				55
Tragelaphus cf. buxtoni		■				150
Kobus ellipsiprimnus				■		200
Phacochoerus sp.	■					90
Potamochoerus larvatus		■		■		75
Lepus capensis	■					3,6
Procavia capensis			■			3
Heterohyrax brucei			■			4
Papio hamadryas	■					25
Cercopithecus aethiops				■		5
Colobus guereza					■	10
Galago senegalensis		■				0,2
Panthera pardus				■	■	50
Leptairalus serval		■		■		11
Crocuta crocuta	■	■				65

■ : présence régulière ░ : présence occasionnelle

Tabl. 8.1. Liste d'occurrence des taxons de Moche Borago selon les différents milieux définis dans le texte avec mention de leur poids moyen (en kg selon les données de Kingdon, 1997).

Pour tenter d'appréhender l'évolution de l'exploitation de l'environnement selon les différentes phases d'occupation, nous avons estimé la participation des différents milieux à partir de trois variables, le Nombre Minimal d'Individus (Tabl. 5.2), le Nombre de Restes (Tabl. 5.2) et la Biomasse[1] (Tabl. 8.1), appliquées à chacun des taxons. Toutefois, dans le cas du buffle, sa préférence pour la savane humide mais sa présence occasionnelle dans les forêts claires (Kingdon, 1997) nous ont poussé à répartir sa fréquence de façon un peu arbitraire entre la catégorie "savane humide" et la catégorie "forêt claire", à raison de trois-quart/un-quart, respectivement. De même, pour le potamochère qui vit dans ces deux mêmes biotopes mais de façon plus équilibrée (Kingdon, 1997), nous avons partagé ses fréquences à raison de 50% dans chacun d'entre eux. Avant de commenter les résultats, il nous faut signaler que puisque la Fosse fait partie de la Phase 1 Intermédiaire et qu'il est hautement improbable que la répartition spatiale des restes soit tributaire de l'origine écologique des espèces, nous avons traité ensemble tous les niveaux archéologiques de cette phase, y compris la Fosse.

Nous observons sur le diagramme réalisé à partir de la biomasse une domination très nette de la savane humide (entre 60 et 75%) puis de la forêt claire (entre 20 et 30%), les autres biotopes n'étant présents que de façon secondaire (Fig. 8.1a). Cette image est d'abord le reflet de la prépondérance du buffle dont la masse « écrase » celle de tous les autres taxons et donc les autres biotopes, notamment la savane semi-aride qui apparaît néanmoins dans la Fosse (5%) et surtout dans la Phase 3 (10%). Si l'on regarde en effet les résultats provenant du NR, on observe que ce biotope est beaucoup mieux représenté (Fig. 8.1b) avec des effectifs variant de 2 à 27%. Le diagramme réalisé à partir du NMI (Fig. 8.1c) offre, quant à lui, des proportions très différentes avec une nette domination de la savane semi-aride (entre 23 et 65%). On est là face à une illustration typique du biais introduit par le NMI sur les petits échantillons puisqu'il privilégie les espèces peu abondantes en Nombre de Restes au profit des plus fréquentes (Poplin, 1976a). Il est cependant très complémentaire des autres variables car il permet de mettre en évidence l'exploitation par les hommes de certains milieux comme la savane semi-aride mais aussi les milieux rocheux ou la forêt dense qui n'étaient qu'à peine représentés avec le NR et la Biomasse.

En ce qui concerne les variations chronologiques, les résultats sont là encore très différents selon le paramètre utilisé. Si l'on s'appuie sur les données de la biomasse, peu de variations sont visibles ; la savane humide et la forêt claire dominent toutes les phases ; seule la savane semi-aride semble plus marquée dans les phases 3 et 1 Intermédiaire. A partir du NR, si la savane humide puis la forêt claire dominent toujours, la savane semi-aride est cette fois beaucoup plus marquée pour les phases 2 et 1 Ancienne, puisqu'elle dépasse même les 25% pour cette dernière. Enfin, selon le NMI, les phase 3 et 1 Ancienne présentent des profils tout à fait similaires avec une domination de la savane semi-aride puis de la savane humide et la forêt claire. Les autres phases présentent des schémas d'exploitation plus diversifiés avec notamment une bonne représentation de la forêt dense et des milieux rocheux.

La position de l'abri sur les pentes d'un volcan et à une altitude de 2 300 m a offert à ses occupants un large éventail de biotopes exploitables. Malgré une mise en culture de la majeure partie des flancs du volcan, on peut encore observer aujourd'hui des reliquats des biotopes passés qui s'étagent selon les gradients altitudinaux (Fig. 8.2). Ainsi, autour de l'abri et d'une manière générale au-dessus de 2 200 m, on peut voir quelques restes de la forêt de montagne, dense et persistante, composée de nombreuses espèces tropicales qui correspondent à la *Woina Dega* supérieure. La savane de montagne ainsi que la forêt claire caduque s'étendent sur les pentes basses du volcan et dans la plaine entre 1 000 m et 2 200 m, c'est-à-dire au niveau de la *Kwolla* supérieure. Enfin, sous cet étage se situe la savane herbeuse et arborée accompagnée de broussailles denses (*Kwolla* inférieure). On trouve actuellement ce type de végétation à proximité du lac Abaya, à environ 30 km du site.

[1] Pour cette estimation, nous avons multiplié le poids moyen de chaque espèce (Tabl. 8.1) par le NMI correspondant.

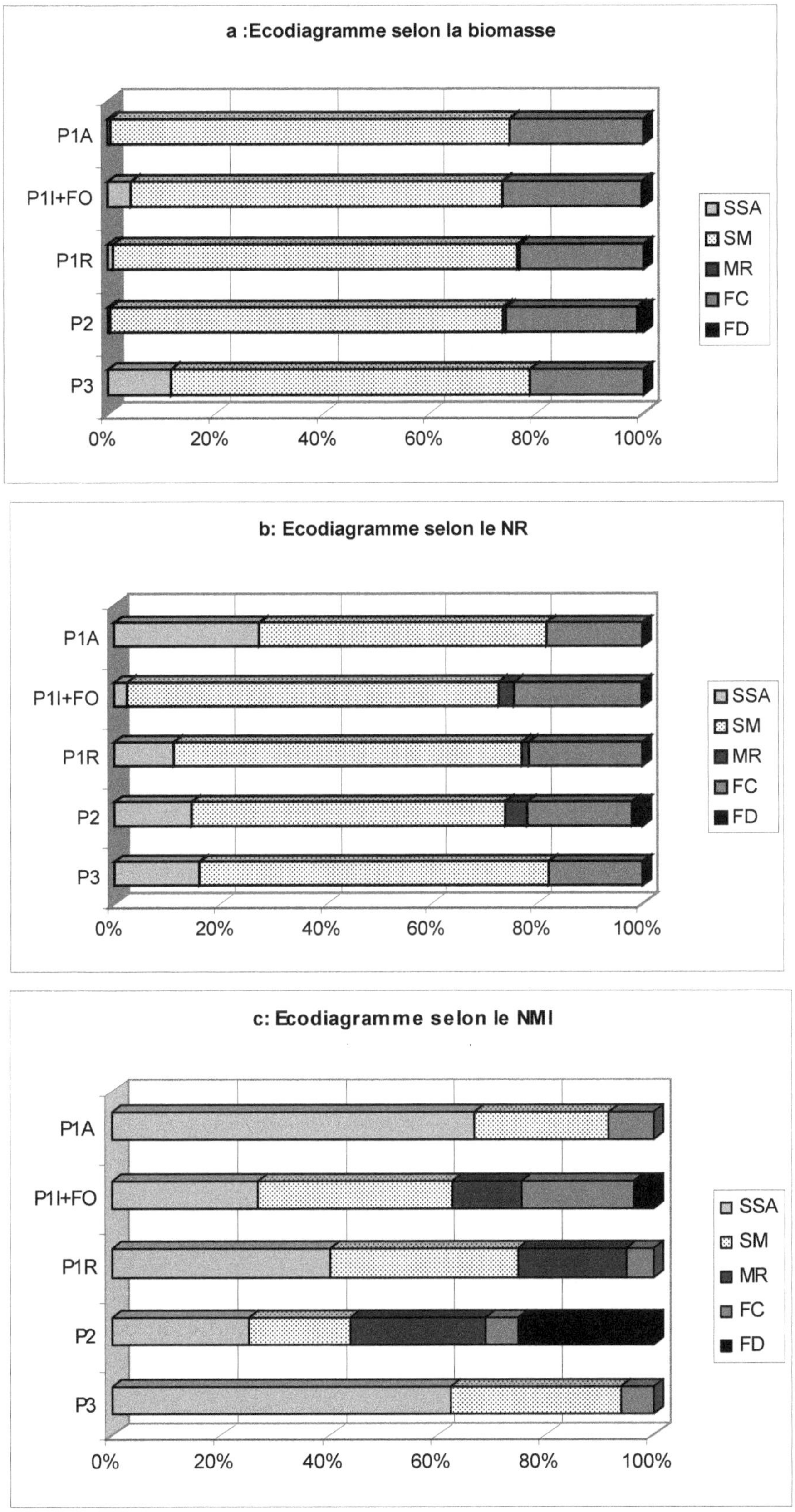

Fig. 8.1. Ecodiagramme de Moche Borago selon trois variables : a : biomasse, b : NR et c : NMI SSA = savane semi-aride ; SM = savane de montagne ; MR = Milieux rocheux ; FC = forêt claire ; FD = forêt dense.

Fig. 8.2 : Etages de végétation autour de l'abri de Moche Borago. Photo prise en direction du Nord.

Par ailleurs, à partir des flancs du volcan, on peut observer encore aujourd'hui dans la vallée de larges zones dépourvues de toute végétation dont l'aspect et les contours semblent marquer la présence de paléolacs ou plus probablement de paléomarécages (Fig. 8.3). S'ils étaient effectivement actifs durant la période d'occupation du site, ils devaient constituer des lieux de chasse privilégiés car très attractifs pour certaines espèces comme le buffle, le cob à croissant ou encore le guib harnaché. Cependant, aucun prélèvement ni étude n'ayant été réalisé à ces endroits, il est délicat d'intégrer ces spéculations à notre discussion.

Fig. 8.3 : Mise en évidence des paloélacs ou paléomarécages à partir du Mont Damota (photo prise du haut de l'abri de Moche Borago en direction du Sud ; les contours des paléolacs et leur remplissage ont été dessinés sur la photo).

Les occupants de Moche Borago ont utilisé durant toutes les périodes les différents milieux se développant à proximité de l'abri mais aussi en contre-bas, en direction de la plaine plus aride. Il est intéressant de noter que si ces chasseurs semblent avoir acquis la plupart de la masse animale au sein de la savane de montagne et de la forêt claire qui entouraient le site, ils ont apporté une attention particulière à la savane semi-aride bien que celle-ci constitue le biotope le plus éloigné du site et qu'elle n'apporte que peu d'espèces rentables en terme de poids vif de viande. L'explication de ce phénomène se trouve à la fois dans l'évolution paléoclimatique de la région mais aussi dans le mode d'occupation du site. Ce dernier, en effet, semble avoir été utilisé de façon temporaire d'après les données archéologiques. Ainsi, les analyses lithiques ont montré que la chaîne opératoire n'était pas complète et donc probablement effectué en partie dans un autre lieu (Poisblaud in Gutherz *et al.*, 2000). L'exploitation de la savane semi-aride pourrait en partie correspondre à un comportement très occasionnel et limité qui ne surviendrait que lors de la venue des chasseurs sur le site. Le mont Damota étant un des points culminants de cette région, les chasseurs venaient très probablement de campements situés en basses terres. Ils ont pu alors profiter de la traversée de la savane sèche pour chasser quelques spécimens de petits formats donc facilement transportables (lièvre, gazelle, Neotragini).

Par ailleurs, les occupants de Moche Borago ont dû s'adapter aux changements climatiques survenus depuis le début de l'Holocène. En effet, si les conditions ont été très humides dans toute cette région dans la première moitié de l'Holocène, on observe une phase hyper-aride entre 8 500 et 6 500 BP qui semble avoir touché toute la région (Gasse *et al.*, 1980). Il est donc intéressant de noter que pour la phase 1 Ancienne, qui n'a pas été encore datée mais qui est antérieure à 4 300 BP (date de la phase 1 Récente), nous avons l'image d'un environnement plus sec avec une bonne représentation de la savane semi-aride (Fig. 8.4). Il serait donc possible d'associer cette phase avec cet épisode aride. Le faible nombre de données limite toutefois la portée de cette interprétation.

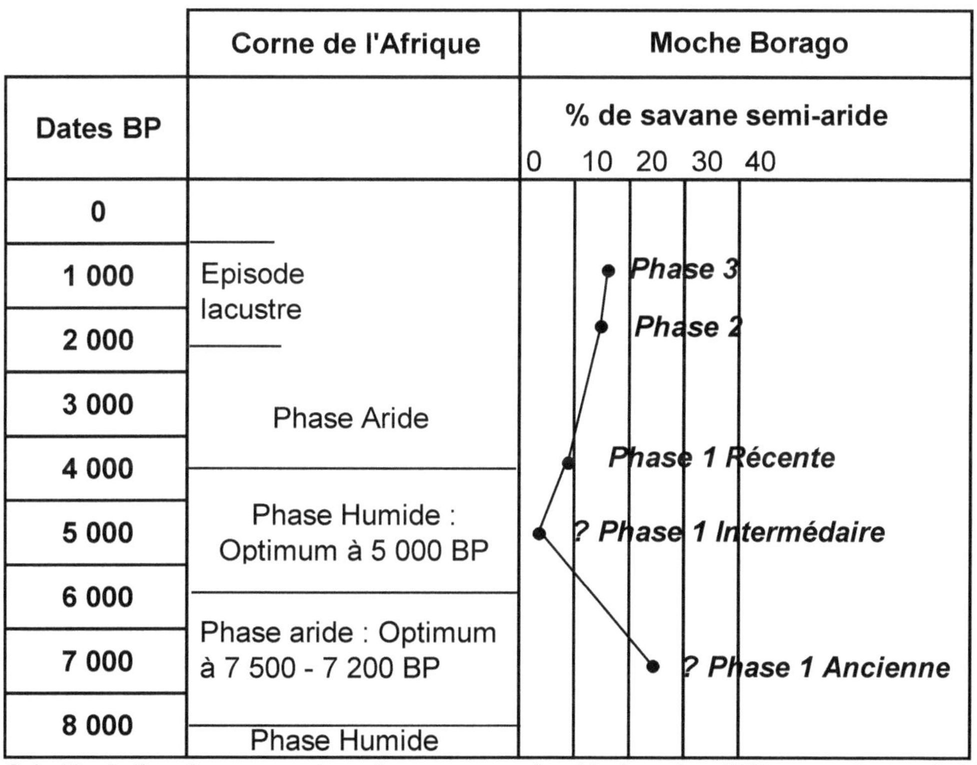

Fig. 8.4 : Evolution du pourcentage de savane semi-aride dans les différentes phases de Moche Borago comparées aux grandes phases climatiques de la Corne de l'Afrique (ces dernières sont d'après Gasse *et al.*, 1975)

L'image donnée par la phase 1 Intermédiaire, incluant la Fosse, semble également en adéquation avec les données climatiques. Cette phase, qui n'a pas non plus été datée mais qui est aussi antérieure à 4 300 BP, renvoie, en effet, à un paysage beaucoup plus humide qui doit donc se situer avant ou au début de la phase d'aridification de l'Holocène moyen.

Par la suite, la phase 1 Récente semble plus marquée par ces conditions sèches avec une progression de la savane semi-aride qui reste malgré tout assez minoritaire.

La phase 2, datée vers 2 200 BP, atteste d'un retour des conditions humides et pourrait correspondre à l'intermède humide situé entre 2 500 et 1 500 d'après les données actuelles sur les lacs du rift (Williams et Adamson, 1980).

Enfin, la phase 3 qui se situe vers 1 500 BP nous renvoie une image proche de celle de la phase 1 Ancienne, qui correspond au retour de l'aridification qui conduit au climat actuel.

Ces résultats sont renforcés par ceux de l'étude litho-stratigraphique du site (Sordoillet in Gutherz *et al.*, 2000). Ainsi, dans la partie sommitale du remplissage (séquence Holocène), de nombreux épandages cendro-charbonneux traduisent l'intervention de processus sédimentaires anthropiques. La nature et la géométrie des dépôts conduisent à émettre l'hypothèse de plusieurs grandes périodes d'occupation plus particulièrement caractéristique d'un habitat. Ils sont séparés par des dépôts témoignant de l'abandon du site ou tout au moins d'une occupation moins intense. Ces niveaux peuvent être liés à une éruption volcanique (nuées de cendres) ou à une phase aride du climat (lœss reprenant les cendres). Les possibles marqueurs d'une aridification climatique se situent principalement au début de la séquence Holocène qui pourrait correspondre à l'épisode hyper-aride évoqué pour la phase 1 Ancienne. Par ailleurs, quelques indices comme la présence de limon sableux à caillouteux témoignent des effets du ruissellement. La séquence Holocène du site est donc marquée par une sédimentation principalement anthropique où seuls quelques phénomènes volcaniques et climatiques marquent les phases d'abandon.

D'un point de vue chronologique, il est donc intéressant de noter que les chasseurs de Moche Borago ont occupé le site dans les phases humides et arides, trouvant dans les deux cas les ressources animales nécessaires à leur installation.

Le site d'Akirsa offre aujourd'hui un paysage proche de celui de Moche Borago bien qu'un peu plus sec en raison de son altitude plus basse (1 400 m), à savoir une forêt claire dans laquelle se trouve l'abri et autour une savane herbeuse à faible couvert végétal. La seule espèce potentiellement reconnue sur le site à savoir la gazelle de Soemmering correspond tout à fait à cet environnement puisqu'elle affectionne les collines herbeuses. Ce sont donc les seules informations que nous pouvons apporter sur l'environnement exploité par les occupants d'Akirsa et qui montrent qu'ils devaient chasser dans les environs proches du site. Toutefois, il faut rappeler que ces données ne concernent que les sols 2 et 3, datés respectivement du 10e siècle de notre ère et du 2e siècle avant J.-C., où la gazelle est présente.

8.1.2. Tactiques de chasse

Les tactiques cynégétiques mises en oeuvre à Moche Borago ont dû être multiples car on ne chasse pas dans la savane comme dans la forêt, de même qu'on ne tue pas un daman, petit animal d'environ 3 kg, comme on tue un buffle qui peut atteindre près d'une tonne. Concernant ce dernier, nous avons vu que les animaux ont été rapportés entiers ou en gros quartiers dans l'abri. Or l'accès à cet abri se fait le long de pentes abruptes qui n'autorisent que très difficilement l'apport d'un buffle entier, même par quartiers. Il paraît donc logique que, si les animaux avaient été transportés par cette voie, ils auraient été découpés préalablement et que certaines parties moins utilisables comme le crâne auraient été laissées sur place. D'autre part, l'abri se situe au fond d'une vallée encaissée, ce qui constitue un lieu naturel privilégié pour rabattre un ou plusieurs animaux et les acculer à la falaise qui en barre l'extrémité, à une dizaine de mètres en contrebas du site. Par la suite, il suffit de remonter les animaux morts et découpés en quartiers, au moyen d'une corde et peut-être en se servant de la peau comme enveloppe, jusqu'à l'abri situé à une dizaine de mètres plus haut. Cette technique a peut-être même été utilisée pour d'autres grosses espèces comme les Suidae ou les Reduncini. En définitive, il semble que les plus grandes espèces, telles que le buffle, aient été chassées par rabattage et non à l'affût (Lesur, Vigne et Gutherz, en prép.).

Les tactiques de chasse des autres espèces sont moins aisées à appréhender. En effet, en dehors de quelques segments destinés semble-t-il à des armes de jet, aucun artefact ne livre d'indications. On peut seulement envisager une chasse à l'affût ou par rabattage pour les animaux de format moyen et peut-être du piégeage pour les plus petits comme les damans ou les lièvres. Toujours est-il que la variété du spectre et le grand format de certaines espèces témoignent d'une chasse bien maîtrisée aussi bien en milieu forestier qu'en milieu ouvert.

Par ailleurs, nous avons vu, qu'au moins pour les buffles de la Fosse, l'abattage a principalement concerné des sub-adultes, témoignant d'un choix dans les individus. Associés à la présence de quelques jeunes et adultes, ces résultats renforce l'idée d'une chasse en masse par rabattage où, une fois les animaux acculés au fond de la vallée, les chasseurs ont pu sélectionner les bêtes à abattre (Lesur, Vigne et Gutherz, en prép.) Il semble donc que, quelle que soit la technique choisie (rabattage ou affût), elle a permis une sélection des animaux, très certainement dans un objectif de rentabilité maximale du poids de viande.

Pour le site d'Akirsa, seule la présence d'une industrie principalement composée de segments microlithiques témoigne de l'utilisation d'armes de jet pour la chasse.

8.1.3. Périodicité de l'occupation

D'après l'étude générale du site et plus particulièrement d'après les analyses lithiques, il semble que l'abri de Moche Borago n'ait été occupé que de façon occasionnelle, peut-être saisonnière. Toutefois, aucune donnée archéozoologique ne vient confirmer ou infirmer cette hypothèse. En effet, très peu de jeunes animaux sont représentés dans les assemblages, nous interdisant toute interprétation sur l'époque de la chasse. De plus, il apparaît que toutes les espèces représentées sont relativement sédentaires et ne migrent qu'en cas de sévère détérioration climatique (Estes, 1991 ; Kingdon, 1997). Nous ne pouvons donc pas nous fonder sur leur occurrence pour tenter d'estimer la saison d'occupation du site.

Néanmoins, quelques informations sont disponibles de façon indirecte par la présence des traces de grignotage de porcs-épics, aujourd'hui encore présents dans la grotte. Elles sont particulièrement importantes dans la Fosse même si elles n'affectent que 0,16 % des restes. Aucun reste osseux de cette espèce n'a été trouvé dans les différents assemblages. Comme l'ont signalé plusieurs auteurs (Brain, 1981; Echassoux, 2001), le porc-épic peut être un important agent accumulateur et destructeur d'ossements. Il semble qu'il ronge les os non seulement pour obtenir un complément en minéraux mais aussi pour maintenir ses incisives à une certaine longueur (Brain, 1981). Parmi les nombreuses études réalisées sur les dommages causés par cet animal, il est intéressant de noter celle de Pei (1938, cité par Echassoux, 2001). Il remarque, en effet, que les rongements faits sur os frais sont lisses et uniformes alors que ceux sur os secs sont au contraire très irréguliers. A Moche Borago, les rainures relevées sur les os sont toutes lisses et uniformes. De plus, il observe que, sur le site de Choukoutien, les racines de dents ont été rongées en grand nombre. Dans le cas présent, ce phénomène n'apparaît pas une seule fois. Cette information pourrait plaider en faveur d'une intervention précoce du porc-épic sur le matériel osseux, avant que les dents ne soient décrochées des maxillaires et des mandibules, notamment par l'action de la chaleur. Finalement, même si leur impact est très faible, les porcs-épics nous apportent des informations intéressantes concernant l'origine de l'assemblage de la Fosse. D'une part, il est possible qu'ils aient eux-même apporté quelques ossements au sein de la collection même si ce nombre semble très faible. D'autre part, il semble que leurs rongements ont été réalisés sur os frais et avant que les dents ne sortent de leur alvéole, donc avant que les cendres volcaniques n'aient recouvert la couche. Nous pouvons donc supposer qu'un certain temps s'est écoulé entre l'abandon de la grotte par les hommes et l'éruption volcanique. Ce n'est donc probablement pas ce phénomène naturel qui a poussé à la fin de l'occupation.

L'alternance très rythmée des foyers d'Akirsa suggère de multiples occupations temporaires de l'abri. Toutefois, les vestiges fauniques de par leur petit nombre et leur mauvaise conservation ne nous apportent aucune information sur la périodicité de fonctionnement du site.

8.2. Zone semi-arides

8.2.1. Environnements exploités

D'après l'étude réalisée récemment sur les poissons d'Asa Koma (Van Neer et Lesur, 2004), le spectre des espèces aquatiques (*Clarias*, Tilapinii et crocodile) est similaire à la faune actuelle de l'embouchure de la rivière Awash, dans le lac Abhé. Cependant, les données paléohydrographiques montrent que le lac était à un niveau plus haut qu'aujourd'hui et que l'oued Dagadlé, coulant au bas du site, était probablement en eau toute l'année (Gasse, 1975). Au sein de l'ichtyofaune, seule la présence de très gros *Clarias*, qui ne sont plus observés dans le lac aujourd'hui, témoigne de meilleures conditions hydrologiques avec une eau moins salée à l'époque de l'occupation d'Asa Koma.

La reconstitution des environnements terrestres exploités a été plus difficile en raison de la liste des taxons. En effet nous n'avons pu nous fonder que sur un nombre très restreint d'espèces (Tabl. 8.2). Les autres taxons n'étaient pas utilisables pour les raisons suivantes : tout d'abord, nous n'avons évidemment pas pris en compte les espèces domestiques à savoir le bœuf et l'âne, même si le statut de ce dernier n'est pas certain. Pour les autres mammifères, les Gerbillidae semblent correspondre à une pollution récente, enfin nous avons vu que le seul reste d'hippopotame est un fragment de dent qui pourrait ne pas être contemporain du site. Le cas de l'autruche est délicat car, même s'il semble très probable que les œufs aient été récoltés lors de l'occupation du site, sa présence est difficile à quantifier. Nous ne possédons en effet aucun reste osseux mais uniquement des fragments de coquilles qui pourraient correspondre à plusieurs œufs provenant de plusieurs individus ou à plusieurs œufs provenant d'un seul individu! L'autre espèce d'oiseau n'ayant pas été déterminée, aucune information n'est disponible quant à son biotope. Enfin, le crocodile est un reptile à croissance continue et il est donc impossible d'estimer sa masse à partir de quelques fragments dentaires. Donc, comme nous ne pouvons le prendre pour les calculs de la biomasse, nous l'écartons également de estimations fondées sur le NR et le NMI.

	Savane semi-aride	Savane arborée	Poids Moyen
Tragelaphus scriptus		■	**18**
Gazella dorcas	■		**55**
Madoqua saltiana	■		**3**
Canis* cf. *aureus	■		**9**
Lepus capensis	■		**3,6**

Tabl. 8.2. Liste d'occurrence des taxons d'Asa Koma selon les différents milieux définis dans le texte avec mention de leur poids moyen (en kg selon les données de Kingdon, 1997).

A partir des cinq espèces restantes, nous avons donc calculé un écodiagramme en fonction du NMI (Tabl. 6.2), du NR (Tabl. 6.2) et de la biomasse (Tabl. 8.2 ; Fig. 8.5). En s'appuyant sur le nombre d'espèces par biotopes et les résultats en NR et en NMI, il apparaît que la savane semi-aride offre la plus grande diversité avec quatre espèces sur cinq et donc représente l'environnement terrestre le plus exploité. En revanche en prenant les données de la biomasse c'est la savane arborée qui domine même si elle n'est représentée que par le guib harnaché. C'est donc cet environnement qui a fourni la plus grande masse animale.

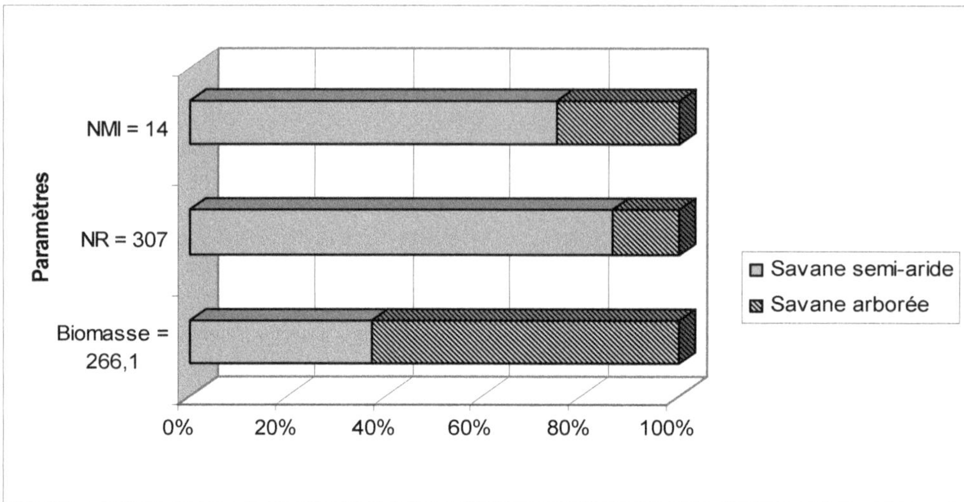

Fig. 8.5. Ecodiagramme d'Asa Koma selon trois variables (NMI, NR, biomasse).

Nous avons vu que d'après les données de Gasse (1975), le climat devait être plus humide et donc offrir une végétation plus riche qu'actuellement. La savane arborée humide qu'affectionne le guib devait alors se trouver autour des oueds notamment celui proche du site alors que la savane ouverte sèche s'étendait dans la plaine, en contre-bas de la colline.

De plus, après une première étude anthracologique, les analyses montrent un milieu essentiellement steppique dans lequel les Chénopodiacées et Salvadoracées sont très largement utilisées comme combustible (Thiam el Hadji et Thiébault in Gutherz *et al.*, 1996). L'étude pollinique de trois prélèvements confirme la présence d'un climat moins aride. Par ailleurs, associée aux résultats anthracologiques, l'analyse renforce la conclusion d'une végétation nettement plus boisée (Bonnefille in Gutherz et *al.*, 1996).

Il est donc intéressant de noter que les habitants d'Asa Koma ont exploité deux types d'environnements terrestres. Ils semblent qu'ils aient cependant préféré la savane semi-aride peut-être en raison de sa proximité. Il est possible en effet que, même si l'oued Dagadlé coulait en permanence en bas du site, il ne maintenait pas un débit suffisant pour permettre à une forêt riveraine de survivre. Elle se trouvait en conséquence peut-être plus loin, sur les hauteurs ou à proximité du lac. Les occupants d'Asa Koma auraient alors privilégié une chasse de proximité mais auraient chassé, peut-être à l'occasion de leur déplacement vers le lac, quelques guibs pour leur masse et donc leur apport alimentaire plus conséquent.

Pour le site d'Ali Daba 2, nous nous concentrerons uniquement sur la zone des deux fosses comme pour le chapitre 7. Par ailleurs, nous n'avons pas pris en compte les restes de poissons pour les problèmes de tamisage. La figure 8.6 nous montre les écodiagrammes réalisés à partir des 3 biotopes attribués aux différents taxons déterminés (Tabl. 8.3). Cette fois, nous n'observons que des différences minimes entre les estimations provenant du NR et celles faites à partir de la biomasse. Cela est dû principalement au fait que les taxons ayant livré le plus grand nombre de restes sont également les plus lourds (crocodile et hippopotame). Toutefois, le profil fait par le NMI, bien que trompeur en raison de la sur-représentation des espèces rares, est plus équilibré avec une bonne représentation des deux biotopes terrestres.

	Milieux Aquatiques	Savane semi-aride	Savane arborée	Poids Moyen
Crocodylus niloticus	■			500
Hippopotamus amphibius	■			3000
Equus cf grevyi		■		400
Alcelaphus buselaphus			■	160
Felis leo			■	150
Lepus capensis		■		3,6

Tabl. 8.3 Liste d'occurrence des taxons d'Ali Daba 2 selon les différents milieux définis dans le texte avec mention de leur poids moyen (selon les données de Kingdon, 1997).

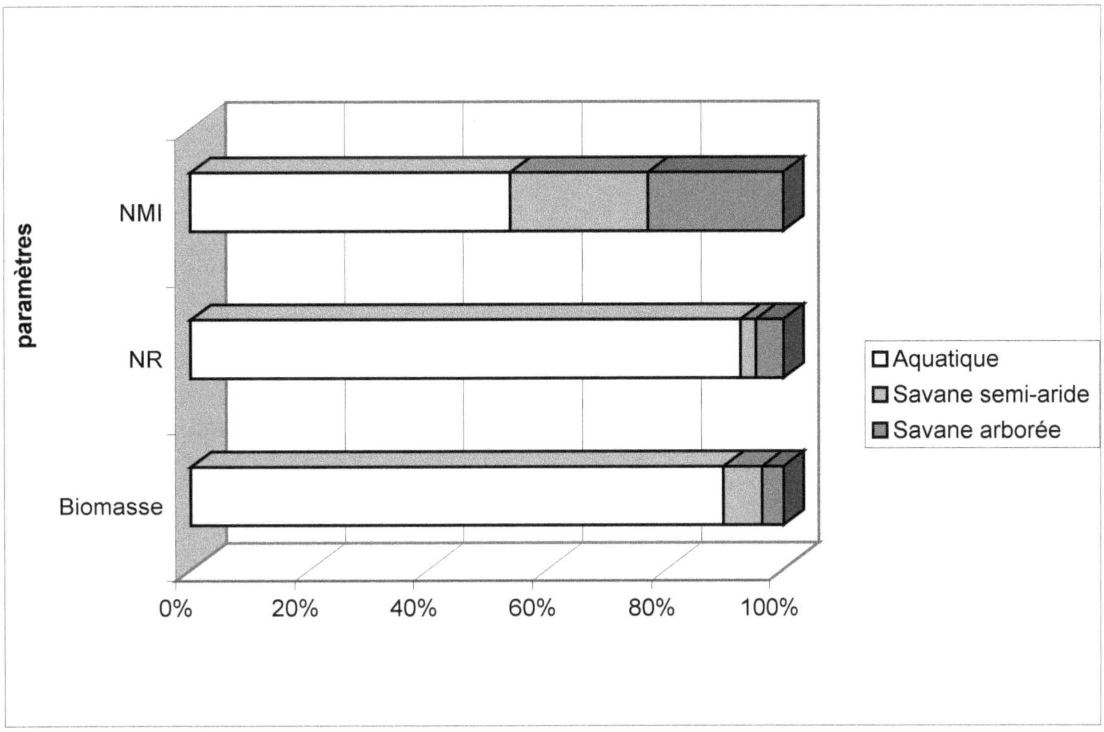

Fig. 8.6. Ecodiagramme d'Ali Daba 2 selon trois variables (NMI, NR, biomasse).

Quoiqu'il en soit, nous voyons une nette domination des espèces aquatiques, confirmée par la présence des restes de *Clarias* et Tilapinii. Les milieux terrestres (savane semi-aride et arborée) ont toutefois apporté une diversité équivalente avec également quatre espèces reconnues (zèbre, bubale, lion et lièvre).

Malgré ces résultats apparemment cohérents entre les deux paramètres utilisés, il est possible qu'il ne reflètent que très imparfaitement la situation de l'époque. En effet, nous avons vu que le crocodile et surtout l'hippopotame n'ont peut-être pas été apportés entiers sur le site mais uniquement par le biais de leurs parties crâniennes, voire de leurs seules dents, pour ce dernier. Les trois paramètres utilisés pour quantifier l'importance relative des environnements exploités sont donc tous biaisés, soit par la forte fragmentation entraînant une sur-représentation des restes de ces deux taxons, soit par le fait que nous prenons en compte la masse des individus entiers alors que seule une partie était réellement présente, soit par le biais inhérent au NMI.

Quoiqu'il en soit de la quantification, la seule présence de ces taxons témoigne d'un paysage très différent de l'actuel. D'après les données de Gasse (1975), le lac devait se situer à cette époque (5 000 BP environ) aux abords du site, facilitant l'accès aux ressources aquatiques, comme le montre d'ailleurs la présence des restes de poissons. Par ailleurs, la végétation était plus riche avec une savane herbeuse et arborée permettant à des animaux sédentaires et ayant des besoins en eau moyens ou grands, de s'y installer. Enfin, il semble que le climat de l'époque ait été plus humide qu'à la période d'Asa Koma dont le spectre offre une liste d'espèces mieux adaptées à l'aridité.

Pour le site d'Hara Idé 2, nous avons vu que peu d'informations sont disponibles. Nous ne parlerons pas du locus 1 dont nous avons vu qu'il n'était pas interprétable dans l'état actuel des connaissances. Pour les locus 2 et 3, seuls les taxons de milieux aquatiques (crocodile, hippopotame, *Clarias* et Tilapinii) ont pu être déterminés spécifiquement. Pour le locus 2, daté du 19e ou du 20e siècle, la forte présence des poissons pourrait correspondre à la petite transgression du lac Abhé, qui devait alors se situer aux abords du site (Gasse, 1975). En ce qui concerne le locus 3, nous ne pouvons nous fonder sur les données de Gasse (1975) puisqu'aucune date ne permet de situer chronologiquement l'occupation de ce secteur. Nous pouvons simplement signaler que l'environnement devait être plus humide qu'actuellement et que le lac ou les oueds devaient se situer à proximité du site. Pour les milieux plus terrestres, aucun élément ne permet de les évaluer puisque les Bovidae n'ont pas été attribués à une espèce ou à un genre. Nous pouvons juste supposer qu'il s'agissait de savane arborée ou herbeuse.

8.2.2. Tactiques de chasse et de pêche

Quelques éléments archéologiques montrent que la pêche à Asa Koma devait en partie se faire au moyen de filets puisque huit poids en basalte ont été trouvés (Gutherz *et al.*, 1996). L'utilisation des filets a pu se faire dans les parties peu profondes du lac ou de l'oued. Aucun indice ne nous renseigne sur la présence éventuelle de pirogue ou de radeau mais leur utilisation sur les parties les plus profondes du lac n'est pas à exclure. La présence d'une armature bien standardisée semble constituer « l'objectif quasi-exclusif » du débitage (Gouraud in Gutherz *et al.*, 1996). Ces objets ont pu être destinés à la pêche des gros *Clarias*. Enfin, d'autres techniques ont pu être utilisées comme des paniers, des bâtons de bois pour frapper ou encore le ramassage à la main. Toutefois, ces outils étant faits de matière périssable, aucun reste n'atteste de leur existence (Van Neer et Lesur, 2004).

L'absence complète de petits poissons comme les jeunes tilapia est assez surprenante, surtout si l'on suppose l'utilisation des piscines résiduelles où la capture de tous les individus est alors très aisée (Van Neer et Lesur, 2004). Il est difficile de savoir si ces manques sont dus à un choix délibéré, peut-être en raison du rapport coût/rendement peu profitable ou s'il s'agit d'un problème du matériel de pêche (trop grande maille des filets ou nasse trop large). On peut également envisager que les piscines résiduelles étaient difficilement accessibles (trop profondes ?). Dans tous les cas, il ne semble pas qu'il s'agisse d'un problème de rejet différentiel car aucun des 48 m^2 échantillonnés n'a livré de restes de petits tilapias (Van Neer et Lesur, 2004).

Par ailleurs, seules les armatures attestent de l'utilisation d'armes de jet pour la chasse aux autres espèces, même si l'existence de système de piégeage en matériau périssable est tout à fait plausible.

Pour Ali Daba 2, la présence d'un spectre de faune très diversifié surtout par la taille des animaux, suggère une chasse et une pêche bien maîtrisées. Malheureusement, seule la présence de quelques segments microlithiques en obsidienne atteste de l'utilisation d'armes de jet (Duday *et al.*, 2002). Il est possible cependant que d'autres techniques aient été utilisées pour l'acquisition des grands mammifères, comme l'hippopotame ou le crocodile, dont la chasse devait être certainement très dangereuse. Ces deux espèces étant surtout représentées par des parties crâniennes, nous pouvons imaginer que les occupants d'Ali Daba 2 n'ont pas chassé ces animaux vivants mais uniquement récupéré les parties intéressantes sur des cadavres.

Quelques segments ont été trouvés sur le locus 3 d'Hara Idé 2 attestant des activités cynégétiques et l'utilisation d'armes de jet (Duday et al., 2001). Ces mêmes armes ont d'ailleurs pu être utilisées pour la pêche de gros poissons comme le poisson-chat. Ce sont là les seules informations disponibles sur les techniques d'acquisition des animaux sur ce site.

8.2.3. Périodicité de l'occupation

Toujours d'après l'article de Van Neer et Lesur (2004), la distribution des tailles des poissons est très informative quant au lieu et à la saison de pêche sur le site d'Asa Koma. Le faible taux de *Clarias* de taille moyenne et l'absence complète de petits individus indique que la pêche était concentrée sur des adultes venus se reproduire dans la plaine d'inondation du lac (Fig. 8.7). Si les animaux avaient été capturés dans les piscines résiduelles, nous aurions trouvé des individus de taille beaucoup plus réduite. La même remarque peut être faite pour les Tilapinii, dont aucun individu n'a une taille inférieure à 15 cm (Fig. 8.8). Connaissant la taille à laquelle les tilapia modernes atteignent leur maturité sexuelle dans des environnements similaires (environ 10-12 cm), il semble que les spécimens pêchés à Asa Koma étaient des adultes venus pour la reproduction. Puisque les tilapias viennent se reproduire de manière répétitive, ils devaient constituer une proie facile durant toute la période d'inondation du lac. Dans tous les cas, ils ont dû être exploités sur une période beaucoup plus longue que les *Clarias* qui ne frayent que quelques jours dans les eaux peu profondes, au début des inondations (Van Neer et Lesur, 2004).

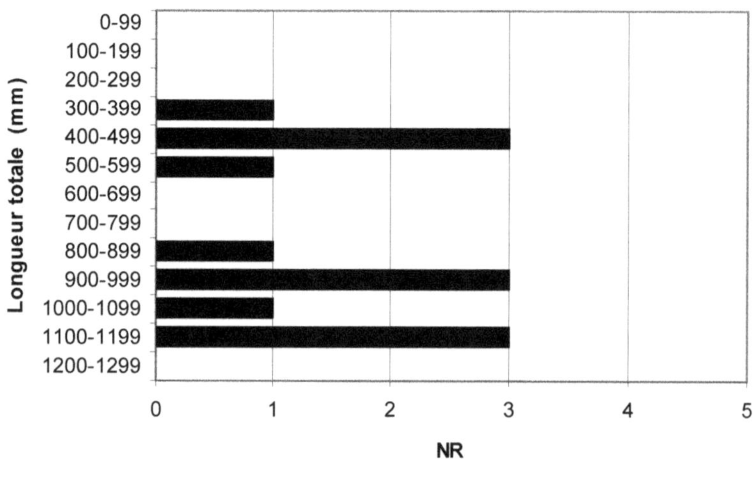

Fig. 8.7 : Reconstruction de la taille des *Clarias* fondée sur 13 données de la mesure 2 de l'articulaire (d'après Van Neer et Lesur, 2004).

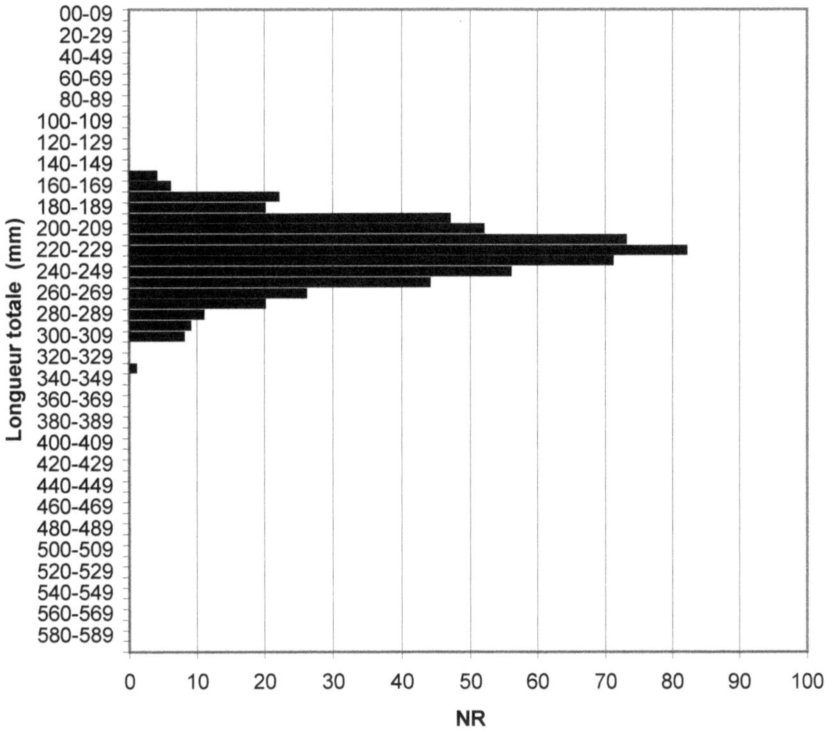

Fig. 8.8 : Reconstruction de la taille des Tilapinii fondée sur 551 données de la mesure 1 de hyomandibulaire (d'après Van Neer et Lesur, 2004).

Finalement, ces données semblent indiquer que la pêche avait principalement lieu au début des saisons des pluies. On peut même supposer qu'il s'agit de la seconde saison des pluies (vers octobre-novembre) quand aux précipitations s'ajoute la crue de la rivière Awash, qui se déverse dans le lac Abhé. Cela semble confirmé par l'étude préliminaire des prélèvements des divers dépôts effectués en 1996 en vue d'une analyse micromorphologique. On peut ainsi noter la présence de lentilles de limons argileux microlithés dont la mise en place semble résulter de «ruissellements, probablement consécutifs à des pluies saisonnières » (Sordoillet in Gutherz *et al.*, 1996, p.7).

Malheureusement, les autres espèces animales ne nous apportent aucune information à ce sujet. Nous avons vu que l'estimation des âges des Bovidae n'est pas assez précise pour être interprétable. De plus, les chacals peuvent mettre bas durant la saison sèche ou humide selon les espèces (Estes, 1991). Or, comme nous n'avons pu déterminer spécifiquement le chacal d'Asa Koma, la présence d'un jeune d'environ six mois ne donne donc aucune indication. Enfin, les résultats des études anthracologiques ont permis d'envisager « une récolte dirigée des Chénopodiacées pour la lessive et des salicornes et salvadora pour le sel, liée à des activités de pêche est très séduisante et ne peut pas être écartée, bien qu'il reste encore à la prouver. » (Thiam el Hadji et Thiébault in Gutherz *et al.*, 1996, p. 289). Il serait alors possible de mettre en relation l'utilisation des cendres de ces deux dernières espèces avec la préparation et la consommation du poisson, ce qui confirmerait la venue saisonnière des occupants en relation avec les activités halieutiques.

En conclusion, l'alternance des niveaux archéologiques suggère une occupation saisonnière d'Asa Koma. Par ailleurs, la très large prépondérance des restes de poissons atteste de leur importance au sein de l'économie du site. Nous pouvons donc supposer que les habitants sont venus principalement pour la pêche et donc au moment où celle-ci était la plus rentable, pendant la seconde saison des pluies, en automne.

Aucune information n'est disponible pour le moment sur la période d'occupation du site d'Ali Daba 2. La présence d'un lionceau d'environ un mois ne nous renseigne pas puisque les lions peuvent avoir des petits toute l'année (Estes, 1991). De plus, le spectre de faune ne comprend que des espèces relativement sédentaires et territoriales (Kingdon, 1997). Il faut toutefois signaler que le zèbre de grevyi peut migrer quand les conditions durant la saison sèche sont trop arides et que l'eau n'est plus en quantité suffisante (Estes, 1991). Cela signifie donc que le site a potentiellement été occupé pendant la saison humide, ce qui pourrait être confirmé par la présence des *Clarias* et des Tilapinii, qui ont pu être pêchés dans les mêmes conditions qu'à Asa Koma.

Enfin, les locus 2 et 3 d'Hara Idé 2 ne livrent que très peu de données sur la saison de leur occupation. Il est uniquement possible d'imaginer un schéma proche de celui d'Asa Koma, à savoir une venue sur le site au moment de la saison des pluies lorsque les poissons sont le plus accessibles.

8.3. Limites et validité des données fauniques

D'après les exemples des différents sites, il paraît donc très difficile de quantifier la part de chaque biotope exploité par les hommes. Les raisons sont principalement d'ordre biologique, taphonomique et anthropique. Ce dernier point sera d'ailleurs développé plus loin. La dégradation post-dépositionnelle affecte particulièrement le Nombre de Restes puisqu'en raison de la forte fragmentation, certaines espèces sont avantagées par rapport à d'autres. Ainsi, dans le cas d'Ali Daba 2, les canines d'hippopotame se sont délitées en des centaines de petits fragments alors que seules trois ou quatre dents sont apparemment présentes. De même, la fonte de certains éléments les plus fragiles comme ceux de certaines petites espèces entraîne une sous-représentation de ces taxons qui n'apparaissent pas ou peu dans les assemblages.

Dans le cas du NMI, nous sommes confrontée au problème de l'apport partiel ou complet des animaux sur le site. Toujours dans le cas des hippopotames d'Ali Daba 2, la présence quasi-exclusive des éléments dentaires suggère que seules ces parties ont été apportées sur le site alors que dans les calculs, nous sommes amenée à faire comme si l'animal complet était présent. Ce problème touche aussi les estimations de biomasse puisque dans ce cas précis, nous avons pris en compte un poids moyen de 3 000 kg alors que seuls les quelques kilos de dents ont dû être apportés. A cela s'ajoute le problème de l'estimation de la masse d'une espèce. Nous avons vu en effet que ces masses pouvaient être très variables d'un individu à l'autre notamment en raison du dimorphisme sexuel (Chapitre 3).

Finalement chaque paramètre présente des faiblesses mais leur complémentarité, notamment dans le cas du NR et de la biomasse, permet de limiter les biais. Utilisés conjointement et associés à la liste des taxons et de leurs biotopes, ces paramètres apportent donc quelques éléments de réponse non seulement pour la reconstitution de l'environnement mais aussi pour la caractérisation des modes d'exploitation de ces environnements par l'homme.

8.3.1. Environnements reconstitués

Bien que la majorité des espèces, notamment les mammifères, représentées sur les sites étudiés peuvent être assez tolérantes quant aux conditions environnementales, elles sont affiliées à un certain milieu qui répond à leur besoin nutritif et en eau. La présence des éléments squelettiques de telle espèce suggère donc que son écosystème d'origine devait se situer à proximité du site. Quelques nuances sont cependant à prendre en compte. Ainsi dans le cas de l'hippopotame d'Asa Koma, l'unique fragment dentaire qui le représente n'est pas un élément suffisant pour attester de l'acquisition de l'animal par les occupants du site, d'autant plus que ce fragment est fossilisé et donc plus ancien que le reste des vestiges osseux. Par ailleurs, il nous faut rappeler que la détermination des taxons s'est faite à partir d'une liste d'espèces potentielles dont les critères de sélection ont été établis selon les données environnementales actuelles de la Corne de l'Afrique. La reconstitution des environnements passés s'est donc faite à partir d'une liste prédéfinie dont l'exactitude n'est pas assurée.

Malgré ces quelques limites, nous avons vu que les données fauniques ont apporté des informations intéressantes qui s'accordent bien avec les autres données environnementales, qu'elles proviennent de la botanique ou la géomorphologie. Elles nous ont donc permis d'entrevoir le paysage dans lequel les habitants de chaque site vivaient mais aussi de suivre les évolutions paléoclimatiques sur une longue période dans le cas de Moche Borago ou encore entre Ali Daba 2 et Asa Koma. Les données nous ont également permis de voir que le climat fonctionnait déjà selon des saisons sèches et humides très marquées qui conditionnaient les mouvements des populations, notamment dans la Plaine du Goobad.

8.3.2. Environnements exploités

C'est donc surtout la liste de faune qui permet de restituer le paysage présent lors de l'occupation des sites. Les données quantitatives, quant à elles, nous renseignent principalement sur les choix effectués par les hommes. Cette sélection s'est faite en fonction des besoins des populations, besoins qui, comme nous l'avons vu, semblent essentiellement d'ordre alimentaire. Ils sont donc conditionnés par deux facteurs principaux. Le premier est l'accessibilité des animaux non seulement en fonction de leur proximité mais aussi en fonction des techniques employées par les hommes. Ainsi sur le site d'Asa Koma, il est étonnant de remarquer l'absence de mammifères sauvages plus gros que le guib harnaché alors que des animaux de plus grand format vivent dans la savane arborée. Deux hypothèses sont alors envisageables : soit il s'agit d'un choix délibéré des chasseurs qui, venus de façon temporaire et surtout pour la pêche, ne voulaient pas s'engager dans une chasse nécessitant de trop gros moyens, humains et techniques ; soit, comme l'a montré Price (1980) dans l'étude de certains parcs kenyans, les grands ongulés ont souffert de la destruction de leur habitat provoqué par la présence d'animaux domestiques, comme le bœuf. Toutefois, cette dernière hypothèse est difficilement acceptable sachant qu'au 2e millénaire avant J.-C., c'est-à-dire au début de l'élevage dans la région, les cheptels ne devaient pas encore être assez abondants pour provoquer de tels dommages.

Le second facteur est constitué par le potentiel alimentaire de chaque espèce. Le choix d'une espèce dépend en effet de sa rentabilité, que ce soit en viande, en graisse ou en moelle.

D'autres critères ont également pu rentrer en jeu. A Ali Daba 2, il ne semble pas que ce soit les critères alimentaires qui aient motivé la chasse mais des besoins en matières premières pour une utilisation artisanale ou rituelle. Ainsi, même si plusieurs bovidés étaient présents dans l'environnement de savane arborée, les hommes ont peut-être choisi volontairement le bubale pour travailler ses cornes de forme arquée ; de même pour le lion qui, étant le plus gros prédateur de ce milieu, est une espèce dangereuse à chasser et dont l'acquisition correspondait à un but précis, qu'il soit artisanal ou symbolique.

Pour terminer, nous avons tenté de comparer le Nombre Minimal d'Individus présents pour chaque milieu reconnu dans les sites archéologiques au nombre d'espèces fréquentant ces mêmes milieux à l'état naturel, sur les bases des listes établies dans le chapitre 2. Nous avons choisi le NMI car il nous paraît être le paramètre le mieux adapté en vue d'une comparaison à un nombre d'espèces.

Dans le cas de Moche Borago, nous avons regroupé les données de la totalité des phases afin d'augmenter les effectifs. Nous observons alors une image assez proche des conditions naturelles (Fig. 8.9) avec toutefois une plus forte représentation de la savane semi-aride témoignant de l'intérêt particulier des hommes de Moche Borago pour ce milieu. Cela pourrait également refléter les changements environnementaux entre les différentes phases. Par ailleurs, on note l'absence d'exploitation des milieux aquatiques et de la steppe afro-alpine. L'absence de cette dernière n'est pas surprenante car on ne la trouve à aucun endroit dans le Wolayta où les sommets ne dépassent pas les 3 500 m. Dans tous les cas, le profil de Moche Borago suit de manière assez fidèle le profil naturel, attestant d'une stratégie très opportuniste dans des milieux aux ressources abondantes.

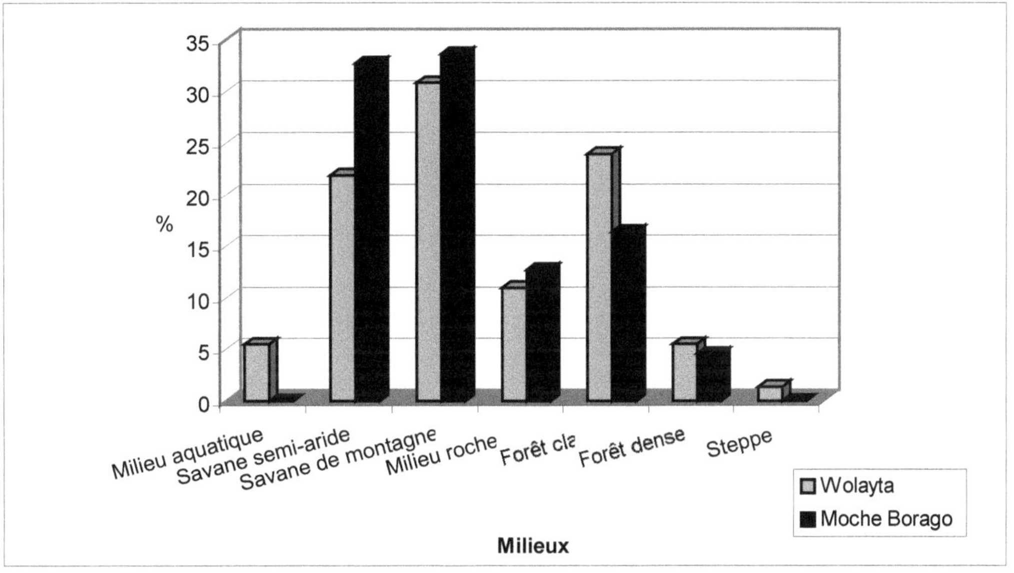

Fig. 8.9. Comparaison entre le nombre d'espèces potentielles de grands et moyens mammifères dans les milieux naturels du Wolayta et les NMI des différentes espèces selon leur milieux potentiels pour la totalité des phases de Moche Borago. (Nombre d'espèces potentielles dans le Wolayta = 146 ; NMI à Moche Borago = 55)

Pour Asa Koma (Fig. 8.10), l'exploitation semble avoir été centrée sur la savane dans des proportions inverses des conditions naturelles à savoir avec une domination de la savane semi-aride. Il faut toutefois souligner que la liste d'espèces potentielles ne prenait pas en compte les poissons alors que nous avons vu que leur collecte était la principale activité prédatrice des occupants d'Asa Koma. Enfin, le site d'Ali Daba 2 présente, quant à lui, des variations proches du profil établi (Fig. 8.10) avec toutefois une sur-représentation des milieux aquatiques et une absence des milieux rocheux.

Ces résultats nous montrent que même s'il y a eu un choix de l'homme sur les milieux exploités, il connaissait suffisamment son environnement pour prélever dans les milieux les plus riches en ressources animales. Seul le cas d'Asa Koma est un peu différent avec une grande exploitation de la savane semi-aride, témoignant d'une chasse de proximité car ne fournissant qu'un apport complémentaire à l'alimentation dominée par les poissons.

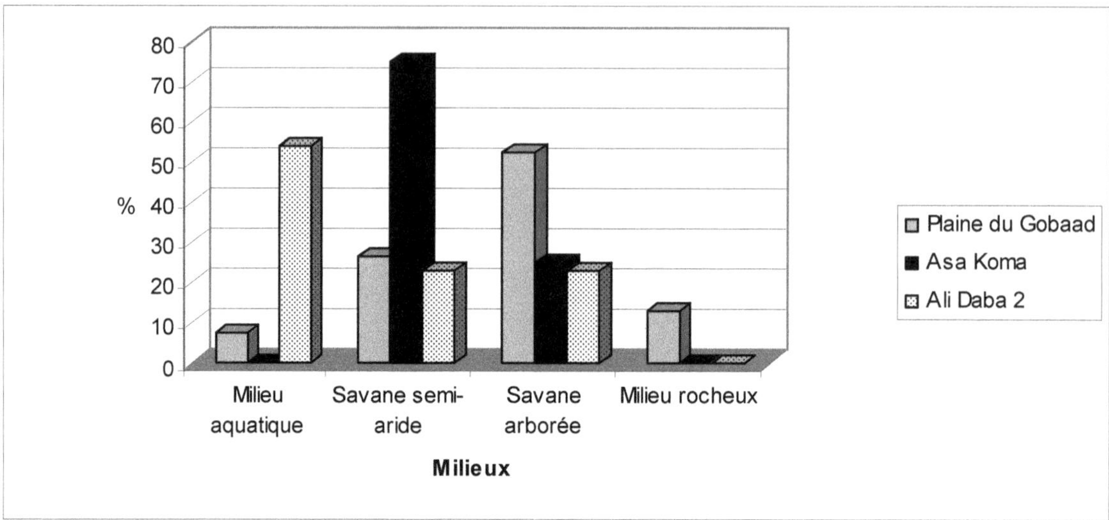

Fig. 8.10. Comparaison entre le nombre d'espèces potentielles de grands et moyens mammifères dans les milieux naturels de la plaine du Gobaad et les NMI des différentes espèces selon leur milieux potentiels sur les sites d'Asa Koma et d'Ali daba 2. (Nombre d'espèces potentielles dans la plaine du Gobaad = 120, NMI à Asa Koma = 14, NMI à Ali Daba 2 = 13)

Nous voyons donc que les schémas d'exploitation de ces taxons sont le reflet de stratégies souvent opportunistes, accompagnées d'une sélection motivée par des raisons économiques ou symboliques. L'absence d'autres espèces généralement présentes dans les paysages que nous avons évoqués, est aussi une source d'information sur le choix des hommes. Là encore, les raisons peuvent être techniques comme pour les gros bovidés d'Asa Koma mais aussi dans le cas de Moche Borago. Sur ce site, en effet, aucun reste d'oiseau ou de poisson n'a été exhumé alors que, pour ce dernier notamment, nous avons vu que les hommes ont exploité la savane semi-aride située près du lac Abaya ainsi que la savane humide proche des éventuels paléolacs en contre-bas du volcan. Une des explications de ce manque, en tout cas pour les poissons, pourrait donc être d'ordre technique puisque la pêche nécessite des moyens très différents de ceux mis en œuvre pour l'acquisition des mammifères ou des oiseaux. On peut toutefois envisager que leur absence corresponde à un choix culturel au sujet duquel nous ne possédons aucune information.

En conclusion, il apparaît que les données fauniques associées aux autres données environnementales disponibles, montrent clairement que les sites ont été occupés lors de périodes plus humides qu'aujourd'hui avec une flore et une faune plus diversifiées. Ce constat est particulièrement vrai pour les zones semi-arides de Djibouti puisque dans le cas des zones montagneuses du Wolayta, les changements sont principalement dus à la forte anthropisation. Par ailleurs, dans cette dernière région, les variations du spectre faunique et des milieux exploités de Moche Borago concordent avec les données paléoclimatiques et permettent de proposer une datation pour les phases 1 Ancienne et 1 Intermédiaire. De même à Djibouti, les changements des espèces animales entre Ali Daba 2 et Asa Koma montre nettement une aridification du climat entre le 4e et le 2e millénaire avant notre ère.

Les tactiques employées varient beaucoup d'une région à l'autre mais semble toujours centrées sur la rentabilité maximum du poids de viande. Ainsi, à Moche Borago, la tactique d'acquisition du buffle et des autres grandes espèces était probablement une chasse en masse par rabattage avec une sélection des sub-adultes (Lesur et *al.*, en prép.). A Asa Koma, où les stratégies de subsistances étaient axées sur la pêche, les poissons, notamment les Tilapinii, présentent des tailles très homogènes témoignant de techniques halieutiques bien adaptées à une sélection relativement fine. De plus, ces résultats nous ont permis de montrer que la période d'occupation du site devait certainement correspondre à la saison des pluies, lorsque les ces espèces viennent frayer en bord de lacs ou dans les oueds (Van Neer et Lesur, 2004).

En définitive, les hommes ont surtout exploité les environnements situés à proximité des campements, adaptant non seulement leur tableau de chasse et de pêche mais aussi la saison de leur venue à leurs besoins alimentaires, artisanaux ou rituels.

Chapitre 9. Statut des espèces et fonctionnalité des sites

En reprenant les conclusions des deux chapitres précédents sur l'utilisation des animaux et des environnements présents autour des sites étudiés, nous allons essayer de comprendre quel était le mode d'occupation de chaque site et sa fonctionnalité. Nous verrons alors s'il est possible de dégager des schémas communs en fonction des régions et des périodes.

9.1. Moche Borago

9.1.1. Evolution des spectres et de la représentation des parties squelettiques

Pour tenter d'appréhender les évolutions diachroniques, nous avons calculé pour chaque phase les indices de richesse et de diversité des taxons. Selon Bobrowski et Ball (1989) et Leonard et Jones (1989), plus le spectre de faune est riche, plus l'économie de subsistance est large et ouverte, et plus la distribution entre les taxons est équilibrée, plus l'économie de subsistance est diversifiée. Il apparaît ainsi que dans le cas de la Fosse, l'indice de richesse est fort (6,18) mais l'indice de diversité est le plus faible du site (1,11) (Tabl. 9.1 et Fig. 9.1). En effet, durant cette phase, l'économie s'appuyait sur l'acquisition d'un grand nombre d'espèces mais avec une grande spécialisation sur les Bovini. Les autres phases présentent des résultats assez proches avec un indice de richesse toujours plus fort que l'indice de diversité. Ces résultats confirment donc ce que nous avions vu sur le précédent graphique (fig. 5.3) à savoir que l'économie est, tout au long de l'occupation du site, spécialisée sur le buffle. Par ailleurs, les autres phases offrent un nombre d'espèces assez faible par rapport à la Fosse. Cela est probablement dû à un problème de taille des échantillons. Nous voyons, en effet, sur la figure 9.2 que le nombre de taxons est très corrélé au nombre de restes ($r = 0,92$; $ddl = 5$; $p < 0,01$). Ces variations ne sont donc pas forcement le reflet de changements dans les conditions environnementales ou dans les choix anthropiques mais peut-être uniquement liées aux problèmes d'effectifs. Finalement, les spectres des différentes phases d'occupation offrent l'image d'une économie diversifiée mais relativement spécialisée sur l'exploitation du buffle.

	Phase 1 A	Fosse	Phase 1 I	Phase 1 R	Phase 2	Phase 3
NR	11	1727	137	79	47	29
Nombre de taxons	3	21	7	4	5	5
Indice de richesse	**1,92**	**6,18**	**2,81**	**1,58**	**2,39**	**2,74**
Indice de diversité	**1,75**	**1,11**	**1,38**	**1,29**	**1,47**	**1,55**

Tabl. 9.1. Indices de Richesse et de Diversité selon les différentes phases de Moche Borago.

En ce qui concerne la représentation des parties squelettiques, peu de variations diachroniques sont perceptibles (Fig.5.7). Elles peuvent être en partie dues à un problème taphonomique, sachant que les analyses micromorphologiques ont montré des sédimentations différentes selon les phases (Sordoillet in Gutherz *et al.*, 2000). Dans tous les cas, aucun élément ne peut nous montrer de manière significative un traitement anthropique différentiel selon les différentes occupations, d'autant que nous raisonnons sur des effectifs qui, hormis ceux de la Fosse, sont très faibles et donc difficilement interprétables.

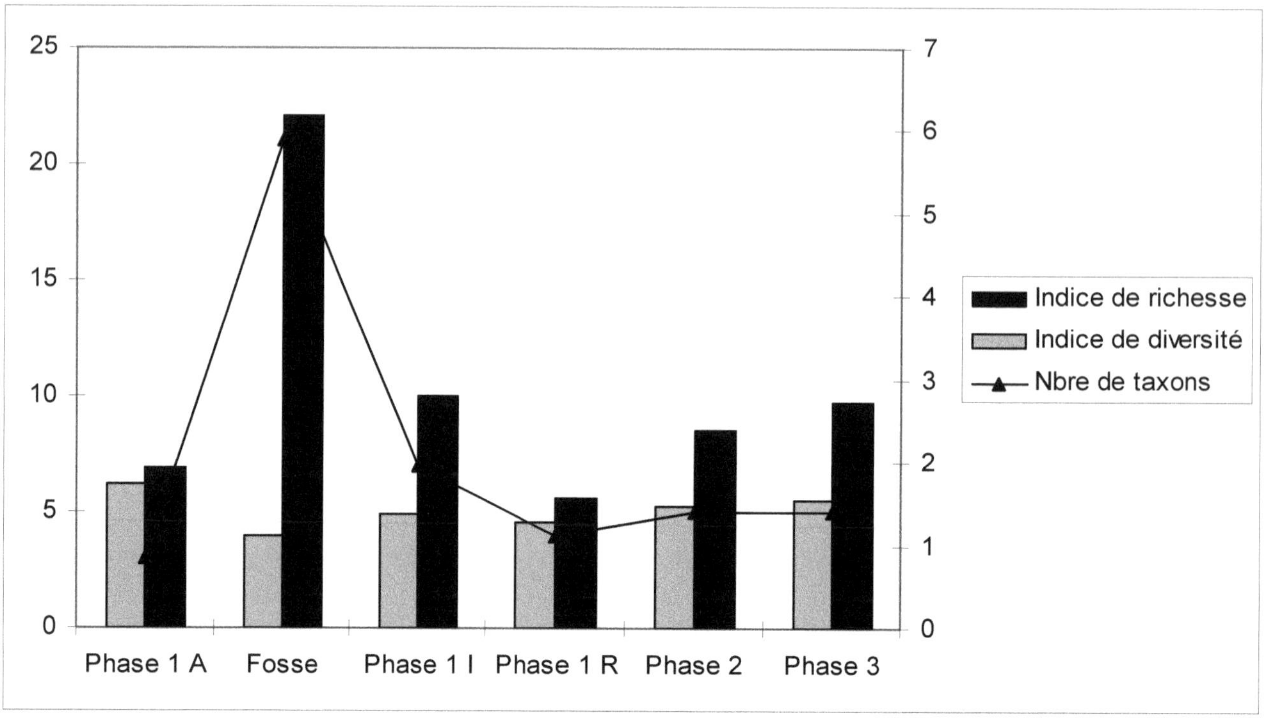

Fig. 9.1. Représentation graphique des indices de Richesse et de Diversité de Moche Borago.

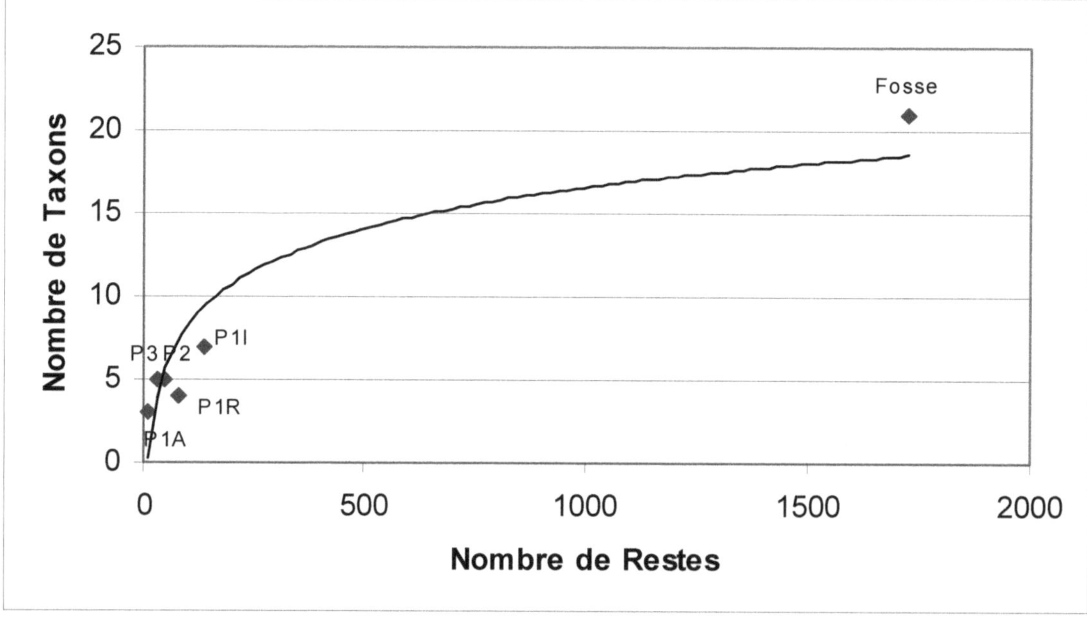

Fig. 9.2. Rapport du Nombre de Restes et du Nombre de Taxons pour les différentes phases de Moche Borago. ($r = 0,92$; ddl = 5 ; $p < 0,01$)

9.1.2. Utilisation de la Fosse au sein de la Phase 1 Intermédiaire

Jusqu'à présent, nous avons principalement traité la Fosse comme une entité chronologique distincte des autres phases. Néanmoins, comme nous l'avons vu précédemment, elle fait partie de la phase 1 Intermédiaire. Cette analyse différentielle va maintenant nous permettre d'aborder la question de l'utilisation de l'abri d'un point de vue spatial. Tout d'abord, la localisation de la Fosse en marge des autres structures connues et à proximité de la falaise lui confère un statut particulier. De plus, comme il a été montré plus haut, cette structure a fourni de loin le plus grand nombre de vestiges fauniques avec 24 178 restes dont 2 039 ont été déterminés. Par comparaison, les autres niveaux provenant de cette phase n'ont livré que 2 778 restes dont 239 déterminés, soit environ 10 fois moins.

Le test de Spearman réalisé précédemment a montré que les spectres de faune de la Phase 1 Intermédiaire et de la Fosse étaient relativement bien corrélées mais pas autant que certaines autres phases (Tabl. 5.4). La répartition générale des grandes catégories de mammifères montre ainsi quelques différences (Fig. 9.3). D'une part, les carnivores ne sont présents qu'au sein de la Fosse. D'autre part, la proportion de Bovini est beaucoup plus importante dans la Fosse que dans les autres secteurs. Plusieurs remarques peuvent donc être faites à partir de ces résultats. Tout d'abord les carnivores semblent avoir un statut particulier, peut-être non-alimentaire, puisqu'ils ne sont pas rejetés dans les mêmes zones que les autres taxons. Toutefois, il est possible que leur absence soit liée au biais introduit par la faiblesse des effectifs des autres secteurs que la Fosse. Par ailleurs, cette dernière semble avoir accueilli de manière préférentielle les plus gros restes, comme en témoigne la forte proportion de buffle, le plus grand animal représenté sur le site. Cette idée est confirmée par le poids moyen des restes, plus fort dans la fosse (1,77g) que dans le reste des secteurs de cette phase (1,07g).

La Fosse offre alors l'image d'une structure accueillant les restes de découpe des animaux, notamment de grande taille (Lesur *et a*l., en prép.). Si tel est le cas, on peut alors supposer que les restes rejetés à cet endroit étaient rapidement recouverts pour palier aux problèmes d'exposition à l'air de charognes (odeur, venue de charognards,...). L'enfouissement rapide aurait alors limité la fragmentation et la destruction des éléments fragiles comme les restes des petites espèces. Les ossements des autres secteurs, quant à eux, auraient subi plus fortement la dégradation taphonomique avec une fonte et une fragmentation des vestiges plus importantes.

Cette hypothèse semble confirmée par la répartition des parties squelettiques des différents taxons (Fig. 9.4). On observe en effet, notamment en ce qui concerne les parties crâniennes, une bonne représentation des petites espèces, comme les Procavidae ou les Cercopithecidae, témoignant d'une bonne conservation alors que les éléments crâniens des Bovini sont proportionnellement plus abondants dans les autres secteurs. D'ailleurs, il est difficile d'imaginer que les hommes aient volontairement rejeté dans la zone que l'on peut supposer de consommation, des rejets encombrants et peu utilisables comme le crâne de buffle. Toutefois, si la distribution des parties squelettiques semble refléter avant tout des problèmes de conservation différentielle, il n'est pas impossible que cette dernière ait masqué des différences initiales relevant de choix anthropiques.

En définitive, nous observons une opposition entre d'une part la Fosse, qui présente une prépondérance des animaux de grande taille, et d'autre part, les autres secteurs de cette phase où les taxons plus petits sont mieux représentés. Il semble donc que la Fosse ait eu pour vocation d'accueillir en priorité des restes provenant de la préparation des carcasses alors que les autres secteurs de cette phase donnent une image plus nette de rejet de consommation. Ce résultat est tout à fait logique si l'on considère la localisation de la Fosse. Elle se situe en effet à proximité de la falaise, dans une zone facilement utilisable pour le rejet de déchets encombrants. De plus, si comme nous l'avons supposé dans le chapitre précédent, certains animaux étaient remontés le long de la falaise, la Fosse et ses abords devaient représenter un lieu privilégié pour la découpe des quartiers. Cependant, seule une petite surface de l'abri a été fouillée et il nous faut garder à l'esprit la possible présence d'autres fosses dans les différents secteurs qui pourrait nous renvoyer des informations très différentes.

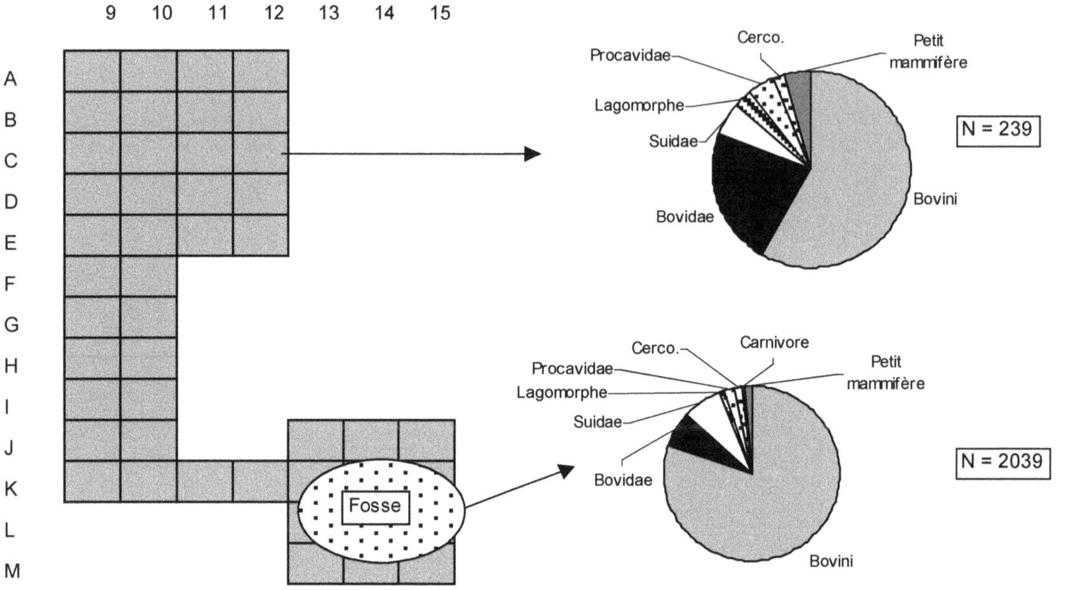

Fig. 9.3. Comparaison des spectres fauniques en Nombre de Restes entre la Fosse et les autres secteurs de la Phase 1 Intermédiaire de Moche Borago. (Cerco. = Cercopithecidae).

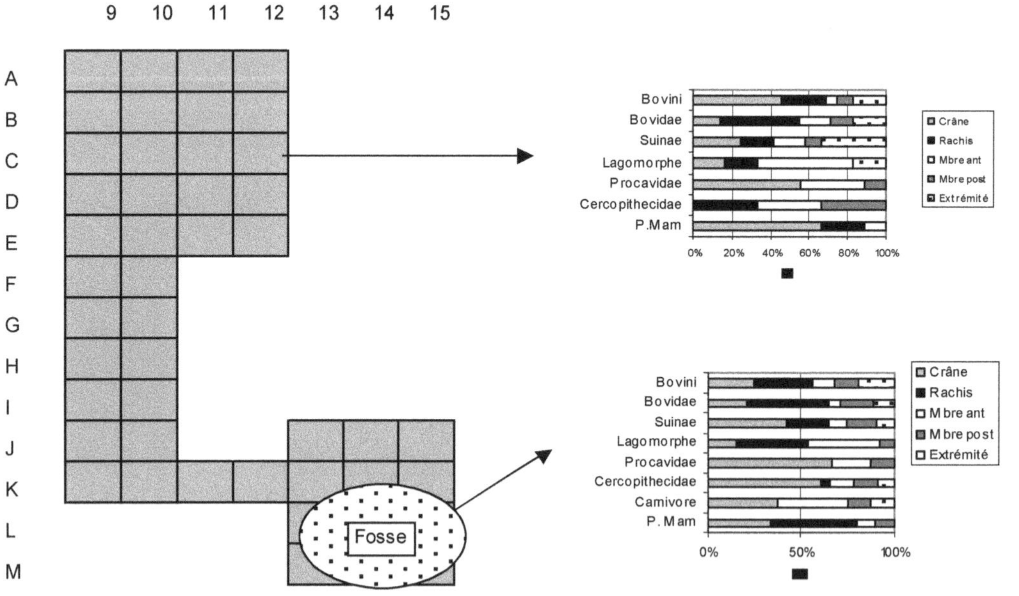

Fig. 9.4. Comparaison de la représentation des régions anatomiques pour les grandes catégories fauniques entre la Fosse et les autres secteurs de la Phase 1 Intermédiaire de Moche Borago.

9.1.3. Statut des espèces

Tout au long de la séquence de Moche Borago, on a pu noter la présence exclusive de mammifères sauvages, avec une prédominance très nette des Bovidae. Cette famille est représentée par six espèces de format très varié, allant du buffle au dik-dik. Comme nous l'avons vu, la fréquence des parties squelettiques de ces taxons suggère que le but principal de leur acquisition était la consommation. Il semble qu'il en soit de même pour les Suidae et les Leporidae. Le statut des autres espèces est plus difficile à définir mais il est vraisemblable d'imaginer que ces animaux aient également été destinés à l'alimentation.

Pourtant, il est évident que le statut d'une espèce au sein de l'économie d'un groupe est souvent multiple. Ainsi, les déficits des éléments de la face et des phalanges distales chez le buffle et les Suidae (Fig. 5.4 et 5.5) tout comme la présence au sein de l'outillage lithique de quelques objets destinés probablement au travail de la peau, tels que les grattoirs, témoignent de cette double utilisation. Le travail de l'os est lui aussi suggéré par la présence de perçoirs même si aucun élément archéozoologique ne vient l'attester.

Enfin, si tous ces domaines sont plus ou moins directement observables, il en est un pour lequel nous n'avons aucune information: celui de la place symbolique des animaux chassés. Il convient toutefois de signaler l'absence totale au sein de l'assemblage de toute autre classe que celle des mammifères. Il est assez surprenant, en effet, de ne trouver aucun reste de poisson, de reptile ou d'oiseau dans un lieu où l'avifaune est très diversifiée, et qui est situé à proximité de cours d'eau et surtout d'un lac aujourd'hui encore riche en ressources aquatiques. Une des interprétations pour expliquer cette sélection est qu'il pourrait s'agir d'un choix délibéré des occupants pour des raisons qui relèvent peut-être de la sphère symbolique. Il peut également s'agir d'un problème de conservation différentielle voire de spécialisation saisonnière des activités.

9.1.4. Fonctionnalité du site

Le site de Moche Borago a été occupé au cours de l'Holocène sur une très longue période d'au moins 6 000 ans entre les phases 1 Ancienne[1] et 3. Ce fait s'explique en partie par les nombreux avantages qu'offre ce site. Tout d'abord, la configuration de l'abri avec une hauteur de plafond d'environ cinq mètres, un sol relativement plat et une surface utilisable d'environ 600 m^2 en rendent aisée son utilisation par un groupe important. De plus, la position du site en hauteur, en surplomb d'un ravin et son accès difficile le long de pentes abruptes en font un lieu idéal pour se protéger des prédateurs qu'ils soient animaux ou humains. C'est également un emplacement privilégié pour la chasse par rabattage de gros animaux comme le buffle (Lesur *et al.*, en prép.). Enfin, la rivière qui coule à proximité et le riche environnement qui se développe autour du site permettent un bon approvisionnement en eau, animaux et végétaux.

Tout indique donc que la principale motivation des occupants de ce site a été l'exploitation de ces abondantes ressources. Même si pour l'instant les analyses archéobotaniques n'ont révélé la présence que d'ensete, la grande variété de graines carbonisées présentes dans les différents assemblages attestent d'une utilisation diversifiée des plantes (Newton, comm. pers.).

En ce qui concerne les animaux, les occupants ont exploité de nombreuses espèces dans différents écosystèmes, en pratiquant toutefois une sélection par le choix des espèces mais aussi des individus qui sont majoritairement sub-adultes (Fig. 5.8). Il semble que l'acquisition de ces animaux ait avant tout été alimentaire avec une consommation immédiate sur le site comme en témoigne la présence de foyers. Toutefois, on peut également supposer qu'une partie des carcasses était conservée par fumage ou boucanage pour une utilisation ultérieure.

Enfin, les études préliminaires de l'industrie lithique ont révélé que le débitage était fait *in situ*. La présence d'un important gisement d'obsidienne à quelques dizaines de kilomètres du site suggère que l'approvisionnement en matière première lithique ait pu être également une des raisons de la venue de cette population dans la région.

Quelles qu'aient été les motivations des occupants, il semble que l'utilisation du site a été ponctuelle et aucun élément stratigraphique ou matériel ne nous indique que le retour des hommes était saisonnier. Les éruptions volcaniques récurrentes, attestées sur le site par les nombreuses couches de tephra, ont pu être un des facteurs de départ des populations et probablement aussi un frein à leur retour. Après une éruption, l'environnement devait mettre un certain temps à se reconstruire, et donc à être propice aux retours des populations animales puis humaines. Les changements paléoclimatiques ont pu aussi influencer des comportements humains en rendant cette région moins profitable.

En définitive, le site de Moche Borago est marqué par une très grande inertie tout au long de son occupation. Les spectres de faune, comme l'industrie lithique, ne montrent que peu d'évolution. Le seul changement majeur est l'apparition de la céramique au cours de la phase 2. Elle témoigne peut-être de contacts avec de nouvelles populations localisées dans les basses terres, bien que le manque de matériel de comparaison ne nous permette pas de rattacher cette production à un quelconque groupe régional (Gutherz *et al.*, 2002). Si les occupants de Moche Borago semblent donc avoir adopté la céramique vers 2 500 BP, ils n'ont pas changé leur économie alimentaire pour autant. Les animaux domestiques sont en effet complètement absents des assemblages, même les plus récents.

Deux hypothèses peuvent venir expliquer ce fait. La première est que les occupants de Moche Borago devinrent

[1] Nous avons vu, en effet, que la comparaison entre les variations paléoclimatiques et les pourcentages de la faune des milieux semi-arides nous permet de place la Phase 1 Ancienne vers 7 000-7 500 BP (Chapitre 8).

bien des pasteurs, à partir d'une période qu'il est pour l'instant impossible de définir. Ils seraient alors venus de façon ponctuelle à Moche Borago pour faire paître leur troupeau tout en profitant de la richesse des ressources sauvages pour ne pas puiser dans le cheptel. Ce dernier pouvait toutefois leur apporter quelques compléments alimentaires comme le lait. Ce schéma est cependant difficile à admettre car aucun élément n'évoque une économie de production. « Or, dans toutes les régions du monde où l'utilisation temporaire et spécialisée de ce genre de site est attestée et où elle s'inscrit dans un système d'occupation comprenant des villages de base, les traces matérielles reflètent d'une façon ou d'une autre le statut économique de ceux qui l'ont fréquenté. En outre, comme nous avons pu le constater encore récemment au Somaliland, les grottes spacieuses et les abris-sous-roche sont très souvent utilisés comme bergeries par les éleveurs » (Gutherz, 2003, p. 154).

La seconde hypothèse est que cette région d'Ethiopie, montagneuse et très riche, pouvait constituer un isolat environnemental et culturel où l'influence des populations pastorales n'a joué que très tardivement. Cette situation expliquerait la très forte inertie culturelle du site où, mis à part l'arrivée de la céramique, très peu de changement sont survenus durant une occupation récurrente sur plusieurs millénaires. Nous aurions alors affaire à une population mobile de chasseurs-cueilleurs revenant ponctuellement dans cette région pour y exploiter les ressources sauvages.

9.2. Akirsa

9.2.1. Statut des espèces

La faiblesse numérique de l'assemblage de ce site de même que son mauvais état de conservation ne nous offrent qu'une image très floue du statut des espèces représentées et, d'une manière plus générale, du statut du site.

Au niveau de l'évolution des spectres, nous avons vu qu'aucun changement significatif n'était perceptible au cours de la séquence et que la représentation des parties squelettiques ne nous livre aucune information sur les conditions d'exploitation des animaux.

On peut supposer que les deux taxons sauvages (*Gazella* cf. *soemmeringi* et Suidae) ont été chassés dans un but alimentaire. Le statut des Bovini est plus difficile à discuter car, d'une part, il ne nous a pas été possible de déterminer s'il s'agit de bœuf ou de buffle et, d'autre part, les vestiges provenant du sol 3 (c'est-à-dire le plus ancien : 2080 ± 30 BP), ont été trouvés en association avec une figurine de boviné qui, d'après les comparaisons, semble domestique (Poisblaud, 2002). Cette découverte est unique pour le sud éthiopien et pourrait attester de la présence de l'élevage dans cette région dès la fin du 1er millénaire avant J.-C.

Toujours est-il que le fait que les Bovini soient le seul taxon présent dans le sol 1 témoigne peut-être d'un changement de stratégie alimentaire au cours de la période plus récente. Les occupants qui précédemment se procuraient de la nourriture par la chasse et peut-être l'élevage, semblent s'être alors limités à une espèce chassée ou uniquement au produit de l'élevage.

9.2.2. Fonctionnalité du site

Pour le site d'Akirsa., il semble que nous avons affaire à des occupations répétées qui s'étendent sur une période assez longue (plus d'un millénaire) sans qu'aucun phénomène de saisonnalité n'ait pu être observé. La position du site au milieu de la forêt et en surplomb d'une petite rivière en fait un excellent guet pour la chasse à l'affût. De plus, la présence de nombreux foyers, des vestiges osseux d'animaux sauvages et des pièces lithiques correspondant très probablement à des armes de jet, suggère que l'abri a été utilisé comme halte de chasse par un groupe dont il est difficile d'évaluer l'importance (Bouakaze-Kahn et Poisblaud, 2002).

Enfin, reste le problème de la figurine et des gravures de bovinés qui pourraient suggérer une occupation non par des chasseurs mais par une population d'éleveurs venus faire paître leur bétail dans des terres riches pendant qu'ils exploitaient temporairement les ressources sauvages locales. Cette fois cependant cette stratégie ne semble pas aller de pair avec un comportement saisonnier comme à Asa Koma.

Dans tous les cas, il faudra attendre la poursuite des fouilles sur ce site pour avoir confirmation ou non de la présence d'animaux domestiques car, la stratigraphie étant complexe, des recalages chronologiques bouleverseront peut-être les résultats actuels.

9.3. Asa Koma

9.3.1. Statut des espèces

La très nette domination des restes de *Clarias* et de Tilapinii témoigne de l'importance de ces espèces au sein de l'économie du site. Ces résultats sont confirmés par les données provenant des indices de diversité et de richesse. Ce dernier nous offre un résultat de 3,43 témoignant de la bonne richesse taxinomique du site. En revanche, l'indice de diversité, avec 1,09, est très faible, attestant d'une forte spécialisation sur un taxon, en l'occurrence les Tilapinii. D'après les analyses portant sur la distribution de ces restes ainsi que leur association avec des foyers, ces animaux étaient pêchés dans un but alimentaire en vue d'une consommation immédiate ou différée (Van Neer et Lesur, 2004).

Parmi les mammifères, les Canidae, probablement un chacal, dominent sans conteste le spectre. Comme nous l'avons vu précédemment, les fréquences des parties squelettiques présentent des déficits partiellement attribuables à la dégradation post-dépositionnelle qui complique la reconnaissance des éventuels choix anthropiques (Fig. 6.8). Il semble malgré tout que la totalité des carcasses des animaux ait été apportée sur le site. Les raisons de cet apport peuvent être multiples. D'une part, leur acquisition peut correspondre à un besoin alimentaire. Ainsi, malgré les déficits dus à la dégradation taphonomique, il semble que nous ayons une relativement bonne représentation des membres et donc des parties charnues de l'animal. Par ailleurs, 7% des restes de

Canidae présentent des brûlures d'extrémités, attestant d'une cuisson par rôtissage. D'autre part, le léger déficit des phalanges pourrait suggérer un traitement des peaux pour lequel les extrémités sont parfois laissées au sein des peaux jusqu'au moment du tannage à proprement parlé. Enfin, le chacal étant un prédateur parfois charognard, il a pu être chassé en vue de la protection du site, des denrées (poissons séchant, par exemple) et de ces habitants.

Les bovinés possèdent un statut un peu particulier car ils représentent la seule espèce domestique assurée sur le site. Leur faiblesse numérique au sein de l'assemblage suggère deux hypothèses. Elle peut être due soit à la présence d'un nombre réduit de bovins au sein de cette communauté, soit à un abattage des animaux restreints à des conditions particulières, voire de type catastrophique. Il semble, en effet, qu'au sein de l'économie alimentaire du site, l'ichtyofaune soit largement prépondérante, les autres taxons ne devant apporter que des ressources complémentaires. L'abattage des bovins ne devait donc pas être primordial pour la consommation, d'autant moins qu'en tant qu'animaux domestiques, ils pouvaient être exploités pour la production de lait ou de sang. Nous pouvons donc envisager des circonstances exceptionnelles pour leur abattage voire leur consommation, comme la mort d'un animal de maladie ou de vieillesse, si nous avons affaire à une population d'éleveurs, ou encore le vol de quelques bœufs à un groupe pastoral, si les occupants d'Asa Koma étaient uniquement chasseurs/pêcheurs. Les données sur l'âge des animaux abattus n'apportent guère plus de détails. Parmi les 3 individus présents, nous trouvons un sub-adulte et deux adultes ce qui ne permet pas de mettre en évidence une éventuelle stratégie d'acquisition.

Une dernière hypothèse envisageable serait l'association de ces animaux avec les sépultures humaines trouvées au sein du site. Les comparaisons avec les données du site de Tiya (Lesur, sous presse.) nous permettent en effet de supposer un abattage des animaux lié à ces tombes, peut-être dans le cadre d'un sacrifice au moment de l'inhumation des corps.

Quelles que soient les raisons de l'abattage de ces bovins, la présence de toutes les grandes régions squelettiques au sein de l'assemblage (Fig. 6.9) atteste de l'apport et du traitement des animaux sur le site. Il est difficile cependant d'appréhender l'utilisation de ces individus. La répartition des parties squelettiques est en effet très disparate et l'absence complète de certains os des membres pourrait être le reflet de l'action des processus taphonomiques et de la forte fragmentation. Toutefois, la présence de quelques traces de brûlures d'extrémités ainsi que de fracturations dues à des percussions sur os frais suggèrent une consommation au moins de certaines parties. Enfin, le tannage des peaux est suggéré par une sur-représentation des extrémités et notamment des phalanges.

L'équidé d'Asa Koma (*Equus* cf *asinus*), bien qu'il ne soit représenté que par quelques restes, possède, lui aussi, un statut particulier. Nous avons vu qu'il pourrait s'agir d'un âne domestique. Si tel est le cas, on imagine encore une fois un abattage ne reflétant pas sa position au sein de l'économie du site mais plutôt dû à des causes exceptionnelles. Il est en effet très rare de trouver de l'âne sur les sites archéologiques africains (Marshall, 2003). Cela est en partie dû au fait que l'âne n'est que rarement consommé même s'il semble que cela fut le cas à Kerma au cours du 3e millénaire av. J.-C. (Chaix et Grant, 1993). Il est plus généralement utilisé pour sa force de travail. Comme pour le bœuf, sa présence pourrait alors correspondre à la mort naturelle d'un animal ou à un vol.

Les bovidés sauvages, quant à eux, sont présents à travers trois espèces (guib harnaché, gazelle dorcas et dik-dik de Salt). Malgré la faiblesse numérique de leurs assemblages, le guib et la gazelle présentent une prépondérance des parties charnues des membres suggérant leur consommation. Pour le dik-dik de Salt, l'unique os le représentant n'a livré aucune information quant à son utilisation.

Un fragment de dent jugale d'hippopotame a été trouvé sur le site, suggérant l'utilisation de cet animal par les occupants. Toutefois, ce fragment présente un aspect très fossilisé, ce qui n'est pas le cas pour les autres vestiges fauniques, et pourrait provenir d'un des nombreux squelettes fossilisés affleurant dans toute la plaine du Gobaad. Les habitants d'Asa Koma ont en effet pu récupérer cette dent ainsi que d'autres restes dans un but artisanal ou autre.

Les autres mammifères représentés par le chat et le lièvre n'ont laissé que trop peu d'éléments pour que leur statut soit interprété, même si leur consommation est envisageable. L'avifaune ne se compose que de deux taxons. L'autruche n'est représentée qu'à travers des fragments d'œufs ainsi que de nombreuses perles. Cet animal était donc principalement exploité en vue d'une production artisanale liée à la coquille. L'autre taxon d'oiseau n'a pu être déterminé. Par ailleurs la faiblesse numérique de ces restes empêche toute hypothèse quant à son utilisation.

Il en va de même pour le crocodile dont le site n'a livré quasiment que des restes dentaires et quelques plaques dermiques. On peut uniquement suggérer que son utilisation était principalement artisanale grâce au travail de ses dents, voire de sa peau.

Enfin, les Gerbillidae, présents uniquement à travers deux fémurs, semblent le produit d'une pollution postérieure à l'utilisation du site, ainsi qu'en témoignent les traces de terriers trouvés sur ce dernier.

9.3.2. Fonctionnalité du site

Le seul cas avéré d'occupation saisonnière est celui d'Asa Koma. Ce sont à la fois la disposition très rythmée des couches cendreuses (Gutherz *et al.*, 1996) et la taille homogène des poissons pêchés (Van Neer et Lesur , 2004) qui suggèrent que les occupants soient venus de manière récurrente sur le site à une saison donnée, probablement la seconde saison des pluies. Les deux dates obtenues sur le site (GIF-7004 : 3440 ± 90 BP et GIF-8183 : 3510 ± 70 BP) montrent qu'il a été occupé sur un période relativement courte, de l'ordre de quelques dizaines d'années à un siècle.

9.3.2.1. *Fonction alimentaire*

Il semble que les occupants d'Asa Koma sont principalement venus pour la pêche dans l'oued et le lac environnant. Toutefois la présence de mammifères sauvages et domestiques atteste que les ressources alimentaires étaient variées et ne se limitaient pas à l'icthyofaune.

L'installation des hommes sur le site implique nécessairement une consommation *in situ* de ressources animales. Cette activité est attestée par les restes de faune présentant toutes les caractéristiques de rejets alimentaires mais aussi par les nombreux foyers en cuvettes. Aucune graine n'a été trouvée malgré le tamisage systématique. Toutefois, la présence de nombreuses meules témoigne peut-être de la préparation de farine à partir de tubercules bien que pour le moment aucun preuve de cette pratique ne soit attestée (Gutherz *et al.,* 1996).

Le second type de foyer (plat) de même que l'abondance des poissons suggèrent qu'une partie a pu être préparée en vue d'une conservation à long terme, même si pour l'instant les processus de cette activité ne sont pas encore connus en détail. D'après les données de Gasse (1975), le climat de l'époque devait être moins aride qu'aujourd'hui mais malgré tout suffisamment sec pour permettre un séchage des poissons au soleil. L'utilisation de foyers a donc pu permettre une accélération de ces processus (Van Neer et Lesur, 2004). Par ailleurs, il nous faut mentionner que les meules citées précédemment ont également pu servir à la fabrication de farine de poissons pour un usage différé. Néanmoins, les preuves de cette pratique, comme le broyage des vertèbres manquent totalement (Van Neer et Lesur, 2004).

9.3.2.2. *Fonction artisanale*

La présence de nombreux objets en os, œufs d'autruche et coquillages atteste d'une activité de production bien développée sur le site. Pour les autres artefacts, l'abondance des pièces lithiques en obsidienne de même que les nombreux fragments de meules basaltiques suggèrent qu'ils ont pu être produits sur place. La provenance de l'obsidienne est inconnue, « mais probablement régionale, plusieurs affleurements étant signalés sur les versants du graben » (Gutherz, 1996, p. 222). La plaine du Gobaad fait en effet partie d'un ensemble de grabens et de horsts basaltiques, et la récupération de l'obsidienne a pu être une des motivations de la venue de cette population. Pour l'instant, toutefois, le gisement d'origine de cette obsidienne n'a pas été trouvé et il est possible qu'il se situe en Ethiopie près des autres lacs de la région Afar, au Nord-Ouest du lac Abhé (Gutherz, comm. pers.).

9.3.2.3. *Les animaux domestiques.*

Enfin, il nous faut revenir sur le cas des animaux domestiques, à savoir le bœuf et peut-être l'âne. Deux cas de figure sont envisageables, impliquant des schémas d'occupation très différents.

La première hypothèse est que ces animaux témoignent de l'occupation du site par une population d'éleveurs. Quoi qu'il en soit des raisons de leur consommation, ces animaux ont peut-être été une des raisons de la venue des hommes sur le site. Nous avons vu en effet que la saison d'occupation semble correspondre à la saison des pluies, donc à un moment de l'année où la végétation, notamment dans la plaine entourant le site, devait être plus abondante fournissant aux éleveurs des lieux de pacage pour le bétail. Profitant de leur présence axée sur le pâturage des animaux, les hommes auraient alors centré leur alimentation sur l'acquisition et la préparation des ressources halieutiques abondantes en ce lieu. Les mammifères sauvages ne servaient alors que de compléments alimentaires et/ou artisanaux.

La seconde hypothèse serait que les occupants du site étaient encore des chasseurs, pêcheurs et cueilleurs qui ont pu de façon occasionnelle se procurer quelques bœufs provenant d'éleveurs présents dans la région. Toutefois, aucune information ne nous renseigne sur le mode d'acquisition de ces animaux : vol, échange, tribut, don… (Guille-Escuret, 1989). Dans ce cas de figure, les hommes seraient alors venus essentiellement pour les poissons et les autres ressources, alimentaires ou artisanales, se procurant de manière opportuniste quelques animaux domestiques pour la viande ou le lait.

Quoi qu'il en soit, ces animaux sont des preuves directes ou indirectes de la présence d'un élevage portant sur les bœufs, voire sur les ânes, dans la région dès le début du second millénaire avant J.-C.

En conclusion, les hommes d'Asa Koma sont venus sur le site de façon récurrente durant la saison des pluies dans un but alimentaire se traduisant par une forte exploitation des poissons mais aussi peut-être pour le pâturage des bœufs. Les autres ressources animales n'étaient certainement que secondaires dans l'alimentation mais ont pu représenter des matières premières attractives pour l'artisanat avec utilisation de la peau, des œufs et des os. Enfin, nous avons vu que la recherche de matière minérale comme l'obsidienne a pu également conditionner la venue des hommes à Asa Koma même si cette activité ne semble pas liée aux phénomènes saisonniers.

9.4. Hara Idé 2

9.4.1. Statut des espèces

Les espèces animales trouvées sur le site (exclusivement du poisson pour le locus 2 et majoritairement des mammifères pour le locus 3) semblent avoir un statut alimentaire. Leur association avec des foyers et du matériel lithique (ainsi que de la céramique dans le cas du locus 3) suggère une acquisition et une consommation de ces animaux sur place même si la distribution des parties squelettiques est trop disparate pour en être significative.

Toutefois, comme pour Ali Daba 2, les fragments de canine d'hippopotame pourraient témoigner d'une activité artisanale portant sur le travail de l'ivoire.

Enfin, aucun reste d'animal domestique n'apparaît dans les assemblages bien que leur présence ne puisse être complètement écarté.

9.4.2. Fonctionnalité du site

Les deux locus correspondent chacun à une occupation qui ne paraît pas contemporaine. Le locus 2 a en effet été daté vers le 19ᵉ ou le 20ᵉ siècle de notre ère alors que dans le cas du locus 3, si aucune datation radiométrique n'a pour l'instant réussi faute de collagène, la céramique semble typologiquement plus ancienne que celle d'Asa Koma, donc antérieure au 2ᵉ millénaire avant J.-C. (Gutherz, in Duday *et al.*, 2001).

La fonction principale de ces deux occupations semble avant tout l'acquisition de ressources alimentaires. Les données du locus 2 marquent une acquisition tournée principalement vers les ressources aquatiques provenant du lac Abhé ou des oueds environnants. La présence de nombreux foyers plats pourrait suggérer une préparation des poissons proche de celle d'Asa Koma, à savoir dans le but d'une consommation immédiate mais aussi différée peut-être par le recours à des techniques de fumage. Par ailleurs, ce type d'acquisition très spécialisé pourrait être le signe d'une venue au moment de la saison des pluies. Toutefois, ces hypothèses sont encore très spéculatives puisque l'échantillon est actuellement trop faible pour tenter une reconstruction de la taille des individus.

Dans le locus 3, l'alimentation carnée est caractérisée par les mammifères et notamment les bovidés sauvages. La présence de foyers en cuvette témoigne de la cuisson de ces ressources même si aucun des processus culinaires n'a pour l'instant pu être précisé.

9.5. Ali Daba 2

9.5.1. Statut des espèces

Si les espèces de tous les autres sites étudiés ici présentent un statut clairement alimentaire, la situation de la fosse d'Ali daba 2 semble très différente. Quatre des onze taxons présents correspondent à des restes osseux ou dentaires travaillés. Nous trouvons ainsi une incisive de zèbre et une dent de crocodile percées, une canine d'hippopotame travaillée et enfin trois métatarsiens de lion dont les extrémités proximales sont perforées. Le statut de ces animaux est très intéressant, notamment pour les trois dernières espèces. Leur association n'a évidemment rien d'une coïncidence et si l'on regarde la liste d'espèces potentielles de la région, l'hippopotame, le lion et le crocodile sont parmi les plus dangereuses. La présence de ces animaux est donc probablement à mettre en relation avec le statut de la ou des personnes inhumées dans cette même fosse. Il n'a pas rare, encore aujourd'hui dans certaines régions de la Corne de l'Afrique, que les grands chasseurs soient inhumés avec un objet (sculpture de l'animal chez les Konso ou partie de l'animal chez les Gumuz) rappelant leurs exploits. Si ces animaux ont bien été chassés, leur mise à mort a pu être considérée comme un fait hautement méritoire qui a justifié leur présence au sein des sépultures. La trilogie hippopotame-lion-crocodile n'est pas d'ailleurs unique à Ali Daba 2, loin de là. Ainsi comme le rappelle Poplin (1992), la divinité égyptienne Thouréis est représentée sous l'aspect d'une femelle hippopotame avec des pattes de lion et une queue de crocodile. La réalisation d'objets de parures dans les ossements de ces animaux relève très certainement de la sphère symbolique au sein d'un rituel d'inhumation dont nous n'avons encore que très peu d'éléments.

Par ailleurs, la distribution des parties squelettiques de ces espèces et notamment des deux taxons dominants que sont le crocodile et l'hippopotame, montre très nettement une prépondérance des restes crâniens et dentaires, suggérant une sélection des parties anatomiques liée à l'artisanat plus qu'à l'alimentation. Cependant, on ne peut exclure que ces animaux aient été consommés même si cela ne semble pas avoir été leur vocation première.

Le reste du spectre de faune est composé de boviné, de bubale, de léopard, de chacal, de lièvre et des deux poissons: *Clarias* et Tilapinii. Le statut de ces animaux est plus complexe car aucun des ossements ne présente de trace liée à l'artisanat. Par ailleurs, la faiblesse des échantillons ne permet pas de mettre en évidence une répartition des parties squelettiques en rapport avec la consommation.

Dans tous les cas, leur association avec des restes humains confère à toutes ces espèces un statut qui est certainement d'un autre ordre qu'alimentaire ou artisanal.

9.5.2. Fonctionnalité du site

Le trait le plus frappant de cette structure est le regroupement dans une même fosse de nombreux ossements humains fracturés et carbonisés, d'une grande quantité de vestiges fauniques dont certains sont travaillés, de pièces lithiques et d'un pilon cylindrique en basalte.

Jusqu'à récemment, la fonction de cette fosse était totalement inexpliquée et la thèse de l'anthropophagie pouvait être envisagée même si aucun élément ne le démontrait strictement et si le profil des parties anatomiques des ossements d'animaux ne présentait pas un schéma lié à la consommation. La découverte, en janvier 2004, de deux autres structures situées à proximité d'Ali Daba 2 modifie considérablement cette hypothèse. Sur le site d'Ali Daba 3, à 50 m au sud d'Ali Daba 2, en effet, a été découverte une petite fosse contenant des restes humains fracturés et carbonisés (Duday, *et al.* 2004). Juste à côté se trouve un crâne de rhinocéros (*Diceros bicornis*) dont l'avant du crâne est fracturé et la corne semble manquer, même si l'on ne peut pas dire pour l'instant, si la fracturation du crâne est à lier avec la récupération de la corne puisque celle-ci est biodégradable. 40 m plus au Sud, se situe le site d'Ali Daba 10. Là encore, nous trouvons une petite poche contenant des restes humains et à proximité une plus grande fosse comportant au moins 7 dents d'hippopotames complètes (incisives et canines), un pendentif fait dans une canine (Fig. 7.15), un crâne de crocodile, des restes de bovidé, de nombreux ossements humains, de l'industrie lithique ainsi que trois mortiers fracturés en basalte. Bien que le matériel et sa disposition au sein de la fosse n'aient pas encore été étudiés, il semble que l'agencement des vestiges, et notamment des dents d'hippopotame, corresponde à un schéma particulier, peut-être d'ordre rituel (Duday *et al.*, 2004).

La probable contemporanéité de la fosse d'Ali Daba 2 avec celles d'Ali Daba 3 et d'Ali Daba 10 suggère que cette structure n'est pas unique mais qu'elle reflète peut-être une pratique funéraire récurrente et complexe que la suite des analyses, notamment anthropologiques et archéozoologiques, permettra peut-être d'éclaircir.

9.6. Conclusion

En conclusion, il semble que nous soyons en présence de deux modèles d'occupation des sites très distincts (Fig. 9.5).

On observe d'une part les sites à occupation temporaire, unique ou répétée, qui ne semblent pas avoir fonctionné de façon saisonnière (Moche Borago, Akirsa, Hara Idé 2). Ils sont marqués par l'absence d'animaux domestiques et, semble-t-il, de plantes cultivées. Leur fonction paraît avant tout l'acquisition de ressources animales dans un but alimentaire voire artisanal. La production d'artefacts semble principalement portée sur l'industrie lithique avec peut-être une acquisition des ressources inorganiques locales. La céramique n'apparaît que tardivement (1er millénaire avant J.-C. pour Moche Borago et Akirsa). Il semble donc que nous soyons en présence de populations mobiles et opportunistes de chasseurs-cueilleurs exploitant leur environnement au grès de leur besoin et des ressources disponibles. Le cas d'Ali Daba 2 est plus complexe car sa fonction s'inscrit très probablement dans un cadre rituel dont nous ne possédons encore que trop peu d'éléments pour en comprendre tous les aspects.

D'un point de vue chronologique, les sites éthiopiens, notamment celui de Moche Borago, sont marqués par une forte inertie puisque la fonctionnalité des sites ne semble pas évoluer tout au long de leur occupation qui s'étend entre le 6e millénaire avant J.-C. et le 1er millénaire de notre ère pour Moche Borago et entre le 2e siècle avant J.-C. et le 8e siècle après J.-C. pour Akirsa. En revanche, les sites djiboutiens d'Hara Idé 2 (locus 3) et d'Ali Daba 2 nous renvoient à des périodes relativement anciennes (entre le 4e millénaire et le 2e millénaire avant J.-C.) et leur occupation semble unique.

Le second modèle d'occupation n'est représenté ici que par le site d'Asa Koma et marque une évolution chronologique puisqu'il s'agit du plus récent des sites djiboutiens (Fig. 9.5).

Il est cette fois marqué par une occupation saisonnière répétitive mais concentrée sur un court laps de temps. On observe alors la présence d'animaux domestiques (bovins et peut-être âne) et d'une abondante céramique. En plus de cette dernière, la production artisanale porte sur l'industrie lithique, le matériel de mouture, les poids de filets et la fabrication d'objets de parure en matière animale. Elle est donc très diversifiée. Les pratiques funéraires sont elles aussi bien développées et semblent répondre à un schéma récurrent illustré par les trois sépultures trouvées sur le site.

Même si le statut d'éleveurs des occupants de ce site n'est pas assuré, nous sommes en présence d'une population aux traits économiques et culturels très différents de ceux des autres sites. La mobilité semble plus standardisée et répétitive attestant d'une bonne connaissance des cycles saisonniers et d'une stratégie très ciblée portant d'une part sur l'exploitation des poissons et d'autre part sur un probable pâturage des bovins.

En définitive, deux facteurs sont potentiellement responsables de ces deux types d'occupation. Le premier est d'ordre climatique. Nous avons vu, en effet, que l'aridification du climat a particulièrement touché les basses terres de la Corne de l'Afrique et cela dès le 4e millénaire BP (Gasse *et al.*, 1980 ; Williams et Adamson, 1980 ; Benvenuti *et al.*, 2002). Nous avons ainsi vu que, pour les sites plus anciens comme celui d'Ali Daba 2, daté du début du 4e millénaire avant notre ère, la liste de faune offre l'image d'un environnement plus humide avec la présence de taxons de savane arborée (lion, léopard, zèbre, bubale) et de milieux aquatiques (crocodile, hippopotame) que nous ne retrouvons pas à Asa Koma, 1 500 ans plus tard. De plus, il semble que la rythmicité des saisons n'était pas encore en place et ne devait donc pas influer sur les modes de déplacements des populations. D'après Marshall (1990a), le système bimodal des saisons des pluies se serait installé dans l'Est africain, il y a environ 3 000 ans. Le site d'Asa Koma aurait donc été occupé 500 ans avant, à une époque où l'on peut supposer que l'alternance des saisons était déjà marquée, comme nous l'ont montré les stratégies de pêche très ciblées (Van Neer et Lesur, 2004). En raison de la diminution des ressources et de leur disponibilité plus saisonnière, les occupants d'Asa Koma, à l'instar des nomades actuels, ont dû s'adapter en optant pour une stratégie alimentaire plus spécialisée et moins opportuniste. A l'opposé, le plateau éthiopien a, semble-t-il, été moins touché par l'aridification de l'Holocène moyen, comme nous l'a montré notamment la très faible évolution du spectre de faune de Moche Borago. Ce site, et probablement celui d'Akirsa, sont donc marqués par une forte inertie culturelle et économique qui pourrait refléter, dans une certaine mesure, la continuité dans l'abondance des ressources naturelles.

Le second facteur, qui est consécutif au premier, concerne les animaux domestiques. Leur présence, en effet, a pu pousser les hommes à s'adapter aux besoins des animaux et donc à suivre des déplacements en quête des pâturages disponibles selon les saisons. Ce postulat nous entraîne maintenant vers le problème de l'arrivée et de la diffusion du pastoralisme dans la Corne de l'Afrique.

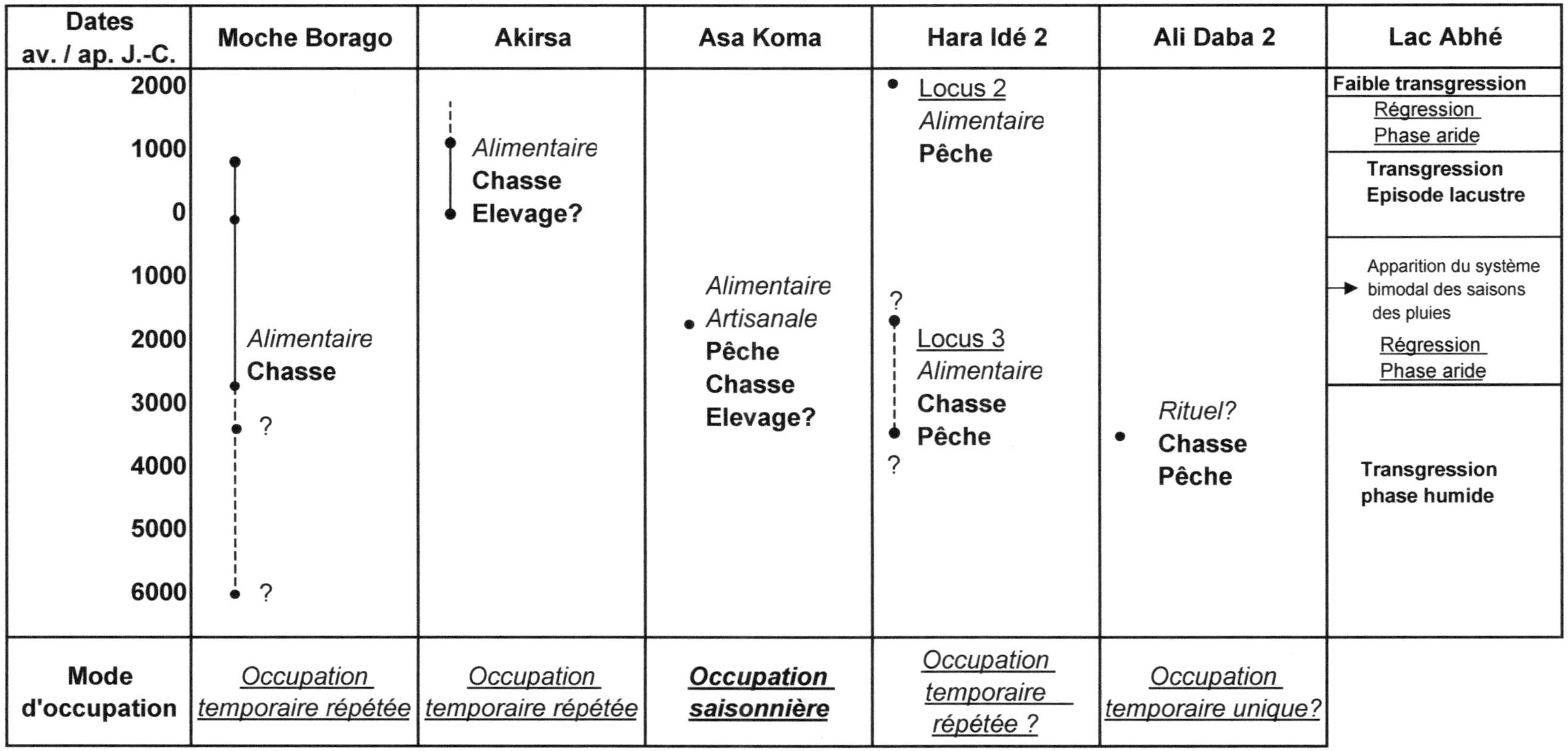

Fig. 9.5 : Fonctionnalité des sites étudiés dans ce travail selon la chronologie et les grandes phases climatiques marquées par les évolutions du lac Abhé (d'après Gasse, 1975) et l'apparition du système bimodal des saisons des pluies (Marshall, 1990a). *Principale fonction du site* ; **mode d'exploitation des animaux**.

Chapitre 10. Les débuts du pastoralisme dans la Corne de l'Afrique

Les analyses menées au cours des chapitres précédents nous ont montré que les assemblages fauniques de la plupart des sites étudiés ne sont composés que d'animaux sauvages. Seul le site d'Asa Koma a livré quelques restes de bœufs domestiques et peut-être d'âne. A l'exception du site d'Ali Daba 2 dont la fonction paraît avant tout rituelle, la fonctionnalité de tous les autres sites semble alimentaire et d'une manière secondaire, artisanale. Les résultats nous ont également montré que les groupes humains qui utilisaient ces sites ne les occupaient que de façon temporaire, répétée ou non, avec des stratégies opportunistes pour l'exploitation des ressources naturelles. Encore une fois, le site d'Asa Koma présente une schéma différent avec un mode d'occupation saisonnier, récurrent qui porte sur une exploitation très ciblée des poissons. L'acquisition des autres animaux sauvages ne semble que secondaire et peut-être dans un but non-alimentaire comme le suggère la mise en évidence des pratiques de récupération de la peau. Dans ce contexte, le statut des animaux domestiques semble à part, avec une utilisation conjointe d'ordre alimentaire et funéraire.

Dans la question relative à l'émergence du pastoralisme, nous avons ainsi pu mettre en évidence la présence du bœuf dans la plaine du Gobaad dès le 2e millénaire avant notre ère, mais une absence complète d'animaux domestiques dans les montagnes du Wolayta, tout du moins à Moche Borago, jusqu'au milieu du 1er millénaire après J.-C.

A partir de ces constats, nous allons tenter l'élargir la réflexion sur les débuts de l'élevage dans la Corne de l'Afrique et sur les processus de néolithisation d'une manière générale. Nous commencerons par passer en revue toutes les types de données susceptibles d'apporter des informations (ostéologie, ostéométrie, génétique et art rupestre), avant de proposer quelques hypothèses conclusives.

10.1. Le bœuf dans la Corne de l'Afrique

10.1.1. Données ostéologiques

Pour la période Holocène, il semble qu'il n'y ait pas eu d'aurochs (*Bos primigenius*) autochtone dans la Corne de l'Afrique (Grigson, 2000). Ce constat est particulièrement important pour deux raisons. D'une part, cela implique que la détermination des Bovini se fera entre deux espèces : le buffle (*Syncerus caffer*) et le bœuf domestique (*Bos taurus*). D'autre part, on peut tout de suite rejeter l'hypothèse d'une domestication locale du bœuf puisque son ancêtre sauvage est absent de la région. La présence du bœuf signifie obligatoirement un apport extérieur dont nous essayerons dans la suite de ce chapitre de comprendre les modalités.

Toutes les données ostéologiques actuellement disponibles sur la présence du bœuf (et des autres animaux domestiques) dans la Corne de l'Afrique sont présentées dans le tableau 10.1. Ainsi que nous pouvons le voir, les données sont rares et soulèvent souvent des doutes quant à la détermination de la faune ou à la datation du site. Par ailleurs, il nous faut signaler que cette liste n'est pas exhaustive et qu'elle ne présente que les sites ayant fourni les plus anciennes preuves pour chaque espèce, de même que les sites sur lesquels nous avons travaillé dans le cadre de cet ouvrage (Chapitres 4, 6 et 7).

Si nous regardons en détail, le plus ancien site ayant livré des restes de bœuf de façon assurée est celui d'Asa Koma à Djibouti (Guérin et Faure, 1996 et Chapitre 4), daté du début du 2e millénaire avant J.-C. Deux autres sites, situés dans l'Est de l'Ethiopie et datés de la même époque, ont également fourni des restes de bovins domestiques. Il s'agit des sites de Lake Besaka (Brandt, 1980, 1984 ; Brandt et Carder, 1987) et de Laga Oda (Clark et Prince, 1978, Clark et Williams, 1978). Cependant, dans les deux cas, les échantillons de faune sont très réduits et la détermination a été réalisée sur des fragments de dents, ce qui limite fortement la fiabilité de ces résultats. Nous avons vu en effet (Chapitre 4) que les critères dentaires de distinction des genres *Bos* et *Syncerus* sont très limités, d'autant plus lorsqu'il s'agit de fragments et non de dents complètes. A Laga Oda, Clark (1988) mentionne également la présence de fragments de phalanges de bovins, sans en préciser les conditions de détermination. Une révision des ossements de ces sites est donc envisagée, malgré l'incertitude de la localisation actuelle du matériel (Brandt, comm. pers.).

Bien que les déterminations semblent fiables, il est difficile de prendre en considération les données des sites de Quiha et du Temben car les datations absolues sont soit inexistantes, dans le cas de Quiha, soit non validées pour l'instant dans le cas du Temben (Marshall, comm. pers.).

En comparaison, dans les régions périphériques de la Corne, les restes de bovins proviennent de sites beaucoup plus anciens. Ainsi, on en trouve dès le 4e millénaire avant J.-C. au Soudan, vers la fin du 3e millénaire avant notre ère au Kenya (Marshall, 2000) et dès le 5e millénaire avant J.-C. au Yémen (Cleuziou *et al.*, 1992). Même si cela ne concerne pas directement les pays voisins, les sites égyptiens de Nabta Playa et Bir Keiseiba sont particulièrement intéressants car il semblerait qu'ils aient livré des restes de bovins dès le 8e millénaire avant notre ère (Gautier, 2001). D'après les critères morphoscopiques osseux et dentaires, les quelques restes attribuables aux bovinés appartiendraient clairement au genre *Bos* et non *Syncerus* (Gautier, *ibid.* p.628). Cependant, la distinction entre le bœuf domestique (*Bos taurus*) et l'aurochs (*Bos primigenius*) ne s'appuie pas, quant à elle, sur des critères morphologiques ou métriques mais uniquement sur les données paléoécologiques.

Pays	Site	Date	Référence	*Bos* sp.	Caprinae	*Equus asinus*	*Canis familiaris*	*Camelus dromedarius*	*Gallus domesticus*
Djibouti	Asa Koma	~3500 BP	Guérin et Faure, 1996 ; Ce travail	X		O			
Ethiopie	Lake Besaka	~3500 BP	Brandt, 1980,1984 ; Brandt et Carder, 1987	O					
Ethiopie	Laga Oda	~3500 BP	Clark et Prince, 1978 ; Clark et Williams, 1978	O					
Ethiopie	Quiha	***~2000-4000 BP***	Clark, 1988	X		O			
Somalie	Gogoshiis Qabe	***<3500 BP***	Brandt et Carder, 1987	O	O				
Ethiopie	Temben	***~3000 BP***	Negash, 2001	X					
Ethiopie	Lalibela	8e-5e s. av. J.-C.	Dombrowski, 1971	X	X				
Ethiopie	Biéta Giorgis	6e s. av. J.-C. - 8e s. ap. J.-C.	Fattovich et Bard, 1998	X	X		X		
Ethiopie	Tiya	12e s. ap. J.-C.	Lesur, sous presse	X					
Ethiopie	Laga Oda	14e-17e s ap. J.-C.	Clark et Prince, 1978 ; Clark et Williams, 1978					X	
Ethiopie	Gotcha-Chirayo	19e s. ap. J.-C.	Lesur, accepté	X	X				X
Ethiopie	Gotcha-Ayenna	19e s. ap. J.-C.	Lesur, accepté	X	X				

Tabl. 10.1 : Témoignages archéozoologiques des différents animaux domestiques dans la Corne de l'Afrique. (Localisation des sites sur la figure 2.4) ***1 000 BP*** : datation relative mais pas absolue ; **0** : détermination possible mais non validée

Deux points principaux sont mis en avant. D'une part, le cortège de faune qui accompagne le bœuf sur ces sites (principalement lièvre et gazelle dorcas) montre clairement un milieu très aride. D'autre part, dans tous les sites nord-africains, il semble que l'aurochs soit toujours accompagné de bubale, absent sur ce site (Gautier, *ibid.* p. 629). Ces arguments ont souvent été débattus et comme le souligne Grigson "*this,..., cannot be sustained – in such small samples absence of certain animals cannot be taken as significant – absence of proof is not the same as proof of absence*" (Grigson, 2000, p.48). La question d'une arrivée très précoce du bœuf dans l'Est saharien reste donc encore ouverte et, même si l'hypothèse de Gautier est séduisante, il faudra attendre de nouvelles données pour confirmer ou non cette idée. A titre de comparaison, on ne trouve du bœuf au Sahara central qu'à partir du 5e millénaire avant J.-C.(Hassan, 2000).

10.1.2. Données de la génétique

10.1.2.1. Une domestication africaine de Bos taurus?

Depuis plus d'une dizaine d'années, les recherches génétiques sur la diversité des bovins actuels se sont multipliées et ont permis d'élaborer de nouvelles hypothèses sur l'origine et les modes de diffusion des bovins. Les principales méthodes utilisées sont : la comparaison des séquences provenant d'ADN mitochondrial, celles des séquences du chromosome Y et l'analyse extensive des loci microsatellites (Cunningham, 2000).

Le premier grand résultat a été la mise en évidence de la profonde bipartition dans la phylogénie de l'ADN mitochondrial de bovins qui est indicative d'une part d'une divergence pré-domestique, avant 100 000 ans, entre les deux formes d'aurochs (*Bos primigenius*) : l'européenne et la moyen-orientale, d'autre part du diphylétisme des bovins domestiques actuels (Loftus *et al.*, 1994 ; Bradley *et al.*, 1996). Il y aurait ainsi eu au moins deux foyers de domestication des bovins: un au Proche-Orient et un au Moyen-Orient, probablement dans la vallée de l'Indus.

Une des conséquences de la présence de deux foyers de domestication a été l'émergence de deux types de bovins domestiques : le bœuf taurin (*Bos taurus*) et le bœuf zéboïde (*Bos indicus*). Ils se distinguent morphologiquement par la présence d'une bosse cervico-thoracique ou thoracique chez le zébu qui n'existe pas chez le bœuf taurin. Hanotte *et al.* (2000), ont par ailleurs montré que les mâles taurins et zéboides peuvent être aisément distingués du point de vue moléculaire en utilisant un marqueur microsatellite polymorphique spécifique du chromosome *Y*.

Par la suite, plusieurs études se sont portées sur le bœuf africain dont l'origine est encore peu claire, partiellement en raison de l'hybridation de *Bos taurus* et de *Bos indicus* au sein des différentes races. Les premières études sur le sujet ont montré certaines différences dans les haplotypes entre le bœuf européen et le bœuf africain (Loftus *et al.*, 1994 ; Bradley *et al.*, 1996 ; MacHugh, 1996) suggérant un possible foyer de domestication africain. Plus récemment, Bradley et Loftus (2000) ont estimé, par la construction d'arbre phylogénique des séquences ADN mitochondrial et le calcul du degré de divergence de ces séquences dans les continents africains et européens, que l'âge de l'ancêtre commun le plus récent serait situé autour de 22 000 BP. Cela tendrait donc à montrer qu'il y aurait eu un foyer indépendant de domestication en Afrique. Cependant, les auteurs précisent que l'estimation de l'âge de cet ancêtre est encore mal définie et qu'elle pourrait être beaucoup plus récente, voire postérieure à la domestication proche-orientale.

Une autre étude (Troy *et al.*, 2001) se fondant toujours sur l'analyse extensive de séquences individuelles provenant de races bovines actuelles européennes, proche-orientales et africaines, a mis en évidence que la diversité des séquences africaines est regroupée autour d'un haplotype qui est absent des échantillons européens et très faiblement rencontré dans les séquences d'Anatolie et du Proche-Orient. Ces nouveaux éléments viennent donc renforcer la thèse de la domestication africaine, même si les divergences sont trop faibles pour être significatives. Par ailleurs, ces résultats n'éliminent en rien l'éventualité que le noyau africain soit issu d'une branche originale des bovins domestiques du Proche-Orient (Bradley, comm. pers.). Dans la continuité de ces recherches, un étude récente a comparé les séquences d'ADN actuel avec celui d'ADN fossile provenant d'Europe, du Proche–Orient et d'Afrique. (Edwards *et al.*, 2004). Il apparaît que les données actuelles et anciennes d'Afrique sont assez éloignées de celles du Proche-Orient et de l'Europe et principalement marquée par l'haplotype T1 (Fig. 10.1).

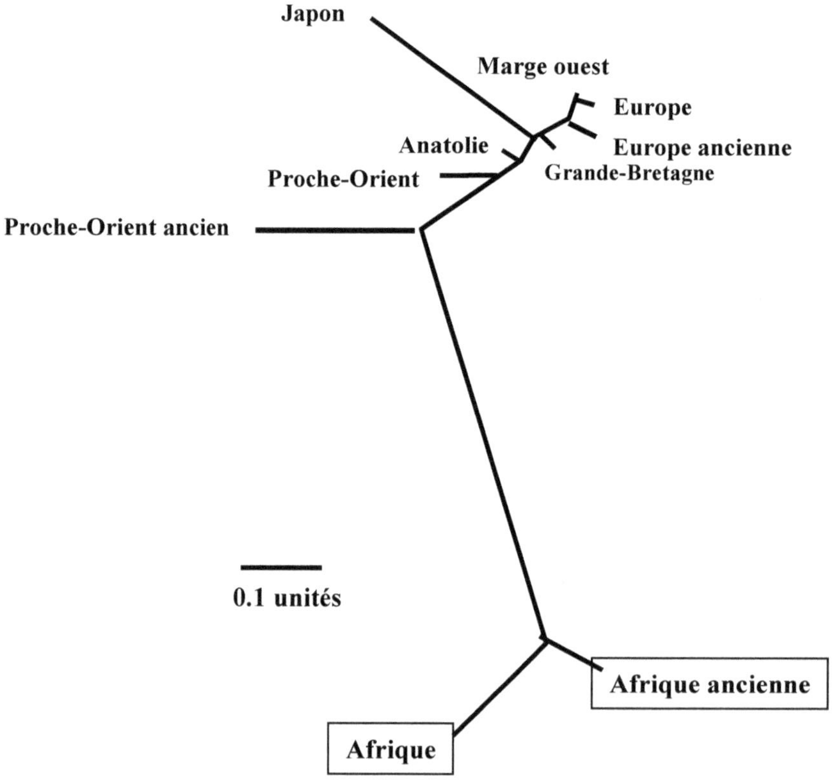

Fig. 10.1 : Arbre phylogénétique présentant les distances génétiques entre les groupes anciens et actuels. L'échelle représente les unités de distance génétique et est dérivée de la matrice de comparaison originelle.(D'après Edwards *et al.*, 2004)

Enfin, la plus récente analyse publiée (Hanotte *et al.*, 2002) porte sur l'étude de la variabilité des microsatellites autosomaux avec le calcul des degrés de divergence des différentes races bovines traités par analyse en composantes principales. Les résultats apportent de nouvelles informations sur l'origine du bœuf taurin en Afrique mais aussi sur l'apparition et la diffusion du zébu, comme nous le détaillerons dans le paragraphe suivant. Les corrélations entre les séquences des bovins européens et proche-orientaux, d'une part, et celles des bovins africains, d'autre part, semblent se limiter à certaines zones géographiques du Nord et de l'Est du continent. Toutefois, la distribution de cette composante, très limitée géographiquement, suggère qu'elle a dû être secondaire à l'origine de pastoralisme africain. Enfin, les auteurs suggèrent que la domestication du bœuf africain a pu avoir lieu dans le Nord-Est africain puis diffuser vers l'Ouest et progressivement gagner le Sud via l'Est du continent.

10.1.2.2. Apparition et diffusion des zébus

D'après les données archéozoologiques et morphologiques, il semble que le zébu ait gagné le continent africain par l'Est, soit par le Sinaï, soit par la Corne de l'Afrique, *via* la péninsule arabe ou directement d'Inde par la voie maritime. Plusieurs études génétiques ont été réalisées ces dernières années pour comprendre quelle est la part du zébu dans les différentes races de bovins africains actuels et quelles peuvent en être les implications sur son arrivée et sa diffusion en Afrique (Loftus et Cunningham, 2000 ; Hanotte *et al.*, 2002). Loftus et Cunningham (2000) ont mené deux types d'analyses : une portant sur l'ADN mitochondrial et l'autre, sur les haplotypes du chromosome Y. Toutes deux ont été réalisées sur des races de bovins actuelles d'origines variées qui comprennent des races taurines, des sangas (hybride africain de taurin et de zébu) et des zébus. A première vue, les résultats apparaissent contraires. L'ADN mitochondrial, en effet, ne montre que très peu de différences entre les races de taurin européennes et de zébu africaines alors que les haplotypes du chromosome Y démontrent une très nette divergence entre les animaux avec ou sans bosse. Cette apparente contradiction résulte du fait que l'ADN mitochondrial est transmis par la lignée maternelle alors que celui du chromosome Y l'est par les lignées paternelles.

Selon les auteurs, la difficulté d'accès au continent africain par la mer Rouge ou le Sinaï a limité les importations massives de zébus, tout du moins dans un premier temps. Il est donc possible que les migrants ou les commerçants aient alors choisi de n'introduire que des mâles, ce qui a permis une dissémination rapide des gènes de zébu. Toutefois cette explication n'est pas suffisante et il est difficile d'imaginer que l'introduction des caractères morphologiques du zébu même dans les périodes récentes ne se soit faite que par l'intermédiaire de mâles. De par son mode de transmission uniparental, l'ADN mitochondrial est très sensible aux variations démographiques. Ainsi, l'arrivée au compte-goutte des zébus n'a que peu marqué l'ADN mitochondrial des bovins croisés. Cette faible présence a donc pu être aisément effacée par les pertes stochastiques de lignée ou par les fréquentes épidémies telles celle de la peste bovine des années 1890 qui a décimé près de 90% du cheptel bovin est-africain (Faye, 1990). De fait, la prépondérance des chromosomes Y de type zébu serait due à la plus grande efficacité des mâles à transmettre leurs gènes (Loftus et Cunningham, 2000, p.257).

Hanotte *et al.* (2002) se fondent eux sur l'étude du polymorphisme de microsatellites autosomaux d'une cinquantaine de races bovines pour calculer les valeurs en composantes principales des variations génétiques entre ces races. Les valeurs de chaque population bovine ont alors été regroupées sur une carte pour montrer les tendances génétiques à l'échelle du continent (Fig. 10.2). Concernant les zébus, leur conclusion est double. D'une part, ils montrent très clairement que l'introduction du zébu s'est fait par la Corne de l'Afrique et les côtes orientales plutôt que par le Sinaï et que la part de *Bos indicus* au sein des races diminue lorsque l'on s'éloigne de la Corne de l'Afrique. D'autre part, il semble qu'il y ait eu deux modes de diffusion génétique du zébu, comme le montre la comparaison entre le degré de participation génétique du zébu dans les races taurines (*Bos taurus*) et zéboïdes (*Bos indicus*) et la distance à la Corne de l'Afrique. Il semble en effet qu'il y ait eu une première phase d'introgression lente qui a progressivement marqué les races taurines de l'ouest et du sud. Par la suite, une seconde vague a permis un développement rapide des races de zébu dans tout le continent et principalement dans l'Ouest et l'Est tropical. Il est impossible de placer chronologiquement ces évènements sans étude d'ADN fossile, mais il est possible que l'intensification de l'occupation arabe sur les côtes Est africaines dès les 7e siècle après J.-C. soit à l'origine de la seconde phase d'introduction du zébu. Une autre hypothèse possible est que cette seconde introgression soit beaucoup plus récente, fin 19e ou début du 20e siècle. En conséquence de la grande peste bovine qui a décimé les cheptels, les éleveurs ont pu alors choisir de se concentrer sur l'exploitation des zébus, espèces plus résistantes à ce type de maladie (Hanotte, comm. pers.).

En conclusion, les analyses génétiques faites sur les bovins africains actuels suggèrent fortement (mais ne démontrent pas) une domestication locale du bœuf taurin, peut-être dans le Nord-Est africain, puis une arrivée du zébu par la Corne de l'Afrique. Ces résultats sont toutefois peu nombreux à l'échelle du continent africain, d'autant que les témoins archéozoologiques ne sont pas en mesure pour l'instant de les confirmer ou de les infirmer. Il est donc encore probable qu'en Afrique le bœuf taurin soit originaire du Proche-Orient où on le trouve à l'état domestique dès le 9e millénaire avant notre ère (Vigne *et al.* 2000). Il faudra donc attendre la multiplication des données et surtout la prise en compte dans les analyses de l'ADN fossile pour apporter de nouveaux éléments de réponse à ces théories.

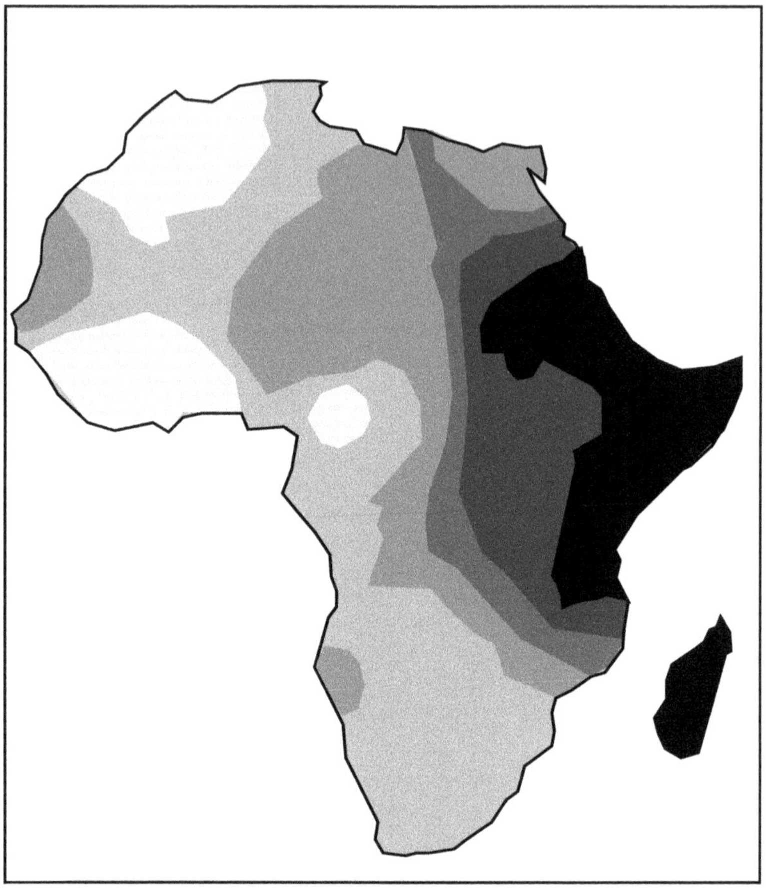

Fig. 10.2 : Carte synthétique illustrant la variation géographique des proportions de *Bos indicus* chez différentes races de bovins africains actuels ; les parties les plus foncées illustrent les races où cette proportion est la plus forte (modifiée d'après Hanotte *et al.*, 2002).

10.1.3. Données de l'art rupestre

10.1.3.1. Représentations de bovins et données zootechniques

Comme nous l'avons vu précédemment (Chapitre 2), les représentations rupestres concernent principalement les bovins domestiques et, même si quelques animaux sauvages sont parfois figurés tels que des girafes ou des antilopes (Joussaume, 1987, 1994), ils ne le sont que très rarement seuls. Nous avons vu également qu'ils n'est pas possible de regrouper ces représentations dans un même style même si des affinités ont pu être mises en évidence dans plusieurs régions du Nord-Est africain, de la Corne de l'Afrique et de l'Arabie.

Malgré ces différences, les plus anciennes phases de tous les sites, ou supposées telles, ont un point commun qui est l'absence représentations de bovins à bosse. Elle est confirmée par les résultats de la génétique à savoir que le premier bœuf élevé dans la Corne et, d'une manière plus générale, dans tout le Nord-Est africain, est un bœuf taurin (*Bos taurus*).

C'est à peu près le seul trait morphologique assuré que nous fournit ce type de données. En effet, tous les autres éléments, comme la taille au garrot, la longueur et la forme des cornes, la couleur de la robe ...varient beaucoup d'un site à l'autre et d'une époque à l'autre. Ces éléments pourraient suggérer des représentations de différentes races de bovins. Ainsi, comme le souligne Clutton-Brock : « *It (a breed) is a product of artificial choice of characters that are not necessarily strategies for survival but are favoured by humans for economic, aesthetic, or ritual reasons, or because they increase the social status of the owner of the animals.* » (Clutton-Brock, 1999, p.40). Par ailleurs, malgré l'importance culturelle et économique des bovins en Afrique, les pasteurs ne cherchent pas nécessairement l'uniformité des individus et des races, comme c'est le cas au sein des sociétés occidentales (Bradley, 2003). Un des traits les plus souvent mis en valeur est la conformation des cornes. Cette pratique semble d'ailleurs très ancienne comme le montre les cas de déformations volontaires des chevilles osseuses observés à Kerma au 2e millénaire avant notre ère (Chaix, 1996). La sélection des bovins figurés dans l'art pariétal, si elle a eu lieu, a donc peut-être porté sur la mise en valeur des différences d'ordre morphologique ou comportemental entre individus sans qu'il y ait eu pour autant la formation de race à proprement parlé. Toutefois, ces éléments ne suffisent pas à prouver l'existence ou non de plusieurs races puisque l'apparition des variations (morphologiques dans le cas qui nous occupent, mais aussi comportementales ou physiologiques) peut être due à la domestication sans qu'il y ait, initialement, une volonté de la part des éleveurs. Plusieurs études ont été menées sur ce sujet comme celle de Zohary *et al.* (1998) pour les moutons et les chèvres. De plus, la variabilité des représentations peut également correspondre à des différences culturelles d'ordre symbolique dont il est impossible d'appréhender la portée.

Finalement, par les seuls éléments de l'art rupestre, il est impossible de savoir si les différences sont uniquement d'ordre graphique ou si elles reflètent une évolution morphologique des bovins, qu'elle ait été voulu ou non.

En fait, les principales informations apportées par ce type de représentation sont d'ordre zootechnique. La présence très fréquente de troupeaux de bœufs et non d'individu isolé, atteste de la haute valeur symbolique de ces animaux mais peut-être aussi de leur importance dans l'économie de ces populations. Un autre point important est le soin particulier apporté, sur de nombreuses figures, à la représentation des pis de vaches, souvent très détaillés et surdimensionnés par rapport au reste du corps de l'animal. On peut ainsi citer les figurations de Laga Oda, de Sourré, ou encore de Ba'atti Sullum (Fig. 2.6a), Karin heegan et Chabbé (Fig. 2.7). Par ailleurs, on note la présence très occasionnelle de scènes de traite.

Ces figures attestent de l'intérêt porté à l'exploitation du lait dès les phases les plus anciennes de la représentation rupestre des bovins. La prépondérance des vaches au sein des troupeaux figurés suggère un élevage ciblé dans ce but. Il est à noter également que de nombreuses scènes représentent des veaux se nourrissant au pis (Ba'atti Sullum : Fig. 2.6a). Au contraire des caprinés, les vaches ont absolument besoin de la présence de leur petit pour produire du lait (Balasse *et al.*, 2000 ; Balasse, 2003) et la fréquence de ces représentations atteste donc d'une bonne maîtrise de cette technique par ces pasteurs. A l'instar de certains groupes nomades actuels, comme les Afars de l'Est de l'Ethiopie ou les Dassanetch du Sud-Ouest, ces populations pratiquaient peut-être un « pastoralisme d'autosuffisance dans lequel les animaux sont conservés pour satisfaire les besoins du groupe en lait (base de l'alimentation). » (Faye, 1990, p. 46). La viande et les autres produits animaux (peau, poil, corne, sang…) n'étaient alors utilisés que de manière occasionnelle.

10.1.3.2. La découverte du site de Las Geel et ses conséquences

En 2002, nous avons contribué à une mission de prospection au Somaliland (région Nord de la Somalie, ancienne colonie britannique autoproclamée « République du Somaliland » depuis 1991 : Fig. 1.1). En plus de nombreuses structures mégalithiques de type complètement inconnu dans cette région, l'équipe dirigée par Xavier Gutherz a découvert le site de Las Geel, un rocher granitique qui abrite une dizaine d'arbis ornés de peintures polychromes (Gutherz et *al.*, 2003a et b). Ces peintures, dans un excellent état de conservation, représentent principalement des vaches à dos plat et à grandes cornes en lyre ou en arceaux, au cou orné d'une sorte de « plastron ». Ces vaches sont accompagnées de personnages trapus possédant des jambes fusiformes et levant les bras. On observe également la présence d'autres figurations animales domestiques (chien et caprinés) et sauvages (antilopes et girafe). La superposition de plusieurs styles de graphisme atteste de l'existence de plusieurs phases d'exécution. Par l'abondance de ses peintures, leur qualité exceptionnelle, l'originalité du type de représentation des bovinés et des personnages, le site de Las Geel figure désormais parmi les sites majeurs de l'art rupestre holocène de cette région de l'Afrique.

10.1.3.3. Conclusion : apports et limites de l'art rupestre

La découverte des peintures de Las Geel a donc permis de caractériser un style de représentations nouveau dans la région[1]. Les associations des figurations humaines et bovines sont nombreuses et attestent de l'importance symbolique de ces animaux. De plus, les pis des vaches sont représentés avec soin et de façon relativement réaliste en comparaison d'autres parties du corps comme le tête et le cou qui sont plus stylisées. Encore une fois, cette volonté de mettre en avant cette région anatomique suggère très fortement une exploitation du lait par ces populations.

Par ailleurs, la mission d'étude du site qui s'est déroulée en décembre 2003, a pu mettre en évidence l'existence de plusieurs phases de réalisation, les vaches de style Las Geel étant recouvertes par des peintures de la phase 1 de Sourré. Ces représentations attestent d'un art déjà bien développé dans cette région et inconnu dans les autres parties de la Corne (Gutherz, comm. pers.). Il faudra maintenant attendre les résultats des datations qui ont été tentées cette année à partir d'une quarantaine d'échantillons de pigments prélevés sur différentes peintures.

Enfin, lors de la mission de 2003, un sondage a été ouvert au pied de l'abri 7 où l'impact du ruissellement et de l'érosion a été suffisamment restreint pour permettre une faible sédimentation et donc un enfouissement de vestiges archéologiques. En plus de quelques pièces lithiques, l'assemblage comprend 35 restes fauniques provenant de deux décapages (Tabl. 10.2).

Quatre taxons ont été reconnus : le lièvre (*Lepus capensis*) représenté par deux maxillaires et une incisive, un procavidé qui a livré un fragment de maxillaire gauche ainsi que trois fragments dentaires, un suidé présent uniquement par une phalange intermédiaire, et un grand bovidé représenté par un fragment dentaire dans le décapage 2 et par cinq restes de dents jugales dans le décapage 3. Ces derniers sont relativement petits mais leur conformation permet de supposer qu'ils proviennent d'un Bovini selon les critères de Gentry (1978 ; Chapitre 4.), même si on ne peut en aucun manière préciser s'il s'agit de buffle (*Syncerus caffer*) ou de bœuf (*Bos taurus*). La poursuite de la fouille de ce sondage ainsi que des tentatives de datations radiométriques à partir de ces ossements permettront peut-être d'associer ces vestiges aux peintures et donc de mieux comprendre les modes de vie de ces groupes.

---

[1] Une représentation de vache du style de Las Geel présente à Karin Heegan, n'avait pas retenu l'attention des auteurs (Brandt et Carder, 1987).

	Décapage 2	Décapage 3
Bovini	1	5
Lepus capensis	3	
Procavidae	4	
Suidae	1	
Indéterminés	21	1

Tabl. 10.2 : Spectre de faune des deux décapages du sondage 1 de l'abri 7 de Las Geel.

10.1.4. Evolution morphologique

10.1.4.1. Les races bovines actuelles de la Corne de l'Afrique

D'après les données génétiques et de l'art rupestre, il semble donc que le premier bovin domestique de la Corne de l'Afrique soit un bœuf taurin sans bosse (*Bos taurus*). Le zébu (*Bos indicus*) arrive quant à lui beaucoup plus tardivement. La plus ancienne preuve de sa présence dans la Corne provient d'une figurine de bronze trouvée sur le site de Zeban Kutur et datée du début de la période aksumite (vers le 2e siècle après J.-C.) (Ricci, 1955-58). Un autre site de la même période, celui de Matara, a également livré une figurine de bœuf à bosse (Anfray, 1967).

D'après Grigson (1980), *Bos indicus* peut être distingué de *Bos taurus* par de nombreux caractères ostéologiques comme la longueur et l'étroitesse du crâne, la forme de la crête intercornale, la convexité du front, la concavité de l'occipital, la proéminence des orbites, la persistance de bord droit au niveau de l'orbite chez les zébus âgés… Par ailleurs, il semble qu'il existe également quelques caractères sur des vertèbres dont l'apophyse épineuse peut être bifide chez les zébus. Toutefois ces caractères ne sont pas constants et ne peuvent donc pas être utilisés de manière systématique (Grigson, 2000). Aucun ossement archéologique de la Corne de l'Afrique n'a pu être attribué au zébu, en raison notamment de l'absence des parties crâniennes nécessaires. Plus au Sud, au Kenya, les premiers restes proviennent de sites récents, datés entre 2 000 et 500 BP (Marshall, 2000).

D'une manière générale, il semble que l'arrivée du zébu soit liée au développement du commerce avec l'Arabie pendant les périodes pré-axoumites et axoumites à la fin du 1er millénaire de notre ère (Clark, 1976) ou avec celui des échanges à travers l'océan Indien (Epstein, 1971).

L'hybridation des deux formes de bovins (taurine et zéboïde) a donné le sanga actuel. Il est encore impossible de situer chronologiquement ce phénomène. Jusqu'à récemment, 23 races de bovins étaient présentes dans la Corne de l'Afrique. Toutefois, au cours des dix dernières années, trois semblent s'être éteintes et deux ont été jugées en danger d'extinction.

La répartition géographique ainsi que les caractéristiques morphologiques, écologiques et techniques de ces races sont présentées dans le tableau 10.3 et la figure 10.3. Leur grande diversité, notamment morphologique renforce les données de la génétique qui ont montré que les schémas d'introduction et de diffusion de ces deux types de bovins ont pu être très variés. Par ailleurs, seules deux races sont de type taurin, confirmant le fort impact de l'introduction des zébus dans cette région mais aussi les conséquences de la peste bovine de la fin du 19e siècle de notre ère.

Les différentes races attestent d'une sélection des animaux en vue de besoins anthropiques spécialisés mais aussi en réponse aux contraintes environnementales très variées dans cette région. Ainsi, le tableau 10.3a présente les races de plaines alors que le tableau 10.3b, celles des altitudes plus élevées. Même si les limites entre ces deux catégories ne sont pas très nettes et quelque peu arbitraires puisque certains troupeaux se déplacent tout au long de l'année selon les saisons et la disponibilité des pâturages, on note que les animaux des montagnes sont plus petits que ceux des plaines, attestant d'une adaptation aux reliefs accidentés et à l'altitude.

D'une manière plus générale, la formation de ces différentes races résulte de plusieurs facteurs qui ont pu jouer conjointement au cours des millénaires. D'une part, chez les ongulés, la domestication semble avoir entraîné une réduction de la taille des animaux qui a ensuite réaugmenté au fil de l'amélioration des techniques d'élevage. Toutefois, des travaux récents ont permis de nuancer ces postulats en montrant que ces changements étaient liés également à la vitesse du processus, à la dynamique des écosystèmes et au complexe socio-culturel (Vigne *et al.*, sous presse ; Zeder, sous presse). D'autre part, nous nous trouvons dans une région fortement accidentée et l'adaptation des animaux aux reliefs élevés a également provoqué une réduction de la stature générale des individus. Enfin, l'introduction du zébu et son hybridation progressive au bœuf taurin a pu modifier la taille des animaux, bien que les modalités de ces changements ne soient pas connues.

	Kouri	Danakil	Raya-Azebo	Abigar	Fogera	Jiddu	Arab	Barca	Baria	Borana	Zébu de Jijjiga	Fellata	Murle	Gasara	Garre
Pays	Ethiopie	Ethiopie, Djibouti	Ethiopie	Ethiopie, Soudan	Ethiopie	Ethiopie, Somalie	Erythrée	Erythrée	Ethiopie, Erythrée	Ethiopie (Kenya, Somalie)	Ethiopie	Ethiopie	Soudan, (Ethiopie)	Somalie	Somalie
Région	Ilubabor	Danakil, Afar, Wollo, Tigray	Tigray	Gambella (Nuer)	Gondar, Gojjam	Sidamo et Bale (Ethio), Juba (Som)	côte	basses terres	basses terres	Sidamo, Ogaden	Nord Ogaden	Ouest de Gambela	Sud-Est	Nord et Centre	Sud
Type	Taurin	Sanga	Sanga	Sanga	Sanga-zébu	Sanga-zébu	Zébu	Zébu	Sanga-zébu	Zébu	Zébu	Zébu	Zébu	Zébu	Zébu
Corne	longue	longue, lyre ou demi-lune	longue, lyre ou demi-lune	très longue	petites et trapues	grande, lyre ou faucille	courte,mince, parfois sans	courte, épaisse, parfois sans	longue, en croissant	courte, droite, épaisse, parfois sans	courte, épaisse, parfois sans	longue, en lyre	moyenne, pointant devant	courte	courte, parfois sans
Taille	135<<180 cm	125-130 cm	125-130 cm	105<<150 cm	110<<130 cm	115<<125 cm	env. 106 cm	125<<135 cm	110<<120 cm	115<<125 cm	env: 110 cm		env. 110 cm	env. 110 cm	120<<130 cm
Poids	400<<600 Kg	250<<375 Kg	250<<375 Kg	180<<450 Kg	300<<350 Kg max:500 Kg	250<<350 Kg	160<<230 Kg	280<<380 Kg	250<<300 kg	225<<320 Kg, max:500 Kg			230<<250 Kg	env. 220 Kg	285<<320 Kg
Robe	blanche	gris cendré, beige ou châtain clair	gris cendré, beige ou châtain clair	claire ou pie	variable	variable	châtain ou pie	blanc moucheté	variable	Variable	Variable	Rouge	variable	brune ou grise	Rouge ou pie
Appendices		petit fanon, ombilic et fourreau	petit fanon, ombilic et fourreau	fanon moyen	fanon, ombilic et foureau longs	grand fanon		grand fanon	grand fanon	grand fanon	petit fourreau		fanon et foureau moyen		fanon et fourreau moyen
Production de lait	moyenne	très faible	très faible	moyen		bon		bon	moyen	bon	moyenne	bonne		moyenne	bonne
Milieu	Basses terres	Plaines arides	Plaines arides	Savanes arbustives	Plaines d'inondation, collines	Plaines arides	Plaines semi-désertiques	Plaines où bons patûrages	Plaines	Plaines arides	Plaines arides		Plaines arides	Plaines arides	Collines
Trypanomiasis				sensible											
Utilisation principale	Viande	Lait	Trait	Viande et lait	Trait, lait et viande		Lait et viande	Lait et viande	Trait, lait et viande	Viande et lait	Lait	Lait	Lait et viande	Lait	Lait
Remarque	Race éteinte		Variété des Danakils	Bovins nilotiques			origine arabe comme bovins Somalie	Race en danger	Variété locale du Arado; éteinte			Autre nom: Bororo rouge ; Origine: Afrique de l'Ouest			

Tabl. 10.3a : Races actuelles des bovins des plaines de la Corne de l'Afrique (d'après Alberro et Hailé-Mariam, 1982 et Faye, 1990).

	Sheko	Horro	Arado	Zébu à cornes courtes (Abosa)	Zébu des hautes terres	Zébu Jem-Jem	Arsi	Zébu Nord-Somali
Pays	Ethiopie	Ethiopie	Erythrée, Ethiopie	Ethiopie	Ethiopie	Ethiopie	Ethiopie	Somaliland
Région	Kefa	Welega	Tigray	Harrar, Sidamo, Shoa	Balé	Sidamo (2500<3000 m)	Shoa, Balé	Somaliland
Type	Taurin	Sanga-zébu	Sanga-zébu	Zébu	Zébu	Zébu	Zébu	Zébu
Corne	courte	moyenne à grande	grande, demi-lune	variable mais surtout courte et trapue (parfois sans)	souvent courte mais variable	courte, épaisse, parfois sans	courte, en croissant	courte
Taille	petite voire naine	moyenne	110<<120 cm	90<<120 cm	petite	env: 110 cm	env. 110 cm	100<<105 cm
Poids	?		250<<315 Kg	230<<305 Kg	max: 200 Kg	250<<300 Kg	env. 200 Kg	160<<230 Kg
Robe	brune ou noire et blanche	brune	Rouge, pie	Variable	Variable	Noire	Rouge	brune ou pie
Appendices		petit fanon	grand fanon				fanon long avec plis laches	
Production de lait	faible	faible	faible	moyenne				moyenne
Milieu	montagneux et accidenté	montagnes	Haut-plateau	Hauts-plateaux	Montagnes et haut-plateaux	Montagnes <2500m, froid et humide	Plaines de montagne	Plateaux semi-désertiques
Trypanomiasis	sensible							
Utilisation principale		Viande et peau	Trait	Trait, viande et lait		Lait	Viande	Lait et viande
Remarque	Race en danger						Race éteinte	Origine Arabe comme le bœuf Arab

Tabl. 10.3b : Races actuelles des bovins des plateaux de la Corne de l'Afrique (d'après Alberro et Hailé-Mariam, 1982 et Faye, 1990).

10.1.4.2. Comparaison des données archéologiques avec les races actuelles.

Dans le but d'appréhender ces évolutions, qu'elles soient d'ordre biologique, environnemental ou anthropique, nous avons essayé de mettre en évidence les variations ostéométriques des bovins dans la Corne au cours des derniers millénaires. Nous les avons ensuite intégrées aux données provenant des pays africains proches, à savoir l'Egypte, le Soudan et le Kenya.

En ce qui concerne la Corne, nous avons utilisé les données métriques provenant des sites archéologiques d'Asa Koma, d'Axoum (Cain, 2000), de Tiya (Lesur, sous presse) et du Konso (Lesur, accepté). Malheureusement, nous ne disposons actuellement d'aucune donnée relative aux différentes races actuelles. Seuls quelques os disparates et d'origine inconnue ont pu être mesurés lors de notre travail au Musée National d'Addis Abeba.

En raison du faible nombre de données métriques disponibles et afin d'optimiser les résultats, nous avons traité les données selon l'indice standard de taille décrit au chapitre 3. Afin de pouvoir comparer nos données avec celles présentées par Grigson (2000) pour l'Egypte et le Soudan et celles d'Axoum (Cain, 2000), nous avons utilisé le même individu standard, à savoir l'aurochs d'Ullerslev (Danemark) publié par Degerbøl et Fredskild (1970). Il peut paraître surprenant d'utiliser des références si éloignées géographiquement et chronologiquement mais il est intéressant de pouvoir comparer les animaux domestiques avec leur équivalent sauvage et aucun aurochs africain complet n'est pour l'instant disponible. Par ailleurs, Meadow (1999) a récemment proposé cette référence comme individu standard international afin de pouvoir comparer les résultats sur une plus grande échelle. Cet individu standard est une femelle. Or, même si le dimorphisme sexuel est souvent bien marqué chez les bovins, nous n'avons pas intégré les résultats relatifs à la détermination du sexe provenant des sites archéologiques étudiés ici, car nous avons vu qu'ils étaient soit inexistants soit peu fiables.

10.1.4.3. Les effets de la domestication

La figure 10.4 présente les indices de taille provenant d'aurochs de différents sites nord-africains du début de l'Holocène (Grigson, 2000) ainsi que de bovins des différents sites de la Corne de l'Afrique organisés selon l'ordre chronologique. Il nous faut signaler que nous avons travaillé sur une faible nombre de données, nous n'avons pas pu valider statistiquement la distribution des valeurs logarithmiques. Toutes les remarques qui suivent sont donc uniquement fondées sur des observations visuelles et n'ont pas de valeur statistique.

On observe tout d'abord que l'aurochs africain présente une distribution bimodale pouvant être attribuée au dimorphisme sexuel et montre que les animaux étaient légèrement plus petits que leur équivalent européen.

Le plus ancien site archéologique de la Corne, celui d'Asa Koma, n'a malheureusement livré qu'une seule donnée applicable à cet indice. On peut voir cependant qu'il fournit une valeur qui est sensiblement plus petite que celles de aurochs femelles.

Le site d'Axoum présente lui aussi une distribution bimodale, résultant certainement du dimorphisme sexuel (Cain, 2000). On voit cette fois une nette réduction de la taille par rapport à l'aurochs africain et l'existence de quelques très petits individus suggère la présence de deux races (voire des deux formes de bovins: bœuf taurin (*Bos taurus*) et zébu (*Bos indicus*)) au sein de l'assemblage. Il faut signaler également que les données regroupent plusieurs périodes chronologiques s'étendant sur près d'un millénaire. La dispersion des données est alors peut-être le reflet de l'évolution des bovins au cours de cette période.

Le site de Tiya datant du 12e siècle de notre ère offre une distribution proche de celle d'Axoum mais sans tendance bimodale, et moins dispersée. Cette image s'explique par le fait que cet assemblage n'a fourni que peu de données et dans une période chronologique courte.

Les deux sites du Konso (Gotcha-Chirayo et Gotcha-Ayenna) datés du 19e ou du 20e siècle après J.-C. présentent des valeurs beaucoup plus réduites, toujours selon une distribution bimodale. D'après les données ethnographiques, il semble que ces animaux correspondent à la race Abosa, petit zébu à cornes courtes (Lesur, accepté).

Nous aurions donc une première référence métrique des races actuelles de bovins dans cette région. Enfin, les quelques os actuels qui ont pu être mesurés, offrent des dimensions légèrement plus grandes que celles du Konso. Toutefois, l'origine très disparate des différents ossements ne permet pas de tirer des conclusions sur la taille des bovins actuels.

Si l'on replace ces données dans un contexte plus large en les comparant avec celles de trois autres pays arrangées selon un axe nord-sud, plusieurs résultats apparaissent (Fig. 10.5). Afin de valider ces données, nous avons réalisé un test T de Student en comparant les moyennes de chacun des sites[2]. Les résultats de ces tests sont présentés en Annexe 3.2. Tout d'abord, au 5e millénaire avant J.-C., aucune réduction de la taille ne semble toucher les bovins égyptiens Au contraire, dès le 4e millénaire, on observe une augmentation significative des indices. Les autres pays, quant à eux, offrent des profils attestant d'une réduction progressive de la taille même si elle n'est pas significative dans le cas du Kenya. Au sein de ces profils, la Corne offre une image proche de celle du Soudan avec une diminution très marquée et significative de la taille des bovins, notamment entre les sites récents (Moderne et Konso) d'une part et ceux d'Axoum et de Tiya d'autre part.

Par ailleurs, on observe que les premiers bovins kenyans présentent des indices équivalant à ceux des premiers bovins égyptiens alors que 5 millénaires séparent ces animaux. Il est pour l'instant difficile d'expliquer ces résultats qui marquent des phénomènes peu tranchés et encore mal compris. Toutefois, une des hypothèses pourrait être que le mode de diffusion des bovins du Nord vers le Sud a été lent et sporadique et que la réduction de

---

[2] Les données su Soudan n'ont pas été testées car nous n'avons pas pu disposer de l'ensemble des données brutes.

taille n'est perceptible qu'à partir du moment où l'élevage s'est intensifié dans chaque région. Un dernier point à souligner est que ce sont les sites les plus récents (19e et 20e s. après J.-C.) qui offrent les valeurs les plus faibles.

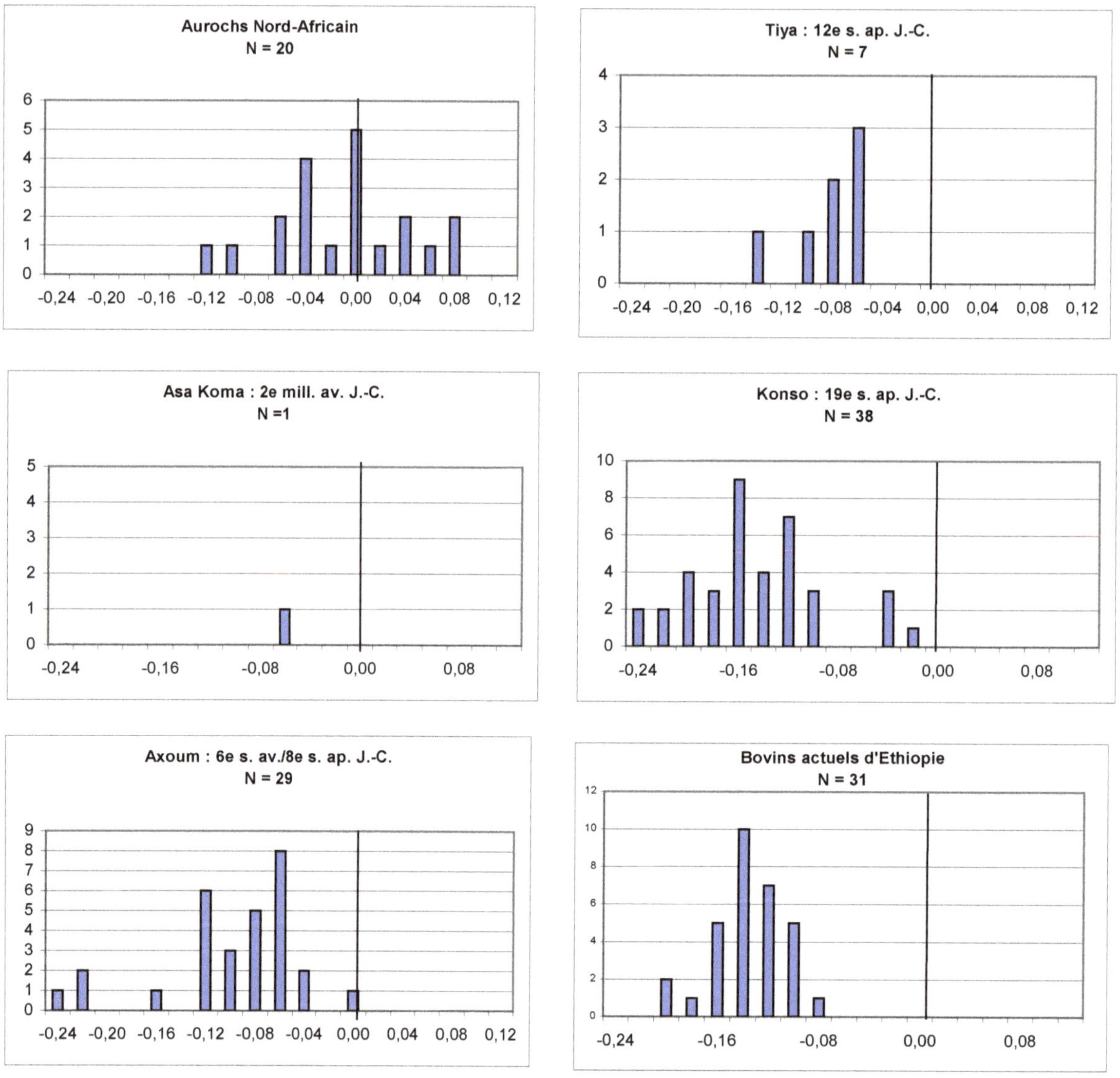

Fig. 10.4 : Indices de taille des bovins des sites archéologiques de la Corne de l'Afrique selon un ordre chronologique. (Aurochs nord -africain : Grigson, 2000 ; Asa Koma : ce volume; Axoum : Cain, 2000 ; Tiya : Lesur, sous presse ; Konso : Lesur, accepté; Bovins actuels : inédit)

10.1.4.4. Les effets de l'altitude

Cela nous amène alors au second facteur responsable des variations de taille observées plus haut : le relief et plus particulièrement l'altitude à laquelle évoluent les animaux. La Corne de l'Afrique est en effet une région offrant des reliefs très variés et une grande partie de sa surface est située à plus de 2 000 m d'altitude.

Les animaux domestiques, notamment les bovins, ont donc dû s'adapter à ces conditions contraignantes et nous avons vu que les races actuellement présentes dans les montagnes sont plus petites que celles des plaines. Si nous classons donc les sites archéologiques de la Corne selon les altitudes, nous obtenons une image assez significative de ce phénomène (Fig. 10.6). On note, en effet, une diminution très nette de la taille des animaux avec l'élévation du terrain. Ceci est particulièrement visible dès que l'on passe la barre des 2 000 m avec notamment les sites du Konso. Il faut toutefois noter qu'à Axoum les dimensions sont supérieures à celles du Konso et les différences sont significatives (Annexe 3.2) alors que les altitudes sont équivalentes. Il est possible que nous soyons en présence d'une combinaison non seulement des effets de l'altitude mais aussi de la domestication. En effet, les bœufs d'Axoum sont parmi les plus anciens d'Ethiopie et il est fort probable qu'ils soient venus des régions soudanaises de basse altitude. Leur arrivée dans cette région élevée mais relativement plate du Tigray n'aurait donc pas affecté immédiatement leur stature. En revanche, les bœufs des Konsos, sont typiquement des animaux de montagnes qui ont dû s'adapter sur une longue période aux reliefs très accidentés de la région.

Nous avons ensuite replacé ces données dans un cadre géographique plus large, en y intégrant les sites égyptiens, soudanais et kenyans (Fig. 10.7). Les sites ont été classés selon trois altitudes (basse, moyenne et haute). Peu de différences apparaissant entre les sites de basse et de moyenne altitude. En fait, comme précédemment seuls les sites d'Axoum et du Konso, situés à plus de 2 000m présentent des valeurs plus faibles et des différences significatives (Annexe 3.2).

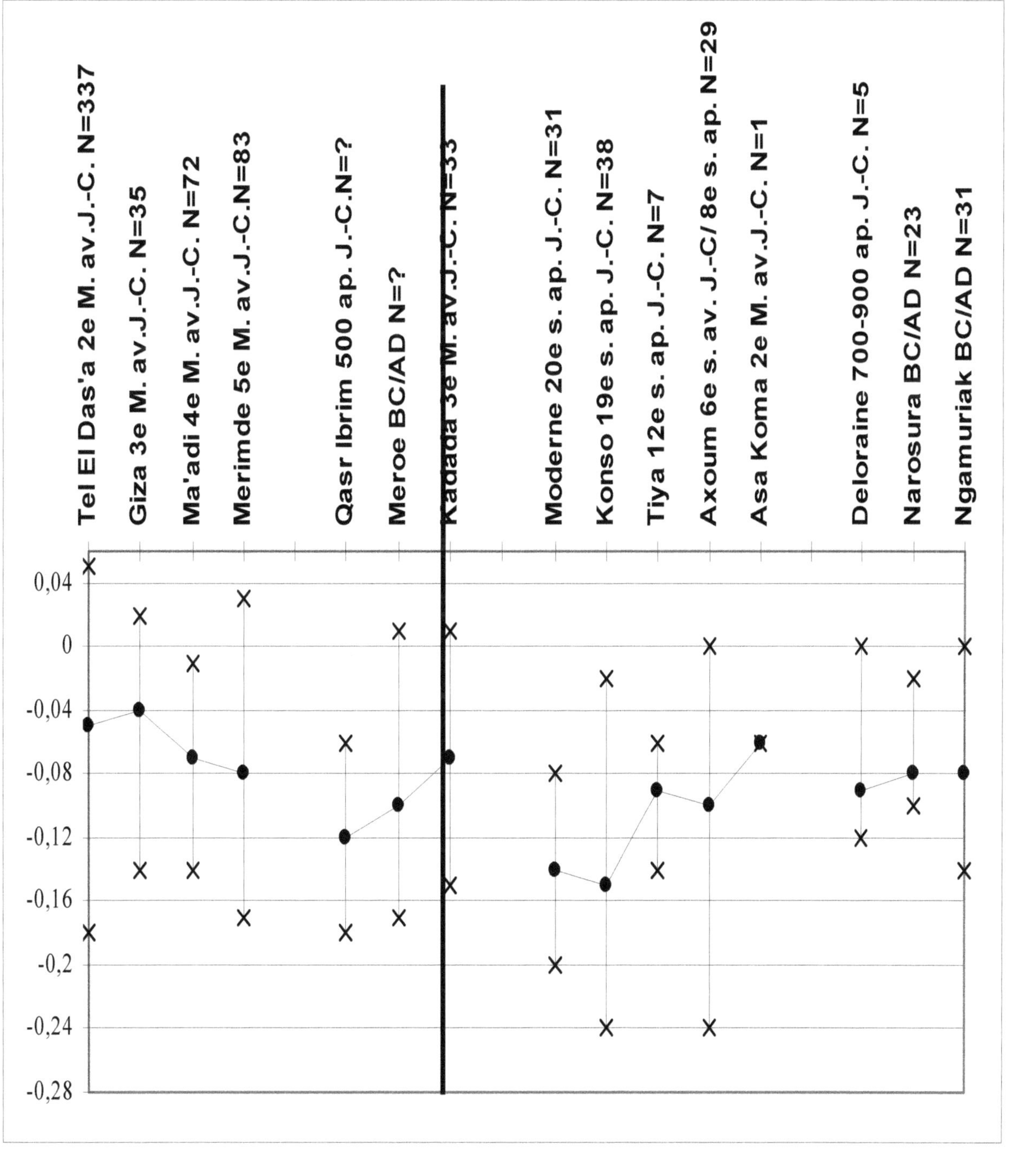

Fig. 10.5 : Variation de la taille des bovins dans le nord-est africain au cours des sept derniers millénaires (références pour l'Egypte, le Soudan et le Kenya dans Grigson, 2000 ; Corne de l'Afrique, fig. 10.4).

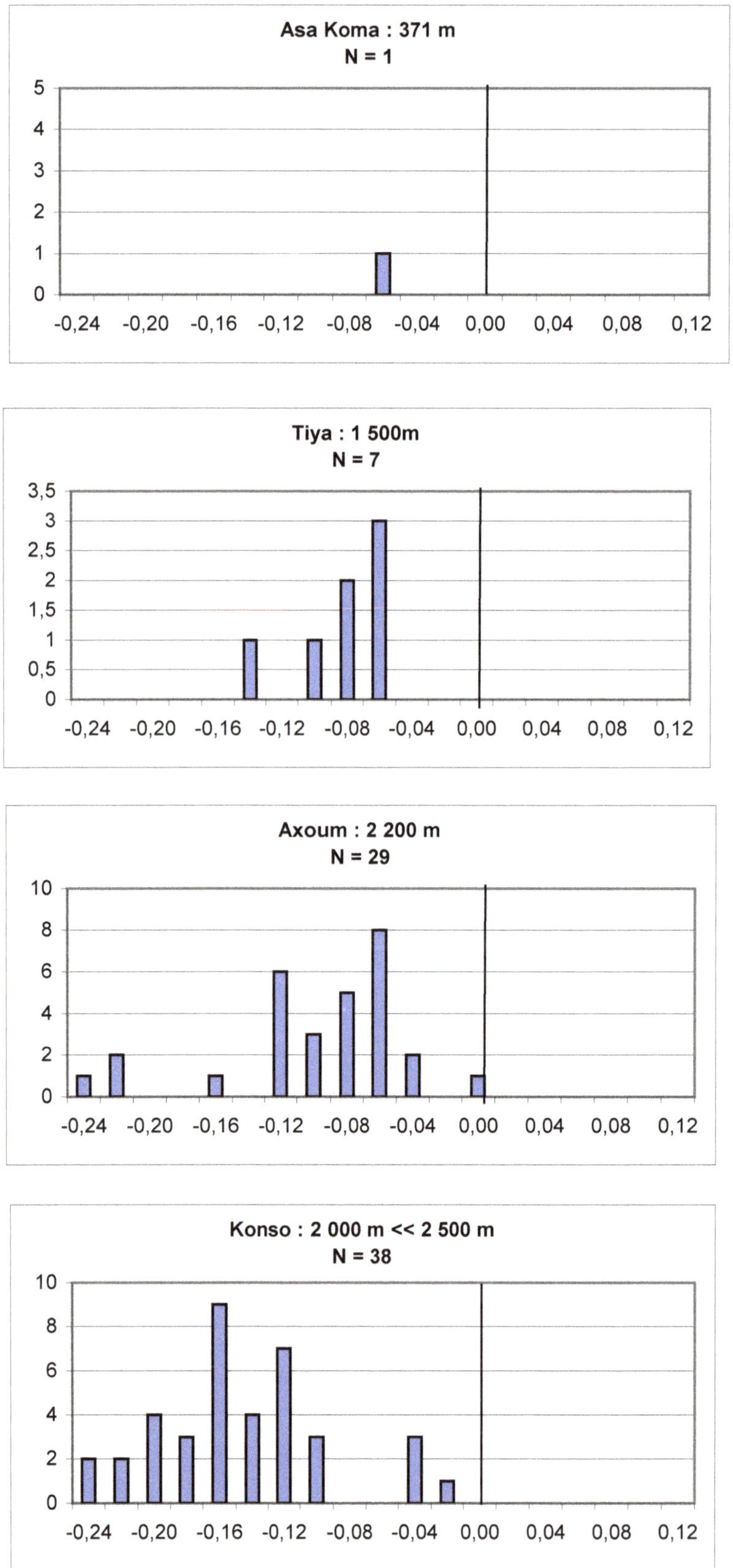

Fig. 10.6: Indices de taille des bovins des sites archéologiques de la Corne de l'Afrique selon les altitudes des sites. (références : cf. Fig. 10.4)

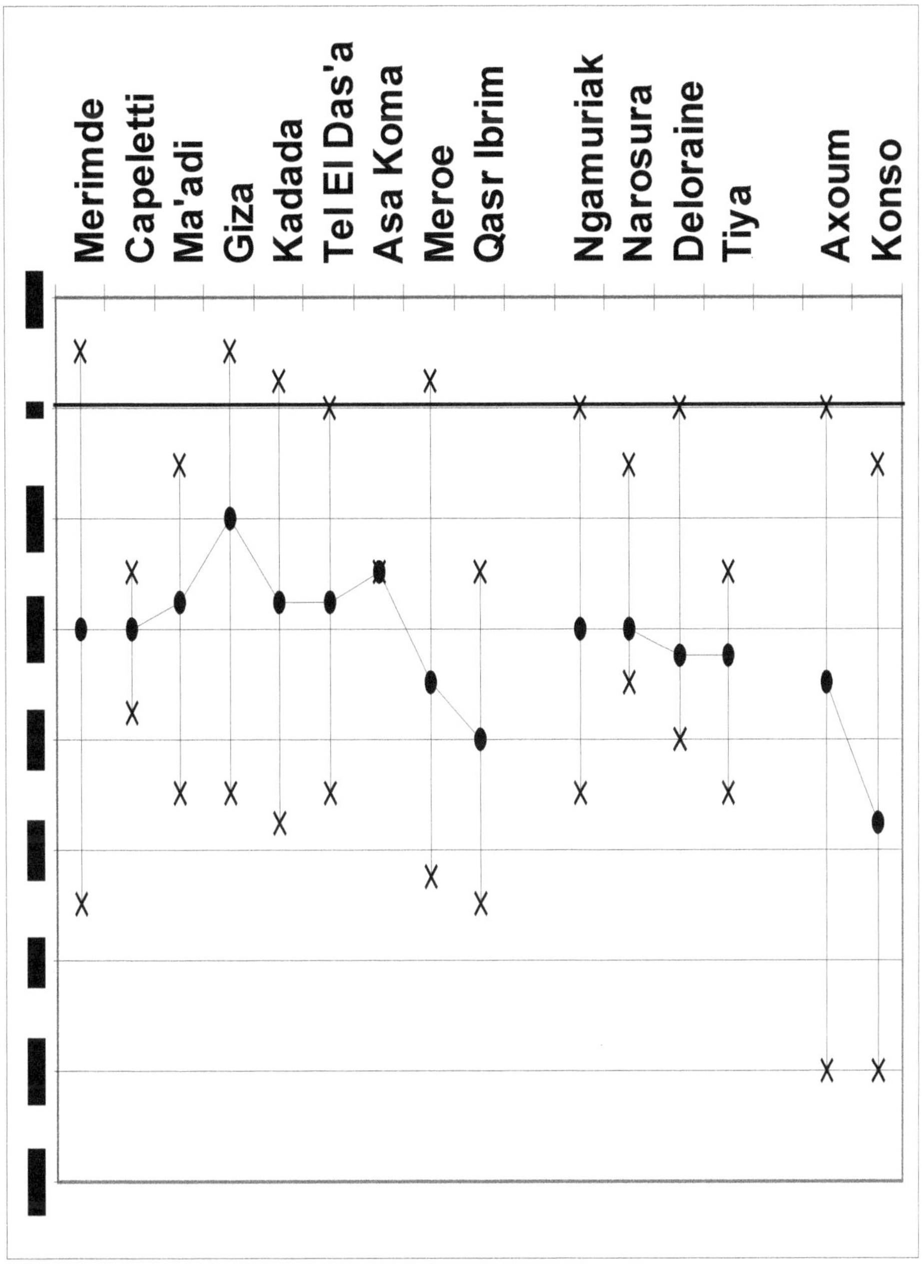

Fig. 10.7 : Variation de la taille des bovins dans le nord-est africain au cours des sept derniers millénaires selon l'altitude des sites archéologiques.

10.1.4.5. Conclusion

Les données présentées semblent donc mettre en avant des évolutions dans la stature des bovins du nord-est africains même si de nombreuses limites amènent à nuancer ces conclusions. Pour les sites de la Corne, le nombre de données est assez faible et l'étendue des variations assez forte, rendant moins fiable l'utilisation des valeurs moyennes. Par ailleurs, le cadre chronologique est très large (du 5e millénaire avant J.-C. à l'actuel) et très disparate selon les pays, ce qui limite la pertinence des comparaisons. Toutefois, dans un certain nombre de cas, les variations des moyennes semblent significativement différentes et permettent donc de valider les résultats.

En définitive, les effets conjoints de l'altitude et de la domestication semblent avoir joué une rôle dans l'évolution, et principalement la réduction, de la taille des bovins dans le Corne de l'Afrique et plus généralement dans le Nord-Est africain. Les effets relatifs à l'introduction du zébu, que nous avions évoqué au début de cette partie, ne sont malheureusement pas décelables. D'une part, aucun des sites présentés précédemment n'a fourni d'ossements de zébu et nous pouvons donc uniquement supposer son hybridation progressive dès le 1er millénaire avant J.-C., date présumée de son introduction. Par ailleurs, ces éventuels effets sont totalement corrélés au facteur temps. Ce dernier regroupe en effet un certain nombre de paramètres comme les variations du climat, les phénomènes liés à la durée et à l'intensité du processus, l'arrivée du zébu, qui ont potentiellement agi sur la diminution de la taille mais qu'il nous est encore impossible d'isoler.

Finalement, la présentation de ces données et les tentatives d'interprétation ne permettent pas de résoudre les problèmes posés par l'évolution des bovins dans cette région. Les données sont encore trop peu nombreuses et trop hétérogènes pour être significatives. Ces résultats nous autorisent uniquement à mettre en avant les différents facteurs qui ont joué conjointement dans ces évolutions. Seule la multiplication des données archéozoologiques et actuelles permettra peut-être d'apporter quelques réponses sur l'histoire complexe des bovins dans la Corne de l'Afrique.

10.2. Autres espèces domestiques dans la Corne de l'Afrique et dans les régions périphériques

10.2.1. Caprinés

La présence des caprinés est mentionnée sur le site de Gogoshiis Qabe, en Somalie, dans des niveaux antérieurs au 2e millénaire avant J.-C. (Brandt et Carder, 1987) (Tabl. 10.1). Toutefois, de grands doutes subsistent quant à la détermination puisque aucun détail morphologique n'est donné et que ni les ossements, ni les données archéozoologiques ne sont actuellement disponibles. Par la suite, on ne trouve de façon sûre des restes de caprinés que sur le site de Lalibela, sur le plateau éthiopien, dans des niveaux datés entre le 8e et le 5e siècle avant J.-C. (Dombrowski, 1970). Néanmoins pour ces deux sites, aucune information ne mentionne s'il s'agit de mouton (*Ovis aries*) ou de chèvre (*Capra hircus*). Enfin, le site de Bieta Giorgis a livré des restes de mouton et de chèvre dès la période pré-axoumite (6e siècle avant J.-C. ; Chaix in Fattovich et Bard, 1998). Jusqu'à récemment, on ne possédait que de très rares représentations rupestres, toutes datées des phases tardives et marquant l'apparition du mouton à queue grasse (Joussaume, 1995). Toutefois, le site de Las Geel a fourni plusieurs représentations de chèvres (Gutherz *et al.*, 2003a et b) qui pourraient avoir été réalisées durant la phase la plus ancienne du site (Gutherz, comm. pers.).

Toujours à propos des chèvres, une étude récente s'est intéressée à la caractérisation morphologique et métrique des races indigènes d'Ethiopie et d'Erythrée (Ayalew *et al.*, 2000). Quatorze races ont ainsi été décrites et regroupés en 4 familles: "*Nubian family, Coastal goats, Somali family, Small East African family*". Ces familles présentent des caractéristiques morphologiques différentes qui permettent parfois de les rapprocher d'autres régions d'élevage. Ainsi, les chèvres de la "*Nubian Family*" sont proches de celle trouvées actuellement en Egypte, Syrie, Iraq et Iran. Parallèlement, les auteurs mettent l'accent sur les aptitudes de chaque race à la production laitière et à l'adaptation aux environnements arides. En fait, cette étude est une première étape pour la compréhension de l'arrivée des chèvres dans cette région et de leur développement en fonction non seulement des contraintes environnementales mais aussi des choix culturels. Cependant, il faudra dans le futur développer ce travail notamment par des caractérisations génétiques et ostéométriques. Ainsi, les données récoltées lors de l'étude des sites historiques de Gotcha-Ayenna et Gotcha-Chirayo restent pour l'instant difficilement exploitables car isolées (Lesur, accepté). On peut simplement suggérer qu'en raison de la localisation de Gotcha dans les moyennes terres du plateau Somali, les animaux trouvés sur ces sites appartiennent à la "*Somali family*". D'un point de vue génétique, une étude récente portant sur l'ADN mitochondrial des chèvres (Luikart *et al.*, 2001) a montré que seul 10% des variations étaient communs à tous les continents, contre environ 50% pour les bovins. Cette faible structuration suggère des flux génétiques très importants entre les continents et tendrait à prouver que les chèvres ont pu jouer un rôle important dans l'histoire des migrations humaines, et du commerce. La grande diversité des races rencontrées en Afrique de l'Est notamment, semble donc renforcer cette idée d'une grande circulation des chèvres depuis plusieurs millénaires.

Pour les moutons, une étude génétique faite à l'échelle du continent africain, est actuellement menée par Anne Muigai au sein de l'ILRI (International Livestock Research Institute, Nairobi, Kenya) Les résultats des analyses tendraient à montrer que, comme pour le bœuf, l'arrivée s'est faite en deux phases. La première, par le Sinaï, concernerait les moutons à queue fine et pourrait avoir eu lieu dès le 5e millénaire avant notre ère. Les moutons à queue grasse seraient arrivés, quant à eux, au cours d'une seconde phase plus récente, comme le montrent les gravures rupestres. Cette fois, les animaux seraient venus par la Corne de l'Afrique (Hanotte, comm. pers.), même si actuellement aucun élément archéozoologique ne vient étayer cette hypothèse. Actuellement, plusieurs races d'ovins avec ou sans queue grasse, sont dispersées dans toute la Corne, comme le mouton afar, au poil ras et à la queue grasse, qui résiste très bien à la chaleur et qui est le plus répandu chez les nomades afars (Faye, 1990).

Dans les régions périphériques, on trouve les premiers restes de caprinés à peu près aux mêmes époques que pour le bœuf, c'est-à-dire, dès le 4e millénaire avant J.-C. au Soudan (Marshall, 2000), dès le 5e millénaire BC au Yémen (Cleuziou *et al.*, 1992), et vers 2 500 avant notre ère au Kenya (Marshall, 2000).

10.2.2. Equus asinus

Dans la Corne, nous n'avons aujourd'hui que deux indices sur l'éventuel présence de l'âne domestique durant les périodes préhistoriques et historiques, bien que cette région soit une des aires de distribution de l'espèce sauvage, *Equus africanus* (Tabl. 10.1). Il s'agit, d'une part, des ossements retrouvés sur le site d'Asa Koma (Chapitres 4 et 6), datant du 2e millénaire avant J.-C. et d'autre part, des restes provenant du site de Quiha (Clark, 1988). Ce dernier site est particulièrement problématique puisque, non seulement aucune datation absolue n'a pu être réalisée mais en plus, la détermination n'a été faite que sur deux dents jugales, éléments peu discriminants, d'autant plus qu'un autre équidé (zèbre) est également présent dans l'assemblage. Il est vrai que la présence de l'âne est toujours difficile à mettre en évidence même dans les périodes historiques (Marshall, 2003). Il s'agit en effet d'un animal à fonction principalement utilitaire qui est très rarement consommé d'où son absence quasi systématique des sites archéologiques.

Seules des données ostéologiques et graphiques provenant d'Egypte indiquent que l'âne domestique était utilisé durant la période pré-dynastique (c. 3500-4500 BC) (Epstein, 1984). Au Soudan, un métatarsien d'un âne domestique a été trouvé sur le site de Shaqadud datant de la seconde moitié du 3e millénaire avant notre ère (Peters, 1991). Dans la région de Kassala, on trouve quelques restes dès la fin du 3e millénaire au cours de la Phase de Gash (Fattovich, 1993). Parallèlement, on trouve des restes osseux sur des sites kenyans (Ngamuriak et Narosura) datés entre 3 000 et 2 000 BP (Marshall, 2000).

10.2.3. Canis familiaris

Les plus anciens restes de chien dans la Corne proviennent des niveaux pré-axoumites du site de Biéta Giorgis, datés autour de 400 avant J.-C. (Chaix in Fattovich et Bard, 1998 ; Tabl. 10.1). Au Kenya, le chien n'apparaît que tardivement et pour l'instant un seul site datant du 16e s. après J.-C. (Hyrax Hill) a livré quelques restes (Marshall, 2000). Cependant, d'après cet auteur, cette absence pourrait provenir d'un problème d'échantillonnage ou d'identification (Marshall, *ibid.*, p. 203).

Plus au Nord, en Egypte, les preuves de la présence du chien sont nombreuses dès le 5e millénaire avant J.-C.(Bouvier-Closse, 2002). Au Soudan, il semble qu'il soit présent dès le milieu du 5e millénaire avant J.-C. sur le site de Kadero (Gautier 1984). Par la suite, on le trouve au second millénaire avant J.-C. sur le site de Kerma (Chaix, 1980, 1999). Il semble donc que le chien ait été introduit dans la Corne par le Nord, peut-être au cours du 1er millénaire avant notre ère.

10.2.4. Camelus dromedarius

Une fois encore les données manquent quant à l'origine du dromadaire dans la Corne de l'Afrique (Tabl. 10.1). Seuls les niveaux datés entre le 14e et le 17e siècle après J.-C. du site de Laga Oda ont livré quelques ossements (Clark et Prince, 1978 ; Clark et Williams, 1978). Comme nous l'avons signalé plus haut, il est également bien représenté dans l'art rupestre mais dans des phases considérées comme récentes, (Joussaume, 1995). Les plus anciens restes dans le Nord-Est africain, proviennent du site de Qasr Ibrim en Basse Nubie et sont datés vers 2 700 BP (Rowley-Conwy, 1988). A Manda, sur la côte kenyane, des os de dromadaires ont été retrouvés dans des couches datées entre le 9e et le 14e siècle (Marshall, 2000).

La preuve la plus ancienne de la présence de dromadaire très probablement domestique vient d'un site d'Abu Dhabi sur la péninsule arabique daté aux environs du 3e millénaire avant notre ère (Grigson et al., 1989).

10.2.5. Gallus domesticus

Les preuves ostéologiques de l'existence des gallinacés dans la Corne sont très rares et ne proviennent que d'un site très tardif puisqu'il s'agit de celui de Gotcha-Chirayo datant du 19e ou du 20e siècle (Tabl. 10.1 ; Lesur, accepté). De même, plus au sud, ils n'apparaissent que dans des sites récents comme celui de Shanga, daté du 8e siècle après J.-C. et celui de Manda, dont l'occupation s'étend entre le 9e et le 14e siècle après J.-C. (Marshall, 2000).

Comme pour le dromadaire, il faut alors nous tourner vers le Nord pour trouver des preuves plus anciennes. D'après les données présentées par Clutton-Brock (1993), le plus ancien indice provient d'un dessin d'une tombe égyptienne datant de la fin du second millénaire avant J.-C. Cependant, les poulets ne semblent pas avoir été très répandus avant la période Ptolémaïque, vers le 4e siècle avant J.-C. (Williamson, 2000).

En conclusion, les témoins fauniques des premiers animaux domestiques sont très peu nombreux dans toute la Corne de l'Afrique. Cet état de fait est dû essentiellement au manque de données disponibles, témoignant de la faiblesse de la recherche archéologique récente dans la région. Par ailleurs, on note un manque d'analyse fiable des assemblages fauniques qui ne peuvent donc pas être pris en compte sans une grande méfiance.

10.3. Emergence et diffusion du pastoralisme dans la Corne de l'Afrique

Si l'on reprend les données archéozoologiques de la Corne de l'Afrique, il semble que le premier témoignage d'animaux domestiques provienne du site d'Asa Koma daté du début du 2e millénaire avant J.-C. Par la suite, le phénomène semble s'accélérer et dès le 1er millénaire avant J.-C., les occurrences d'animaux domestiques sont relativement nombreuses dans toute la région. Certains sites semblent toutefois à l'écart de ces changements. Tel est le cas de l'abri de Moche Borago où jusqu'au 5e siècle de notre ère le bœuf semble absent.

Ces disparités peuvent s'expliquer par de nombreux facteurs, qu'ils soient culturels ou environnementaux. Toutefois, dans cette région très contrastée, il est possible que ces derniers aient joué un rôle prépondérant, imposant aux premiers éleveurs de nombreux obstacles et offrant aux chasseurs-cueilleurs de certaines régions des ressources riches et stables pendant une très longue période. D'ailleurs, encore aujourd'hui, quelques sociétés de chasseurs-cueilleurs vivent encore dans cette région, notamment dans le sud-ouest de l'Ethiopie.

10.3.1. Possibles voies de diffusion

Comme de nombreux auteurs dont nous avons vu les hypothèses précédemment (Chapitre 2), nous pouvons donc supposer que les voies de propagation de l'élevage ont contourné les plateaux pour rester au maximum dans les plaines ou les collines de faible altitude. A partir de cette idée et au regard des données archéozoologiques de la Corne et des pays voisins, il semble que les différentes régions aient été touchées de manière variable en fonction de leur accessibilité.

Nous avons vu précédemment que les animaux domestiques proviennent très probablement du Soudan et de la Haute-Egypte. A partir de là, il semble que deux voies d'accès aient été privilégiées (Fig. 10.8).

► : l'une est très probablement liée aux multiples occupations mises au jour dans la région de Kassala sur une très longue période (Chapitre 2). A partir de cette zone (voie 1), la diffusion a pu se faire vers le Sud en passant par le nord du plateau éthiopien et peut-être en gagnant la côte de la Mer Rouge assez rapidement, comme l'atteste le bœuf d'Asa Koma (voie 1a). Toujours en provenance de l'extrême Nord éthiopien, une autre route a pu se développer vers la vallée du rift comme en témoigneraient les sites de Laga Oda et de Lake Besaka si la présence du bœuf y est bien confirmée (voie 1b).

► : l'autre route (voie 2) se situerait beaucoup plus à l'ouest avec une descente vers le Sud en évitant complètement les plateaux éthiopien et somali pour se retrouver directement dans les plaines kenyanes.

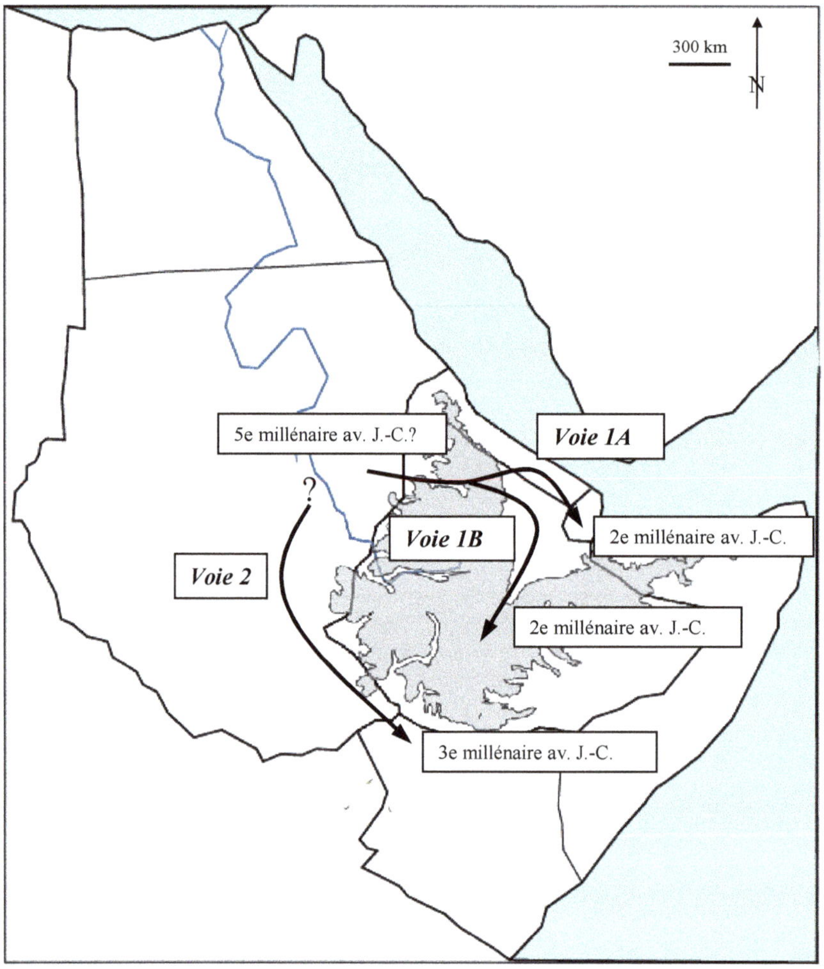

Fig. 10.8 : Possibles voies de diffusion de l'élevage dans la Corne de l'Afrique.

10.3.2. Emergence du pastoralisme

10.3.2.1. Repères chronologiques

Si les premières occurrences d'animaux domestiques ainsi que les contraintes du paysage nous permettent d'envisager des possibles voies de diffusion, il est difficile de dater les courants de diffusion qui les ont empruntées, ne serait-ce que de manière relative, les uns par rapport aux autres.

Pour la voie 1, si le bœuf est présent dès le 4e millénaire dans la région de Kassala, il n'atteint Djibouti et la vallée du rift que 2 000 ans plus tard. La propagation des animaux, voire des plantes, domestiques à l'est et au sud de la région semble avoir été plutôt lente.

L'évolution chronologique des déplacements à l'ouest du plateau éthiopien (voie 2) est beaucoup plus difficile à estimer puisqu'aucun point de départ n'est clairement définissable. Toujours est-il que, si l'on prend le même repère chronologique que pour le début de l'élevage au Soudan, à savoir le 4e millénaire avant J.-C., la diffusion semble avoir été plus rapide que par la voie 1 car on trouve des témoignages de la présence du bœuf au Nord du Kenya dès la fin du 3e millénaire avant J.-C.

10.3.2.2. Le contexte culturel

L'arrivée du pastoralisme s'est faite dans un contexte socio-économique pour lequel nous possédons encore assez peu d'éléments. Seuls quelques sites nous offrent un aperçu de la diversité culturelle qui, à l'image de la diversité environnementale, marquait la Corne de l'Afrique.

A Moche Borago, nous sommes dans le cas d'un site montagnard, occupé pendant une longue période. Les données du spectre de faune nous montrent une bonne maîtrise à la fois des techniques de chasse mais aussi de l'environnement. L'aspect intermittent de l'occupation de l'abri témoigne de la mobilité de cette population même si aucun élément ne suggère que ces mouvements étaient saisonniers. Un des faits les plus frappants est la très forte inertie culturelle et économique de ce groupe, au fil des occupations qui s'échelonnent sur plus de 3 000 ans, mise à part l'arrivée de la céramique au début de notre ère. Par ailleurs, il faut signaler que l'aridité croissante dont l'amorce se situe vers 4 000 BP, ne semble que peu avoir touché cette région ou tout du moins ses occupants, humains ou animaux. Le buffle reste l'espèce dominante du spectre de faune et on n'observe aucun remplacement du cortège durant toute la période d'occupation du site.

Finalement, ces chasseurs occupaient un espace dont ils maîtrisaient toutes les composantes et, ce n'est que très tardivement, peut-être poussés par les changements environnementaux ou par la pression des sociétés pastorales, qu'ils ont changé de mode d'acquisition pour leur alimentation carnée.

Une autre forme d'économie spécialisée à été mise en évidence par l'étude des sites côtiers du Ghoubbet (Poisblaud, 1999). Elle porte cette fois sur une exploitation intensive des produits de la mer (coquilles et poissons) et sur la récolte du sel. Cette dernière est attestée par l'abondante présence d'un outil adapté, le pic du Ghoubbet, et pourrait correspondre à une activité de salage pour la conservation des denrées (Poisblaud, 1999). Ces occupations, matérialisées par des amas coquilliers et des tumuli, apparaissent dès le 4e millénaire avant J.-C. Par ailleurs, les premières recherches dans l'immédiat arrière-pays montagnard (chaîne du Day) ont permis de localiser des habitats dans lesquels la céramique présente des similitudes avec celle des sites côtiers[3].

Enfin, au milieu du 4e millénaire avant notre ère, le site d'Ali Daba 2 (et probablement les sites d'Ali Daba 3 et 10) nous renvoie également l'image d'un environnement humide et riche dans lequel les hommes exploitaient de multiples ressources. Le contexte très certainement funéraire de ces structures atteste d'une forte symbolique développée autour de certains animaux sauvages comme l'hippopotame, le crocodile ou encore le lion.

10.3.2.3. Premières installations pastorales

C'est donc dans ce contexte d'économies spécialisées et évoluant dans un environnement riche et diversifié que l'élevage a fait son apparition dans la Corne de l'Afrique. Reprenant certaines des idées développées par plusieurs auteurs (Chapitre 2), nous pouvons supposer que l'aridifiation croissante qui se manifeste dès 4 000 BP dans la Corne, a favorisé non seulement la diffusion de l'élevage venu du Nord mais aussi son adoption par certaines populations locales dont l'environnement naturel commençait à se dégrader. Cependant, l'intégration de la production animale s'est faite de manière progressive et les ressources sauvages ont continué à jouer un rôle prépondérant dans l'économie de ces groupes. Ainsi, le site d'Asa Koma est marqué par un mode d'occupation saisonnier relatif aux activités halieutiques. Le rôle du bœuf y semble très secondaire de même que celui de la chasse. Aucune plante domestique n'y a été trouvée malgré la présence de nombreuses meules.

Pour les autres sites datés de la même époque et ayant peut-être livré des restes de bœuf, très peu d'informations sont disponibles sur leur mode d'occupation. Le site de Laga Oda est un abri-sous-roche situé dans les montagnes du Harrar qui, en plus des quelques ossements de possibles bovins, a livré de la poterie et des outils microlithiques dont l'usure pourrait suggérer leur utilisation pour la récoltes des plantes (Clark et Williams, 1978). Les seuls éléments dont nous disposons à propos du site de plein-air du Lac Besaka sont la mention de quelques fragments de dents attribués au bœuf, d'une poterie abondante et de nombreux grattoirs (Brandt, 1980).

Le site d'Asa Koma est donc complètement isolé et est le seul dans toute la Corne à offrir une image du mode de vie des premiers producteurs de la région. Cependant de nombreux parallèles peuvent être faits avec les données beaucoup plus étoffées provenant du Kenya. Les sites archéologiques du 3e et 2e millénaire avant J.-C. nous donnent en effet une image tout à fait comparable à celle d'Asa Koma avec des sociétés produisant de la céramique, élevant quelques bovins et caprins mais fondant encore une grande partie de leur économie alimentaire sur les ressources sauvages (Marshall, 1990 et 2000 ; Gifford-Gonzalez et Kimengich, 1984 ; Gifford-Gonzalez, 1998). Nous pouvons ainsi prendre l'exemple du site de Dongodien (GaJi 4) situé au bord du lac Turkana et daté d'environ 4 000 BP. C'est là d'où proviennent les plus anciens restes de bœuf du Kenya (Marshall *et al.*, 1984). Selon les données du NR, on trouve 3,6 % d'animaux domestiques (bœuf et caprinés) et 78,5 % de poissons (respectivement 1% et 96% pour Asa Koma). Le reste du spectre de composé de Bovidae de petit et moyen format, de Leporidae et de quelques restes de reptiles et d'oiseaux. Le spectre de faune est donc très proche de celui d'Asa Koma.

Ces modèles d'économie alimentaire fondée principalement sur la chasse et la pêche mais complétée par quelques animaux domestiques, ont perduré dans tous l'Est africain pendant un, voire deux millénaires selon les régions (Marshall, 2000). Pour cet auteur, ils sont le reflet des interactions entre les chasseurs-cueilleurs et les groupes pastoraux et témoignent d'une fluidité dans les systèmes économiques et sociaux (Marshall, *Ibid.*, p. 203).

La situation au Soudan est semble-t-il assez proche, mais avec un décalage chronologique, l'apparition de l'élevage y étant plus précoce. Ainsi sur le site d'Esh Shaheinab (daté entre 4 721 et 4 343 avant J.-C.), le spectre de faune est dominé par une faune sauvage très diversifiée (gastéropodes, poissons, reptiles, oiseaux et 29 espèces de mammifères comprenant des rongeurs, des carnivores, des périssodactyles et des artiodactyles) et est complété par quelques animaux domestiques dont l'importance semble secondaire (bœuf, caprinés, chien ; Peters, 1986a). Nous retrouvons donc une image proche d'Asa Koma avec cette fois une bien plus grande variété taxinomique témoignant d'un climat plus humide

[3] L'hypothèse de mouvements saisonniers d'une population pastorale entre l'intérieur du pays et la côte a donc été soulevée (Poisblaud, 1999) mais rien pour l'instant ne permet de la confirmer.

qu'aujourd'hui et d'une économie de subsistance encore très centrée sur les ressources sauvages. Toutefois, quelques siècles après, et dans une région relativement proche, le site de Kadero (daté entre 4 296 et 3 319 avant notre ère), offre un spectre de faune déjà nettement dominé par les animaux domestiques et notamment le bœuf (Gautier, 1984). Les différences de stratégies alimentaires entre ces sites pourraient marquer soit un infléchissement très rapide des stratégies de subsistances vers un élevage largement dominant, soit comme le suggère Haaland (1987), une exploitation saisonnière des ressources complémentaires au bétail. Il y aurait alors mouvements saisonniers des populations avec au moment de la saison sèche, une recherche des derniers pâturages et une utilisation accrue des ressources sauvages (Honegger, 2003). En plus du décalage chronologique important, il semble donc que l'intégration de l'élevage dans l'économie des sociétés néolithiques du Soudan central a été assez rapide en comparaison des schémas observés pour les sociétés plus méridionales de la Corne de l'Afrique ou du Kenya. Nous allons essayer d'en comprendre les raisons, en prenant en compte notamment les autres éléments du système techno-économique.

10.3.3. Et l'agriculture ?

Les premiers témoignages de l'agriculture dans la Corne de l'Afrique sont très récents et, d'une manière générale, les études botaniques en contexte archéologiques sont rares.

A Asa Koma, malgré un tamisage très fin, aucune graine n'a été trouvée. L'utilisation des meules, très abondantes sur le site, pourrait alors correspondre à la préparation de farine de poisson (Gutherz et Joussaume, 2000 ; Van Neer et Lesur, 2004) ou au broyage de graines, de tubercule ou de racine (Gutherz *et al.*, 1996). Par ailleurs, comme le suggère J.-P. Roset à propos des sites du Sahara méridional, le développement de la céramique pourrait marquer une évolution des habitudes alimentaires vers une utilisation accrue des produits végétaux, sans signifier pour autant une production agricole (Roset, 2000). L'utilisation conjointe de meules et de matériel céramique pourrait être révélateur de l'attention particulière apporter à la préparation des végétaux, même si l'on ne sait pas si ces plantes étaient cultivées ou cueillies. A Moche Borago, l'étude préliminaire des nombreuses graines carbonisées provenant des différents niveaux du site (Newton, comm. pers.) n' a révélé aucune céréale mais uniquement la présence d'ensete. Le statut domestique ou sauvage de cette plante n'est pour l'instant pas déterminé. De surcroît, les macro-restes les plus nombreux au sein du site correspondent à un fruit encore indéterminé (Gutherz, comm. pers.).

Dans l'ensemble de la Corne de l'Afrique, les plantes domestiques semblent n'apparaître que très tardivement. Les premiers restes proviennent de sites du nord de l'Ethiopie comme la grotte de Lalibela où des graines d'orge (*Hordeum* sp.) et de pois (*Cicer arietinum*) ont été découvertes dans des couches datant du milieu du 1er millénaire avant notre ère (Dombrowski, 1970). A la même époque, les sites D et K d'Axoum ont livré des graines de tef (*Eragrostis tef* ; Boardman, 1999). Sur le site de Bieta Giorgis, on trouve du blé (*Triticum aestivum*) et de l'orge (*Hordeum vulgare*) dès le 2e siècle avant J.-C. et du tef au 1e siècle de notre ère (Fattovich et Bard, 1998).

Il apparaît donc que ces données n'appuient pas du tout les modèles proposés par Clark (1988) et Brandt (1996) qui voient dans la Corne de l'Afrique, et l'Ethiopie en particulier, un centre précoce de domestication des plantes et notamment des céréales indigènes comme le tef et l'eleusine (*Eleusine coracana*). S'il est clair que ces plantes endémiques éthiopiennes, auxquelles s'ajoutent l'ensete (*Ensete ventricosum*), le noog (*Guizotia abyssinica*), le café (*Coffea arabica*) et le khat (*Catha edulis*), ont bien été domestiquées dans cette région (ce qui reste à démontrer), il apparaît que ce processus a été assez tardif. Au vue des données actuelles, qui sont certes peu nombreuses, il semble en tout cas que l'émergence de l'agriculture aient été postérieure à l'élevage (Gutherz, 2003), comme c'est le cas pour le Nord-Africain (Midant-Reynes, 2003) et tout l'Est africain (Marshall et Hildebrand, 2002).

10.3.4. Les modalités de diffusion

10.3.4.1. Sauvage versus domestique : le poids de l'environnement

Dans l'environnement très diversifié et contraignant de la Corne de l'Afrique, les problèmes liés à l'adoption d'une économie de production ont dû être nombreux.

Ainsi dans le sud et l'ouest de l'Ethiopie, en contre-bas du plateau, se trouvent, encore aujourd'hui, des régions très humides et majoritairement forestières. Leur pénétration est difficile, notamment en raison de la présence de la mouche tsé-tsé, vecteur de la trypanosomiase (maladie du sommeil) particulièrement virulente pour les bovins mais aussi pour les caprinés et parfois pour les hommes. Comme l'a suggéré Gifford-Gonzalez (1998) pour tout l'Est africain et particulièrement le Kenya, les maladies infectieuses touchant le bétail ont certainement représenté un obstacle non négligeable pour l'installation des premières communautés pastorales. On peut ainsi citer la fièvre de la vallée du Rift, la fièvre catarrhale ou encore la peste bovine, bien que cette dernière, originaire d'Asie, ne semble avoir fait son apparition en Afrique qu'à la fin du 19e siècle de notre ère. Ainsi, selon cet auteur : « *Even under optimal conditions, pastoral stock in semiarid regions undergo cycles of herd growth and decimation, according to variations in climate and plant productivity as well as to recurrent epizootic diseases.* » (Gifford-Gonzalez, 1998 p. 194).

Toutefois, ces maladies ne sont véritablement présentes que dans les basses terres du Sud et de l'Ouest de la Corne. Les plateaux éthiopien et somali présentent quant à eux d'autres difficultés qui ont dû être tout aussi contraignantes pour les premiers pasteurs. Il s'agit en effet de l'altitude mais aussi des reliefs souvent escarpés auxquels les premiers ruminants venus des plaines n'étaient pas adaptés. Ainsi, les bœufs et les moutons de Kerma (2 400 – 1 500 av. J.-C.) présentent des caractéristiques morphologiques des animaux de plaines. On observe pour les bœufs une taille importante (environ 1,50 m au garrot ; Chaix, 2000) et des longues pattes fines pour les moutons (Chaix et Grant, 1987).

Les problèmes infectieux et topographiques ont dû considérablement ralentir la diffusion de l'élevage dans ces régions riches en ressources mais difficilement accessibles et toute cette zone a pu rester à l'écart des influences pastorales pendant une très longue période, comme semble en témoigner l'absence d'animal domestique durant toute la séquence d'occupation de Moche Borago.

Par ailleurs, la difficulté d'intégration de la production de plantes ou d'animaux domestiques dans le système social et économique des chasseurs-cueilleurs a été montré par nombre d'exemples ethnographiques ou ethnoarchéologiques (Brooks *et al*., 1984 ; Guille-Escuret, 1989 ; Marshall *et al*., 2002). Comme l'a résumé Marshall (2000, p. 213), les problèmes rencontrés par les chasseurs-cueilleurs lors du passage à une économie de production sont en effet nombreux : augmentation du coût de travail, mobilité restreinte et surtout effets sur les structures sociales. Brooks *et al*. (1984) ont ainsi montré que l'adoption de la production alimentaire par les !Kung a immédiatement entraîné des changements sociaux majeurs et une reconfiguration de la société. Dans le cas précis de l'élevage, les inconvénients plus matériels sont aussi multiples : capital nécessaire à l'acquisition du stock, travail constant pour le pâturage, l'approvisionnement en eau, la traite, les soins, la reproduction, le parcage, la défense contre les prédateurs mais aussi contre les possibles raids des autres groupes pastoraux susceptibles de voler le cheptel. Ainsi, les difficultés de la géographie physique sont souvent doublées par des renforcements anthropologiques. Les peuples de ces régions, adaptés à leur exploitation, donc spécialisés, sont parfois moins aptes à assimiler de nouvelles modalités techno-économiques, comme il l'a été constaté dans des contextes un peu différents liés à l'insularité (Vigne, 1997).

10.3.4.2. Tentative de conclusion

Finalement, ces données nous amènent à plusieurs conclusions. Si l'élevage était assez précoce dans la région de Kassala, à la frontière éthio-soudanaise, sa diffusion vers le sud a été très lente (1 500 ans environ entre les premiers bœufs de Kassala et ceux d'Asa Koma). De même on observe un décalage d'au moins 1 000 ans entre les premiers bovins soudanais et ceux du Kenya. Une des raisons de ce retard pourrait résulter des obstacles géographiques et écologiques qui limitent l'accès à ces régions. Comme le souligne Gutherz (2003), le plateau éthiopien a pu représenter une barrière difficilement pénétrable et donc un frein au développement de l'économie de production. Par ailleurs, les plaines qui se développent à l'ouest du plateau étaient relativement hostiles à cause de la présence d'une végétation tropicale dense, abritant de nombreux vecteurs des maladies infectieuses. Par ailleurs, comme l'ont remarqué Marshall et Hildebrand (2002) pour une grande partie de l'Afrique sub-saharienne, la diffusion a été très inégale selon les régions. Les zones de basses terres comme Asa Koma et peut-être aussi Lac Besaka, ont adoptées assez rapidement le pastoralisme, bien que conservant toujours des activités cynégétiques et halieutiques importantes. A l'opposé, certaines zones montagneuses aux ressources naturelles abondantes telles que Moche Borago, ont fonctionné comme des isolats où les chasseurs n'ont eu un intérêt que très tardif à passer à une économie de production. Cette idée va dans le même sens que l'hypothèse récemment formulée par Le Quellec et Abegaz (2001) à propos de la datation des gravures de bovins de style Chabbé (Gutherz, comm. pers.). Nous avons vu que ce style, apparenté au style arabo-éthiopien (Gutherz et Joussaume, 2000) se développe dans la région du Sidamo dans le sud-ouest de l'Ethiopie (Chapitre 2). A la suite de découverte de nouvelles gravures de bovins dans cette même région, Le Quellec et Abegaz proposent d'individualiser ce style sous le nom d'« école de Galma-Chabbé » (Le Quellec et Abegaz, 2001, p. 211). Selon eux, cette école serait plus récente que les phases Sourré I et II, datées généralement entre les 3e et 1er millénaires avant notre ère (Joussaume, 1995). Ils appuient notamment leur hypothèse sur le fait que certaines des gravures de Chabbé semblent avoir été réalisées avec des objets métalliques dont l'apparition semble récente dans cette région (*Ibid*. p.211). Un élément supplémentaire à cette argumentation est la figurine de boviné découverte à Akirsa et datée du 2e siècle avant J.-C. (Poisblaud, 2002). Ce site comprend également des gravures de bovins de style Chabbé qui pourraient être datées de la même époque. Même si ces hypothèses demandent encore à être vérifiées, elles semblent contredire certains des modèles que nous avions présentés précédemment et qui supposaient qu'en raison de l'aridification, l'élevage s'est d'abord développé dans les régions montagneuses aux conditions climatiques et environnementales plus propices (Brandt et Carder, 1987).

Enfin, l'arrivée des animaux domestiques n'a pas forcement entraîné un changement complet de la production. La céramique d'Asa Koma est d'origine locale et ne montre aucun lien stylistique évident avec les céramiques du Soudan ou du Kenya (Gutherz *et al*., 1996). Il en va de même au Kenya où plusieurs traditions céramiques (Nderit-Ileret ou Narosura-Akira) ont été développées localement au sein de populations pratiquant la chasse, l'élevage ou les deux (Gifford-Gonzalez, 1998). Tous ces éléments semblent donc montrer que la diffusion du pastoralisme dans la Corne de l'Afrique s'est faite plus par acculturation que par migration/colonisation. Des exemples ethnographiques récents montrent à quel point ces processus d'intégration de la production sont complexes. Ainsi, Guille-Escuret (1989) présente l'exemple de campements de pygmées Aka de la forêt centrafricaine qui avaient décidé de pratiquer l'agriculture dans quelques zones de la forêt. Très rapidement des tensions se sont développées avec les autres lignages Aka restés exclusivement chasseurs-cueilleurs. Ces derniers en effet « refusaient d'admettre qu'un végétal poussant dans la forêt puisse être réservé à l'avance par quiconque » (*Ibid*, p.85). Des problèmes se sont également créés avec les villageois Bantu qui considéraient les pygmées comme leur serviteurs. Finalement, les pygmées agriculteurs ont dû apprendre à surveiller leurs plantations et à cacher leurs récoltes. Enfin, les relations sociales entre les campements Aka ont évolué et lorsqu'un homme venant d'un campement de chasseurs-cueilleurs épousait une fille d'agriculteurs, il devenait automatiquement essarteur le temps de son séjour chez ses beaux-parents. En définitive, « ces quelques faits, apparus en moins d'une dizaine d'années, suffiront sans doute à suggérer que le réseau de contradictions traversant une organisation socio-écologique en mutation est intrinsèquement un stimulateur de changement. » (*Ibid*, p.86). Cet exemple présente très probablement un des nombres schémas d'adoption de l'agriculture ou de l'élevage qui ont pu se produire dans la Corne de l'Afrique.

On peut alors imaginer une situation proche de celle qu'a décrite Guilaine (2003) à propos des mouvements de néolithisation autour de la Méditerranée : « Il est probable qu'en fonction des environnements aptes à être colonisés et de la dynamique des communautés agricoles, voire de la résistance des populations indigènes, la chronologie de la diffusion n'a pas répondu à un modèle homogène et régulier mais à ce que l'on peut appeler un modèle général " arythmique", marqué tantôt par des accélérations, tantôt par des tassements » (Guilaine, 2003, p. 106).

Cette hypothèse « arythmique » semble tout à fait s'appliquer à la Corne de l'Afrique où les diversités environnementale et climatique ont dû favoriser l'existence de multiples modèles de passage à une économie de production, dont nous n'avons encore qu'un très petit aperçu.

Conclusion

Reconstitution de la diversité faunique

Un des objectifs principaux de ce travail a été la mise en évidence de la diversité faunique et de son évolution au cours de l'Holocène moyen et récent dans la Corne de l'Afrique. Pour cela, nous avons étudié 68 996 restes fauniques issus de 5 sites archéologiques (Moche Borago, Akirsa, Asa Koma, Hara Idé 2 et Ali Daba 2). 36 espèces ont ainsi été reconnues provenant de poissons, de reptiles, d'oiseaux et de mammifères. Cette étude a donc nécessité un fort investissement en terme d'exploitation de la diversité faunique actuelle et de la connaissance ostéologique des taxons concernés. En plus d'une recension des données morphoscopiques et ostéométriques existant dans la littérature sur ces espèces, nous avons élaboré de nouveaux critères de détermination et travaillé à la constitution de nouveaux référentiels métriques pour les poissons (en collaboration avec W. Van Neer) et les mammifères.

Les sites étudiés proviennent de deux régions très distinctes d'un point de vue géographique et environnemental : la plaine du Gobaad de Djibouti et le Wolayta dans le Sud-Ouest éthiopien.

Pour cette dernière, l'analyse des spectres fauniques de Moche Borago dont l'occupation s'étend sur près de 7 000 ans (2e moitié du 7 millénaire avant J.-C. / 5e s. après J.-C.), nous a révélé la présence d'une grande variété animale, notamment mammalienne durant toute cette période. Au moins 21 espèces sont représentées offrant une grande hétérogénéité aussi bien dans la taille des taxons que dans les milieux d'origine de ces derniers même si le buffle semble dominer les spectres tout au long de la séquence. Nous avons ainsi pu montrer que les occupants du site vivaient dans un environnement riche composé de milieux variés tels que la savane semi-aride, la savane de montagne, la forêt claire ou encore la forêt dense.

Les variations dans l'exploitation de ces milieux, particulièrement de la savane semi-aride, nous a permis de proposer une première datation pour la Phase 1 Ancienne. Son spectre faunique, dominé par des espèces de milieux secs, semble refléter en effet une plus grande aridité climatique. On peut alors la situer durant la grande phase aride de la fin de l'Holocène ancien (entre 8 500 et 6 500 BP). Les spectres des autres phases semblent également suivre l'évolution climatique de la région avec des occupations prenant place préférentiellement durant les périodes humides de l'Holocène.

Ce site de montagne situé à 2 300 m d'altitude a donc offert à ses habitants un lieu de vie riche et privilégié pendant plusieurs millénaires. Seules les couches de tephra alternant avec les couches d'occupations, témoignent de l'activité volcanique récurrente du Mont Damota dans les flancs duquel se trouve l'abri. Ces éruptions ont certainement conditionné, en partie du moins, les mouvements des chasseurs en empêchant l'accès au site mais aussi en dégradant, à chaque épisode volcanique, l'environnement de cette zone.

Toujours dans le Wolayta, le site d'Akirsa a lui aussi offert aux groupes humains un lieu aux ressources abondantes. D'après le spectre de faune, l'environnement devait être plus aride qu'à Moche Borago, en raison de sa plus faible altitude (1 400 m). Cependant, la stratigraphie du site n'est pas encore complètement cernée et la mauvaise conservation des ossements ne nous permet pas de suivre une évolution des milieux environnants. La suite des recherches sur ce site nous apportera peut-être plus d'informations sur ce sujet.

Si aucun site ne nous a fourni de longue séquence chronologique dans la plaine du Gobaad, le spectre de faune d'Ali Daba 2 daté du 4e millénaire et celui d'Asa Koma occupé au début du 2e millénaire avant notre ère, témoignent d'une augmentation croissante de l'aridité dans cette région. Toutefois, les très abondants restes de poissons livrés par ce second site, attestent qu'à cette époque le lac Abhé était situé à proximité, alors qu'il est actuellement à plus d'une trentaine de kilomètres de cette zone, et les nombreux os de *Clarias* suggèrent la présence d'une eau moins salée qu'aujourd'hui.

Par ailleurs, les autres espèces d'Asa Koma et d'Ali Daba 2 renforcent cette idée d'une climat plus humide qu'actuellement. Ainsi, à Ali Daba 2, la présence de lion, de léopard d'hippopotame, de crocodile, de zèbre ou encore de bubale offre l'image d'une savane arborée et de zones aquatiques très développées autour du site. Le cortège mammalien d'Asa Koma, quant à lui, nous renvoie à un paysage plus aride où dominent les espèces mieux adaptées à la sécheresse telles que la gazelle dorcas, le lièvre ou le chacal.

Dans ces deux régions (plateau éthiopien et plaine du Gobaad), l'évolution des données fauniques au cours des derniers millénaires correspond donc tout à fait aux données paléoclimatiques et aux autres données environnementales telles que la botanique ou la géologie.

Economies de chasse et de pêche

Les groupes humains qui ont exploité ces environnements ont eu, dans la majorité des cas, des comportements assez opportunistes marqués par une chasse et une pêche centrées sur les ressources proches des sites. Ainsi à Moche Borago, les hommes ont chassé d'abord dans la savane de montagne et la forêt claire qui se développent autour du site, y prélevant la majorité de leur alimentation carnée. De plus, le site étant situé sur la pente du Mont Damota, au croisement de plusieurs biotopes, les occupants ont pu occasionnellement exploiter des milieux aussi variés que la savane semi-aride et la forêt dense.

Sur le site d'Asa Koma, ce sont les activités halieutiques qui semblent avoir fourni le plus grand nombre d'animaux consommés, si ce n'est la plus grande masse de viande. Ce choix d'une exploitation ciblée des poissons a été confirmé par la mise en évidence de la saisonnalité des occupations qui se situent au moment de la saison des pluies, là où les Tilapinii et les *Clarias* sont les plus facilement accessibles (Van Neer et Lesur, 2004). Les produits de la chasse semblent, quant à eux, secondaires. Ainsi, les hommes n'ont pas exploité le milieu le plus rentable en masse animale, à savoir la savane arborée, mais le plus proche du site, c'est-à-dire la savane semi-aride.

Sur les cinq sites présentés, les modes d'utilisation des animaux ont pu être multiples, même s'ils semblent avant tout alimentaires. Ce dernier est marqué par une consommation préférentielle de la parties charnues des membres, par une cuisson de la viande, dont le rôtissage est attesté à Asa Koma, et une utilisation de la moelle mise en évidence à Moche Borago, Asa Koma et Hara Idé 2.

Par ailleurs, nous avons pu voir, par les comparaisons des sites de Moche Borago et d'Asa Koma, que le traitement des carcasses dépendait principalement de la taille des animaux et que les schémas appliqués aux Bovini s'opposaient à celui utilisés pour les autres taxons. Ces données, associées à celles provenant de Gotcha-Chirayo et Gotcha-Ayenna (Lesur, accepté), nous également permis de mettre en évidence une très probable récupération et utilisation des peaux dont, encore une fois, les modalités ne sont pas les mêmes en fonction du format des animaux.

Les autres pratiques artisanales ne sont attestées que sur les sites djiboutiens et concernent l'industrie sur os, sur coquille ou sur dent. A Ali Daba 2, les objets réalisés sont en association avec des restes humains et il semble que nous soyons en présence de pratiques rituelles où les animaux tels que le lion, le crocodile et l'hippopotame portent une symbolique forte. A Asa Koma, si la présence d'objets de parures est attestée par les disques et les grains d'enfilages en œufs d'autruche et en coquillage, les pointes et les perçoirs nous renvoient à une fonction plus utilitaire de ces objets peut-être à lier avec le traitement des peaux.

Enfin, les pratiques funéraires abordées tout d'abord par l'étude du site de Tiya (Lesur, sous presse) ont été évoquées grâce à l'association probable des vestiges humains et fauniques à Asa Koma et dans le locus 1 d'Hara Idé 2.

Débuts de l'élevage

Ces analyses ont donc permis de poser le cadre environnemental et culturel de ces deux régions et leur évolution au cours de l'Holocène. La présence d'animaux domestiques de même que leur absence suggèrent des modes de diffusion du pastoralisme très variés selon les régions, partiellement en raison de leur position géographique et de leur contexte environnemental. En effet, le plateau éthiopien a pu jouer le rôle de barrière pour la diffusion de l'élevage en provenance, semble-t-il, du Soudan. Certaines zones montagneuses comme celle de Moche Borago, représenteraient donc des isolats où l'élevage n'est apparu que tardivement. A l'opposé, Asa Koma et d'une manière générale, la plaine du Gobaad offrait des conditions beaucoup plus favorables pour un développement précoce du pastoralisme.

Enfin, la découverte et le début de l'étude du site à peinture rupestres de Las Geel (Gutherz *et al.*, 2003a et b) nous a apporté de nouvelles informations d'ordre zootechnique grâce à l'abondance et à la qualité des représentations graphiques de bovins en association avec des humains.

Les données apportées sur la formation et l'évolution des différentes races de bovins de la Corne de l'Afrique ont permis de définir les facteurs qui ont pu jouer conjointement au cours des millénaires. D'une part, il semble que les débuts de la domestication ont entraîné chez les ongulés une réduction de la taille des animaux qui a par la suite raugmenté au fil de l'amélioration des techniques d'élevage. D'autre part, nous nous trouvons dans une région fortement accidentée et l'adaptation des animaux aux reliefs élevés a également provoqué une réduction de la stature générale des individus. Enfin, l'introduction du zébu et son hybridation progressive au bœuf taurin a pu modifier la taille des animaux, bien que les modalités de ces changements ne soient pas connues.

En comparant les variations de taille des bovins d'Asa Koma, de Tiya, de Gotcha-Chirayo et de Gotcha-Ayenna mais aussi des sites néolithiques de l'Egypte, du Soudan et du Kenya au cours des 7 derniers millénaires, nous avons alors pu mettre en évidence que chacun des trois facteurs a participé à l'évolution, et principalement la réduction, de la taille des bovins dans la Corne de l'Afrique et plus généralement dans le Nord-Est africain. Toutefois, de nombreuses limites nuancent ces conclusions. En effet, pour les sites de la Corne, le nombre de données est assez faible et l'étendue des variations assez forte, rendant moins fiable l'utilisation des valeurs moyennes. Par ailleurs, le cadre chronologique est très large et très disparate selon les pays, ce qui limite la pertinence des comparaisons. Ces analyses ont cependant permis de poser les problèmes et de définir de futurs axes de recherche.

En replaçant les données de tous ces sites dans un contexte culturel et environnemental de tout le Nord-Est et l'Est africain, il est alors apparu que la pénétration du pastoralisme dans la Corne de l'Afrique a été très lente, suggérant une diffusion par acculturation plus que par migration, suivant des schémas très différents selon les régions et leur environnement.

Bibliographie

Alberro M. & S. Haïlé-Mariam, 1982a - Bovins indigènes d'Ethiopie. 1re partie. *Revue mondiale de zootechnie* **41**, 2-40.

Alberro M. & S. Haïlé-Mariam, 1982b - Bovins indigènes d'Ethiopie. 2e partie. *Revue mondiale de zootechnie* **42**, 27-34.

Alemseged Z., 1998 - *L'Hominidé Omo-323 : sa position phylétique et son environnement dans le cadre de l'évolution des communautés de mammifères du Plio-Pléistocène dans la basse vallée de l'Omo (Ethiopie).* Thèse de doctorat, Institut de Paléontologie Humaine.

Ambrose S. H., 1984 - The Introduction of Pastoral Adaptations to the Highlands of East Africa. In: Clark J. D. & S. A. Brandt (éd.). *From Hunters to Farmers: The Causes and Consequences of Food Production in Africa.* University of California Press, Berkeley, 212-240.

Anfray F., 1967 - Les Sculptures Rupestres de Chabbe dans le Sidamo. *Annales d'Ethiopie* **7**, 19-24.

Arkell A. J., 1954 - Four Occupation Sites at Agordat. *Kush* **2**, 33-62.

Ayalew W., C. Peacock, N. Alemayehu, A. Reda & B. Rey, 2000 - The characterization of indigenous goat types of Ethiopia and Eritrea. In: Blench R. M. & K. C. MacDonald (éd.). *The Origins and Development of African Livestock : archaeology, genetics, linguistics and ethnography.* UCL Press, London, 280-289.

Balasse M., 2003 - Keeping the young alive to stimulate milk production? differences between cattle and small stock. *Anthropozoologica* **37**, 3-10.

Balasse M., A. Tresset, H. Bocherens, A. Mariotti & J.-D. Vigne, 2000 - Un abattage "post-lactation" sur des bovins domestiques néolithiques. Etude isotopique des restes osseux du site de Bercy (Paris, France). In: Bassano P., G. Giacobini & V. Peracino (éd.). *La gestion démographique des animaux à travers le temps - Animal management and demography through the ages (VIe Colloque international de l'association "L'homme et l'Animal, Sociétés de Recherche Interdisciplinaire", Turin, Italie, 16-18 Spetmebre 1998).* Ibex Journal of Moutain Ecology, **5** - Anthropozoologica, **31**, 39-48.

Barge-Mahieu H., C. Bellier, H. Camps-Fabrer, P. Cattelain, L. Mons, N. Provenzano & Y. Taborin, 1991 - *Fiches typologiques de l'industrie osseuse préhistorique. Cahier IV - Objets de Parure.* Editions du CEDARC, Treignes.

Barnett T., 1999 - *The Emergence of Food Production in Ethiopia.* BAR International Series 763, Oxford.

Barone R., 1954 - *Anatomie comparée des mammifères domestiques. Ostéologie.* Vigot, Paris.

Behrensmeyer A. K., 1978 - Taphonomic and ecologic information from bone weathering. *Paleobiology* **4**, 150-62.

Benvenuti M., S. Carnicelli, G. Belluomini, N. Dainelli, S. Di Grazia, G. A. Ferrari, C. Iasio, M. Sagri, D. Ventra, B. Atnafu & S. Kebede, 2002 - The Ziway-Shala lake basin (main Ethiopian rift, Ethiopia) : a revision of basin evolution with special reference to the Late Quaternary. *Journal of African Earth Sciences* **35**, 247-69.

Beraki O., L. Brancaccio, G. Calderoni, M. Coltorti, F. Dramis & U. Mohammed, 1998 - The Mai Mekden Sedimentary Sequence: A Reference Point for the Environmental Evolution of the Highlands of Northern Ethiopia. *Geomorphology* **23**, 127-138.

Blumenshine R. J. & T. C. Madringal, 1993 - Variability in long bone marrow yields of East African Ungulates and its zooarchaeological implications. *Journal of Archaeological Science* **20**, 555-87.

Boardman S., 1999 - The agricultural foundation of the Aksumite empire, Ethiopia : An interim report. In: M. van den Veen (éd.). *The Exploitation of Plant resources in Ancient Africa.* Plenum, New York, 137-148.

Bobrowski P. T. & B. F. Ball, 1989 - The theory and mechanics of ecological diversity in archaeology. In: Leonard R. D. & G. T. Jones (éd.). *Quantifying diversity in archaeology.* Cambridge University Press, Cambridge, 4-12.

Bökönyi S., 1990 - Preliminary report on the animal remains of Gabal Qutrân (GQi) and al-Masannah (MASi). In: Maigret A. de (éd.). *The Bronze Age Culture of Hawlân at-Tiyâl and al-Hadâ (Republic of Yemen) Memoirs and Reports XXIV.* IsMEO, Rome.

Bonnefille R. & A. Hamilton, 1986 - Quaternary and late Tertiary history of Ethiopian vegetation. *Acta Universitet Symposium Botanica Uppsala* **26**(2), 48-63.

Bonnefille R. & M. U. Mohammed, 1994 - Pollen-Inferred Climatic Fluctuations in Ethiopia during the last 3000 years. *Palaeogeography, Palaeoclimatology, Palaeoecology* **109**, 331-43.

Bonnotte S., 2002 - *Des vaches dans la forêt, des singes dans les champs. Vivre avec le sauvage en pays Oromo, Ouest Wellega, Ethiopie.* Mémoire de DEA, INAPG.

Bouakaze D. & B. Poisblaud, 2000 - *Néolithique et art rupestre dans le Wolayta. Le site d'Akirsa. Mission 2000.* Rapport non publié.

Bouakaze D. & B. Poisblaud, 2001 - *Néolithique et art rupestre dans le Wolayta. Le site d'Akirsa. Mission 2001.* Rapport non publié.

Bouakaze-Khan D., 2002 - *L'Art Rupestre de la Corne de l'Afrique. Etude Globale dans son Contexte Archéologique & Anthropologique. Modèle d'Interprétation.* Thèse de doctorat, Université Paris I.
Bouroche J. M. & G. Saporta, 1980 - *L'analyse des données*. Presses Universitaires de France, Paris.
Bouvier P., 1981 - L'archéologie à Djibouti. *Archéologia* **60**, 48-52.
Bouvier-Closse K., 2002 - *Les canidés de l'Egypte ancienne.* Thèse de doctorat, Université Marc Bloch de Strasbourg.
Bouville C., J. P. Cros & R. Joussaume, 2000 - Etude anthropologique du site à stèles de Tuto Fela en pays Gedeo (Ethiopie). *Annales d'Ethiopie* **XVI**, 15-24.
Bradley D. G., 2003 - Genetic Hoofprints. *Natural History Magazine* **Février**, 8-13.
Bradley D. G. & R. T. Loftus, 2000 - Two Eves for *taurus*? Bovine mitochondrial DNA and African cattle domestication. In: Blench R. M. & K. C. MacDonald (éd.). *The Origins and Development of African Livestock: archaeology, genetics, linguistics and ethnography.* UCL Press, London, 244-50.
Bradley D. G., D. E. MacHugh, E. P. Cunningham & R. T. Loftus, 1996 - Mitochondrial diversity and the origins of African and European cattle. *Proceedings of the National Academy of Science* **93**, 5131-5.
Brain C. K., 1974 - Some suggested procedures in the analysis of bone accumulations from Southern African Quaternary sites. *Annals of the Transvaal Museum* **29**(1), 1-8.
Brain C. K., 1981 - *The hunters or the hunted? An introduction to African cave taphonomy.* Chicago University Press, Chicago.
Brandt S. A., 1980 - Archaeological investigations at Lake Besaka, Ethiopia. In: Leakey R. E. F. & B. A. Ogot (éd.). *Proceedings of the Eight Panafrican Congress of Prehistory and Quaternary Studies.* TILLMIAP, Nairobi, 239-43.
Brandt S. A., 1982 - *A Late Quaternary Cultural/Environmental Sequence from Lake Besaka, Southern Afar, Ethiopia.* PhD Dissertation, University of California.
Brandt S. A., 1984 - New Perspectives on the origins of Food Production in Ethiopia. In: Clark J. D. & S. A. Brandt (éd.). *From Hunters to Farmers: The Cause and Consequences of Food Production in Africa.* University of California Press, Berkeley, 173-191.
Brandt S. A., 1986 - The Upper Pleistocene and early Holocene prehistory of the Horn of Africa. *The African Archaeological Review* **4**, 41-82.
Brandt S. A., 1996 - A Model for the Origins and Evolution of Enset Food Production. In: Abate T. (éd.). *Enset Based Sustenable Agriculture in Ethiopia.* Institute of Agricultural Research, Addis Abeba, 36-46.
Brandt S. A. & G. A. Brook, 1984 - Archaeological and Paleoenvironmental Research in Northern Somalia. *Current Anthropology* **25**, 119-21.
Brandt S. A. & N. Carder, 1987 - Pastoral Rock Art in the Horn of Africa: Making Sense of Udder Chaos. *World Archaeology* **19**(2), 194-213.
Brandt S. A. & P. Gresham, 1989 - L'âge de la Pierre en Somalie. *L'anthropologie* **94**(3), 459-82.
Brandt S. A. & K. Weedman, 2002a - Woman the toolmaker. *Archaeology*, 50-53.
Brandt S. A. & K. Weedman, 2002b - The ethnoarchaeology of hide working and stone tool use in Konso, Sothern Ethiopia : an introduction. In: Audoin-Rouzeau F. & S. Beyries (éd.). *Le travail du cuir de la Préhistoire à nos jours. XXIIe rencontres internationales d'archéologie et d'histoire d'Antibes.* Editions APDCA, Antibes, 113-129.
Brandt S. A., G.A. Brook & T.H. Gresham, 1984 - Quaternary paleoenvironments and prehistoric human occupation of northern Somalia. In: Labahn T. (éd.). *Proceedings Second International Congress of Somali Studies* **II**. Helmut Buske Verlag, Hamburg, 7-22.
Bridault A., 1994 - La fragmentation osseuse : modèle d'analyse pour les séries mésolithiques. In: Patou-Mathis M. (éd.). *Outillage peu élaboré en os et bois de cervidés IV.* Editions du CEDARC, Treignes, 155-66.
Brooks A., D. E. Gelburd & J. Yellen, 1984 - Food production and culture change among the !Kung San : implications for prehistoric research. In: Clark J. D. & S. A. Brandt (éd.). *From hunters to farmers: The Cause and Consequences of Food Production in Africa.* University of California Press, Berkeley, 293-310.
Cain C. R., 2000 - *Animals at Axum : initial zooarchaeological research in the later Prehistory of the northern ethiopian highlands.* PhD dissertation, Washington University.
Caubet A. & F. Poplin, 1987 - Les objets de matière dure animale : étude du matériau. In: Yon M. (éd.). *Ras Shamra-Ougarit III : le centre de la ville, 38e-44e campagnes (1978-1984).* A.D.P.F., Paris, 274-306.
Caubet A. & F. Poplin, 1992 - La place des ivoires d'Ougarit dans la production du Proche-Orient ancien. In: Fitton J. L. (éd.). *Ivory in Greece and the Eastern Mediterranean from the Bronze Age to the Hellenistic Period.* British Museum Occasional Paper, 85, Londres, 91-100.
Caubet A. & F. Poplin, 1995 - Le travail de l'os, de l'ivoire et de la coquille en Terre Sainte du 7e au 1er millénaires av. J.-C. *Studies in the History and Archaeology of Jordan,* **5**, 489-95.
Cervicek P., 1979 - Some African Affinities of Arabian Rock Art. *Rassegna di Studi Etiopici* **27**, 5-12.
Chaix L., 1980 - Note Préliminaire sur la faune de Kerma (Soudan). *Geneva* **28**, 63-64.

Chaix L., 1996 - Les bœufs à cornes parallèles : archéologie et ethnographie. *Sahara* **8**, 95-7.

Chaix L., 1998 - Une tombe inhabituelle à Kerma, Soudan. In: Anreiter P., L. Bartosiewicz, E. Jerem & W. Meid (éd.). *Man and the animal world. Studies in Archaeozoology, Archaeology, Anthropology and Palaeolinguistics in memoriam Sandor Bökönyi*. Archaeolingua, 147-55.

Chaix L., 1999 - The dogs from Kerma (Sudan) 2700 to 1500 BC. In: Becker C., H. Manhart, J. Peters & J. Schibler (éd.). *Historia animalium ex ossibus. Festschrift für Angela von den Driesch*. Rahden/Westf., Leidorf, 109-132.

Chaix L., 2000 - Les animaux et les morts à Kerma (Soudan) entre 2500 et 1500 avant J.-C. Faits archéologiques et interprétations. In: Bodson L. (éd.). *Ces animaux que l'homme choisit d'inhumer. Contribution à l'étude de la place et du rôle de l'animal dans les rites funéraires. Colloques d'histoire des connaissances zoologiques 11*. Université de Liège, Liège, 15-39.

Chaix L. & A. Grant, 1987 - A study of a prehistoric population of sheep from Kerma (Sudan): archaeozoological and archaeological implications. *Archeozoologia* **1**, 77-92.

Chaix, L. & A. Grant, 1993 - 'Paleoenvironment and economy at Kerma, Northern Sudan', in L. Krzyzaniak et M. Kobusiewicz (eds) *Environmental Change and Human Culture in the Nil Basin and Northern Africa until the Second Millenium BC*, Poznan: Polish Academy of Sciences.

Chaix L. & P. Méniel, 1996 - *Eléments d'archéozoologie*. Editions Errance, Paris, 112 p.

Chalié F. & F. Gasse, 2002 - Last Glacial-Holocene diatom record of water chemistry and lake level change from the tropical East African Rift Lake Abiyata (Ethiopia). *Palaeogeography, Palaeoclimatology, Palaeoecology* **187**, 259-83.

Chenorkian, 1996 - *Pratique archéologique, statistique et graphique*. Errance, Paris.

Clark J. D., 1954 - *The Prehistoric Cultures of the Horn of Africa*. Cambridge University Press, Cambridge.

Clark J. D., 1976 - The Domestication Process in Sub-Saharan Africa with Special Reference to Ethiopia. In: *9e Congrès de l'Union Internationale des Sciences Préhistoriques et Protohistoriques*. UISPP, Nice, 56-115.

Clark J. D., 1980 - The Origins of Domestication in Ethiopia. In: Leakey R. E. F. & A. B. Ogot (éd.). *Proceedings of the Eight Panafrican Congress of Prehistory and Quaternary Studies*. TILLMIAP, Nairobi, 268-70.

Clark J. D., 1988 - A Review of the Archaeological Evidence for the Origins of Food Production in Ethiopia. In: Beyene T. (éd.). *Proceedings of the Eight International Conference of Ethiopian Studies*. Institute of Ethiopian Studies, Addis Abeba, 44-55.

Clark J. D. & G. R. Prince, 1978 - Use-wear on Later Stone Age Microliths from Laga Oda, Hararghi, Ethiopia and Possible Functional Interpretations. *Azania* **13**, 101-10.

Clark J. D. & M. A. J. Williams, 1978 - Recent archaeological research in southeastern Ethiopia (1974-1975): some preliminary results. *Annales d'Ethiopie* **11**, 19-44.

Cleuziou S., M. L. Inizian & B. Marcolongo, 1992 - Le peuplement pré- et protohistorique du système fluviatile fossile Jawl-Hadramawt d'après l'interprétation intégrée d'images satellites, photographies aériennes et prospections. *Paléorient* **18**(2), 5-29.

Clutton-Brock J., 1993 - The spread of domestic animals in Africa. In: Shaw T., P. Sinclair, B. Andah & A. Okpoko (éd.). *The archaeology of Africa. Food, metals and towns*. Routledge, London, 61-70.

Clutton-Brock J., 1999 - *A Natural History of Domesticated Mammals*. Cambridge University Press, Cambridge.

Cooke B. & P. Wilkinson, 1978 - Suidae and Tayassuidae. In: Maglio V. & B. Cooke (éd.). *Evolution of African Mammals*. Harvard University Press, Cambridge, 435-61.

Cruz-Uribe K., 1988 - The use and meaning of species diversity and richness in archaeological faunas. *Journal of Archaeological Sciences* **15**, 179-96.

Cunningham P., 2000 - Genetics and the origin of African cattle. In: Blench R. M. & K. C. MacDonald (éd.). *The Origins and Development of African Livestock : archaeology, genetics, linguistics and ethnography*. UCL Press, London, 240-243.

Dajoz R., 2000 - *Précis d'Ecologie*. Dunod, Paris.

De Lagarde J., 1995 - *Initiation à l'analyse des données*. Dunod, Paris.

Degerbøl M. & B. Fredskild, 1970 - The Urus *Bos primigenius* Bojanus and neolithic domesticated cattle *Bos taurus domesticus* Linné in Denmark. *Det Kongelige Danske Videnskabernes Selskab Biologiske Skrifter* **17**, 1-177.

DeGusta D. & E. Vrba, 2003 - A method for infering paleohabitats from the functional morphology of bovid astragali. *Journal of Archaeological Science* **30**, 1009-22.

Demangeot C., 2003 - *Etudes des caractéristiques biologiques des sujets néolithiques d'Hara Idé 2 et d'Ali Daba 2*. DEA, Université de Bordeaux.

Dodson P. & D. Wexlar, 1979 - Taphonomic investigations of owl pellets. *Paleobiology* **5**, 275-84.

Dombrowski J., 1970 - Preliminary Report on Excavations in Lalibela and Natchabiet Caves, Begemeder. *Annales d'Ethiopie* **8**, 21-9.

Dombrowski J. C., 1971 - *Excavations in Ethiopia : Lalibela and Natchabiet Caves, Begemder Province.* PhD dissertation, Boston University.

Doresse J., 1971 - *Histoire sommaire de la Corne de l'Afrique.* Geuthner, Paris.

Dorst J. & P. Dandelot, 1992 - *Guide des grands mammifères d'Afrique.* Delchaux et Niestlé, Neufchâtel.

Driech A. von den, 1976 - *A Guide to the measurement of animal bones from archaeological sites.* Harvard University, Harvard.

Ducos P., 1968 - *L'origine des animaux domestiques en Palestine.* Delmas, Bordeaux.

Ducos P., 1988 - *Archéozoologie quantitative.* CNRS Editions, Paris.

Ducos P., 1991 - *Bos, Ovis* et *Capra* dans les sites néolithiques du Proche Orient. *Paléorient* **17**(1), 161-8.

Duday H., X. Gutherz, S. Herouin, J. Lesur & J. M. Pene, 2001 - *Mission archéologique en République de Djibouti. Janvier-Février 2001. Site d'Hara Idé 2.* Rapport non publié.

Duday H., X. Gutherz, S. Herouin, J. Lesur & J. M. Pene, 2002 - *Mission archéologique en République de Djibouti. Janvier-Février 2002. Sites d'Hara Idé 2 et d'Ali Daba 2 à 9.* Rapport non publié.

Duday H., X. Gutherz, J. Cauliez, C. Demangeot, S. Herouin, P. Léon, J. Lesur & J. M. Pene, 2004 - *Mission archéologique en République de Djibouti. Janvier-Février 2002. Sites d'Hara Idé 3 et d'Ali Daba 2 à 12.* Rapport non publié.

Echassoux A., 2001 - *Etude paléoécologique, taphonomique et archéozoologique des faunes des grands mammifères de la grotte du Vallonet, Roquebrune-Cap-Martin, Alpes-Maritimes.* Thèse de doctorat, Institut de Paléontologie Humaine.

Edwards C. J., D. E. Machugh, K. M. Dobney, L. Martin, N. Russel, L. K. Horwitz, S. K. McIntosh, K. C. MacDonald, D. Helmer, A. Tresset, J.-D. Vigne & D. Bradley, 2004 - Ancient DNA analysis of 101 cattle remains : limits and prospects. *Journal of Archaeological Science* **31**, 695-710.

Ehret C., 1974 - *Ethiopians and East Africans: the problem of contacts*, Nairobi.

Ehret C., 1979 - On the Antiquity of Agriculture in Ethiopia. *Journal of African History* **20**, 161-77.

Ehret C., 2002 - *The Civilizations of Africa : a history to 1800.* University Press of Virginia, Charlottesville.

Eisenmann V., 1986 - Comparative osteology of modern and fossil horses, half asses, and asses. In: Meadow R. H. & H. P. Uerpmann (éd.). *Equids in the Ancient World* **1**. Dr Ludwig Reichert Verlag, Wiesbaden, 67-116.

Eisenmann V., 1995 - L'origine des ânes : Questions et réponses paléontologiques. *Ethnozootechnie* **56**, 5-25.

Eisenmann V. & S. Beckouche, 1986 - Identification and discrimination of metapodials from Pleistocene and modern *Equus*, wild and domestic. In: Meadow R. H. & H. P. Uerpmann (éd.). *Equids in the Ancient World* **1**. Dr Liudwig Riechert Verlag, Wiesbaden, 117-64.

Epstein H., 1971 - *The Origin of Domestic Animals in Africa.* African Publishing Corporation, New York.

Epstein H., 1984 - Ass, mule, onager. In: Mason I. L. (éd.). *Evolution of Domesticated Animals.* Longman, London, 174-84.

Estes R. D., 1991 - *The Behavior Guide to African Mammals.* University of California Press, Berkeley.

Fattovich R., 1988 - Remarks on the Late Prehistory and Early History of Northern Ethiopia. In: Beyene T. (éd.). *Proceedings of the Eight International Conference of Ethiopian Studies.* Institute of Ethiopian Studies, Addis Abeba, 85-105.

Fattovich R., 1993 - The Gash Group of the eastern Sudan : an outline. In: Krzyzaniak L., M. Kobusiewicz & J. Alexander (éd.). *Environmental change and human culture in the Nile Basin and Northern Africa until the second millennium BC.* Poznan Archaeological Museum, Poznan, 439-44.

Fattovich R., 1994 - The Contribution of the Recent Field Work at Kassala (Eastern Sudan) to Ethiopian Archaeology. In: *Xe Conférence Internationale des Etudes Ethiopiennes* **1**. Etudes Ethiopiennes, Paris, 43-51.

Fattovich R., 1999 - The Development of Urbanism in the Northern Horn of Africa in Ancient and Medieval Times. In: Sinclair P. (éd.). *The development of Urbanism in Africa from a Global Perspective.* Electronic Publications.

Fattovich R. & K. A. Bard, 1998 - *The Archaeological Expedition in Ethiopia (Aksum) of the Istituto Universitario Orientale and Boston University. Documentary Exhibition.* The Italian Cultural Institute, Addis Abeba.

Faye B., 1990 - *Eleveurs d'Ethiopie.* Editions Karthala, Paris.

Fedele F., 1990 - Bronze Age faunal collections from North Yemen. In: Maigret A. de (éd.). *The Bronze Age Culture of Hawlân at-Tiyâl and al-Hadâ (Republic of Yemen) Memoirs and Reports XXIV.* IsMEO, Rome, 149-186.

Fedele F., 1992 - Zooarchaeology in Mesopotamia and Yemen : a comparative history. *Origini* **XVI**, 49-93.

Felius M., 1995 - *Cattlebreeds : an Encyclopedia.* Ed. Misset, London.

Gasse F., 1975 - *L'évolution des lacs de l'Afar central du Plio-Pléistocène à l'actuel.* Thèse d'état, Paris VI.

Gasse F., 1977 - Evolution of Lake Abhe (Ethiopia and TFAI) from 70 000 BP. *Nature* **265**, 42-5.

Gasse F. & F. A. Street, 1978 - Late Quaternary lake-level fluctuations and environments of the northern Rift Valley and Afar region (Ethiopia and Djibouti). *Palaeogeography, Palaeoclimatology, Palaeoecology* **24**, 279-325.

Gasse F., R. Rognon & F. A. Street, 1980 - Quaternary history of the Afar and Ethiopian Rift lakes. In: Williams M. A. J. & H. Faure (éd.). *The Sahara and the Nile*. A. A. Balkema, Rotterdam, 361-400.

Gautier A., 1984 - The fauna of the neolithic site of Kadero (central Sudan). In: Krzyzaniak L. & M. Kobusiewicz (éd.). *Origin and early development of food-producing cultures in North Eastern Africa*. Polish Academy of Sciences and Poznan Archaeological Museum, Poznan, 317-19.

Gautier A., 2001 - The Early to Late Neolithic from Nabta and Bir Kiseiba. In: Wendorf F. & R. Childe (éd.). *Holocene Setllement of the Egyptian Sahara. Volume 1. The Archaeology of Nabta Playa*. Kluwer Academic / Plenum Publishers, New York, 609-35.

Gentry A. W., 1978 - Bovidae. In: Maglio V. & B. Cooke (éd.). *Evolution of African Mammals*. Harvard University Press, Cambridge, 540-572.

Getachew K. N., 2001 - *Among the Pastoral Afar in Ethiopia*. International Books, Utrecht.

Getahun A., 1978 - *Zonation of highlands of Tropical Africa : the ethiopian highlands*. ILCA, Addis Abeba.

Gifford-Gonzalez D., 1989 - Ethnographic analogues for interpreting modified bones : some cases from East Africa. In: Bonnichsen R. & M. H. Sorg (éd.). *Bone Modification*. University of Maine Center for the Study of the First Americans, Orono, 179-246.

Gifford-Gonzalez D., 1998 - Early Pastoralism in East Africa: Ecological and Social Dimensions. *Journal of Anthropological Archaeology* **17**, 166-200.

Gifford-Gonzalez D., 2000 - Animal Disease Challenges to the Emergence of Pastoralism in Sub-Saharan Africa. *African Archaeological review* **17**(3), 95-139.

Gifford-Gonzalez D. & J. Kimengich, 1984 - Faunal evidence for early stock-keeping in the Central Rift of Kenya: Preliminary findings. In: Krzyzaniak L. & M. Kobusiewicz (éd.). *Origin and Early Development of Food-Producing Cultures in North-Eastern Africa*. Polish Academy of Sciences, Poznan, 457-71.

Grassé P., 1970 - *Traité de Zoologie - Reptiles*. Masson, Paris.

Graziosi P., 1940 - *L'Eta della Pietra in Somalia*. Centro di Studi Coloniali, Firenze.

Graziosi P., 1964 - New Discoveries of Rock paintings in Ethiopia. *Antiquity* **38**, 91-98.

Greenacre M. J. & E. Vrba, 1984 - Graphical display and interpretation of antelope census data in African wildlife areas, using correspondence analysis. *Ecology* **65**, 984-997.

Grigson C., 1980 - The craniology and relationship of four species of *Bos*. V. *Bos indicus* L. *Journal of Archaeological Science* **7**, 3-32.

Grigson C., 2000 - *Bos africanus* (Brehm)? Notes on the archaeozoology of the native cattle of Africa. In: Blench R. M. & K. C. MacDonald (éd.). *The Origins and Development of African Livestock : archaeology, genetics, linguistics and ethnography*. UCL Press, London, 38-60.

Grigson C., J. A. J. Gowlett & J. Zarins, 1989 - The camel in Arabia-A direct radiocarbon date, calibrated to about 7000 BC. *Journal of Archaeological Science* **16**, 355-62.

Grimsdell P. H., 1973 - Age determination of the African buffalo (*Syncerus caffer*, Sparman). *East African Wildlife Journal* **11**, 31-53.

Gross C., 1992 - *Des skelett des Höhleslöwen (*Panthera leo spelea, *Golfus, 1810) aus Siegsdorf / Ldkr. Traunstein im vergleich mit anderen funden aus Deutschland und der Niederland.*, Munich.

Grouard S., 2001 - *Subsistance, systèmes techniques et gestion territoriale en milieu insulaire antillais précolombien. Exploitation des vertébrés et des Crustacés aux époques Saladoïdes et Troumassoïdes de Guadeloupe (400 av. J.-C. à 1500 ap. J.-C.)*. Thèse de doctorat, Université Paris X, Nanterre.

Grove A. T., F. A. Street & A. S. Gouldie, 1975 - Former Lake Levels and Climatic Changes in the Rift Valley of Southern Ethiopia. *Geographical Journal* **141**, 177-202.

Grove A. T., 1993 - Africa's Climate in the Holocene. In: Shaw T., P. Sinclair, B. Andah & A. Okpoko (éd.). *The Archaeology of Africa: Food, Metals and Towns*. Routledge, Londres, 32-42.

Guérin C. & M. Faure, 1996 - Chasse au chacal et domestication du bœuf dans le site Néoltihique d'Asa Koma (République de Djibouti). *Journal des Africanistes* **66**(1-2), 299-311.

Guilaine J., 2003 - *De la vague à la tombe. La conquête néolithique de la Méditerranée*. Seuil, Paris.

Guille-Escuret G., 1989 - *Les sociétés et leurs natures*. Armand Colin, Paris.

Gutherz X., 2003 - *Document de synthèse de l'activité scientifique pour la thèse d'habilitation à diriger des recherches. Première partie : cultures et territoires de 3500 à 2300 avant notre ère dans le sud-est de la France. Deuxième partie : aux origines de la production dans la Corne de l'Afrique*. HDR, EHESS.

Gutherz X. & R. Joussaume, 2000 - Le Néolithique de la Corne de l'Afrique. In: Guilaine J. (éd.). *Premiers paysans du monde*. Errance, Paris, 291-320.

Gutherz X., J.-P. Cros & J. Lesur, 2003a - Nouvelle découverte de peintures rupestres dans la Corne de l'Afrique : les abris sous-roche de Las Geel, République du Somaliland. *Annales d'Ethiopie* **XIX**, 295-306.

Gutherz X., J.-P. Cros & J. Lesur, 2003b - The discovery of new rock paintings in the Horn of Africa : the rockshelters of Las Geel, Republic of Somaliland. *Journal of African Archaeology* **1**(2), 227-236.

Gutherz X., R. Joussaume, S. Amblard & G. Mohammed, 1996 - Le site d'Asa Koma (République de Djibouti) et les premiers producteurs dans la Corne de l'Afrique. *Journal des Africanistes* **66**(1-2), 255-97.

Gutherz X., L. Jallot, R. Joussaume & B. Poisblaud, 1998 - *Abri-sous-roche de Moche Borago (Wolayta - Soddo). Campagne de sondages, novembre 1998.* Rapport non publié.

Gutherz X., L. Jallot, B. Poisblaud & D. Sordoillet, 2000 – *Abri-sous-roche de Moche Borago : Campagne de fouilles, janvier-février 2000.* Rapport non publié.

Gutherz X., R. Joussaume, Guedda Mohamed, C. Guérin & M. Faure, 1996 - *Mission archéologique et paléontologique en République de Djibouti.* Rapport non publié.

Gutherz X., L. Jallot, J. Lesur, G. Pouzolles & D. Sordoillet, 2000 – *Abri-sous-roche de Moche Borago (Wolayta-Soddo) : Mission de Novembre 2000.* Rapport non publié.

Gutherz X., L. Jallot, J. Lesur, G. Pouzolles & D. Sordoillet, 2001 – *Abri-sous-roche de Moche Borago (Wolayta-Soddo) : Mission de Décembre 2001.* Rapport non publié.

Gutherz X., L. Jallot, J. Lesur, G. Pouzolles & D. Sordoillet, 2002 - Les fouilles de l'abri-sous-roche de Moche Borago (Soddo, Wolyata). Premier bilan. *Annales d'Ethiopie* **XVIII**, 181-190.

Gutherz X., L. Laporte, R. Joussaume, S. Amblard, M. Faure, G. Gouraud, C. Guérin & W. Van Neer, 1994 - *Mission archéologique en République de Djibouti.* Rapport non publié.

Haaland R., 1987 - *Socio-economic differentiation in the Neolithic Sudan.* BAR, Oxford.

Hallpike C. R., 1972. *The Konso of Ethiopia : a study of the values of Cushitic people.* Oxford, Clarendon Press.

Hanotte O., D. G. Bradley, J. W. Ochieng, Y. Verjee, E. W. Hill & J. E. O. Rege, 2002 - African Pastoralism: Genetic Imprints of Origins and Migrations. *Science* **296**, 336-339.

Hanotte O., C. L. Tawah, D. G. Bradley, M. Okomo, Y. Verjee, J. Ochieng & J. E. O. Rege, 2000 - Geographic distribution and frequency of a taurine Bos taurus and an indicine Bos indicus Y specific allele amongst sub-Saharan African cattle breeds. *Molecular Ecology* **9**, 387-396.

Hassan F. A., 2000 - Climate and Cattle in North Africa. In: Blench M. & K. C. MacDonald (éd.). *The Origins and Development of African Livestock: archaeology, genetics, linguistics and ethnography.* UCL Press, Londres, 61-86.

Helmer D., 1992 - *La Domestication des Animaux par les Hommes Préhistoriques.* Masson, Paris.

Honegger M., 2003 - Exploitation du territoire et habitat dans les sociétés pastorales du Soudan : l'exemple de Kerma entre les 5e et 3e millénaire av. J.-C. In: Besse M., L.-I. Stahl Gretsch & P. Curdy (éd.). *Hommage à Alain Gallay.* ConstellaSion, Neufchatel.

Horard-Herbin M.-P., 1996 - *L'élevage et les productions animales dans l'économie de la fin du second âge du Fer à Levroux (Indre).* Thèse de doctorat, Université Paris I, Panthéon-Sorbonne.

Inizan M. L., 1996-7 - Esquisse du peuplement préhistorique au Yémen. *Chroniques yéménites*, 54-60.

Joussaume R., 1987 - Gravures rupestres en République de Djibouti. *Groupe Vendéen d'Etudes Préhistoriques* **17**, 24-45.

Joussaume R., 1994 - L'art rupestre de Djibouti dans son contexte Est-Africain. *Xe Conférence Internationale des Etudes Ethiopiennes* **I**. Etudes Ethiopiennes, Paris, 31-41.

Joussaume R., 1995 - *Tiya-L'Ethiopie des Mégalithes; du biface à l'art rupestre dans la Corne de l'Afrique.* Ed. Chauvinoise, Chauvigny.

Joussaume R., 1999 - Les abris rocheux d'Akirsa dans le Wolayta (Sidamo) en Ethiopie. *Archeologia Africana* **5**.

Joussaume R., S. Amblard, X. Gutherz & G. Mohamed, 1988 - *Mission archéologique en République de Djibouti. 11 Février - 14 Mars 1988.* Rapport non publié.

Joussaume R., X. Gutherz, G. Mohamed & H. Duday, 1989 - *Mission archéologique en République de Djibouti. 9 Février-14 Mars 1989.* Rapport non publié.

Kingdon J., 1997 - *The Kingdon field guide to African Mammals.* Academic Press, Londres.

Lamb A. L., M. J. Leng, H. F. Lamb & M. U. Mohammed, 2000 - A 9000-year oxygen and carbon isotope record of hydrological change in a small Ethiopian crater lake. *The Holocene* **10**(2), 167-77.

Lamb A. L., M. J. Leng, H. F. Lamb, R. J. Telford & M. U. Mohammed, 2002 - Climatic and non-climatic effects on the δ18O and δ13C compositions of Lake Awassa, Ethiopia, during the last 6.5 ka. *Quaternary Science Reviews* **21**, 2199-211.

Laurent A. & D. Laurent, 2002 - *Djibouti: Les Mammifères d'hier à aujourd'hui pour demain.* Beira, Toulouse.

Le Quellec J. L. & G. Abegaz, 2001 - New sites of South Ethiopian rock engravings : Godana Kinjo, Ejersa Gara Hallo, Laga Harro And Remarks on the Chabbé-Galma school. *Annales d'Ethiopie* **XVII**, 205-24.

Leonard R. D. & G. T. Jones, 1989 - *Quantifying diversity in archaeology.* Cambridge University Press, Cambridge.

Lesur J. accepté - 'Faunal evidence from Gotcha-Chirayo and Gotcha-Ayenna : From eating to hideworking.' in K. Weedman and S. A. Brandt (eds).

Lesur J., sous presse - 'Les bovins de la Fosse de Tiya (Soddo, Ethiopie) : dépôt rituel ou banquet funéraire?' *Afrique, Archéologie, Arts*. 15p.

Loftus R. & P. Cunningham, 2000 - Molecular genetic analysis of African zeboid populations. In: Blench R. M. & K. C. MacDonald (éd.). *The Origins and Development of African Livestock : archaeology, genetics, linguistics and ethnography*. UCL Press, London, 251-258.

Loftus R. T., D. E. MacHugh, D. G. Bradley, P. M. Sharp & E. P. Cunningham, 1994 - Evidence for two independent domestications of cattle. *Proceedings of the National Academy of Sciences* **91**, 2757-61.

Luikart G., L. Gielly, L. Excoffier, J.-D. Vigne, J. Bouvet & P. Taberlet, 2001 - Multiple maternal origins and weak phylogeographic structure in domestic goats. *PNAS* **98**(10), 5927-32.

Lyman R. L., 1984 - Broken bones, bone expediency tools, and bone pseudotools : lessons from the blast zone around Mount St. Helens, Washington. *American Antiquity* **49**, 315-33.

Lyman R. L., 1994 - *Vertebrate Taphonomy*. Cambridge University Press, Cambridge.

MacDonald K., 1992 - the Domestic Chicken (*Gallus gallus*) in Sub-Saharan Africa: a background to its introduction and its osteological differentiation from indigenious fowls (Numidinae and *Francolinus* sp.). *Journal of Archaeological Science* **19**, 303-18.

MacHugh D. E., 1996 - *Molecular Biogeography and Genetic Structure of Domesticated Cattle*. PhD dissertation. Trinity College, Dublin.

Maglio V. J. & H. B. S. Cooke, 1978 - *Evolution of African Mammals*. Mass: Harvard University Press, Cambridge.

Maley J., 1993 - The climatic and vegetational history of the equatorial regions of Africa during upper Quaternary. In: Shaw T., P. Sinclair, B. Andah & A. Okpoko (éd.). *The archaeology of Africa : food, metals and towns*. Routledge, Londres, 43-52.

Marean C., 1992 - Hunter to herder : large mammals remains from the hunter-gatherer occupation at Enkapune ya Muto rockshelter, central Rift, Kenya. *The African Archaeological Review* **10**, 65-127.

Marshall F., 1986 - *Aspects of the Advent of Pastoral Economies in East Africa*. PhD dissertation. University of California.

Marshall F., 1989 - Rethinking the role of *Bos indicus* in Africa. *Current Anthropology* **30**, 235-40.

Marshall F., 1990a - Origins of Specialized Pastoral Production in East Africa. *American Anthropologist* **92**, 873-94.

Marshall F., 1990b - Cattle herds and caprine flocks. In: Robertshaw P. (éd.). *Early pastoralists of the southern Kenya*. Bristish Institute of Eastern Africa, Memoir 11, Nairobi, 205-60.

Marshall F., 2000 - The origins and spread of domestic animals in East Africa. In: Blench M. & K. C. MacDonald (éd.). *The Origins and Development of African Livestock: archaeology, genetics, linguistics and ethnography*. UCL Press, London, 191-221.

Marshall F., 2003 - Pastoral perspectives on the domestication of the donkey. In: *Archaeology of the Earliest Northeastern Africa*. Non publié, Poznan.

Marshall F. & E. Hildebrand, 2002 - Cattle Before Crops : the Beginnings of Food Production in Africa. *Journal of World Prehistory* **16**(2), 99-141.

Marshall F., J. W. Barthelme & K. Stewart, 1984 - Early domestic stock at Dongodien. *Azania* **19**, 120-7.

Marshall F., D. Dale & T. Pilgram, 2002 - Delayed-return hunter-gatherers in Africa? Historic perspectives from the Okiek and archaeological perspectives from the Kansyore. In: Crothers G. (éd.). *Hunters and Gatherers in Theory and Archaeology*. Center for Archaeological Investigations Occasional Paper 21, Southern Illinois University, Carbondale.

Meadow R. H., 1999 - The use of size index scaling techniques for research on archaeozoological collections from Middle East. In: Becker C., H. Manhart, J. Peters & J. Schibler (éd.). *Historia animalium ex ossibus. Festschrift für Angela von den Driesch*. Rahden/Westf., Leidorf, 285-300.

Midant-Reynes B., 2003 - *Aux Origines de l'Egypte. Du Néolithique à l'émergence de l'Etat*. Editions Fayard, Paris.

Miller G. J., 1975 - A study of cuts, grooves, and others marks on recent and fossil bones : II, Weathering craks, fractures, splinters, and other similar natural phenomena. In: Swanson E. (éd.). *Lithic technology*. Mouton, La Hague, 212-26.

Mogaka H., Simons G., Turpie J., Emerton L. & F. Karanja, 2001 - *Economic aspects of community involvement in sustainable forest management in Eastern and Southern Africa*: IUCN Eastern Africa Regional Office.

Mohammed M. U. & R. Bonnefille, 1998 - A late Glacial/late Holocene pollen record from a highland peat a Tamsaa, Bale Moutains, south Ethiopia. *Global and Planetary Change* **16-17**, 121-9.

Monchot H., 1996 - *Les petits bovidés (genres* Ovis, Hemitragus, Rupicapra et Capra*) de la Caune de l 'Arago (Tautavel, Pyrénées-Orientales)*. Thèse de doctorat. Université de la Méditerranée, Aix-Marseille II.

Monchot H., 1997 - La fragmentation des os longs du mouflon de la Caune de l'Arago (Tautavel, France) = une origine anthropique. *Paleo* **9**, 55-68.

Muzzolini A., 1993 - The emergence of food-producing economy in the Sahara. In: Shaw T., P. Sinclair, B. Andah & A. Okpoko (éd.). *The archaeology of Africa : Food, metals and towns*. Routledge, Londres, 227-239.

Negash A., 2001 - *The Holocene Archaeology of the Temben Region, Northern Ethiopia*. PhD dissertation, University of Florida.

Pei W. C., 1938 - *Le rôle des animaux et des causes naturelles dans la cassure des os*. Geological Survey of China, Nanking.

Peters J., 1986a - A revision of the faunal remains from two central Sudanese sites : Khartoum Hospital and Esh Shaheinab. *Archaeozoologia* **Mélanges**, 11-35.

Peters J., 1986b - *Osteomorphology and osteometry of the appendicular skeleton of Grant's Gazelle,* Gazella granti, *Brooke, 1872 ; Bohor reedbuck,* Redunca redunca, *Pallas, 1767 and bushbusk,* Tragelaphus scriptus, *Pallas, 1766.* Rijksuniversiteit Gent, Ghent.

Peters J., 1988 - Osteomorphological features of the appendicular skeleton of African buffalo, *Syncerus caffer* (Sparman, 1779) and of the domestic cattle, *Bos Primigenius f. taurus* (Bojanus, 1827). *Z. Säugetierkunde* **53**, 108-23.

Peters J., 1991 - The faunal remains from Shaqadud. In: Marks A. E. & A. Mohammed-Ali (éd.). *The late prehistory of the eastern Sahel*. Southern Methodist University Press, Dallas, 197-235.

Peters J., W. Van Neer & I. Plug, 1997 - Comparative postcranial osteology of Hartebeest (*Alcelaphus buselaphus*), Scimitar Oryx (*Oryx dammah*) and Addax (*Addax nasomaculatus*), with notes on the osteometry of Gemsbok (*Oryx gazella*) and Arabian oryx (*Oryx leucoryx*). *Annales Sciences Zoologiques* **280**, 2-83.

Phillipson D. W., 1977 - The excavation of Gobedra Rock Shelter, Axum : an early occurence of cultivated finger-millet in northern Ethiopia. *Azania* **12**, 53-82.

Phillispon D. W., 2000 - *Archaeology at Aksum, Ethiopia, 1993-7*. BIEA - Society of Antiquaries of London, Londres.

Poisblaud B., 1999 - *Les sites du Ghoubbet à Djibouti et le Néolithique de la Corne de l'Afrique*. Thèse de 3ème cycle, Université de Paris I-Panthéon-Sorbonne.

Poisblaud B., 2002 - Une figurine de boviné dans le site d'Akirsa (Wolayta, Ethiopie). *Annales d'Ethiopie* **XVIII**, 191-8.

Poplin F., 1976a - A propos du Nombre de Restes et du Nombre d'Individus dans les échantillons d'ossements. *Cahier du Centre de Recherche Préhistorique de l'Université de Paris I* **5**, 61-74.

Poplin F., 1976b - Remarques théoriques et pratiques sur les unités utilisées dans les études d'ostéologie quantitative, particulièrement en archéologie préhistorique. In: Barral L. (éd.). *Union Internationales des Sciences Préhistoriques et Protohistoriques, XIe congrès*. UISPP - UNESCO, Nice, 124-41.

Poplin F., 1976c - Essai d'ostéologie quantitative sur l'estimation du Nombre d'Individus. In: Schwabedissen F. H. (éd.). *Kölner Jahrbach für Ur- Und Frühgeschichte*, 153-64.

Poplin F., 1977 - Problèmes d'ostéologie quantitative relatifs à l'écologie des hommes fossiles. *Approche écologique de l'Homme fossile* **47**, 63-8.

Poplin F., 1980 - Un problème d'ostéologie quantitative : calcul d'effectif initial d'après appariements. *Revue d'Archéométrie* **5**, 159-65.

Poplin F., 1992 - L'ivoire et la pierre à feu. Le couteau prédynastique en hippopotame de Shiqmim et le lion d'Aristote. In: Menu M. & P. Ph. Walter (éd.). *La pierre préhistorique*. Direction des Musées de France, Paris, 187-94.

Poplin F., 1995 - Sur le polissage des oeufs d'autruche en archéologie. In: Buitenhuis H. & H. P. Uerpmann (éd.). *Archaeozoology of the Near East, II. Proceedings of the second international symposium on the archaeozoology of soutwestern Asia and adjacent areas*. Backhuys Publishers, Leiden, 126-39.

Price W.D., 1980 – Archaeology in Swaziland. *South African Archaeological Bulletin* **35**, 13-38.

Raunet M., 1984 - *Etude du milieu naturel du bassin nord-oriental de l'Omo (Provine-Sidamo-Wolayta-Ethiopie)*. IRAT-Wolayta Rural Educational Project, Ethiopie-France.

Ricci L., 1955-58 - Ritrovamenti archaeologici in Eritrea, II. *Rassegna di studi etiopici* **15**, 48-68.

Roset J. P., 2000 - Céramique et néolithisation en Afrique saharienne. In: Guilaine J. (éd.). *Premiers paysans du monde*. Editions Errance, Paris, 261-290.

Rowley-Conwy P., 1988 - The camel in the Nile valley: new radiocarbon accelorator (AMS) date from Qasr Ibrim. *Journal of Egyptian Archaeology* **74**, 245-48.

Sadr K., 1991 - *The Development of Nomadism in Ancient Northeast Africa*. University of Pennsylvania Press, Philadelphia.

Schaller B., 1972 - *The Serengeti Lion*. The University of Chicago Press, Chicago and London.

Schwartz D., 1980 - *Méthodes statistiques à l'usage des médecins et des biologistes.* Flammarion Médecine Sciences, Paris.

Shipman P. & J. M. Harris, 1988 - Habitat Preference and Paleoecology of *Australopithecus boisei* in Eastern Africa. In: Grine E. (éd.). *Evolutionary history of the Robust Australopithecines.* Abline de Gruyter, New York, 343-81.

Smuts G. L., J. L. Anderson & J. C. Austin, 1978 - Age determination of the african lion *Panthera leo. Journal of Zoology* **185**, 115-46.

Spawls S., K. Howell, R. Drewes & J. Ashe, 2002 - *A field guide to the Reptiles of East Africa.* Academic Press, Londres.

Street F. A., 1975 - Late Quaternary precipitation estimates for the Ziway-Shala Basin, South Ethiopia. *Palaeocology of Africa and Surroundings Islands* **2**, 135-43.

Street-Perrot F. A. & R. A. Perrot, 1993 - Holocene Vegetation, Lake Levels and Climate of Africa. In: Wright H. E. (éd.). *Global Climates since the Last Glacial Maximum.* University of Minnesota Press, Minneapolis, 318-56.

Stuart C. & T. Stuart, 1997 - *The larger mammals of Africa.* Struik Publishers, Cape Town.

Szalay F. S. & F. Delson, 1979 - *Evolutionary History of the Primates.* Academic Press, New York.

Teilhard de Chardin P., 1930 - Le Paléolithique en Somalie française et en Abyssinie. *L'Anthropologie* **40**.

Thulin, M., 1994 - 'Aspects of disjunct distributions and endemism in the arid parts of the horn of Africa', in J. H. S. A. C. Chikuni (ed) *Proc. XIIIth Plenary Meeting AETFAT, Malawi 2*, Malawi.

Tresset A., 1996 - *Le rôle des relations homme/animal dans l'évolution économique et culturelle des sociétés des Ve-IVe millénaires en Bassin parisien.* Thèse de Doctorat de 3e cycle, Université Paris1.

Troy C. S., D. E. MacHugh, J. F. Bailey, D. A. Magee, R. T. Loftus, P. Cunningham, A. T. Chamberlain, B. C. Sykes & D. G. Bradley, 2001 - Genetic evidence for Near-Eastern origins of European Cattle. *Nature* **410**, 1088-91.

Uerpmann H. P., 1979 - *Probleme der Neolithisierung des Mittelmeerraums.* Reichert, Wiesbaden.

Uerpmann H. P., 1991 - *Equus africanus* in Arabia. In: Meadow R. H. & H. P. Uerpmann (éd.). *Equids in the Ancient World* **2**. Dr Ludwig Reichert Verlag, Wiesbaden, 12-33.

Van Neer W., 1989 - Contribution to archaeozoology of Central Africa. *Annales du Musée Royal de l'Afrique Centrale, Siences Zoologiques* **259**. Musée Royal de l'Afrique Centrale, Tervuren.

Van Neer W. & J. Lesur, 2004 - The ancient fish fauna from Asa Koma (Djibouti) and modern osteometric data on 3 Tilapiini and 2 Clarias catfish species. *Documenta Archaeobiologiae* **2**, 141-160.

Vellutini P. & P. Piguet, 1994 - *Djibouti. Itinéraires géologiques*, Djibouti.

Vigne J.-D., 1988 - *Les Mammifères post-glaciaires de Corse. Étude archéozoologique.* CNRS Editions, Paris.

Vigne J.-D., 1991 - The meat and offal weight (MOW) method and the relative proportion of ovicaprines in some ancient meat diets of the north-western Mediteeranean. *Rivista di Studi Liguri* **LVII**(1-4), 21-47.

Vigne J.-D., 1996 - La faune des vertébrés. In: Gasco J. (éd.). *Le Laouret et la montagne d'Alaric à la fin de l'Age du Bronze.* Centre d'Anthropologie, E.H.E.S.S.-C.N.R.S., Toulouse, 197-221.

Vigne J.-D., 1997 - *Iles : vivre entre ciel et mer.* Nathan-MNHN, Paris.

Vigne J.-D., I. Carrére, J.-F. Saliége, A. Person, H. Bocherens, J. Guilaine & F. Briois, 2000 - Predomestic cattle, sheep, goat, and pig during the late 9th and the 8th millennium cal. BC on Cyprus: preliminary results of Shillourokambos (Parekklisha, Limassol). In: Mashkour M., A. M. Choyke, H. Buitenhuis & F. Poplin (éd.). *Archaeozoology of the Near East, IVA.* ARC Publication N°32, Groningen, 83-106.

Vigne J.-D., D. Helmer & J. Peters, sous presse - New archaeozoological approaches to trace the first steps of animal domestication : general presentation, reflections and proposals.

Vrba E., 1980 - The significance of bovids remains as indicators of environment and predation patterns. In: Behrensmeyer A. K. & A. P. Hill (éd.). *Fossils in the Making : Vertabrate Taphonomy and Paleoecology.* The University of Chicago Press, Chicago, 247-271.

Walker R., 1985 - *A guide to post-cranial bones of East African animals.* Hylochoerus Press, Norwich.

Williams M. A. J. & D. A. Adamson, 1980 - Late Quaternary depositional history of the Blue and White Nile rivers in Central Sudan. In: Williams M.A.J.& H. Faure (éd.)*The Sahara and the Nile.* Balkema, Rotterdam, 281-304.

Williams M. A. J. & F. M. Williams, 1980 - Evolution of the Nile Basin. In: Williams M.A.J.& H. Faure (éd.). *The Sahara and the Nile.* Balkema, Rotterdam, 207-224.

Williamson K., 2000 - Did chicken go west? In: Blench R. M. & K. C. MacDonald (éd.). *The Origins and Development of African Livestock : archaeology, genetics, linguistics and ethnography.* UCL Press, Londres, 368-448.

Wilson D. E. & D. A. M. Reeder, 1993 - *Mammal species of the world : a taxonomic and geographic reference.* Smithsonian Institution Press, Washington.

Yalden D. W., M. J. Largen, D. Kock & C. Hillman, 1996 - Catalogue of the mammals of Ethiopia and Eritrea. 7. Revised checklist, zoogeagraphy and conservation. *Tropical Zoology* **9**, 73-164.

Zeder M., 2000 - Animal Domestication in the Zagros : a Review of Past and Current Research. *Paléorient* **25**(2), 11-25.

Zeder M., sous presse - A View from the Zagros: New Perspectives on Livestock Domestication in the Fertile Crescent.

Zohary D., E. Tchernov & L. K. Horwitz, 1998 - The role of unconscious selection in the domestication of sheep and goats. *Journal of Zoology* **245**, 129-35.

Parties du squelette	Bovini	*Gazella* sp.	Bovidae T3	Suidae	*Lepus capensis*	**Total**
Crâne			1			**1**
Maxillaire						
Mandibule				1		**1**
Dent jugale supérieure			1			**1**
Dent jugale inférieure			1		1	**2**
Dent jugale						
Vertèbre cervicale	2					**2**
Vertèbre thoracique	3					**3**
Vertèbre lombaire	1					**1**
Vertèbre sacrée						
Vertèbre caudale						
Côte	1					**1**
Scapula		1				**1**
Humérus						
Radius						
Ulna			1			**1**
Carpe						
Métacarpe						
Coxal						
Fémur						
Patella						
Tibia		1				**1**
Os malléolaire						
Tarse	1			1		**2**
Métatarse						
Métapode			2			**2**
Sésamoïde						
Phalange proximale						
Phalange intermédiaire						
Phalange distale			1			**1**
Total	**8**	**2**	**7**	**2**	**1**	**20**

Annexe 1.1a: Répartition des parties squelettiques des taxons de la Phase 1 Ancienne de Moche Borago en nombre de restes.

Parties du squelette	*Neotragini*	*Gazella* sp.	*Tragelaphus* cf. *scriptus*	*Tragelaphus* cf. *imlberbis/buxtoni*	cf. *Kobus ellipsiprimnus*	Bovidae T2	Bovidae T3	Bovidae T4	Bovidae	*Lepus capensis*	*Procavia capensis*	*Heterohyrax brucei*	Procavidae
Crâne	1						8	2	4				
Maxillaire		1		1								4	5
Mandibule	2											5	8
Dent jugale supérieure		1		2	1					2			6
Dent jugale inférieure		1			1								4
Dent jugale							2						
Vertèbre cervicale								1	12				
Vertèbre thoracique								1	20				
Vertèbre lombaire									16	5			
Vertèbre sacrée									2				
Vertèbre caudale							1						
Vertèbre									3				
Côte									1				
Scapula						1	3	1		2			3
Humérus										1		4	
Radius							1						1
Ulna								1		2			2
Carpe							2						
Métacarpe							1						
Coxal							4	2		1			4
Fémur											1		
Patella													
Tibia							4	1					1
Os malléolaire													
Tarse		3	2				2	4					
Métatarse							1						
Métapode							2		2				
Sésamoïde													
Phalange proximale							3	3					
Phalange intermédiaire							2						
Phalange distale		1											
Total	**3**	**7**	**2**	**3**	**2**	**1**	**36**	**16**	**60**	**13**	**1**	**13**	**34**

Annexe 1.1b : Répartition des parties squelettiques des taxons de la Fosse de Moche Borago en nombre de restes.

Parties du squelette	*Papio hamadryas*	*Papio* sp.	*Cercopithecus aethiops*	*Colobus guereza*	*Galago senegalensis*	Cercopithecidae	*Panthera pardus*	*Leptairulus serval*	*Crocuta crocuta*	Viverridae	Petit Mammifère	**Total**
Crâne						4					10	**29**
Maxillaire			3						1			**15**
Mandibule		1	1	1		1						**19**
Dent jugale supérieure			1									**13**
Dent jugale inférieure				1		1				2		**10**
Dent jugale												**2**
Vertèbre cervicale												**13**
Vertèbre thoracique											1	**22**
Vertèbre lombaire												**21**
Vertèbre sacrée												**2**
Vertèbre caudale		1										**2**
Vertèbre												**3**
Côte											13	**14**
Scapula											1	**11**
Humérus					1					2	1	**9**
Radius	1					1					1	**5**
Ulna								1				**6**
Carpe												**2**
Métacarpe		1										**2**
Coxal												**11**
Fémur			2		1						2	**6**
Patella												**0**
Tibia											1	**7**
Os malléolaire												**0**
Tarse									1			**12**
Métatarse		1										**2**
Métapode												**4**
Sésamoïde												**0**
Phalange proximale												**6**
Phalange intermédiaire							1					**3**
Phalange distale												**1**
Total	**1**	**4**	**7**	**2**	**2**	**7**	**1**	**1**	**2**	**4**	**30**	**252**

Annexe 1.1b suite : Répartition des parties squelettiques des taxons de la Fosse de Moche Borago en nombre de restes.

Partie du squelette	*Syncerus caffer*	Bovini	*Gazella* sp.	*Tragelaphus* cf. *scriptus*	Bovidae T2	Bovidae T3	Bovidae T4	Bovidae	*Potamochoerus porcus*	Suidae	*Lepus capensis*	Procavidae	*Papio* sp.	Cercopithecidae	Petit Mammifère	Total
Crâne						1				1					5	**7**
Maxillaire		1							1							**2**
Mandibule		1				1						2			1	**5**
Dent jugale supérieure		1	2								1	1				**5**
Dent jugale inférieure												1				**1**
Dent jugale		50						8		1		1				**60**
Vertèbre cervicale						2		1								**3**
Vertèbre thoracique		4						3		1					1	**9**
Vertèbre lombaire		1						1		1						**3**
Vertèbre sacrée		1						1								**2**
Vertèbre caudale		1											1			**2**
Vertèbre		18						21								**39**
Côte		2						5			1				1	**9**
Scapula		1				1						1		1		**4**
Humérus						1		3			1	1				**6**
Radius		1									1				1	**3**
Ulna		3				1					1	1				**6**
Carpe		1				4	3	1		2						**11**
Métacarpe										1						**1**
Coxal		2			1											**3**
Fémur		2										1				**3**
Patella						3										**3**
Tibia		2														**2**
Os malléolaire		1														**1**
Tarse		3		4	1	1				1			1			**11**
Métatarse		3														**3**
Métapode		2			1	4										**7**
Sésamoïde		5														**5**
Phalange proximale		4				1					1					**6**
Phalange intermédiaire	1	4			2	3	1	1								**12**
Phalange distale		1	1							3						**5**
Total	**1**	**115**	**3**	**4**	**5**	**23**	**4**	**45**	**1**	**11**	**6**	**9**	**2**	**1**	**9**	**239**

Annexe 1.1c : Répartition des parties squelettiques des taxons de la Phase 1 Intermédiaire de Moche Borago en nombre de restes.

Parties du squelette	*Syncerus caffer*	Bovini	*Neotragini*	*Tragelaphus cf. scriptus*	Bovidae T3	Bovidae T4	Bovidae	Suidae	*Lepus capensis*	Procavidae	Petit Mammifère	Total
Crâne					3						1	**4**
Maxillaire												
Mandibule									1	1		**2**
Dent jugale supérieure			1									**1**
Dent jugale inférieure		1	2			1						**4**
Dent jugale		44					1					**45**
Vertèbre cervicale		1									1	**2**
Vertèbre thoracique		2	1		2			1			3	**9**
Vertèbre lombaire		1	1		3						3	**8**
Vertèbre sacrée												
Vertèbre caudale												
Côte		1	1		5		1	1			2	**11**
Scapula					1	1			1			**3**
Humérus			1		1				2			**4**
Radius						1						**1**
Ulna												
Carpe	1				1							**2**
Métacarpe		1			2	1		1				**5**
Coxal		1			1	1			1			**4**
Fémur		1										**1**
Patella												
Tibia					1							**1**
Os malléolaire												
Tarse		1	1	1		3	1	3				**10**
Métatarse						1		1				**2**
Métapode		3			1		1	1	1			**7**
Sésamoïde			1		2	4						**7**
Phalange proximale					2	3						**5**
Phalange intermédiaire	1	3				5						**9**
Phalange distale		1			1			1				**3**
Total	**2**	**61**	**9**	**1**	**26**	**21**	**4**	**9**	**6**	**1**	**10**	**150**

Annexe 1.1d : Répartition des parties squelettiques des taxons de la Phase 1 Récente de Moche Borago en nombre de restes.

Parties du squelette	*Syncerus caffer*	Bovini	Bovidae T2	Bovidae T3	Bovidae	*Lepus capensis*	Procavidae	*Colobus guereza*	Petit Mammifère	**Total**
Crâne									2	**2**
Maxillaire						1		1		**2**
Mandibule										
Dent jugale supérieure						1	1			**2**
Dent jugale inférieure		1					1			**2**
Dent jugale		28								**28**
Vertèbre cervicale										
Vertèbre thoracique		2								**2**
Vertèbre lombaire										
Vertèbre sacrée										
Vertèbre caudale					1					**1**
Côte					1				1	**2**
Scapula										
Humérus										
Radius						1				**1**
Ulna										
Carpe	1	1								**2**
Métacarpe					1					**1**
Coxal		1								**1**
Fémur		1			1	1				**3**
Patella										
Tibia					1					**1**
Os malléolaire	1									**1**
Tarse		1	1	1		2				**5**
Métatarse										
Métapode										
Sésamoïde										
Phalange proximale		1			1	1				**3**
Phalange intermédiaire										
Phalange distale										
Total	**2**	**36**	**1**	**1**	**6**	**7**	**2**	**1**	**3**	**59**

Annexe 1.1e : Répartition des parties squelettiques des taxons de la Phase 2 de Moche Borago en nombre de restes.

Partie du squelette	*Syncerus caffer*	Bovini	*Tragelaphus* cf. *imlberbis/buxton*	Bovidae T2	Bovidae T3	Bovidae T4	Bovidae	Suidae	*Lepus capensis*	Cercopithecidae	*Crocuta crocuta*	**Total**
Crâne												
Maxillaire												
Mandibule												
Dent jugale supérieure	1						1					**2**
Dent jugale inférieure		2	1									**3**
Dent jugale		14										**14**
Vertèbre cervicale		1					1					**2**
Vertèbre thoracique		1			1		3					**5**
Vertèbre lombaire												
Vertèbre sacrée					1		5					**6**
Vertèbre caudale												
Côte					2		6					**8**
Scapula												
Humérus		2					1					**3**
Radius										1		**1**
Ulna					1							**1**
Carpe							1					**1**
Métacarpe								2				**2**
Coxal												
Fémur					1							**1**
Patella												
Tibia							1					**1**
Os malléolaire												
Tarse					1	1						**2**
Métatarse					1			1				**2**
Métapode					1				1			**2**
Sésamoïde												
Phalange proximale	1				1				2		1	**5**
Phalange intermédiaire		1		1				1				**3**
Phalange distale								1				**1**
Total	**2**	**21**	**1**	**1**	**10**	**1**	**19**	**5**	**3**	**1**	**1**	**65**

Annexe 1.1f : Répartition des parties squelettiques des taxons de la Phase 3 de Moche Borago en nombre de restes.

	Sol 1	Sol 2				Sol 3				
Parties du squelette	Bovini	Bovini	*Gazella* cf. *soemmeringi*	cf. *Gazella*	Suidae	Bovini	*Gazella* cf. *soemmeringi*	cf. *Gazella*	Suidae	**Total**
Crâne					1					**1**
Dents inférieures			1			1				**2**
Dents supérieures						1				**1**
Dents	10	24		1	4	5			2	**46**
Vertèbre cervicale										**0**
Vertèbre thoracique								1		**1**
Vertèbre lombaire										
Vertèbre sacrée										
Vertèbre caudale										
Côte		3			1	1				**5**
Scapula										
Humérus										
Radius										
Ulna										
Carpe		1						1		**2**
Métacarpe				1	1					**2**
Coxal				1						**1**
Fémur					1			1		**2**
Patella								1		**1**
Tibia				1						**1**
Tarse				1						**1**
Métatarse									1	**1**
Gd sésamoïde						1				**1**
Pt sésamoïde						1				**1**
Phalange 1					2			1	1	**4**
Phalange 2				3	1			1		**5**
Phalange 3							1			**1**
Total	**10**	**28**	**1**	**8**	**11**	**10**	**1**	**6**	**4**	**79**

Annexe 1.2 : Répartition des parties squelettiques des taxons d'Akirsa en nombre de restes.

Parties du squelette	*Gazella dorcas*	*Tragelaphus scriptus*	*Madoqua saltiana*	*Equus* sp.	*Felis silvestris*	*Lepus capensis*	*Hippopotamus amphibius*	Gerbillidae	*Struthio camelus*	*Aves* sp.	*Crocodylus niloticus*	**Total**
Crâne	2	1									24	**27**
Maxillaire		1				1						**2**
Mandibule		4				1						**5**
Dents inférieures		2										**2**
Dents supérieures	1	1										**2**
Dents jugales							1					**1**
Vertèbre cervicale	1											**1**
Vertèbre thoracique												**0**
Vertèbre lombaire												**0**
Vertèbre sacrée												**0**
Vertèbre caudale												**0**
Côte												**0**
Scapula	3	2				1						**6**
Humérus	2	2	1			1				4		**10**
Radius		1		2		2						**5**
Ulna	1					2						**3**
Carpe	2	4		1								**7**
Métacarpe	1	2				1						**4**
Coxal	3	1										**4**
Fémur	3	4			1			2				**10**
Patella												**0**
Tibia				1								**1**
Tarse	5	5		1		2						**13**
Métatarse	2	2				3				5		**12**
Phalange 1	5	2				2						**9**
Phalange 2	1	5				1						**7**
Phalange 3	1	2										**3**
Plaque dermique											4	**4**
Œuf									8			**8**
Total	**33**	**41**	**1**	**5**	**1**	**17**	**1**	**2**	**8**	**9**	**28**	**146**

Annexe 1.3 : Répartition des parties squelettiques pour les autres taxons d'Asa Koma, en Nombres de Restes

	Locus 1			Locus 3					
Partie du squelette	***Bovini***	***Canis* sp.**	**Micromammifère**	***Crocodylus niloticus***	***Hippopotamus amphibius***	**Bovini**	**Bovidae T2**	**Bovidae T3**	***Lepus capensis***
Crâne									
Maxillaire									
Mandibule						2		1	
Dent jugale supérieure	1	1				1		3	
Dent jugale inférieure						4	2	4	
Dent jugale				1	18	3	1	6	
Vertèbre cervicale						4		1	
Vertèbre thoracique	1					1			
Vertèbre lombaire					1				
Vertèbre sacrée									
Vertèbre caudale							1		
Côte			1			7	7		
Scapula							1		
Humérus					11	2	1		
Radius							3		1
Ulna								1	
Carpe									
Métacarpe					2	1	3	2	
Coxal							1		
Fémur							1		
Patella	2								
Tibia							1		
Os malléolaire									
Tarse							2		
Métatarse							3	1	
Métapode								2	1
Sésamoïde									
Phalange proximale						3			1
Phalange intermédiaire								3	
Phalange distale						1			
Total	**4**	**1**	**1**	**1**	**32**	**29**	**27**	**24**	**3**

Annexe 1.4 : Répartition des parties squelettiques pour des différents taxons d'Hara Idé 2 en Nombres de Restes pour les locus 1 et 3 (hors poissons)

Partie du squelette	*Phoenicopterus ruber*	*Crocodylus niloticus*	*Hippopotamus amphibius*	*Equus* cf *grevyi*	*Kobus kob*	*Alcelaphus buselaphus*	cf Alcelaphini	Bovini	Bovidae	Grands Ongulés	*Panthera leo*	*Panthera pardus*	*Canis* sp.	*Lepus capensis*	Total
Cheville osseuse							36								**36**
Crâne		329													**329**
Dentaire		129													**129**
Mandibule		99									4				**103**
Incisive				17											**17**
Canine			172												**172**
Dent supérieure					2	4									**6**
Dent inférieure															
Dent		40				4									**44**
Vertèbre cervicale		2												1	**3**
Vertèbre thoracique															
Vertèbre lombaire		2								1					**3**
Vertèbre sacrée															
Vertèbre caudale									3				4		**7**
Vertèbre		3													**3**
Côte															
Scapula															
Humérus												2			
Radius															
Ulna															
Carpe															
Métacarpe															
Coxal								6							**6**
Fémur															
Patella															
Tibia															
Os malléolaire															
Tibio-tarse	2														**2**
Tarse													2		
Métatarse											2				**2**
Métapode													3		**1**
Phalange proximale													4		
Phalange intermédiaire							1						1		**2**
Phalange distale															
Ostéoderme		5													**5**
Indéterminés		134													**134**
Total	**2**	**743**	**172**	**17**	**2**	**8**	**37**	**6**	**3**	**1**	**6**	**2**	**14**	**1**	**1014**

Annexe 1.5 : Répartition des parties squelettiques pour les différents taxons de la zone I-J-K-L / 31-32-33 d'Ali Daba 2

	H-I/37-38				G-H-I/22-23-24				E-F-G/37-38	
Partie du squelette	*Crocodylus niloticus*	*Hippopotamus amphibius*	*Equus* cf. *grevyi*	*Panthera leo*	*Equus* cf. *grevyi*	Bovini	Bovidae	Grands Ongulés	*Crocodylus niloticus*	*Hippopotamus amphibius*
Crâne										
Maxillaire										
Mandibule										
Dent supérieure										
Dent inférieure										
Dent	1	137							2	1
Vertèbre cervicale								2		
Vertèbre thoracique								4		
Vertèbre lombaire								4		
Vertèbre sacrée										
Vertèbre caudale									1	
Côte										
Scapula						3				
Humérus	8									
Radius			11		2			1		
Ulna				1						
Carpe										
Métacarpe			1							
Coxal								9		
Fémur										
Patella										
Tibia				5						
Os malléolaire										
Tarse										
Métatarse				1						
Métapode										
Sésamoïde										
Phalange proximale							1			
Phalange intermédiaire										
Phalange distale										
Total	**9**	**137**	**12**	**7**	**2**	**3**	**1**	**20**	**3**	**1**

Annexe 1.6 : Répartition des parties squelettiques pour des différents taxons des zones H-I / 37-38, G-H-I / 22-23-24 et E-F-G / 37-38d'Ali Daba 2

Origine	**AK 88-4 déc.3**	**MGHNL**			**MGHNL**			**MGHNL**			**MHNG**		
Taxon	*Canis*	*Canis aureus*			*Canis mesomelas*			*Canis adustus*			Pariah		
Dent	P4/ G	P4/			P4/			P4/			P4/		
		n	moy.	mini-maxi	n	moy.	mini-maxi	n	moy.	mini-maxi	n	moy.	mini-maxi
Longueur	16	22	16,08	14-19	17	16,56	15-18,7	22	15	13-18	5	17,12	16,2-18,3
Largeur ant.	8	22	8,01	6,9-10	17	7,6	6,7-9	22	7,56	6-12,3	5	8,88	8,2-9,8
Largeur post.	6,6	22	5,82	4,7-7	17	5,66	5-6,4	22	5,35	4,8-6,9	2	6,85	6,4-7,3
H deutérocône	3,4	17	3,76	2,5-4,6	16	3,36	2,5-3,9	22	3,98	3-5	1	3,2	
H paracône	10,8	17	9,01	7,3-10,5	16	9,02	7,7-10,2	22	8,28	7,2-10,5	1	10,8	
L métacône	6	17	5,55	4,3-7	16	6,06	5,8-7,1	22	5,44	4,5-6,1	1	5,8	
H métac. AR	4,5	17	4,94	3,5-6,1	16	3,71	3,2-5,5	22	4,27	3-5,7	1	3,7	
H métac. AV	8,1	16	7,17	5,9-7,6	14	7,27	6,5-8,2	21	7	6,2-8,6			

Origine	**AK 86-TIV**	**AK 88-hs**	**MGHNL**			**MGHNL**			**MGHNL**			**MHNG**		
Taxon	*Canis*		*Canis aureus*			*Canis mesomelas*			*Canis adustus*			Pariah		
Dent	M/1 G	M/1 D	M1/			M1/			M1/			M1/		
			n	moy.	mini-maxi	n	moy.	mini-maxi	n	moy.	mini-maxi	n	moy.	mini-maxi
Longueur	19	18,1	26	18,2	15-22	19	18,1	16,5-19,6	23	16,98	14,9-19,3	5	20,12	18,8-22
Largeur	7,4	6,6	26	7,18	6-9	19	7,36	6,5-8,7	23	7,15	6,2-8,2	5	8,14	7,5-8,5
H paraconide	8,8	7,2	19	7,77	4,5-9	18	7,69	6-8,5	23	7,1	5-9,4	1	10,3	
H protoconide	10,8	10	19	9,98	8-11,3	18	10,43	9-11,5	23	9,79	8,8-11	1	11,5	
H métaconide	6,2	5	19	6,23	4,9-7,8	18	6,36	5-7,7	23	6,42	5-7,8	1	6,8	
H entoconide	3,9	3,8	19	4,53	4-5,2	18	4,61	3,4-6	23	5,04	4-6	1	5,8	
H hypoconide	6,4	4	19	6,42	4,8-7,8	18	6,25	5-7,3	23	6,52	5,5-8	1	7,5	
L paraconide	6,4	5,8	19	4,83	3,1-5,8	18	5,33	3,9-6,9	23	4,63	3,3-5,6			
L trigonide	13,5	12,7	19	11,47	9,1-14	18	11,76	9,8-13,3	23	10,81	9,2-12,7			

Annexe 2.A.1 : Mesures dentaires des carnassières des Canidae d'Asa Koma comparées aux données actuelles (d'après Guérin et Faure, 1996). Mesures en millimètres selon von den Driesh, 1976.
L = longueur ; H = Hauteur.

Musée	MNHN		MNHN		MNHN		MNHN		MNHN		MNHN		MNHN		MNHN		MNHN		MNHN	
N°Registre	1973-113		1971-70		1945-111		1964-262		?		1992-1488		1883-270		1896-181		1896-119		1992-1462	
Taxon	*T. buxtoni*		*T. buxtoni*		*T. imberbis*		*T. imberbis*		*T. spekei*		*T. spekei*		*T. scriptus*		*T. scriptus*		*T. strepsiceros*		*T. strepsiceros*	
M1/ DAP	10,7	10,6	12,2	12,1	18,4	18,1	14,7		14,5	14,2	14,5	15,0	11,8	12,1	10,6	10,9	22,5	22,6	23,8	23,4
DT	14,5	14,2	14,6	15,0	12,0	11,6	13,6		13,0	13,1	11,8	11,7	10,7	11,1	10,4	10,3	16,4	17,0	17,0	18,0
M2/ DAP	12,8	12,7	15,7	15,4	19,0	19,4	17,2	18,1	16,4	16,7	16,2	15,5	12,6	12,9	11,8	12,0	25,8	25,7	26,4	25,8
DT	16,5	16,3	18,1	17,7	11,8	12,1	13,8	14,5	12,8	13,0	11,0	11,0	11,8	12,0	11,5	11,6	16,5	16,8	17,8	17,3
M3/ DAP	16,8	16,5	20,8	21,3	20,6	21,0	19,2	19,1	18,7	19,0	17,5	17,8	14,2	14,3	14,2	14,4	27,7	27,6	26,5	27,3
DT	15,8	15,9	18,3	18,1	11,2	11,4	12,9	13,3	13,4	13,7	10,8	10,9	10,1	10,1	10,2	10,3	14,5	14,5	15,5	14,8
M/3 DAP	24,7	24,6	27,2	27,3			23,1	23,8			21,0	21,8	17,5	17,2						
DT	11,1	10,6	12,9	12,4			10,7	11,2			8,0	8,6	7,6	7,4						

Musée	MBG Fosse	MBG Fosse	MBG Phase III	AK89 D3
N°Registre				
Taxon	*Tragelaphus cf. imberbis/ buxtoni*	*Tragelaphus cf. imberbis/ buxtoni*	*Tragelaphus cf. imberbis/ buxtoni*	*T. scriptus*
M1/ DAP	19,0	18,0		
DT	12,0	13,0		
M2/ DAP	22,0			
DT	13,0			
M3/ DAP				14,9
DT				10,1
M/3 DAP			27,0	
DT			14,0	

Annexe 2.A.2 : Mesures dentaires des Tragelaphini 2 de Moche Borago (MBG) et du *Tragelaphus scriptus* d'Asa Koma (AK89) comparées aux données actuelles. Mesure en millimètres d'après von den Driesh, 1976. DAP : Diamètre Antéro-Postérieur ; DT : Diamètre Transverse.

Musée	MNHN		MNHN		MNHN		MNHN		MNHN		MNHN	
N°registre	1939-224		1915-32		1919-40		A3368		1969-488		1973-162	
Taxon	*D. Megalotis*		*D. Megalotis*		*M. saltiana*		*M. saltiana*		*M. guentheri*		*M. guentheri*	
M1/ DAP	7,2	7,5	7,4	7,2	8,9	9,2	6,9	6,8	6,1	6,3	5,2	5,4
DT	7,5	7,9	7,0	7,3	8,3	8,1	5,1	5,6	5,5	5,4	4,2	4,8
M2/ DAP	8,4	8,5	7,9	8,0	10,5	10,8	7,1	7,3	7,3	7,0	6,4	6,5
DT	7,8	7,9	7,5	7,6	9,1	9,0	5,4	5,7	5,3	5,0	5,0	5,1
M/1 DAP							5,7	5,8	6,2	6,4		
DT							2,9	3,1	3,3	3,4		
M/2 DAP							6,4	6,6	6,4	6,7		
DT							3,2	3,3	3,5	3,7		
M/3 DAP									7,8	8,0		
DT									3,1	3,5		

Origine	MBG Phase I R		MBG Fosse	
Taxon	Neotragini		Neotragini	
M1-2/ DAP	10,5			
DT	8,5			
M/1-2 DAP		9,5		
DT		5,0		
M/1 DAP			10,0	
DT			6,5	
M/3 DAP				15,0
DT				6,5

Annexe 2.A.3 : Mesures dentaires des Neotragini de Moche Borago (MBG) comparées aux données actuelles. Mesures en millimètres d'après von den Driesh, 1976. DAP : Diamètre Antéro-Postérieur ; DT : Diamètre Transverse.

Musée	MNHN		MNHN		MNHN		MNHN		MNHN		MNHN		MNHN	
N°registre	1972-44		1972-442		?		1945-121		1945-124		?		1961-999	
Taxon	*L. walleri*		*L. walleri*		*A. clarkei*		*G. granti*		*G. granti*		*G. spekei*		*G. spekei*	
M1/ DAP	9,9	9,8	10,1	10,2	10,6	10,7	14,8	15,0	13,8	13,9	9,6	9,5	9,7	9,9
DT	7,5	7,3	7,9	8,0	7,3	7,6	11,3	11,4	11,2	11,4	9,0	8,8	7,6	7,8
M2/ DAP	10,5	10,7	11,2	10,9	11,2	11,4	16,8	17,3	16,2	16,5	12,2	12,4	11,0	11,4
DT	7,6	7,4	7,9	7,5	8,8	8,5	10,8	11,5	10,8	10,8	8,5	8,3	8,0	8,3
DP/4 DAP	10,2	10,3												
DT	3,2	3,4												
P/3 DAP	7,4		7,0	7,1									7,1	7,2
DT	3,8		3,5	3,4									4,1	4,2

Musée	MNHN		MNHN		MNHN		MNHN		MNHN		MNHN		MNHN	
N°registre	1961-41		1972-54		1953-230		1954-278		1963-253		1911-2128		1911-1757	
Taxon	*G. thomsoni*		*G. thomsoni*		*G. rufifrons*		*G. rufifrons*		*G. soemmeringi*		*G. soemmeringi*		*G. dorcas*	
M1/ DAP	12,4	12,6	15,0	14,9	13,0	12,8	13,0	13,1	13,1		11,9	12,0	9,4	9,2
DT	7,7	7,6	10,5	10,4	8,0	7,9	8,4	8,5	9,2		12,1	12,0	7,2	7,2
M2/ DAP	13,3	13,5	15,3	15,4	13,6	13,5			13,6	13,7	13,8	14,0	11,4	11,2
DT	7,7	7,9	10,0	9,8	7,9	7,8			8,2	8,4	11,0	12,0	7,5	7,6
DP/4 DAP			16,0	16,0			13,5	13,4						
DT			6,8	6,7			4,2	4,1						
P/3 DAP	7,0	6,8							8,0	8,4	8,2		6,6	6,8
DT	3,8	3,6							4,4	4,8	4,3		3,2	3,1

Origine	MBG Phase I I	
Taxon	*Gazella sp.*	
M 1-2/ DAP	13,0	13,5
DT	9,0	9,5

Annexe 2.A.4 : Mesures dentaires des Antilopini de Moche Borago (MBG) comparées aux données actuelles. Mesures en millimètres d'après von den Driesh, 1976. DAP : Diamètre Antéro-Postérieur ; DT : Diamètre Transverse.

Musée	MNHN		MNHN		MNHN		MNHN		MBG Fosse	
N°registre	1893-503		1937-632		1945-16		1996-2096			
Taxon	*K. ellipsiprimnus*				*K. megaceros*				Reduncini	
M1/ DAP	18,0	17,5	17,6	17,5	15,8	15,9	14,1	14,0		
DT	14,5	14,3	16,1	16,0	13,2	13,4	14,8	15,1		
M2/ DAP	20,0	19,8	19,3	19,1	16,9	17,0	16,6	16,2	21,0	
DT	15,3	15,4	16,8	17,0	13,5	13,5	16,6	16,1	15,1	
M/2 DAP										23,0
DT										12,8

Annexe 2.A.5 : Mesures dentaires des Reduncini de Moche Borago (MBG) comparées aux données actuelles. Mesures en millimètres d'après von den Driesh, 1976. DAP : Diamètre Antéro-Postérieur ; DT : Diamètre Transverse.

Origine	MNHN		MNHN		MNHN		MNHN		AD2 K33	AD2-J32
N°regsitre	1893-278		1945-125		1880-1888		1945-112			
Taxon	*A. buselaphus*		*A. buselaphus*		*D. lunatus*		*D. lunatus*		Alcelaphini	Alcelaphini
M2/ DAP	19,0	18,7	20,6	20,8	18,4	17,9	20,2	20,3	19,6	20,1
DT	15,1	15,2	14,4	14,8	12,8	13,4	15,0	14,8	15,3	14,2

Annexe 2.A.6 : Mesures dentaires des Alcelaphini d'Ali Daba 2 (AD2) comparées aux données actuelles. Mesures en millimètres d'après von den Driesh, 1976. DAP : Diamètre Antéro-Postérieur ; DT : Diamètre Transverse.

Origine	Taxon	Os	Lat	GLP	SLC
AK 96 Z0 déc.1	*Canis*	Scapula	D	22,5	19,1
AK 88-1 déc. 1	*Canis*	Scapula	D	20,5	17,6
AK 86 T3	*Canis*	Scapula	G	22,1	19,9

Origine	Taxon	Os	Lat	Bd
AK 86 FO déc. -50	*Canis*	Humérus	D	22,1

Origine	Taxon	Os	Lat	Bp	DPA	SDO	BPC
AK 86 T4	*Canis*	Radius-ulna	G		20,2	16,9	12,0
AK 85 T3 déc. 0-20	*Canis*	Radius-ulna	G	14,4			

Origine	Taxon	Os	Lat	GL	Bp	Dp	Bd
AK 85 T3 déc. 0-20	*Canis*	MCV	G		8,3	8,7	6,5
AK 89 B2	*Canis*	MCIV	G		6,2	9,4	
AK 86 T4 déc. -40	*Canis*	MCIV	G	55,8	5,9	8,7	7,7
AK 89-1 déc. 1	*Canis*	MCII	D		5,9	8,1	
AK 86 SI NI	*Canis*	MCIV	G		6,4	9,1	
AK 94 A6	*Canis*	MCV	D	40,0	7,0	8,4	6,2
AK 89 B0 surf	*Canis*	MCV	G		8,7	8,8	
AK 86 T3 déc. -40	*Canis*	MTIII	D	63,1	7,6	10,8	7,8
AK 89-1 déc. 3	*Canis*	MTII	G	53,3	5,1	10,8	6,6
AK 96 Z0	*Canis*	MTII	G		4,0	9,5	
AK 89 C2 déc. 20-30	*Canis*	MTIV	D		5,6	8,9	7,1
AK 89-1 déc. 1	*Canis*	MTIV	G		6,7	9,6	
AK 86 T4 déc. 40-50	*Canis*	MTII	D	56,9	4,2	10,5	6,9
AK 96 Z5 déc.3	*Canis*	Métapode					7,6
AK 94 A5 déc. 2	*Canis*	Métapode					7,7
AK 88-3-3 déc. 2	*Canis*	Métapode					7,0
AK 88-3-3 déc. 2	*Canis*	Métapode					6,1
AK 89-2 déc. 4	*Canis*	Métapode					6,8
AK 86 T3	*Canis*	Métapode					6,2
AK 86 T3	*Canis*	Métapode					7,5
AK 89 C3 déc. 0-10	*Canis*	Métapode					5,5
AK 89-1 déc. 1	*Canis*	Métapode					7,2
AK 96 Z5 déc.4	*Canis*	Métapode					6,8
AK 88-1 déc. 3	*Canis*	Métapode					6,1
AK 88-1 déc. 3	*Canis*	Métapode					6,3
AK 89 B1 déc. 10-20	*Canis*	Métapode					7,5
AK 89 C2 déc. 10-20	*Canis*	Métapode					6,9
AK 89 B2	*Canis*	Métapode					6,8

Annexe 2.B.1 1/2 : Mesures des os des Canidae d'Asa Koma. Mesures en millimètres d'après von den Driesh, 1976. MC : métacarpe ; MT : métatarse.

Origine	Taxon	Os	Lat	Bp	DC
AK 89-1 déc. 1	*Canis*	Femur	G		14.9

Origine	Taxon	Os	Lat	GB	GL
AK 89-1 déc. 1	*Canis*	Patella	D	8.7	12.9

Origine	Taxon	Os	Lat	GL	GB	Bp	Dp
AK 94 C11 déc. 2	*Canis*	Talus	G	20,4	16,9	13,6	10,1
AK 89-1 déc. 1	*Canis*	Talus	D	18,9	17,4	13,6	10,2
AK 86 FO déc. -50	*Canis*	Talus	D	19,1	15,5	12,7	
AK 89 D3 déc. 10-20	*Canis*	Talus	G	20,8	16,8	14,6	10,5
AK 88-1 déc. 0-10	*Canis*	Talus	D	21,8			
AK 96 Z6 déc. 7	*Canis*	Talus	G	19,5			
AK 96 ZY56 déc. 1	*Canis*	Talus	G	23,8	19,0	15,8	13,4
AK 89-2 déc. 3	*Canis*	Talus	G	21,1	17,8	15,7	10,6

Origine	Taxon	Os	Lat	GL	GB
AK 94 A5 déc. 3	*Canis*	calcaneum	G	36,2	14,5
AK 88 HS	*Canis*	calcaneum	G	32,6	13,4

Origine	Taxon	Os	GL	Bp	SD	Bd
AK 89 D3 déc. 0-10	*Canis*	Phal 1	18,2	7,5	5,5	6,2
AK 89 B2	*Canis*	Phal 1	20,3	6,8	4,6	5,4
AK 85 T3 déc. 0-20	*Canis*	Phal 1	20,1	7,0	4,2	6,0
AK 85 T3 déc. 0-20	*Canis*	Phal 1	18,5	6,8	4,9	6,2
AK 89 E2 déc. 0-10	*Canis*	Phal 1	18,8	6,6	4,6	5,5
AK 96 Z0 déc. 1	*Canis*	Phal 1	20,0		4,2	5,7
AK 94 A9 déc. 5	*Canis*	Phal 1	22,0	7,0	5,1	5,9
AK 89 B3	*Canis*	Phal 1	17,7	6,8	4,9	5,2
AK 88-4 déc. 1	*Canis*	Phal 1	17,4	7,2	4,9	5,8
AK 89-1 déc. 1	*Canis*	Phal 1	20,0	6,9	4,6	5,3
AK 96 Z4 déc. 2	*Canis*	Phal 1	17,8	6,5	4,8	5,5
AK 96 ZY432	*Canis*	Phal 1	22,5	6,9	4,5	5,5
AK 88-2 déc. 0-15	*Canis*	Phal 1	22,5	7,7	5,2	6,8
AK 89-1 déc. 1	*Canis*	Phal 1	16,4	6,9	4,6	5,2
AK 89-1 déc. 1	*Canis*	Phal 1	17,3	7,0	4,8	6,0
AK 89-1 déc. 1	*Canis*	Phal 1	17,0	6,7	4,5	5,0
AK 89 C2 déc. 20-30	*Canis*	Phal 1	22,6	6,9	4,3	5,6
AK 96 Z5 déc. 2	*Canis*	Phal 1	17,5	7,0	5,4	5,8
AK 89-2 déc. 0-10	*Canis*	Phal 1	19,6	6,2	4,2	5,2
AK 86 T4 déc. 0-15	*Canis*	Phal 1	20,5	6,8	4,5	5,8
AK 89-1 déc. 1	*Canis*	Phal 2	14,8	6,0	4,3	6,1
AK 89-2 déc. 3	*Canis*	Phal 2	10,4	6,9	6,5	6,7
AK 89-1 déc. 3	*Canis*	Phal 2	11,9	6,0	5,0	6,0
AK 86 S3 déc. -25	*Canis*	Phal 2	16,5	5,3	3,8	6,5

Annexe 2.B.1 2/2 : Mesures des os des Canidae d'Asa Koma (AK). Mesures en millimètres d'après von den Driesh, 1976. Phal 1 : phalange proximale ; Phal 2 : phalange intermédiaire

Référence	Taxon	Os	Sexe	Bp
AD2 I37 24	***Equus***	**Radius G**	**?**	**79.1**
MNHN 1893-634	*Equus asinus*	Radius	?	74.4
MNHN 1933-397	*Equus asinus*	Radius	?	64,5
MNHN 1933-397	*Equus asinus*	Radius	?	63,8
MNHN 1913-58	*Equus grevyi*	Radius	M	87.7
MNHN 1913-58	*Equus grevyi*	Radius	M	88.2
MNHN 1939-75	*Equus grevyi*	Radius	M	85,4
MNHN 1939-75	*Equus grevyi*	Radius	M	85,3
MNHN 1966-22	*Equus burchellii*	Radius	M	77,0
MNHN 1966-22	*Equus burchellii*	Radius	M	76,4
MNHN 1891-892	*Equus burchellii*	Radius	F	74,5

Référence	Taxon	Os	Sexe	Bd	BFd
AK 94 A9/5	***Equus***	**Radius D**	**?**	**55,8**	**46,0**
ZSM 1963-133	*Equus africanus*	Radius	M	68,5	56,5
ZSM 1963-134	*Equus africanus*	Radius	M	64,0	53,0
MNHN 1933-397	*Equus asinus*	Radius	?	59,8	48,3
MNHN 1933-397	*Equus asinus*	Radius	?	59,7	48,4
MNHN 1913-58	*Equus grevyi*	Radius	M	76,7	65,7
MNHN 1913-58	*Equus grevyi*	Radius	M	77,0	65,8
MNHN 1939-75	*Equus grevyi*	Radius	M	79,6	64,5
MNHN 1939-75	*Equus grevyi*	Radius	M	78,3	64,4
MNHN 1966-22	*Equus burchellii*	Radius	M	69,4	57,1
MNHN 1966-22	*Equus burchellii*	Radius	M	71,4	58,0
MNHN 1891-892	*Equus burchellii*	Radius	F	69,0	56,8

Référence	Taxon	Os	Sexe	GB	GH	BFd
HI2 01/24	***Equus***	**Talus D**	**?**	**67,0**	**64,0**	**52,0**
MNHN 1893-634	*Equus asinus*	Talus	?	57,2	55,0	44,5
MNHN 1933-397	*Equus asinus*	Talus	?	46,5	45,6	35,0
MNHN 1933-397	*Equus asinus*	Talus	?	46,9	45,8	37,1
MNHN 1913-58	*Equus grevyi*	Talus	M	66,8	62,6	54,4
MNHN 1913-58	*Equus grevyi*	Talus	M	66,9	63,0	55,4
MNHN 1939-75	*Equus grevyi*	Talus	M	64,0	60,0	50,0
MNHN 1939-75	*Equus grevyi*	Talus	M	63,6	61,5	51,5
MNHN 1966-22	*Equus burchellii*	Talus	M	58,6	58,4	48,1
MNHN 1966-22	*Equus burchellii*	Talus	M	59,0	58,3	47,5
MNHN 1891-892	*Equus burchellii*	Talus	F	54,8	53,7	44,3
ZSM 1963-133	*Equus africanus*	Talus	M	55,6	54,7	44,3
ZSM 1963-134	*Equus africanus*	Talus	M	51,3	49,5	41,3

Référence	Taxon	Os	Sexe	Bp	Dp
AD2 I37 27	***Equus***	**MT G**	**?**	**53,2**	**47,1**
MNHN 1933-397	*Equus asinus*	MT	?	37,9	36,1
MNHN 1933-397	*Equus asinus*	MT	?	38,0	36,4
MNHN 1913-58	*Equus grevyi*	MT	M	52,5	46,8
MNHN 1913-58	*Equus grevyi*	MT	M	52,5	45,5
MNHN 1939-75	*Equus grevyi*	MT	M	46,7	42,0
MNHN 1939-75	*Equus grevyi*	MT	M	47,7	42,8
MNHN 1966-22	*Equus burchellii*	MT	M	47,3	42,5
MNHN 1966-22	*Equus burchellii*	MT	M	47,0	42,8
MNHN 1891-892	*Equus burchellii*	MT	F	44,2	40,3
ZSM 1963-133	*Equus africanus*	MT	M	43,3	39,0
ZSM 1963-134	*Equus africanus*	MT	M	40,5	36,0

Annexe 2.B.2 : Mesures des os d'Equidae d'Ali Daba 2 (AD2), d'Hara Idé 2 (HI2) et d'Asa Koma (AK) comparées aux données actuelles.
Mesures en millimètres d'après von den Driesh, 1976. MT : métatarse

Origine	Référence	Taxon	Os	lat	GL	Bp	Bd	BT
MBG Fosse		**Suidae**	**Humérus**	**D**			**49,1**	**34,5**
KMMA	4263	*Phacochoerus aethiopicus*	Humérus		192,0	49,0	41,0	31,0
KMMA	2396	*Phacochoerus aethiopicus*	Humérus		246,0	64,0	48,0	38,0
KMMA	2159	*Phacochoerus aethiopicus*	Humérus		196,0	51,0	40,0	31,0
KMMA	2331	*Phacochoerus aethiopicus*	Humérus		206,0	55,0	42,0	32,0
KMMA	1913	*Potamochoerus larvatus*	Humérus		191,0	48,0	43,0	32,0
KMMA	1912	*Potamochoerus larvatus*	Humérus		199,0	55,0	46,0	34,0
KMMA	643a	*Potamochoerus larvatus*	Humérus		186,0	55,0	44,0	33,0
KMMA	601	*Potamochoerus larvatus*	Humérus		196,0	52,0	48,0	33,0
KMMA	603a	*Hylochoerus meinertzhageni*	Humérus		264,0	68,0	58,0	45,0
KMMA	15292	*Hylochoerus meinertzhageni*	Humérus		264,0	70,0	58,0	42,0
KMMA	15725	*Hylochoerus meinertzhageni*	Humérus		281,0	75,0	64,0	51,0

Origine	Référence	Taxon	Os	lat	GL	Bp	Bd	Dd
MBG Fosse		**Suidae**	**Radius-ulna**	**G**			**43,1**	**31,6**
KMMA	4263	*Phacochoerus aethiopicus*	Radius-ulna		146,0	29,0	35,0	
KMMA	2396	*Phacochoerus aethiopicus*	Radius-ulna		191,0	36,0	43,0	
KMMA	2159	*Phacochoerus aethiopicus*	Radius-ulna		150,0	28,0	33,0	
KMMA	2331	*Phacochoerus aethiopicus*	Radius-ulna		155,0	28,0	35,0	
KMMA	1913	*Potamochoerus larvatus*	Radius-ulna		134,0	30,0	33,0	
KMMA	1912	*Potamochoerus larvatus*	Radius-ulna		127,0	30,0	35,0	
KMMA	643a	*Potamochoerus larvatus*	Radius-ulna		128,0	30,0	36,0	
KMMA	601	*Potamochoerus larvatus*	Radius-ulna		127,0	31,0	36,0	
KMMA	603a	*Hylochoerus meinertzhageni*	Radius-ulna		190,0	37,0	43,0	
KMMA	15292	*Hylochoerus meinertzhageni*	Radius-ulna		171,0	37,0	43,0	
KMMA	15725	*Hylochoerus meinertzhageni*	Radius-ulna		187,0	42,0	51,0	

Origine	Référence	Taxon	Os	lat	GL	LA
MBG Fosse		**Suidae**	**Pelvis**	**D**		**34,0**
KMMA	4263	*Phacochoerus aethiopicus*	Pelvis			38,0
KMMA	1913	*Potamochoerus larvatus*	Pelvis		221,0	34,0
KMMA	1912	*Potamochoerus larvatus*	Pelvis		240,0	48,0
KMMA	643a	*Potamochoerus larvatus*	Pelvis		228,0	36,0
KMMA	15292	*Hylochoerus meinertzhageni*	Pelvis		295,0	50,0
KMMA	15725	*Hylochoerus meinertzhageni*	Pelvis		314,0	54,0

Origine	Référence	Taxon	Os	lat	GL	Bp	DC	Bd
MBG Fosse		**Suidae**	**Fémur**	**G**			**29,4**	
KMMA	4263	*Phacochoerus aethiopicus*	Fémur		193,0	56,0	25,0	45,0
KMMA	2396	*Phacochoerus aethiopicus*	Fémur		240,0	66,0	29,0	53,0
KMMA	2159	*Phacochoerus aethiopicus*	Fémur		190,0	55,0	24,0	46,0
KMMA	2331	*Phacochoerus aethiopicus*	Fémur		196,0	55,0	24,0	43,0
KMMA	1913	*Potamochoerus larvatus*	Fémur		202,0	59,0	26,0	49,0
KMMA	1912	*Potamochoerus larvatus*	Fémur		210,0	64,0	28,0	50,0
KMMA	643a	*Potamochoerus larvatus*	Fémur		196,0	61,0	26,0	47,0
KMMA	601	*Potamochoerus larvatus*	Fémur		204,0	62,0	26,0	48,0
KMMA	603a	*Hylochoerus meinertzhageni*	Fémur		273,0	89,0	36,0	63,0
KMMA	15292	*Hylochoerus meinertzhageni*	Fémur		272,0	79,0	37,0	62,0
KMMA	15725	*Hylochoerus meinertzhageni*	Fémur		285,0	89,0	39,0	69,0

Annexe 2.B.3 1/3 : Mesures des os de Suidae de Moche Borago comparées aux données actuelles. Mesures en millimètres d'après von den Driesh, 1976.

Origine	Référence	Taxon	Os	lat	GLm	GLl	Bd	Dm	Dl
MBG Fosse		**Suidae**	**Talus**	**G**	**37,1**	**40**	**24,6**	**23,2**	**19,9**
KMMA	4263	*Phacochoerus aethiopicus*	Talus		33	38			
KMMA	2396	*Phacochoerus aethiopicus*	Talus		42	45			
KMMA	2159	*Phacochoerus aethiopicus*	Talus		36	40			
KMMA	2331	*Phacochoerus aethiopicus*	Talus		37	40			
KMMA	1913	*Potamochoerus larvatus*	Talus		33	38			
KMMA	1912	*Potamochoerus larvatus*	Talus		38	43			
KMMA	643a	*Potamochoerus larvatus*	Talus		35	40			
KMMA	601	*Potamochoerus larvatus*	Talus		33	38			
KMMA	603a	*Hylochoerus meinertzhageni*	Talus		44	49			
KMMA	15292	*Hylochoerus meinertzhageni*	Talus		45	51			
KMMA	15725	*Hylochoerus meinertzhageni*	Talus		47	53			

Origine	Référence	Taxon	Os	lat	GL	GB
MBG Fosse		**Suidae**	**Calcanéus**	**G**	**79,1**	**24,3**
KMMA	4263	*Phacochoerus aethiopicus*	Calcanéus		71,0	20,0
KMMA	2396	*Phacochoerus aethiopicus*	Calcanéus		89,0	24,0
KMMA	2159	*Phacochoerus aethiopicus*	Calcanéus		75,0	20,0
KMMA	2331	*Phacochoerus aethiopicus*	Calcanéus		76,0	21,0
KMMA	1913	*Potamochoerus larvatus*	Calcanéus		76,0	21,0
KMMA	1912	*Potamochoerus larvatus*	Calcanéus		75,0	24,0
KMMA	643a	*Potamochoerus larvatus*	Calcanéus		77,0	23,0
KMMA	601	*Potamochoerus larvatus*	Calcanéus		76,0	22,0
KMMA	603a	*Hylochoerus meinertzhageni*	Calcanéus		100,0	30,0
KMMA	15292	*Hylochoerus meinertzhageni*	Calcanéus		99,0	29,0
KMMA	15725	*Hylochoerus meinertzhageni*	Calcanéus		108,0	30,0

Annexe 2.B.3 2/3 : Mesures des os de Suidae de Moche Borago comparées aux données actuelles. Mesures en millimètres d'après von den Driesh, 1976.

Origine	Référence	Taxon	Os	lat	Glpe	Dp	Bp	SD	Bd
MBG Fosse		**Suidae**	**Phal 1**	**axi**	**34,1**	**15,9**	**16,0**	**14,5**	**15,0**
KMMA	4263	*Phacochoerus aethiopicus*	Phal 1 ant		31,0	14,8	15,9	11,1	12,6
KMMA	2396	*Phacochoerus aethiopicus*	Phal 1 ant		44,0	16,6	18,4	14,2	16,0
KMMA	2159	*Phacochoerus aethiopicus*	Phal 1 ant		35,0	14,0	14,7	11,7	12,9
KMMA	4263	*Phacochoerus aethiopicus*	Phal 1 post		32,0	14,6	15,5	11,5	12,1
KMMA	2396	*Phacochoerus aethiopicus*	Phal 1 post		45,0	17,0	17,1	13,6	15,2
KMMA	2159	*Phacochoerus aethiopicus*	Phal 1 post		34,0	14,0	13,8	10,4	11,4
KMMA	1913	*Potamochoerus larvatus*	Phal 1 ant		31,0	15,2	16,3	13,3	14,4
KMMA	1912	*Potamochoerus larvatus*	Phal 1 ant		32,0	15,5	17,9	13,5	14,8
KMMA	643a	*Potamochoerus larvatus*	Phal 1 ant		29,0	15,8	16,0	13,1	14,8
KMMA	1913	*Potamochoerus larvatus*	Phal 1 post		33,0	15,0	16,0	12,5	13,3
KMMA	1912	*Potamochoerus larvatus*	Phal 1 post		33,0	16,4	16,6	13,3	13,8
KMMA	643a	*Potamochoerus larvatus*	Phal 1 post		29,0	15,0	16,3	12,8	14,7
KMMA	15292	*Hylochoerus meinertzhageni*	Phal 1 ant		40,0	20,9	20,8	17,2	18,9
KMMA	15725	*Hylochoerus meinertzhageni*	Phal 1 ant		42,0	23,2	22,5	18,3	19,9
KMMA	603a	*Hylochoerus meinertzhageni*	Phal 1 post		41,0	20,2	19,7	15,1	18,3
KMMA	15292	*Hylochoerus meinertzhageni*	Phal 1 post		40,0	19,8	20,1	15,6	17,5
KMMA	15725	*Hylochoerus meinertzhageni*	Phal 1 post		43,0	20,1	21,2	17,4	19,4

Origine	Référence	Taxon	Os	lat	Glpe	Dp	Bp	SD	Bd
MBG Fosse		**Suidae**	**Phal 2**	**aba**	**25,4**	**18,9**	**16,3**	**13,2**	**14,6**
MBG Fosse		**Suidae**	**Phal 2**	**axi**	**21,2**	**17,0**	**14,0**	**15,0**	**15,1**
MBG Fosse		**Suidae**	**Phal 2**	**axi**	**23,9**	**16,9**	**14,8**	**12,7**	**12,9**
MBG Phase III		**Suidae**	**Phal 2**	**axi**	**22,8**	**18,3**	**15,7**	**14,2**	**13,9**
KMMA	4263	*Phacochoerus aethiopicus*	Phal 2 ant		20,0	14,5	14,0	11,4	12,8
KMMA	2396	*Phacochoerus aethiopicus*	Phal 2 ant		26,0	18,1	16,0	13,3	16,0
KMMA	2159	*Phacochoerus aethiopicus*	Phal 2 ant		21,0	14,8	13,3	10,5	12,2
KMMA	4263	*Phacochoerus aethiopicus*	Phal 2 post		19,0	14,8	13,5	10,8	11,0
KMMA	2396	*Phacochoerus aethiopicus*	Phal 2 post		25,0	17,9	15,5	13,1	13,1
KMMA	2159	*Phacochoerus aethiopicus*	Phal 2 post		21,0	15,2	12,6	9,8	9,3
KMMA	1913	*Potamochoerus larvatus*	Phal 2 ant		23,0	15,4	15,3	12,0	15,1
KMMA	1912	*Potamochoerus larvatus*	Phal 2 ant		24,0	16,2	16,1	13,3	13,8
KMMA	1913	*Potamochoerus larvatus*	Phal 2 post		23,0	15,2	14,5	11,3	12,9
KMMA	1912	*Potamochoerus larvatus*	Phal 2 post		22,0	15,7	15,3	12,2	14,4
KMMA	603a	*Hylochoerus meinertzhageni*	Phal 2 post		28,0	20,0	18,7	14,6	15,8

Origine	Référence	Taxon	Os	lat	H	DLS	LD
MBG Fosse		**Suidae**	**Phal 3**	**axi**		**26,1**	
MBG I I		**Suidae**	**Phal 3**	**aba**	**16,3**	**27,9**	**26,8**
KMMA	4263	*Phacochoerus aethiopicus*	Phal 3 ant		16,1	28,0	26,0
KMMA	4263	*Phacochoerus aethiopicus*	Phal 3 post		16,4	28,0	26,0
KMMA	1913	*Potamochoerus larvatus*	Phal 3 ant		17,5	28,0	26,0
KMMA	1912	*Potamochoerus larvatus*	Phal 3 ant		17,4	30,0	28,0
KMMA	1913	*Potamochoerus larvatus*	Phal 3 post		16,2	27,0	26,0
KMMA	1912	*Potamochoerus larvatus*	Phal 3 post		16,8	28,0	27,0
KMMA	603a	*Hylochoerus meinertzhageni*	Phal 3 post		23,4	35,0	33,0

Annexe 2.B.3 3/3 : Mesures des os de Suidae de Moche Borago comparées aux données actuelles. Mesures en millimètres d'après von den Driesh, 1976. (Phal 1 = phalange proximale ; Phal 2 = phalange intermédiaire ; Phal 3 = phalange distale ; ant : antérieure ; post : postérieure)

Origine	Référence	taxon	Os	lat	GLl	GLC	Bp	SD	Bd	BT
MBG Fosse		***Syncerus caffer***	**Humerus**	**D**						**79,2**
MBG Fosse		***Syncerus caffer***	**Humerus**	**D**					**83,9**	**78,1**
MBG Fosse		**Bovini**	**Humerus**	**D**						**82,7**
KMMA	16 171	*Syncerus caffer*	Humerus		312,0		110,0		84,0	81,0
KMMA	37 469	*Syncerus caffer*	Humerus		325,0		104,0		98,0	79,0

Origine	Référence	taxon	Os	GL	Bp	BFp	LO	SDO	BPC	DPA	Dp	Bd
MBG Fosse		***Syncerus caffer***	**Radius-ulna**								**37,2**	
MBG Fosse		***Syncerus caffer***			**94,8**	**90,7**					**41,2**	
MBG Fosse		***Syncerus caffer***			**90,4**	**85,0**					**40,6**	
MBG Fosse		**Bovini**							**54,0**			
KMMA	16 171	*Syncerus caffer*		313,0	85,0	80,0	106,0		51,0	77,0		79
KMMA	37 469	*Syncerus caffer*		286,0	87,0	77,0	96,0		51,0	71,0		81

Origine	Référence	Taxon	Os	Lat	GL	LA	LFO
AD2 H24		**Bovini**	**coxal**	**D**		**77,0**	
AD2 J32		**Bovini**	**coxal**	**D**		**75,0**	
KMMA	16 171	*Syncerus caffer*	coxal			78,0	
KMMA	37 469	*Syncerus caffer*	coxal			79,0	

Origine	Référence	taxon	Os	lat	GL	GLC	Bp	DC	SD	Bd	Dd
MBG Fosse		**Bovini**	**Fémur**	**D**				**63,2**			
KMMA	16 171	*Syncerus caffer*	Fémur		368		130	52,0		103	
KMMA	37 469	*Syncerus caffer*	Fémur		371		133	54,0		107	

Origine	Référence	Taxon	Os	Lat	GB
MBG Fosse		**Bovini**	**patella**	**G**	**53,9**
KMMA	37 469	*Syncerus caffer*	patella		61,0

Annexe 2.B.4 1/3 : Mesures des os de Bovini de Moche Borago (MBG) et d'Ali Daba 2 (AD2) comparées aux données actuelles. Mesures en millimètres d'après von den Driesh, 1976.

Origine	Référence	taxon	Os	lat	GL	Ll	Bp	Dp	SD	Bd	BFd	Dd
MBG Fosse		***Syncerus caffer***	**Tibia**	**D**						**71,2**	**53,0**	**51,8**
MBG Fosse		***Syncerus caffer***	**Tibia**	**D**						**66,3**	**49,1**	**52,4**
MBG Fosse		***Syncerus caffer***	**Tibia**	**D**						**74,9**	**54,7**	**53,5**
KMMA	16 171	*Syncerus caffer*	Tibia		372		103			69,0		
KMMA	37 469	*Syncerus caffer*	Tibia		368		108			71,0		

Origine	Référence	taxon	OS	lat	GLm	GLl	Bd	Dm	Dl
MBG Fosse		***Syncerus caffer***	**talus**	**D**	**69,8**	**79,2**	**50,5**	**40,7**	**43,0**
MBG Fosse		***Syncerus caffer***	**talus**	**D**	**76,1**	**83,1**	**51,6**		**45,8**
MBG Fosse		***Syncerus caffer***	**talus**	**D**		**77,0**			
MBG Fosse		***Syncerus caffer***	**talus**	**G**	**72,3**	**78,4**	**53,0**	**42,7**	**44,2**
MBG Fosse		***Syncerus caffer***	**talus**	**G**		**83,3**			**45,9**
MBG Fosse		***Syncerus caffer***	**talus**	**G**	**71,6**	**75,0**	**51,7**	**42,8**	**43,9**
MBG Fosse		**Bovini**	**talus**	**D**	**69,0**	**76,0**	**51,0**		
KMMA	16 171	*Syncerus caffer*	talus		68,0	75,0	49,0		38,0
KMMA	37 469	*Syncerus caffer*	talus		67,0	72,0	48,0		38,0

Origine	Référence	taxon	OS	lat	GL	GB
MBG Fosse		***Syncerus caffer***	**calcanéus**	**G**		**58,4**
MBG Fosse		***Syncerus caffer***	**calcanéus**	**G**		**49,1**
KMMA	16 171	*Syncerus caffer*	calcanéus		143,0	51,0
KMMA	37 469	*Syncerus caffer*	calcanéus		138,0	50,0

Origine	Référence	taxon	OS	lat	GL	SD	Bp	Dp	Bd
MBG Fosse		***Syncerus caffer***	**MC**	**D**					
MBG Fosse		***Syncerus caffer***	**MC**	**D**					
MBG Fosse		***Syncerus caffer***	**MC**	**D**			**69,1**	**40,0**	
MBG Fosse		***Syncerus caffer***	**MC**	**D**			**72,0**	**40,3**	
MBG Fosse		***Syncerus caffer***	**MC**	**D**					
MBG Fosse		***Syncerus caffer***	**MC**	**G**					
MBG Fosse		**Bovini**	**MC**	**G**					
MBG Fosse		**Bovini**	**MC**	**D**					**70,7**
MBG Fosse		**Bovini**	**MC**	**G**					**67,6**
KMMA	16 171	*Syncerus caffer*	MC		199		67,0		69,0
KMMA	37 469	*Syncerus caffer*	MC		188		77,0		66,0
MBG Fosse		***Syncerus caffer***	**MT**	**G**			**58,5**	**53,8**	
MBG Fosse		**Bovini**	**MT**	**G**					**66,8**
KMMA	16 171	*Syncerus caffer*	MT		228		54,0		60,0
KMMA	37 469	*Syncerus caffer*	MT		213		54,0		61,0

Annexe 2.B.4 2/3 : Mesures des os de Bovini de Moche Borago (MBG) comparées aux données actuelles. Mesures en millimètres d'après von den Driesh, 1976.
(MC = Métacarpe ; MT = Métatarse)

Origine	Référence	taxon	OS	lat	Glpe	Dp	Bp	SD	Bd
MBG Fosse		Syncerus caffer	phal 1	aba	64,3	35,7	34,9	31,1	31,6
MBG Fosse		Syncerus caffer	phal 1	aba		35,0	41,4		
MBG Fosse		Syncerus caffer	phal 1	aba		34,1	40,4		
MBG Fosse		Syncerus caffer	phal 1	aba		33,9	36,8		
MBG Fosse		Syncerus caffer	phal 1	aba		36,2	40,1		
MBG Fosse		Syncerus caffer	phal 1	axi	67,9	41,9	40,8	34,3	
MBG Fosse		Syncerus caffer	phal 1	axi	65,4	38,0	39,5	34,9	
MBG Fosse		Syncerus caffer	phal 1	axi	56,8	35,8	35,3	34,1	
MBG Fosse		Syncerus caffer	phal 1	axi		36,0	39,4		
MBG Fosse		Syncerus caffer	phal 1						38,0
MBG 1l		Syncerus caffer	phal 1						31,2
MBG 3		Syncerus caffer	phal 1	axi				35,1	37,6
KMMA	16 171	Syncerus caffer	phal 1		65,0	32,8	35,4	30,5	34,0
KMMA	37 469	Syncerus caffer	phal 1		63,0	32,7	33,0	28,9	32,0
KMMA	16 171	Syncerus caffer	phal 1		67,0	32,2	32,4	27,4	28,4
KMMA	37 469	Syncerus caffer	phal 1		67,0	35,0	32,7	27,9	29,3
MBG Fosse		Syncerus caffer	phal 2	aba	51,1	40,2	33,0	26,9	27,1
MBG Fosse		Syncerus caffer	phal 2	aba	51,2	39,0	34,0	26,8	29,2
MBG Fosse		Syncerus caffer	phal 2	aba	53,6	45,8	39,5		
MBG Fosse		Syncerus caffer	phal 2	aba		40,3	36,9		
MBG Fosse		Syncerus caffer	phal 2	aba		42,3	37,8		
MBG Fosse		Syncerus caffer	phal 2	aba		41,7	36,3		
MBG Fosse		Syncerus caffer	phal 2	axi	49,0	36,9	33,7		
MBG Fosse		Syncerus caffer	phal 2	axi	51,0	42,1	35,0	30,4	27,3
MBG 1l		Syncerus caffer	phal 2	aba			30,8		
MBG 1R		Syncerus caffer	phal 2	aba		41,9	35,3		
KMMA	16 171	Syncerus caffer	phal 2		46,0	39,9	34,5	26,1	29,1
KMMA	37 469	Syncerus caffer	phal 2		46,0	38,1	33,0	24,4	27,4
KMMA	16 171	Syncerus caffer	phal 2		51,0	36,6	30,4	23,2	25,2
KMMA	37 469	Syncerus caffer	phal 2		51,0	39,0	30,9	23,4	26,2

Origine	Référence	taxon	OS	lat	H	DLS	LD
MBG Fosse		Syncerus caffer	phal 3	aba	51,0		
MBG Fosse		Syncerus caffer	phal 3	axi	53,7	80,5	64,2
MBG Fosse		Syncerus caffer	phal 3	axi	49,8		
MBG Fosse		Syncerus caffer	phal 3		47,0		
KMMA	16 171	Syncerus caffer	phal 3		43,4	74,0	60,0
KMMA	16 171	Syncerus caffer	phal 3		40,0	68,0	59,0

Annexe 2.B.4 3/3 : Mesures des os de Bovini de Moche Borago (MBG) comparées aux données actuelles. Mesures en millimètres d'après von den Driesh, 1976.
(phal 1 = phalange proximale ; phal 2 = phalange intermédiaire ; phal 3 = phalange distale)

Origine	Référence	Os	Lat	HS	DHA	Ld	SLC	GLP	LG	BG
Tiya		Scapula	G				50			41
Ngamuriak		Scapula							64	
Ngamuriak		Scapula						69	60	

Origine	Référence	Os	Lat	GLl	GLC	Bp	SD	Bd	BT
AK 96 Z5 A		**Humerus**	**G**					**77,3**	**68,6**
Tiya		Humérus	D						65,0
Gotcha-Chirayo		Humérus	D					61,0	59,8
MNAB	OM 74	Humérus	G	270	246	73	34,5	70,5	66,0
Crescent Island		Humerus						72	
GvJm 44		Humerus						83	
Narosura		Humerus						70	
Narosura		Humerus						77	
Narosura		Humerus						78	
Narosura		Humerus						78	
Narosura		Humerus						86	
Ngamuriak		Humerus						74	

Origine	Référence	Os	Lat	GLl	GL	PL	Bp	BFp	LO	SDO	BPC	DPA	Dp	Bd	Dd	SD
Tiya		Radius-ulna	D				70,0	63,0					31,0			
Tiya		Radius-ulna	D				78,5	71,0					35,0			
Tiya		Radius-ulna	G				79,5	69,5					33,0			
Tiya		Radius-ulna	G				81,0	70,0					35,0			40,0
Tiya		Radius-ulna	G				84,0	76,0								
Gotcha-Chirayo		Radius-ulna	D											60,3	39,1	
Gotcha-Chirayo		Radius-ulna	D											56,2	36,4	
MNAB	OMO 74	Radius-ulna	G	354,0	278,0	265,0	73,5	65,0	69,0	47,0		56,5	26,0	54,0	49,0	
MNAB	MNAB2	Radius-ulna	G	326,0	251,0	240,5	65,0	59,5	62,0	42,5		53,5	25,0	48,0	42,0	

Annexe 2.B.5 1/6 : Mesures des os de *Bos* d'Asa Koma (AK 96) comparée aux données historiques et actuelles. Mesures en millimètres d'après von den Driesh, 1976.

Origine	Référence	Os	Lat	GL	SD	Bp	Dp	Bd
Tiya		MC	G		27,5			
Gotcha-Chirayo		MC	D					47,6
Gotcha-Chirayo		MC	D					45,2
Gotcha-Chirayo		MC	G					42,0
Gotcha-Ayenna		MC						41,3
Gotcha-Ayenna		MC	D			45,9	26,3	
Gotcha-Ayenna		MC						50,4
MNAB	MNAB3	MC	G	189	29,0	55,5	32,0	51,0
MNAB	MNAB3	MC	D	189	29,5	56,5	33,0	51,6
MNAB	MNAB4	MC	G	205	31,7			52,3
MNAB	MNAB5	MC	D	181	29,0	55,0	32,9	50,0
Deloraine		MC				55,5		
Deloraine		MC				56,0		55,5
Deloraine		MC				61,0		53,0
Deloraine		MC				63,5		53,5
Ngamuriak		MC						58,5
Ngamuriak		MC				50,5		

Origine	Référence	Os	Lat	GL	LA	LFO
Tiya		Coxal	G		60,5	
MNAB	MNAB1	Coxal	G		56,0	70,5
MNAB	MNAB1	Coxal	D	312	56,0	71,0

Origine	Référence	Os	Lat	GL	GLC	Bp	DC	SD	Bd	Dd
MNAB	MNAB1	Fémur	G		311		43,0	33,5	83,0	91,0
MNAB	MNAB1	Fémur	D				43,0		83,5	92,0

Origine	Référence	Os	Lat	GL	LI	Bp	Dp	SD	Bd	BFd	Dd
Tiya		Tibia	G						65,5	47,0	50,0
Gotcha-Chirayo		Tibia	D						52,9	40,0	36,8
Gotcha-Chirayo		Tibia	G						48,7	39,1	37,9
Gotcha-Chirayo		Tibia	D						53,1	39,9	38,3
Gotcha-Chirayo		Tibia	G						58,1	43,0	42,9
Gotcha-Ayenna		Tibia	D						59,8	43,4	42,9
Gotcha-Chirayo		Tibia	G						52,2	39,3	38,0
MNAB	OMO 74	Tibia	D	324	313			36,0	55,0	38,0	41,5
MNAB	MNAB1	Tibia	D	320	309	90,0	81,5	33,0	55,0	38,0	41,5
Ngamuriak		Tibia							62,0		
Ngamuriak		Tibia							62,0		
Ngamuriak		Tibia							65,0		
Ngamuriak		Tibia							66,0		

Annexe 2.B.5 2/6 : Mesures des os de *Bos* des données historiques et actuelles. Mesures en millimètres d'après von den Driesh, 1976. (MC : Métacarpe)

Origine	Référence	Os	lat	GLm	GLl	Bd	Dm	Dl
Gotcha-Chirayo		Talus	G	55,5	62,1	39,3		29,2
Gotcha-Chirayo		Talus	D	50,7	55,4	34,9	27,1	28,8
Gotcha-Chirayo		Talus	G	52,2	54,5	34,7		27,2
Gotcha-Chirayo		Talus	G	50,1	56,1	32,4	25,7	28,9
Gotcha-Chirayo		Talus	D	55,0	60,0	36,9		33,2
Gotcha-Chirayo		Talus	G	53,6	60,1			
Gotcha-Chirayo		Talus	D	46,9	50,8	31,7	26,9	25,8
Gotcha-Chirayo		Talus	D	48,1				
Gotcha-Chirayo		Talus	G	53,6	59,3	36,1		34,2
Gotcha-Ayenna		Talus	G			37,3		
Gotcha-Ayenna		Talus	G	57,2	64,4	40,3	33,7	33,4
Gotcha-Ayenna		Talus	G			37,1		
Gotcha-Ayenna		Talus	G	59,2	62,8	38,1	32,0	34,1
Gotcha-Ayenna		Talus	D	52,0	56,3	35,4	29,0	31,2
Gotcha-Ayenna		Talus	D	55,0	60,6	38,9	31,2	34,1
Gotcha-Ayenna		Talus	D	58,1	63,8	39,9	33,0	35,4
Gotcha-Chirayo		Talus	D	57,3	61,1	37,8	28,1	34,1
Gotcha-Chirayo		Talus	D	55,9	60,2	38,9	28,3	32,0
MNAB	MNAB1	Talus	G	53,0	59,5	37,0	33,0	32,5
MNAB	MNAB1	Talus	D	53,5	60,0	37,5	33,0	33,0
MNAB	MNAB6	Talus	G	59,0	64,0	39,0	36,5	35,0
MNAB	MNAB6	Talus	D	58,5	63,5	39,0	36,0	34,0
MNAB	MNAB7	Talus	D	53,5	58,0	36,0	32,0	32,5
MNAB	MNAB2	Talus	G	52,0	56,0	33,0	29,0	29,0
MNAB	MNAB2	Talus	D	53,0	57,0	33,0	30,5	30,5
Crescent Island		Talus		61,5	67,5	42,0		
Crescent Island		Talus		65,5	72,0	45,0		
Deloraine		Talus		57,0	62,5	38,0		
Deloraine		Talus		61,0	68,0	38,0		
Deloraine		Talus		64,5	71,0	43,0		
Deloraine		Talus		58,0	63,5	44,0		
GvJm 44		Talus		62,0	69,0	41,0		
GvJm 44		Talus		61,5	66,0	42,0		
GvJm 44		Talus		64,0	69,0	51,0		
GvJm 44		Talus		64,0	70,0	50,0		

Annexe 2.B.5 3/6 : Mesures des os de *Bos* des données historiques et actuelles. Mesures en millimètres d'après von den Driesh, 1976.

Origine	Référence	Os	lat	GLm	GLl	Bd	Dm	Dl
Narosura		Talus		63,0	69,0	40,0		
Narosura		Talus		63,0	69,0	40,5		
Narosura		Talus		58,0	64,0	41,0		
Narosura		Talus		63,0	69,0	41,0		
Narosura		Talus		61,0	67,5	42,0		
Narosura		Talus		65,0	70,0	42,0		
Narosura		Talus		59,0	66,0	42,5		
Narosura		Talus		61,5	66,0	42,5		
Narosura		Talus		62,0	68,5	42,5		
Narosura		Talus		62,0	67,5	43,0		
Narosura		Talus		59,0	65,0	44,0		
Narosura		Talus		61,5	68,0	44,0		
Narosura		Talus		65,5	71,0	46,0		
Narosura		Talus		65,5	71,0	46,0		
Narosura		Talus		67,0	72,0	47,0		
Narosura		Talus		65,5	73,5	49,0		
Ngamuriak		Talus		60,0	63,5	34,0		
Ngamuriak		Talus		61,5	67,0	34,0		
Ngamuriak		Talus		57,0	64,0	39,0		
Ngamuriak		Talus		60,0	65,0	39,5		
Ngamuriak		Talus		59,0	64,0	40,0		
Ngamuriak		Talus		59,0	64,0	40,0		
Ngamuriak		Talus		60,0	67,0	41,0		
Ngamuriak		Talus		56,0	64,5	42,0		
Ngamuriak		Talus		60,0	67,5	43,0		
Ngamuriak		Talus		61,5	68,0	43,0		
Ngamuriak		Talus		61,0	66,5	43,5		
Ngamuriak		Talus		60,0	67,0	45,0		
Ngamuriak		Talus		61,5	67,0	45,0		
Ngamuriak		Talus		62,5	66,0	46,5		
Ngamuriak		Talus		63,0	68,0	46,5		
Ngamuriak		Talus		63,0	72,0	47,0		
Ngamuriak		Talus		67,0	72,0	47,0		
Ngamuriak		Talus		65,5	73,0	47,5		
Ngamuriak		Talus		64,5	72,0	48,5		
Ngamuriak		Talus		67,0	74,0	50,0		
Ngamuriak		Talus		65,5	70,5	55,5		
Prolonged Drift		Talus		62,0	67,0	43,0		
Prolonged Drift		Talus		63,0	68,0	43,0		
Axum		Talus	D	61,2	65,8	39,5		36,8
Axum		Talus		45,7	49,7	30,9	29,7	
Axum		Talus	D	55,7	62,9	35,0	40,6	34,9
Axum		Talus	G	64,9	69,3			36,7
Axum		Talus	G	65,9	72,2	47,0	40,1	
Axum		Talus	G	61,0	66,2	43,7		35,4
Axum		Talus	G	57,6	62,6	40,2	35,1	33,6
Axum		Talus	D	59,8	67,8	46,2	38,1	36,8
Axum		Talus	G	68,3	74,7	47,9	38,1	
Axum		Talus	G	64,8	71,6	47,8	39,4	39,1
Axum		Talus	G	62,6	67,3	40,8		36,9
Axum		Talus	D	57,0	63,0	42,0	34,4	33,1
Axum		Talus	G	65,5	71,4	41,3	37,4	36,4
Axum		Talus	D			47,9		
Axum		Talus	D		66,2	40,3	34,1	
Axum		Talus	D		60,7		33,2	
Axum		Talus	D	63,1			35,0	34,1

Origine	Référence	Os	lat	GL	GB
Gotcha-Chirayo		calcanéus	D	111,8	41,8
Gotcha-Chirayo		calcanéus	G		33,1
Gotcha-Chirayo		calcanéus	G	114,2	41,0
Gotcha-Chirayo		calcanéus	D		33,4
Gotcha-Chirayo		calcanéus	D		40,2
Gotcha-Chirayo		calcanéus	D		43,2
MNAB	MNAB2	calcanéus	D	109,0	34,5
MNAB	MNAB2	calcanéus	G	109,5	35,0
MNAB	MNAB8	calcanéus	D	112,0	37,0
Ngamuriak		calcanéus		126,0	41,0
Ngamuriak		calcanéus		126,0	47,0
Ngamuriak		calcanéus		134,0	42,0
Ngamuriak		calcanéus		140,0	44,0

Origine	Référence	Os	Lat	H	DLS	LD
Gotcha-Ayenna		phal 3	aba	44,1	64,2	51,3
Gotcha-Ayenna		phal 3	axi	42,0	66,3	52,0
Gotcha-Ayenna		phal 3	axi	37,0	52,0	42,7

Annexe 2.B.5 4/6 : Mesures des os de *Bos* des données historiques et actuelles. Mesures en millimètres d'après von den Driesh, 1976. (phal 3 : phalange distale)

Origine	Référence	Os	Lat	GL	SD	Bp	Dp	Bd
Tiya		MT	D			52,0	45,0	
Gotcha-Chirayo		MT	D			37,1	37,2	
Gotcha-Chirayo		MT	D			41,8	38,3	
Gotcha-Ayenna		MT	D			40,0	38,2	
Gotcha-Ayenna		MT						50,2
Gotcha-Ayenna		MT	D			36,9	36,8	
MNAB	OMO 74	MT	D	234,0	24,0	43,4	41,0	42,0
MNAB	MNAB2	MT	G	212,0	22,0	39,0	38,0	42,0
MNAB	MNAB2	MT	D	211,0	22,0	39,0	37,2	41,6
MNAB	MNAB3	MT	G	247,0	27,0	44,0	41,0	49,0
MNAB	MNAB3	MT	D	246,0	27,0	45,0	41,3	49,0
MNAB	MNAB1	MT	G	216,0	25,0	42,5	40,7	46,0
MNAB	MNAB1	MT	D	217,0	25,4	42,8	41,0	46,2
Deloraine		MT				56,0		55,5
Deloraine		MT				63,5		53,5
Deloraine		MT				55,5		
Deloraine		MT				61,0		
Crescent Island		MT				50,5		52,0
GvJm 44		MT						55,0
GvJm 44		MT						65,5
Narosura		MT						52,0
Narosura		MT						54,0
Narosura		MT						55,0
Narosura		MT						56,0
Narosura		MT						56,5
Narosura		MT						61,0
Narosura		MT						65,0
Narosura		MT				52,0		
Narosura		MT				52,5		
Ngamuriak		MT						53,5
Ngamuriak		MT						55,0
Ngamuriak		MT						57,0
Ngamuriak		MT						62,0
Ngamuriak		MT				50,5		
Ngamuriak		MT		247,7		51,5		57,2
Prolonged Drift		MT						56,5
Prolonged Drift		MT				41,0		
Axum		MT	G					65,0
Axum		MT	G					52,7
Axum		MT	G			46,8		
Axum		MT	G			42,2		
Axum		MT	D					60,5

Annexe 2.B.5 5/6: Mesures des os de *Bos* des données historiques et actuelles. Mesures en millimètres d'après von den Driesh, 1976. (MT : métatarse)

Origine	Référence	Os	Lat	Glpe	Dp	Bp	SD	Bd
AK 96 Z5 3		**phal 1**		**60,9**				
AK 96 Y6 3		**phal 1**						**30,4**
Gotcha-Chirayo		phal 1	axi	52,1	27,2	25,1	22,9	23,8
Gotcha-Chirayo		phal 1		57,2				
Gotcha-Ayenna		phal 1						25,1
Gotcha-Ayenna		phal 1	axi	62,6	30,9	31,1	29,1	30,2
Gotcha-Ayenna		phal 1	aba	52,0	28,7	25,1	22,0	23,4
Gotcha-Chirayo		phal 1	axi	54,1	27,3	24,7	20,0	23,3
Ngamuriak		phal 1		60,0				
Ngamuriak		phal 1		60,0				
Ngamuriak		phal 1		63,0				
Ngamuriak		phal 1		65,5				
Ngamuriak		phal 1		68,0				
Axum		phal 1				27	23,7	25,7
Axum		phal 1		54,9		30,7	24,4	27,6
Axum		phal 1				27,3		
Axum		phal 1		61,3		27,6	23,3	27,9
Axum		phal 1				28,7		
Axum		phal 1				32,6		
Axum		phal 1		54,7		27,7	23,3	24,5
Axum		phal 1		53,4		26,9	22,4	24,9
Axum		phal 1		53,0				25,1
Axum		phal 1		56,9		28,3	22,7	25,0
Axum		phal 1		70,3		30,4	14,6	18,5
Axum		phal 1				25,3	22,7	
Axum		phal 1				26,3		
Axum		phal 1		61,1		28,3	23,6	27,6
Axum		phal 1				29,5		

Annexe 2.B.5 6/6 : Mesures des os de *Bos* d'Asa Koma comparées aux données historiques et actuelles. Mesures en millimètres d'après von den Driesh, 1976. (phal 1 : phalange proximale)

Origine	Référence	Os	Lat	Glpe	Dp	Bp	SD	Bd
AK 86 S1 N1		**phal 2**		**39,9**	**27,7**	**30,0**	**23,9**	**25,0**
Gotcha-Chirayo		phal 2	aba	32,7	25,3	22,8	19,1	18,2
Gotcha-Chirayo		phal 2	aba	32,9	26,1	24,5	22,0	
Gotcha-Chirayo		phal 2	axi	40,1	32		23,1	24,3
Gotcha-Chirayo		phal 2	aba	34,0	24,7	21,8	17,0	19,1
Gotcha-Chirayo		phal 2	aba	32,6	28,1	22,0	18,2	18,9
Gotcha-Ayenna		phal 2	axi	35,4	25,2	24,1	21,0	19,5
Gotcha-Ayenna		phal 2	aba	32,1	31,0	25,9	21,3	23,4
Gotcha-Ayenna		phal 2	axi	33,1	25,5	23,6	19,8	19,9
Gotcha-Ayenna		phal 2	axi	30,9	23,0	21,6	17,8	18,0
Gotcha-Ayenna		phal 2	aba	34,5				25,2
Gotcha-Ayenna		phal 2	aba	32,1	25,3	23,1	20,1	20,0
Gotcha-Ayenna		phal 2	aba	37,1	29,2	27,7	23,8	25,1
Gotcha-Ayenna		phal 2	aba	36,9	26,8	25,8	23,8	22,5
Gotcha-Chirayo		phal 2	axi	32,7	25,3	24,4	20,0	21,8
Ngamuriak		phal 2		38,0		24,5		21,0
Ngamuriak		phal 2		40,0		28,0		23,0
Ngamuriak		phal 2		42,0		29,0		23,0
Ngamuriak		phal 2		39,0		29,0		23,5
Ngamuriak		phal 2		45,0		30,0		25,0
Ngamuriak		phal 2		40,0		30,0		38,0
Ngamuriak		phal 2		42,0		31,0		25,0
Ngamuriak		phal 2		46,0		31,0		25,0
Ngamuriak		phal 2		45,0		32,0		24,5
Ngamuriak		phal 2		40,0		36,0		28,0
Axum		phal 2						25,8
Axum		phal 2		40,0		27,5	22,6	24,5
Axum		phal 2		38,9		27,8	24,0	25,1
Axum		phal 2		35,4		30,9	25,3	28,4
Axum		phal 2		40,3		27,1	24,0	24,6
Axum		phal 2		36,1		27,4	23,0	25,2
Axum		phal 2		41,9		30,0	24,4	24,4
Axum		phal 2		38,9		29,4	21,9	25,7
Axum		phal 2		39,7		31,3	27,7	37,1
Axum		phal 2		36,1		29,0	22,5	23,3
Axum		phal 2		38,8		29,9	22,6	24,0
Axum		phal 2				27,3		
Axum		phal 2					20,9	

Annexe 2.B.5 6/6 suite: Mesures des os de *Bos* d'Asa Koma comparées aux données historiques et actuelles. Mesures en millimètres d'après von den Driesh, 1976. (phal 2 : phalange intermédiaire)

Origine	Référence	Taxon	Os	Lat	HS	DHA	Ld	SLC	GLP	LG	BG
MBG Fosse		**T3**	**Scapula**	**D**				**18,9**	**30,0**	**20,3**	
MBG Fosse		**T3**	**Scapula**	**G**						**21,8**	**23,3**
MBG IA		***Gazella***	**Scapula**	**D**					**28,0**	**24,0**	**21,0**
MBG 1I		**T3**	**Scapula**	**G**				**28,5**	**36,1**		
KMMA	2 178	*T. scriptus*	Scapula		147				30,0		20,0
KMMA	2 180	*T. scriptus*	Scapula		180				37,0		24,0
KMMA	2 353	*T. scriptus*	Scapula		/147/				31,0		22,0
KMMA	2 356	*T. scriptus*	Scapula		138				30,0		22,0
NHML	1 865	*T. scriptus*	Scapula		176				36,0	28,0	24,2
NHML	1 932	*T. scriptus*	Scapula		163				33,0	26,5	23,7
NHML	1966A	*T. scriptus*	Scapula		155				30,5	25,5	21,3
NHML	1966B	*T. scriptus*	Scapula		145				30,5	25,0	20,5
NHML	1 969	*T. scriptus*	Scapula		179				38,0	32,0	27,0
NHML	1 971	*T. scriptus*	Scapula		157				32,5	27,0	21,8
NHML	1 975	*T. scriptus*	Scapula		183				40,5	33,5	28,0
KB	11 928	*T. scriptus*	Scapula		163				33,0	27,0	22,5
KMMA	2 351	*R. redunca*	Scapula		155				35,0		26,0
KMMA	2 352	*R. redunca*	Scapula		/141/				32,0		22,0
KMMA	2 358	*R. redunca*	Scapula		164				34,0		25,0
NHML	1 928	*R. redunca*	Scapula		171				36,0	28,5	27,5
NHML	1 934	*R. redunca*	Scapula		169				34,5	26,0	28,0
NHML	1 960	*R. redunca*	Scapula		162				34,0	26,5	23,5
NHML	1 962	*R. redunca*	Scapula		168				33,5	27,5	25,0
KB	1 366	*R. redunca*	Scapula		151				27,5	22,5	20,7
NHML	1936A	*G. thomsoni*	Scapula		133				30,5	25,0	22,5
NHML	1936C	*G. thomsoni*	Scapula		118				25,0	19,7	18,0
KB	12 860	*G. thomsoni*	Scapula		120				27,0	21,7	19,2
KMMA	2 166	*G. thomsoni*	Scapula		137				30,0	25,0	23,5
KMMA	7 824	*G. thomsoni*	Scapula		122				26,0	20,3	20,9
NHML	1 896	*G. spekei*	Scapula		118				29,0	24,6	20,8
NHML	1935A	*G. spekei*	Scapula		121				28,0	24,3	20,0
NHML	1935B	*G. spekei*	Scapula		124				28,0	22,1	21,0
NHML	1935C	*G. spekei*	Scapula		120				27,5	21,8	20,3
NHML	1935A	*G. soemmeringi*	Scapula		170				36,0	30,0	26,0
NHML	1935B	*G. soemmeringi*	Scapula		183				44,0	35,5	30,0
NHML	1935	*G. granti*	Scapula		191				45,0	39,0	32,0
NHML	1936A	*G. granti*	Scapula		176				40,0	33,5	28,0
NHML	1936B	*G. granti*	Scapula		197				45,0	35,5	30,5
NHML	1960	*G. granti*	Scapula		198				44,5	35,0	31,0
NHML	1976A	*G. granti*	Scapula		178				42,0	34,0	27,5
NHML	1976B	*G. granti*	Scapula		197				45,5	37,5	33,0
KMMA	2173	*G. granti*	Scapula		178				39,5	31	27,5
KMMA	2174	*G. granti*	Scapula		163				39,0	34,0	27,0
KMMA	2179	*G. granti*	Scapula		202				45,5	37	32,5
NHML	1866	*G. rufifrons*	Scapula		127				27,5	22,5	19,2
NHML	1873	*G. rufifrons*	Scapula		124				27,5	22,5	20,3
NHML	1928	*G. rufifrons*	Scapula		142				34,5	27,5	24
KB	1379	*G. rufifrons*	Scapula		125				29,5	22,9	22,1
LP	3175	*G. rufifrons*	Scapula		120				27,5	21,6	18,9
KMMA	22 934	*K. kob*	Scapula		194				44,0		30,0
KMMA	25 550	*K. kob*	Scapula		197				46,0		31,0
KMMA	25 565	*K. kob*	Scapula		187				40,0		28,0
KMMA	25 728	*K. kob*	Scapula		213				46,0		34,0
KMMA	18 757	*T. spekei*	Scapula		185				34,0		22,0
KMMA	22 842	*T. spekei*	Scapula		192				34,0		25,0
KMMA	22 928	*T. spekei*	Scapula		175				38,0		25,0
KMMA	26 898	*T. spekei*	Scapula		232				46,0		32,0

Annexe 2.B.6 1/8 : Mesures des os de Bovidae de taille 3 de Moche Borago comparées aux données actuelles. Mesures en millimètres d'après von den Driesh, 1976.

Origine	Référence	Taxon	Os	Lat	GL	LI	Bp	Dp	SD	Bd	BFd	Dd
MBG 1R		**T3**	**Tibia**	**D**						**27,9**		**22,3**
MBG fosse		**T3**	**Tibia**	**D**			**43,0**	**38,0**				
MBG fosse		**T3**	**Tibia**	**D**						**26,0**		
MBG fosse		**T3**	**Tibia**	**D**						**25,5**		**19,0**
MBG 1A		***Gazella***	**Tibia**	**D**						**27,5**		**23,0**
KMMA	2 178	*T. scriptus*	Tibia		240,0		42,0			27,0		
KMMA	2 180	*T. scriptus*	Tibia		267,0		49,0			32,0		
KMMA	2 353	*T. scriptus*	Tibia		/242/		46,0			28,0		
KMMA	2 356	*T. scriptus*	Tibia		233,0		42,0			28,0		
KMMA	1 865	*T. scriptus*	Tibia		275,0		50,0			31,5		
KMMA	1 932	*T. scriptus*	Tibia		255,0		48,0			30,5		
NHML	1966A	*T. scriptus*	Tibia		230,0		47,0			28,0		
NHML	1966B	*T. scriptus*	Tibia		235,0		47,0			29,0		
NHML	1 969	*T. scriptus*	Tibia		275,0		54,0			33,5		
NHML	1 971	*T. scriptus*	Tibia		245,0		49,5			29,0		
NHML	1 975	*T. scriptus*	Tibia		275,0		52,0			32,5		
KB	11 928	*T. scriptus*	Tibia		255,0		46,0			29,5		
KMMA	2 351	*R. redunca*	Tibia		259,0		49,0			31,0		
KMMA	2 352	*R. redunca*	Tibia		/253/		45,0			28,0		
KMMA	2 358	*R. redunca*	Tibia		262,0		49,0			32,0		
NHML	1 928	*R. redunca*	Tibia		285,0		52,0			32,5		
NHML	1 934	*R. redunca*	Tibia		275,0		48,5			30,0		
NHML	1 960	*R. redunca*	Tibia		270,0		49,5			30,5		
NHML	1 962	*R. redunca*	Tibia		265,0		48,5			30,5		
KB	1 366	*R. redunca*	Tibia		240,0		42,5			27,0		
NHML	1936A	*G. thomsoni*	Tibia		215,0		39,5			26,0		
NHML	1936C	*G. thomsoni*	Tibia		205,0		32,5			20,6		
KB	12 860	*G. thomsoni*	Tibia		205,0		37,0			23,7		
KMMA	2 166	*G. thomsoni*	Tibia		226,0		38,0			24,2		
KMMA	7 824	*G. thomsoni*	Tibia		219,0		37,5			23,9		
NHML	1 896	*G. spekei*	Tibia		205,0		35,0			22,6		
NHML	1935A	*G. spekei*	Tibia		220,0		36,0			21,8		
NHML	1935B	*G. spekei*	Tibia		210,0		36,0			21,8		
NHML	1935C	*G. spekei*	Tibia		220,0		35,5			21,6		
NHML	1935A	*G. soemmeringi*	Tibia		270,0		45,5			28,5		
NHML	1935B	*G. soemmeringi*	Tibia		275,0		48,5			30,0		
NHML	1932	*G. granti*	Tibia		260,0		47,5			30,0		
NHML	1935	*G. granti*	Tibia		300,0		53,0			32,5		
NHML	1936A	*G. granti*	Tibia		290,0		49,0			30,5		
NHML	1936B	*G. granti*	Tibia		300,0		53,0			32,5		
NHML	1960	*G. granti*	Tibia		285,0		52,0			31,0		
NHML	1976A	*G. granti*	Tibia		270,0		49,5			31,0		
NHML	1976B	*G. granti*	Tibia		305,0		57,0			30,5		
KMMA	2173	*G. granti*	Tibia		290,0		49,5			31,0		
KMMA	2174	*G. granti*	Tibia		265,0		47,5			30,0		
KMMA	2179	*G. granti*	Tibia		300,0		53,0			32,5		
NHML	1866	*G. rufifrons*	Tibia		220,0		36,5			23,0		
NHML	1873	*G. rufifrons*	Tibia		230,0		36,5			23,0		
NHML	1928	*G. rufifrons*	Tibia		240,0		41,5			25,5		
NHML	1939	*G. rufifrons*	Tibia		235,0		42,5			27,0		
KB	1379	*G. rufifrons*	Tibia		217,0		41,5			25,5		
LP	3175	*G. rufifrons*	Tibia		202,0		36,5			23,7		
KMMA	22 934	*K. kob*	Tibia		X		59,0			38,0		
KMMA	25 550	*K. kob*	Tibia		317,0		61,0			39,0		
KMMA	25 565	*K. kob*	Tibia		294,0		58,0			35,0		
KMMA	25 728	*K. kob*	Tibia		326,0		61,0			38,0		

Annexe 2.B.6 2/8 : Mesures des os de Bovidae de taille 3 de Moche Borago comparées aux données actuelles. Mesures en millimètres d'après von den Driesh, 1976.

Origine	Référence	Taxon	Os	lat	GL	GB
MBG 3		**T3**	**calcaneum**	**G**	**79**	**22**
KMMA	2 178	*T. scriptus*	calcaneum		65	20
KMMA	2 180	*T. scriptus*	calcaneum		77	24
KMMA	2 353	*T. scriptus*	calcaneum		70	22
KMMA	2 356	*T. scriptus*	calcaneum		65	22
KMMA	1 865	*T. scriptus*	calcaneum		78	24,8
KMMA	1 932	*T. scriptus*	calcaneum		74	24,1
NHML	1966A	*T. scriptus*	calcaneum		65	22,2
NHML	1966B	*T. scriptus*	calcaneum		67	23,2
NHML	1 969	*T. scriptus*	calcaneum		76	26
NHML	1 971	*T. scriptus*	calcaneum		70	22,9
NHML	1 975	*T. scriptus*	calcaneum		78	26
KB	11 928	*T. scriptus*	calcaneum		76	24,4
KMMA	2 351	*R. redunca*	calcaneum		75	25
KMMA	2 352	*R. redunca*	calcaneum		72	21
KMMA	2 358	*R. redunca*	calcaneum		76	24
NHML	1 928	*R. redunca*	calcaneum		80	23,9
NHML	1 934	*R. redunca*	calcaneum		77	25,5
NHML	1 960	*R. redunca*	calcaneum		73	22,5
NHML	1 962	*R. redunca*	calcaneum		78	23,9
KB	1 366	*R. redunca*	calcaneum		67	20,2
NHML	1936A	*G. thomsoni*	calcaneum		61	19,9
NHML	1936C	*G. thomsoni*	calcaneum		54	16,9
KB	12 860	*G. thomsoni*	calcaneum		54	19
KMMA	2 166	*G. thomsoni*	calcaneum		64	19,1
KMMA	7 824	*G. thomsoni*	calcaneum		59	18,6
NHML	1 896	*G. spekei*	calcaneum		55	18,1
NHML	1935A	*G. spekei*	calcaneum		58	18
NHML	1935B	*G. spekei*	calcaneum		58	17,7
NHML	1935C	*G. spekei*	calcaneum		58	18,4
NHML	1935A	*G. soemmeringi*	calcaneum		73	22
NHML	1935B	*G. soemmeringi*	calcaneum		78	23,5
NHML	1932	*G. granti*	calcaneum		76	23,4
NHML	1935	*G. granti*	calcaneum		83	26,5
NHML	1936A	*G. granti*	calcaneum		80	24,8
NHML	1936B	*G. granti*	calcaneum		84	26,5
NHML	1960	*G. granti*	calcaneum		81	25
NHML	1976A	*G. granti*	calcaneum		78	24,6
NHML	1976B	*G. granti*	calcaneum		90	26,5
KMMA	2173	*G. granti*	calcaneum		82	25
KMMA	2174	*G. granti*	calcaneum		76	24,4
KMMA	2179	*G. granti*	calcaneum		86	26,5
NHML	1866	*G. rufifrons*	calcaneum		58	17,8
NHML	1873	*G. rufifrons*	calcaneum		60	18,8
NHML	1928	*G. rufifrons*	calcaneum		64	20,5
NHML	1939	*G. rufifrons*	calcaneum		65	21
KB	1379	*G. rufifrons*	calcaneum		59	19,1
LP	3175	*G. rufifrons*	calcaneum		53	17,1
KMMA	22 934	*K. kob*	calcaneum		90	29
KMMA	25 550	*K. kob*	calcaneum		90	31
KMMA	25 565	*K. kob*	calcaneum		90	29
KMMA	25 728	*K. kob*	calcaneum		94	31

Annexe 2.B.6 3/8 : Mesures des ossements de Boviade de taille 3 de Moche Borago comparées aux données actuelles. Mesures en millimètres

Origine	référence	taxon	OS	lat	GB	GD
MBG Fosse		***Gazella***	**cubo-naviculaire**	**D**	**22,2**	**20,4**
MBG Fosse		***Gazella***	**cubo-naviculaire**	**G**	**24,9**	**22,3**
MBG Fosse		***Tragelaphus***	**cubo-naviculaire**	**D**	**23,5**	
MBG Fosse		***Tragelaphus***	**cubo-naviculaire**	**D**		**21,4**
KMMA	2 178	*T. scriptus*	cubo-naviculaire		23	
KMMA	2 180	*T. scriptus*	cubo-naviculaire		27	
KMMA	2 353	*T. scriptus*	cubo-naviculaire		25	
KMMA	2 356	*T. scriptus*	cubo-naviculaire		25	
NHML	1 865	*T. scriptus*	cubo-naviculaire		26	26
NHML	1 932	*T. scriptus*	cubo-naviculaire		26,5	24,3
NHML	1966A	*T. scriptus*	cubo-naviculaire		24,7	22,3
NHML	1966B	*T. scriptus*	cubo-naviculaire		26,1	22,3
NHML	1 969	*T. scriptus*	cubo-naviculaire		28,3	26,1
NHML	1 971	*T. scriptus*	cubo-naviculaire		25,4	24,1
NHML	1 975	*T. scriptus*	cubo-naviculaire		30	28,5
KB	11 928	*T. scriptus*	cubo-naviculaire		23,5	26
KMMA	2 351	*R. redunca*	cubo-naviculaire		26	
KMMA	2 352	*R. redunca*	cubo-naviculaire		23	
KMMA	2 358	*R. redunca*	cubo-naviculaire		26	
NHML	1 928	*R. redunca*	cubo-naviculaire		27,5	27
NHML	1 934	*R. redunca*	cubo-naviculaire		26	26,5
NHML	1 960	*R. redunca*	cubo-naviculaire		25,5	24,5
NHML	1 962	*R. redunca*	cubo-naviculaire		26	26,5
KB	1 366	*R. redunca*	cubo-naviculaire		22,5	24,5
NHML	1936A	*G. thomsoni*	cubo-naviculaire		22,9	21,7
KB	12 860	*G. thomsoni*	cubo-naviculaire		19,8	19,4
KMMA	2 166	*G. thomsoni*	cubo-naviculaire		21,2	20,6
KMMA	7 824	*G. thomsoni*	cubo-naviculaire		22,4	23,4
NHML	1 896	*G. spekei*	cubo-naviculaire		20,5	20,1
NHML	1935A	*G. spekei*	cubo-naviculaire		20,2	21,6
NHML	1935B	*G. spekei*	cubo-naviculaire		19,7	20,3
NHML	1935C	*G. spekei*	cubo-naviculaire		21,1	21,3
NHML	1935A	*G. soemmeringi*	cubo-naviculaire		24,8	26,5
NHML	1935B	*G. soemmeringi*	cubo-naviculaire		27,5	28,5
NHML	1936A	*G. soemmeringi*	cubo-naviculaire		23,5	23
NHML	1936B	*G. soemmeringi*	cubo-naviculaire		24,5	24,5
NHML	1932	*G. granti*	cubo-naviculaire		26,5	26
NHML	1935	*G. granti*	cubo-naviculaire		29	29
NHML	1936A	*G. granti*	cubo-naviculaire		28	27
NHML	1936B	*G. granti*	cubo-naviculaire		30	29
NHML	1960	*G. granti*	cubo-naviculaire		29	28
NHML	1976A	*G. granti*	cubo-naviculaire		27	27
NHML	1976B	*G. granti*	cubo-naviculaire		30,5	30,5
KMMA	2173	*G. granti*	cubo-naviculaire		27,5	26,5
KMMA	2174	*G. granti*	cubo-naviculaire		26,5	27
KMMA	2179	*G. granti*	cubo-naviculaire		29,5	28,5
NHML	1866	*G. rufifrons*	cubo-naviculaire		20,5	21
NHML	1873	*G. rufifrons*	cubo-naviculaire		20,7	21,2
NHML	1928	*G. rufifrons*	cubo-naviculaire		23	23
NHML	1939	*G. rufifrons*	cubo-naviculaire		24	25,5
KB	1379	*G. rufifrons*	cubo-naviculaire		23,5	22,6
LP	3175	*G. rufifrons*	cubo-naviculaire		18,9	19,5
KMMA	22 934	*K. kob*	cubo-naviculaire		34	
KMMA	25 550	*K. kob*	cubo-naviculaire		35	
KMMA	25 565	*K. kob*	cubo-naviculaire		32	
KMMA	25 728	*K. kob*	cubo-naviculaire		36	

Annexe 2.B.6 4/8 : Mesures des ossements de Boviade de taille 3 de Moche Borago comparées aux données actuelles. Mesures en millimètres

Origine	référence	Taxon	Os	Lat	GLm	GLl	Bd	Dm	Dl
AK96Y3 B		***Tragelaphus***	**talus**	**G**		**31**			**15,7**
AK96Y4 4		***Tragelaphus***	**talus**	**G**	**29,5**	**30,8**	**16,6**		**14,4**
MBG Fosse		***Gazella***	**talus**	**D**	**29,7**	**30,2**	**18,6**	**15**	**15,4**
MBG Fosse		**T3**	**talus**	**D**	**28**	**29**	**19**	**15**	**16**
MBG 1I		***Tragelaphus***	**talus**	**D**	**27,8**	**29,5**	**17,3**	**15**	**15,1**
MBG 1R		***Tragelaphus***	**talus**	**G**	**29,8**		**17,7**	**16**	**15,5**
MBG 1I		***Tragelaphus***	**talus**	**G**	**28,1**	**28,9**	**18,2**	**16**	**15,7**
KMMA	2 178	*T. scriptus*	talus		29	30	18		17
KMMA	2 180	*T. scriptus*	talus		33	35	21		19
KMMA	2 353	*T. scriptus*	talus		31	33	18		18
KMMA	2 356	*T. scriptus*	talus		32	30	20		18
KMMA	1 865	*T. scriptus*	talus		35	37,5	21,7		20,5
KMMA	1 932	*T. scriptus*	talus		33,1	35,5	21,3		19,4
NHML	1966A	*T. scriptus*	talus		31	32,5	20		17,4
NHML	1966B	*T. scriptus*	talus		30	31,5	20,2		17,1
NHML	1 969	*T. scriptus*	talus		33	35	22,3		19,2
NHML	1 971	*T. scriptus*	talus		30,5	33,5	20,4		18,6
NHML	1 975	*T. scriptus*	talus		36,5	37,5	23,8		21
KB	11 928	*T. scriptus*	talus		31	34	20,1		19
KMMA	2 351	*R. redunca*	talus		35	37	21		20
KMMA	2 352	*R. redunca*	talus		32	34	19		18
NHML	1 928	*R. redunca*	talus		34,5	37,5	21,6		20,2
NHML	1 934	*R. redunca*	talus		33,5	35,5	19,8		19,8
NHML	1 960	*R. redunca*	talus		33	35,5	20,2		18,8
NHML	1 962	*R. redunca*	talus		35	37,5	20,9		19,2
KB	1 366	*R. redunca*	talus		30,5	33	18,7		18,3
NHML	1936A	*G. thomsoni*	talus		26	29,5	17,4		16,1
KB	12 860	*G. thomsoni*	talus		23,5	24,4	15,9		13,7
KMMA	2 166	*G. thomsoni*	talus		27,5	29	17,3		16,3
KMMA	7 824	*G. thomsoni*	talus		25	28	16,2		15,6
NHML	1 896	*G. spekei*	talus		24	26	15,7		14,7
NHML	1935A	*G. spekei*	talus		23,5	26	16		14,4
NHML	1935B	*G. spekei*	talus		24,5	26,5	15,4		15,3
NHML	1935C	*G. spekei*	talus		25	26	16,4		14,3
NHML	1935A	*G. soemmeringi*	talus		31	34	19,5		19,4
NHML	1935B	*G. soemmeringi*	talus		33	36	21		20,5
NHML	1936A	*G. soemmeringi*	talus		31	33	19,7		17,9
NHML	1936B	*G. soemmeringi*	talus		29,5	32	19,2		17,7
NHML	1932	*G. granti*	talus		31,5	33,5	20,5		19,4
NHML	1935	*G. granti*	talus		34,5	38,5	22,8		22,1
NHML	1936A	*G. granti*	talus		33,5	36,5	21,7		20,2
NHML	1936B	*G. granti*	talus		34	37,5	23,7		21,6
NHML	1960	*G. granti*	talus		34,5	37	22		21
NHML	1976A	*G. granti*	talus		32	35	21,6		20,6
NHML	1976B	*G. granti*	talus		39	42	23,3		23,7
KMMA	2173	*G. granti*	talus		33	35,5	22		20,6
KMMA	2174	*G. granti*	talus		32,5	35	20,6		19,2
KMMA	2179	*G. granti*	talus		34,5	38	23,5		21,1
NHML	1866	*G. rufifrons*	talus		25,1	28,5	16,5		15,9
NHML	1873	*G. rufifrons*	talus		23,5	26,5	16,5		15,1
NHML	1928	*G. rufifrons*	talus		27	30	18,2		17
NHML	1939	*G. rufifrons*	talus		28,5	31,5	18,8		17,1
KB	1379	*G. rufifrons*	talus		27	29	17,7		15,6
KMMA	22 934	*K. kob*	talus		42	45	26		24
KMMA	25 550	*K. kob*	talus		43	44	27		24
KMMA	25 565	*K. kob*	talus		41	44	26		24
KMMA	25 728	*K. kob*	talus		42	46	27		25

Annexe 2.B.6 5/8 : Mesures des ossements de Boviade de taille 3 d'Asa Koma et de Moche Borago comparées aux données actuelles. Mesures en millimètres

Origine	Référence	Taxon	Os	Lat	Glpe	Dp	Bp	SD	Bd
MBG 3		**T3**	**Phal 1**	**aba**		**16,1**	**11,8**		
MBG Fosse		**T3**	**Phal 1**	**aba**		**16,7**	**12**		
MBG Fosse		**T3**	**Phal 1**	**axi**			**10**		
KMMA	2 178	*T. scriptus*	Phal 1		34	15,6	9,5	8,2	8,4
KMMA	2 180	*T. scriptus*	Phal 1		37	15,7	11,6	10,4	10,5
KMMA	2 353	*T. scriptus*	Phal 1		36	15	10,4	8,9	9,5
KMMA	2 356	*T. scriptus*	Phal 1		35	14,5	11,4	8,9	8,9
KMMA	1 865	*T. scriptus*	Phal 1		39		10,9		10,4
KMMA	1 932	*T. scriptus*	Phal 1		39		11,2		10,4
NHML	1 969	*T. scriptus*	Phal 1		40		11,6		10,6
NHML	1 971	*T. scriptus*	Phal 1		36,5		9,8		9,6
NHML	1 975	*T. scriptus*	Phal 1		41		11,9		11,1
KB	11 928	*T. scriptus*	Phal 1		34,5		10,2		10,1
KMMA	2 178	*T. scriptus*	Phal 1		36	15,9	10,4	8,9	8,7
KMMA	2 180	*T. scriptus*	Phal 1		40	17,7	11,8	10,1	10,4
KMMA	2 353	*T. scriptus*	Phal 1		39	16,1	11,2	9,3	9,9
KMMA	2 356	*T. scriptus*	Phal 1		38	16,5	11	9,2	9,5
KMMA	1 865	*T. scriptus*	Phal 1		42,5		11,6		10,8
KMMA	1 932	*T. scriptus*	Phal 1		42		11,8		11,3
NHML	1 969	*T. scriptus*	Phal 1		43,5		12,7		11,1
NHML	1 971	*T. scriptus*	Phal 1		35,5		9,7		9,1
NHML	1 975	*T. scriptus*	Phal 1		43,5		13,1		12,4
KB	11 928	*T. scriptus*	Phal 1		37,5		11,3		10,7
KMMA	2 351	*R. redunca*	Phal 1		46	16,8	11,7	8,8	11,4
KMMA	2 352	*R. redunca*	Phal 1		44	15	10,7	7,3	9
KMMA	2 358	*R. redunca*	Phal 1		48	17,2	12	8,7	10,7
NHML	1 928	*R. redunca*	Phal 1		55		13,1		10,8
NHML	1 934	*R. redunca*	Phal 1		49,5		12,4		11,1
NHML	1 960	*R. redunca*	Phal 1		46		11,9		11
NHML	1 962	*R. redunca*	Phal 1		49		11,4		10
KB	1 366	*R. redunca*	Phal 1		42		10,7		9,1
KMMA	2 351	*R. redunca*	Phal 1		44	18,4	13,3	9,3	11,2
KMMA	2 352	*R. redunca*	Phal 1		43	15,6	11,3	8,3	9,7
KMMA	2 358	*R. redunca*	Phal 1		47	17,1	12,4	9,4	11,1
NHML	1 928	*R. redunca*	Phal 1		51,5		13,6		11,5
NHML	1 934	*R. redunca*	Phal 1		49,5		12,5		10,9
NHML	1 960	*R. redunca*	Phal 1		44,5		12,1		10,6
NHML	1 962	*R. redunca*	Phal 1		47		12,6		10,3
KB	1 366	*R. redunca*	Phal 1		38,5		10,6		9,4
NHML	1936A	*G. thomsoni*	Phal 1		44		9,8		9,4
KB	12 860	*G. thomsoni*	Phal 1		40,5		9,8		9,3
KMMA	2 166	*G. thomsoni*	Phal 1		48,5		10,3		9,2
KMMA	7 824	*G. thomsoni*	Phal 1		43		10		8,6
NHML	1936A	*G. thomsoni*	Phal 1		38,5		11		9,1
KB	12 860	*G. thomsoni*	Phal 1		34		10,3		9,2
KMMA	2 166	*G. thomsoni*	Phal 1		41		11		9,5
KMMA	7 824	*G. thomsoni*	Phal 1		37		12,1		9,6

Annexe 2.B.6 6/8 : Mesures des ossements de Bovidae de taille 3 de Moche Borago comparées aux données actuelles. Mesures en millimètres

Origine	Référence	Taxon	Os	Lat	Glpe	Dp	Bp	SD	Bd
NHML	1935A	*G. spekei*	Phal 1		42		9,5		8,4
NHML	1935B	*G. spekei*	Phal 1		41		9,6		8,5
NHML	1935C	*G. spekei*	Phal 1		41		9,4		8,3
NHML	1935A	*G. spekei*	Phal 1		37		10,4		8,5
NHML	1935B	*G. spekei*	Phal 1		38		10,3		8,2
NHML	1935C	*G. spekei*	Phal 1		37,5		10,2		8,7
NHML	1935A	*G. soemmeringi*	Phal 1		58		12,7		11,2
NHML	1936A	*G. soemmeringi*	Phal 1		56		11,4		10,6
NHML	1936B	*G. soemmeringi*	Phal 1		53		12		10,5
NHML	1935B	*G. soemmeringi*	Phal 1		48		13,8		11,5
NHML	1936A	*G. soemmeringi*	Phal 1		48,5		12,4		10,8
NHML	1936B	*G. soemmeringi*	Phal 1		45		13		10,8
NHML	1932	*G. granti*	Phal 1		55		12,7		10,8
NHML	1935	*G. granti*	Phal 1		60		13,8		12,4
NHML	1936A	*G. granti*	Phal 1		56		13		11,2
NHML	1936B	*G. granti*	Phal 1		62		14,8		11,8
NHML	1960	*G. granti*	Phal 1		60		14,5		12,2
NHML	1976A	*G. granti*	Phal 1		59		13,5		10,9
NHML	1976B	*G. granti*	Phal 1		63		14,4		13,4
KMMA	2173	*G. granti*	Phal 1		60		12,7		11,1
KMMA	2174	*G. granti*	Phal 1		56		12,6		11
KMMA	2179	*G. granti*	Phal 1		62		13,4		12
NHML	1932	*G. granti*	Phal 1		48		13,1		11,5
NHML	1935	*G. granti*	Phal 1		52		14,8		12,4
NHML	1936A	*G. granti*	Phal 1		48		13,7		11,5
NHML	1936B	*G. granti*	Phal 1		50,5		15		12,3
NHML	1960	*G. granti*	Phal 1		49,5		14,5		11,8
NHML	1976A	*G. granti*	Phal 1		50		13,8		11,4
NHML	1976B	*G. granti*	Phal 1		57		14,8		13
KMMA	2173	*G. granti*	Phal 1		52		14,5		11,3
KMMA	2174	*G. granti*	Phal 1		48		13,5		11,5
KMMA	2179	*G. granti*	Phal 1		52		14,4		12,2
NHML	1866	*G. rufifrons*	Phal 1		44		9,3		8,9
NHML	1873	*G. rufifrons*	Phal 1		43,5		10,1		8,9
NHML	1928	*G. rufifrons*	Phal 1		51		10,9		10,4
KB	1379	*G. rufifrons*	Phal 1		43		11		9,2
LP	3175	*G. rufifrons*	Phal 1		43		9,6		9
NHML	1866	*G. rufifrons*	Phal 1		37		10,9		9,6
NHML	1873	*G. rufifrons*	Phal 1		39,5		11,2		9,4
NHML	1928	*G. rufifrons*	Phal 1		43,5		11,6		10,4
KB	1379	*G. rufifrons*	Phal 1		37		12,1		9,6
LP	3175	*G. rufifrons*	Phal 1		37,5		11,1		9,5
KMMA	22 934	*K. kob*	Phal 1		53	19,7	15,8	12	14
KMMA	25 550	*K. kob*	Phal 1		57	21,2	16,6	12,8	14,6
KMMA	25 565	*K. kob*	Phal 1		52	18,7	14,9	11,6	14,1
KMMA	25 728	*K. kob*	Phal 1		54	22,2	17,2	14,8	15,1
KMMA	22 934	*K. kob*	Phal 1		53	21,3	17,2	12,7	14,6
KMMA	25 550	*K. kob*	Phal 1		55	22,3	18,1	13,3	15,2
KMMA	25 565	*K. kob*	Phal 1		53	20,9	16,6	12,6	13,7
KMMA	25 728	*K. kob*	Phal 1		53	22,7	18	14,6	15,1

Annexe 2.B.6 6/8 suite: Mesures des ossements de Bovidae de taille 3 de Moche Borago comparées aux données actuelles. Mesures en millimètres

Origine	Référence	Taxon	Os	Lat	Glpe	Dp	Bp	SD	Bd
AK 94 A6 HS		***Tragelaphus***	**Phal 2**		**23,2**	**12,8**	**11,5**	**8,6**	**9,1**
AK 89 B3 R2		***Tragelaphus***	**Phal 2**		**23,3**	**14,1**	**13,2**	**9,4**	**10,2**
MBG 1I		**T3**	**Phal 2**		**21**		**12**		**9**
MBG Fosse		**T3**	**Phal 2**	**axi**	**21,8**	**15,1**	**11,2**	**9,1**	**8,8**
MBG Fosse		**T3**	**Phal 2**	**axi**	**22,5**	**15**	**10,6**	**9,4**	**8,3**
MBG 1I		**T3**	**phal 2**			**17,1**	**11,7**		
KMMA	2 178	*T. scriptus*	Phal 2		19	13,9	9,3	7,1	7,7
KMMA	2 180	*T. scriptus*	Phal 2		22	16	11,4	8,3	8,7
KMMA	2 353	*T. scriptus*	Phal 2		19	14,1	9,6	7,6	7,8
KMMA	2 356	*T. scriptus*	Phal 2		20	14,1	9,3	7,5	7,5
KMMA	1 865	*T. scriptus*	Phal 2		22,2		10,8		8,6
NHML	1 969	*T. scriptus*	Phal 2		23,4		11,4		8,7
NHML	1 971	*T. scriptus*	Phal 2		20,5		9,5		7,7
KB	11 928	*T. scriptus*	Phal 2		21,4		10,1		8,4
KMMA	2 178	*T. scriptus*	Phal 2		21	14,7	9,7	7,8	7,7
KMMA	2 180	*T. scriptus*	Phal 2		24	16,3	11,8	9	9
KMMA	2 353	*T. scriptus*	Phal 2		22	15,2	11	8,3	8,3
KMMA	2 356	*T. scriptus*	Phal 2		23	15,8	10,8	8,9	9,1
KMMA	1 865	*T. scriptus*	Phal 2		24,4		11,7		9,2
NHML	1 969	*T. scriptus*	Phal 2		24,7		12,3		9,2
NHML	1 971	*T. scriptus*	Phal 2		21,3		10		8
KB	11 928	*T. scriptus*	Phal 2		23,6		10,7		8,4
KMMA	2 351	*R. redunca*	Phal 2		25	16,9	11	7,8	9,4
KMMA	2 352	*R. redunca*	Phal 2		24	15	9,5	6,4	8,1
KMMA	2 358	*R. redunca*	Phal 2		26	16,8	11,2	8,2	10,4
NHML	1 960	*R. redunca*	Phal 2		24,6		10,9		10,2
KB	1 366	*R. redunca*	Phal 2		24		9		8,3
KMMA	2 351	*R. redunca*	Phal 2		26	17	11,5	8	9,6
KMMA	2 352	*R. redunca*	Phal 2		25	15,3	10,3	6,8	8,5
KMMA	2 358	*R. redunca*	Phal 2		28	17,4	11,3	8,1	10,4
NHML	1 960	*R. redunca*	Phal 2		24,8		10,7		8,6
KB	1 366	*R. redunca*	Phal 2		23,7		10		8,2
NHML	1936A	*G. thomsoni*	Phal 2		22,1		8,8		8
KB	12 860	*G. thomsoni*	Phal 2		20,1		8,4		7,2
KMMA	2 166	*G. thomsoni*	Phal 2		23,2		9,1		8,2
NHML	1936A	*G. thomsoni*	Phal 2		21,6		9,2		8
KB	12 860	*G. thomsoni*	Phal 2		20,4		9		7,4
KMMA	2 166	*G. thomsoni*	Phal 2		22,6		9,4		8

Annexe 2.B.6 7/8 : Mesures des ossements de Boviade de taille 3 d'Asa Koma et de Moche Borago comparées aux données actuelles. Mesures en millimètres

Origine	Référence	Taxon	Os	Lat	Glpe	Dp	Bp	SD	Bd
NHML	1935A	*G. spekei*	Phal 2		20,5		8,3		7,4
NHML	1935B	*G. spekei*	Phal 2		20,1		8,3		7,7
NHML	1935C	*G. spekei*	Phal 2		20,6		8,4		7,6
NHML	1935A	*G. spekei*	Phal 2		20,7		8,2		7,4
NHML	1935B	*G. spekei*	Phal 2		21,1		8,2		7,3
NHML	1935C	*G. spekei*	Phal 2		21,3		8,8		7,4
NHML	1935B	*G. soemmeringi*	Phal 2		28		11,4		10,1
NHML	1936A	*G. soemmeringi*	Phal 2		26,5		10,2		8,9
NHML	1935B	*G. soemmeringi*	Phal 2		27		11,7		10
NHML	1936A	*G. soemmeringi*	Phal 2		26		10,6		8,9
NHML	1932	*G. granti*	Phal 2		27,5		11,4		9,5
NHML	1935	*G. granti*	Phal 2		29		12,3		11,1
NHML	1936B	*G. granti*	Phal 2		30,5		12,5		10,7
NHML	1960	*G. granti*	Phal 2		30,5		12,4		11,5
NHML	1976A	*G. granti*	Phal 2		27,5		11,6		9,8
NHML	1976B	*G. granti*	Phal 2		32,5		14,1		10,5
KMMA	2173	*G. granti*	Phal 2		30		11,5		10,1
KMMA	2174	*G. granti*	Phal 2		27,5		11,1		9,8
KMMA	2179	*G. granti*	Phal 2		30		12,1		10,6
NHML	1932	*G. granti*	Phal 2		27		11,2		9,3
NHML	1935	*G. granti*	Phal 2		30		12,3		11,2
NHML	1936B	*G. granti*	Phal 2		30,5		12,2		11
NHML	1960	*G. granti*	Phal 2		33		11,5		10,1
NHML	1976A	*G. granti*	Phal 2		28		11,6		9,6
NHML	1976B	*G. granti*	Phal 2		33		13,1		9,7
KMMA	2173	*G. granti*	Phal 2		29		11,4		9,9
KMMA	2174	*G. granti*	Phal 2		26		11,4		10
KMMA	2179	*G. granti*	Phal 2		29		11,6		10,3
NHML	1866	*G. rufifrons*	Phal 2		23,5		8,7		7,1
NHML	1873	*G. rufifrons*	Phal 2		21		8,9		7,8
KB	1379	*G. rufifrons*	Phal 2		21,9		8,8		8,9
LP	3175	*G. rufifrons*	Phal 2		20,9		8,6		7,1
NHML	1866	*G. rufifrons*	Phal 2		22		9,4		7,3
NHML	1873	*G. rufifrons*	Phal 2		22,7		9		8
KB	1379	*G. rufifrons*	Phal 2		21,5		9,7		8,3
LP	3175	*G. rufifrons*	Phal 2		21		9,5		7,3
KMMA	22 934	*K. kob*	Phal 2		32	20,1	14,7	10,5	11,9
KMMA	25 728	*K. kob*	Phal 2		33	22,4	16,9	12,5	13,3
KMMA	22 934	*K. kob*	Phal 2		32	19,6	15,4	10,5	12,5
KMMA	25 728	*K. kob*	Phal 2		33	21,8	17,6	13,4	13,4
KMMA	18 757	*T. spekei*	Phal 2		33	19,3	13,1	9,2	9,5
KMMA	22 842	*T. spekei*	Phal 2		31	19,8	13	9,7	9,5
KMMA	22 928	*T. spekei*	Phal 2		35	18,9	13,1	10	9,7
KMMA	18 757	*T. spekei*	Phal 2		36	21,3	14,6	10,4	11,4
KMMA	22 842	*T. spekei*	Phal 2		34	20,8	13,6	11,2	11,5
KMMA	22 928	*T. spekei*	Phal 2		38	20,8	13,4	10,4	9,8

Annexe 2.B.6 7/8 suite: Mesures des ossements de Boviade de taille 3 d'Asa Koma et de Moche Borago comparées aux données actuelles. Mesures en millimètres

Origine	référence	Taxon	Os	Lat	DLS	LD	H
Akirsa		**Gazella**	**phal 3**	**aba**	**28,2**	**24,5**	**15,9**
MBG 1I		***Gazella***	**phal 3**	**axi**		**25,6**	
MBG Fos		***Gazella***	**phal 3**		**24**	**23**	**15**
MBG 1A		**T3**	**phal 3**		**33,5**	**29**	**22,5**
KMMA	2 353	*T. scriptus*	phal 3		31	26	15
KMMA	2 356	*T. scriptus*	phal 3		27	23	15
NHML	1 969	*T. scriptus*	phal 3		31,5	26,5	16,7
NHML	1 971	*T. scriptus*	phal 3		32	26,5	15,2
KB	11 928	*T. scriptus*	phal 3		33	27,5	16,9
KMMA	2 353	*T. scriptus*	phal 3		30	26	15,3
KMMA	2 356	*T. scriptus*	phal 3		29	25	15,4
NHML	1 969	*T. scriptus*	phal 3		31	26,5	17,1
NHML	1 971	*T. scriptus*	phal 3		31,5	26,5	15,5
KB	11 928	*T. scriptus*	phal 3		32	27,5	17,1
KMMA	2 351	*R. redunca*	phal 3		30	25	16,5
KMMA	2 352	*R. redunca*	phal 3		29	24	15,7
KMMA	2 358	*R. redunca*	phal 3		32	27	17,9
NHML	1 960	*R. redunca*	phal 3		31,5	29	17
KB	1 366	*R. redunca*	phal 3		28,5	23,9	15,3
KMMA	2 351	*R. redunca*	phal 3		31	27	16,5
KMMA	2 352	*R. redunca*	phal 3		27	23	15
KMMA	2 358	*R. redunca*	phal 3		32	27	17,9
NHML	1 960	*R. redunca*	phal 3		32	29	17,2
KB	1 366	*R. redunca*	phal 3		30	24,4	15,9
NHML	1936A	*G. thomsoni*	phal 3		25	21,7	16,5
NHML	1936C	*G. thomsoni*	phal 3		22	18,5	13,5
NHML	1936A	*G. thomsoni*	phal 3		24,6	20,4	15,8
NHML	1936C	*G. thomsoni*	phal 3		22	18,8	13,8
NHML	1935A	*G. spekei*	phal 3		24,6	20,5	13,7
NHML	1935A	*G. spekei*	phal 3		24,4	20,3	13,2
NHML	1935B	*G. soemmeringi*	phal 3		34,5	28,5	18,2
NHML	1936A	*G. soemmeringi*	phal 3		29	24,4	17,2
NHML	1935B	*G. soemmeringi*	phal 3		33,5	28,5	18,3
NHML	1936A	*G. soemmeringi*	phal 3		29	24,2	15,4
NHML	1932	*G. granti*	phal 3		32,5	27	18,5
NHML	1935	*G. granti*	phal 3		34	29	20,4
NHML	1960	*G. granti*	phal 3		37	31	20,5
NHML	1976B	*G. granti*	phal 3		36	29	21,5
NHML	1932	*G. granti*	phal 3		32,5	27	17,8
NHML	1935	*G. granti*	phal 3		35	28	20,5
NHML	1960	*G. granti*	phal 3		36	30,5	19
NHML	1976B	*G. granti*	phal 3		35,5	28,5	20,6
NHML	1866	*G. rufifrons*	phal 3		27	22	15,9
NHML	1873	*G. rufifrons*	phal 3		27,5	22,3	14,6
KB	1379	*G. rufifrons*	phal 3		28,5	22,5	16
LP	3175	*G. rufifrons*	phal 3		27	22,6	15,5
NHML	1873	*G. rufifrons*	phal 3		26	21,5	13,2
KB	1379	*G. rufifrons*	phal 3		28,5	22,7	17,5
LP	3175	*G. rufifrons*	phal 3		24,1	19,8	13,8
KMMA	22 934	*K. kob*	phal 3		41	34	22,6
KMMA	25 728	*K. kob*	phal 3		44	38	24
KMMA	22 934	*K. kob*	phal 3		41	34	23,1
KMMA	25 728	*K. kob*	phal 3		46	40	24,1

Annexe 2.B.6 8/8 : Mesures des ossements de Boviade de taille 3 d'Akirsa et de Moche Borago comparées aux données actuelles. Mesures en millimètres

Origine	référence	Taxon	Os	lat	HS	DHA	Ld	SLC	GLP	BG	LG
MBG Fosse		**T2**	**Scapula**	**D**				**11.3**	**20,8**	**15,4**	**17,2**
KMMA	5 302	*C. natalensis*	Scapula						25,1	17,1	
KMMA	2 171	*S. grimmia*	Scapula						22,4	15,1	
KMMA	2 361	*S. grimmia*	Scapula						21,0	13,9	
KMMA	20 168	*S. grimmia*	Scapula						20,9	14,4	
KMMA	35 095	*S. grimmia*	Scapula						21,5	14,0	
KMMA	1 277	*O. ourebi*	Scapula						26,2	16,0	
KMMA	36 534	*O. ourebi*	Scapula						22,9	16,1	
KMMA	36 535	*O. ourebi*	Scapula						23,7	16,1	
KMMA	21 603	*O. oreotragus*	Scapula						22,0	15,2	
HH	5 672	*O. oreotragus*	Scapula						22,2	14,9	
Gotcha-chirayo		Caprinae	Scapula	G				15,9	24,1	15,4	19,2
NHML	1 850	*G. dorcas*	Scapula						24,0	15,7	20,0
NHML	1935A	*G. dorcas*	Scapula						26,5	21,1	22,8
NHML	1935B	*G. dorcas*	Scapula						26,5	19,1	21,8
NHML	1935C	*G. dorcas*	Scapula						28,5	20,1	23,7
NHML	1935D	*G. dorcas*	Scapula						26,5	18,9	21,0
KB	8596	*G. dorcas*	Scapula						24,0	17,1	19,9
KMMA	31 219	*G. dorcas*	Scapula						22,5	15,7	18,2
LP	3700	*G. dorcas*	Scapula						24,0	19,3	20,4
LP	3706	*G. dorcas*	Scapula						23,2	16,8	20,7
LP	3707	*G. dorcas*	Scapula						20,9	21,1	18,0
LP	3708	*G. dorcas*	Scapula						23,7	17,5	19,6

origine	référence	Taxon	Os	lat	GB
AK 88 Fa HS		***Gazella***	**Cubo-naviculaire**	**G**	**21,1**
KMMA	5 302	*C. natalensis*	Cubo-naviculaire		18,8
KMMA	2 171	*S. grimmia*	Cubo-naviculaire		18,6
KMMA	2 361	*S. grimmia*	Cubo-naviculaire		18,2
KMMA	20 168	*S. grimmia*	Cubo-naviculaire		17,3
KMMA	35 095	*S. grimmia*	Cubo-naviculaire		18,5
KMMA	1 277	*O. ourebi*	Cubo-naviculaire		20,9
KMMA	36 534	*O. ourebi*	Cubo-naviculaire		18,0
KMMA	36 535	*O. ourebi*	Cubo-naviculaire		19,4
KMMA	21 603	*O. oreotragus*	Cubo-naviculaire		17,7
HH	5 671	*O. oreotragus*	Cubo-naviculaire		19,8
HH	5 672	*O. oreotragus*	Cubo-naviculaire		18,8

Annexe 2.B.7 1/4: Mesures des os des Bovidae de taille 2 de Moche Borago (MBG) et Asa Koma (AK) comparées aux données actuelles. Mesures en millimètres d'après von den Driesh, 1976.

origine	référence	Taxon	Os	lat	GLm	GLl	Bd	Dm	Dl
AK 96 ZY432		***Gazella***	**Talus**	**D**	**23,6**	**25,0**	**16,3**	**14,6**	**13,5**
AK 88 1 0/10		***Gazella***	**Talus**	**G**	**23,0**	**24,8**	**15,0**	**12,8**	**12,6**
KMMA	5 302	*C. natalensis*	Talus		25,2	26,3	14,8		14,0
KMMA	2 171	*S. grimmia*	Talus		23,5	24,4	15,0		13,1
KMMA	2 361	*S. grimmia*	Talus		24,1	25,1	14,3		13,1
KMMA	20 168	*S. grimmia*	Talus		22,6	23,3	14,3		12,5
KMMA	35 095	*S. grimmia*	Talus		21,8	24,0	14,5		13,1
KMMA	1 277	*O. ourebi*	Talus		24,5	26,1	16,5		14,3
KMMA	36 534	*O. ourebi*	Talus		23,3	24,9	13,6		13,9
KMMA	36 535	*O. ourebi*	Talus		25,6	26,9	15,0		15,2
KMMA	21 603	*O. oreotragus*	Talus		22,9	23,9	13,9		13,1
HH	5 671	*O. oreotragus*	Talus		23,8	25,2	15,8		13,3
HH	5 672	*O. oreotragus*	Talus		23,3	24,2	14,5		13,6
Gotcha-Chirayo		Caprinae	Talus	G	25,0	26,1	16,9		14,1
Gotcha-Ayenna		Caprinae	Talus	G	24,7	26,8	16,0	13,8	13,7
Gotcha-Ayenna		Caprinae	Talus	G	25,0	26,1	16,3	13,9	14,2
Gotcha-Ayenna		Caprinae	Talus	D	24,2	26,1	16,3	14,1	14,0
Gotcha-Ayenna		Caprinae	Talus	G	27,1	28,0	17,9	15,9	16,1
Gotcha-Ayenna		Caprinae	Talus	D	26,1	29,1	17,2	15,3	15,1
Gotcha-Ayenna		Caprinae	Talus	G	26,0	27,0	16,9	16,2	15,4
Gotcha-Chirayo		Caprinae	Talus	D	23,4	24,7	16,3	14,2	13,1
NHML	1 850	*G. dorcas*	Talus		20,6	23,0	14,9		13,2
NHML	1935A	*G. dorcas*	Talus		23,0	26,0	15,2		13,9
NHML	1935B	*G. dorcas*	Talus		23,0	25,5	15,2		14,0
NHML	1935C	*G. dorcas*	Talus		24,0	26,0	16,1		14,4
NHML	1935D	*G. dorcas*	Talus		23,5	26,0	14,6		14,5
NHML	1939A	*G. dorcas*	Talus		22,5	24,5	15,3		13,2
NHML	1939B	*G. dorcas*	Talus		22,0	24,5	14,1		13,2
KB	8596	*G. dorcas*	Talus		21,4	23,8	14,3		14,1
KMMA	31 219	*G. dorcas*	Talus		19,6	21,1	12,7		12,0
LP	3700	*G. dorcas*	Talus		21,8	24,5	14,2		13,5
LP	3706	*G. dorcas*	Talus		20,8	22,8	13,7		12,8
LP	3707	*G. dorcas*	Talus		20,7	23,0	14,2		13,0
LP	3708	*G. dorcas*	Talus		21,0	23,0	14,3		12,5

Annexe. 2.B.7 2/4 : Mesures des os des Bovidae de taille 2 d'Asa Koma (AK) comparées aux données actuelles. Mesures en millimètres d'après von den Driesh, 1976.

Origine	Référence	Taxon	Os	Lat	Glpe	Dp	Bp	SD	Bd
MBG 3		**T2**	**Phal 2**	**aba**	**18,5**	**10,9**	**8,6**	**6,3**	**6,4**
KMMA	5 302	*C. natalensis*	Phal 2		20,5	12,2	8,9	7,1	7,1
KMMA	2 171	*S. grimmia*	Phal 2		18,5	11,1	7,0	5,1	6,2
KMMA	20 168	*S. grimmia*	Phal 2		17,4	10,5	6,7	5,2	6,2
KMMA	35 095	*S. grimmia*	Phal 2		18,2	11,1	6,9	5,3	6,1
KMMA	2 171	*S. grimmia*	Phal 2		20,2	11,5	8,1	5,7	7,1
KMMA	20 168	*S. grimmia*	Phal 2		18,5	11,7	7,9	5,8	6,9
KMMA	35 095	*S. grimmia*	Phal 2		20,2	11,6	7,4	5,8	6,6
KMMA	1 277	*O. ourebi*	Phal 2		19,8	13,3	7,9	5,3	7,1
KMMA	36 534	*O. ourebi*	Phal 2		18,4	10,5	7,1	4,6	6,0
KMMA	36 535	*O. ourebi*	Phal 2		21,9	11,7	8,0	4,9	6,4
KMMA	1 277	*O. ourebi*	Phal 2		20,6	12,9	8,9	6,0	7,5
KMMA	36 534	*O. ourebi*	Phal 2		19,0	11,0	8,3	5,4	7,0
KMMA	36 535	*O. ourebi*	Phal 2		20,4	12,4	8,7	5,5	6,8
KMMA	21 603	*O. oreotragus*	Phal 2		24,3	8,6	8,8	5,7	6,3
KMMA	21 603	*O. oreotragus*	Phal 2		25,5	8,6	8,4	5,5	6,2
Gotcha-Chirayo		Caprinae	phal 2	aba	21,9	11,2	10,9	8,2	8,9
Gotcha-Chirayo		Caprinae	phal 2	aba	27,8	14,1	13,2	11,1	12,0
Gotcha-Chirayo		Caprinae	phal 2	axi	26,3	12,1	12,0	9,1	9,9
Gotcha-Ayenna		Caprinae	phal 2	aba	18,1	12,0	11,2	9,1	9,0
Gotcha-Ayenna		Caprinae	phal 2	aba	19,1	11,9	11,1	8,9	8,7
Gotcha-Ayenna		Caprinae	phal 2	axi	19,1	10,6	10,1	8,2	9,0
Gotcha-Ayenna		Caprinae	phal 2	axi	19,5	10,8	10,6	8,1	8,2
Gotcha-Ayenna		Caprinae	phal 2	axi	20,2	10,8	10,3	8,8	8,9
Gotcha-Ayenna		Caprinae	phal 2	aba	19,3	11,3	11,1	8,9	9,2
Gotcha-Ayenna		Caprinae	phal 2	aba	20,4	10,9	11,0	9,0	8,9
Gotcha-Ayenna		Caprinae	phal 2	aba	20,1	10,6	10,4	8,5	
Gotcha-Ayenna		Caprinae	phal 2	aba	20,3	13,7	12,6	10,8	9,9
Gotcha-Ayenna		Caprinae	phal 2	axi	18,4	10,7	11,1	8,3	8,4
Gotcha-Ayenna		Caprinae	phal 2	axi	21,2	10,3	9,9	7,6	8,2
Gotcha-Ayenna		Caprinae	phal 2	axi	27,7	12,4	12,1	8,3	10,0
Gotcha-Chirayo		Caprinae	phal 2	axi	19,3	10,1	10,1	7,9	8,0
Gotcha-Chirayo		Caprinae	phal 2	aba	20,2	12,1	12,2	10,1	9,0
Gotcha-Chirayo		Caprinae	phal 2	aba	18,7	9,9	10,0	8,6	7,9
Gotcha-Chirayo		Caprinae	phal 2	axi	20,2	10,2	11,0	9,1	8,7
Gotcha-Chirayo		Caprinae	phal 2	axi	20,1	11,3	10,4	8,9	9,1
NHML	1 850	*G. dorcas*	phal 2		18,4		7,5		6,7
NHML	1935B	*G. dorcas*	phal 2		20,5		8,1		6,8
KB	8596	*G. dorcas*	phal 2		20,6		8,1		6,7
KMMA	31 219	*G. dorcas*	phal 2		18,0		6,7		6,2
LP	3700	*G. dorcas*	phal 2		18,9		7,5		6,4
LP	3707	*G. dorcas*	phal 2		18,7		7,3		5,8
NHML	1 850	*G. dorcas*	phal 2		18,8		7,8		7,1
NHML	1935B	*G. dorcas*	phal 2		21,8		8,3		7,3
KB	8596	*G. dorcas*	phal 2		20,5		8,5		6,6
KMMA	31 219	*G. dorcas*	phal 2		18,1		7,1		6,4
LP	3700	*G. dorcas*	phal 2		19,5		7,7		6,7
LP	3707	*G. dorcas*	phal 2		20,0		7,5		6,4

Annexe 2.B.7 3/4 : Mesures des os des Bovidae de taille 2 de Moche Borago (MBG) comparées aux données actuelles. Mesures en millimètres d'après von den Driesh, 1976. (phal 2 : phalange intermédiaire)

Origine	Référence	Taxon	Os	Lat	Glpe	Dp	Bp	SD	Bd
AK 88 Fa HS		**Gazella**	**Phal 1**						**11,2**
AK 86 T3 20/40		**Gazella**	**Phal 1**			**11,8**	**9,9**		
KMMA	5 302	*C. natalensis*	Phal 1		25	11,9	8,2	7	8
KMMA	5 302	*C. natalensis*	Phal 1		26,5	12,8	8,6	7,3	8,3
KMMA	2 171	*S. grimmia*	Phal 1		27,9	10,7	7,5	5,9	7,3
KMMA	20 168	*S. grimmia*	Phal 1		25,3	10,8	7,4	5,5	6,9
KMMA	35 095	*S. grimmia*	Phal 1		27	12,1	7,5	6,4	6,7
KMMA	2 171	*S. grimmia*	Phal 1		28,9	12,1	8,3	6,6	7,9
KMMA	20 168	*S. grimmia*	Phal 1		27,1	11,8	8,2	6,2	7,6
KMMA	35 095	*S. grimmia*	Phal 1		28,7	12,7	7,8	6,6	7,3
KMMA	1 277	*O. ourebi*	Phal 1		38	13,5	8,4	6,8	8
KMMA	36 534	*O. ourebi*	Phal 1		36,3	12,4	7,9	6,2	7,4
KMMA	36 535	*O. ourebi*	Phal 1		40,4	12,8	8,8	6,4	8
KMMA	1 277	*O. ourebi*	Phal 1		34,2	14,5	10	7,9	8,8
KMMA	36 534	*O. ourebi*	Phal 1		33,3	13	9	7,3	8,1
KMMA	36 535	*O. ourebi*	Phal 1		35,5	13,9	10	7,5	8,1
KMMA	21 603	*O. oreotragus*	Phal 1		34,1	12,3	8,7	6,8	8,1
HH	5 671	*O. oreotragus*	Phal 1		37,6	14,3	9,7	7,2	8,8
HH	5 672	*O. oreotragus*	Phal 1		35,5	12,1	9,4	6,8	8,3
KMMA	21 603	*O. oreotragus*	Phal 1		33,1	11,2	9	7,8	8,3
HH	5 671	*O. oreotragus*	Phal 1		36,3	13,2	10,2	8,5	9,1
HH	5 672	*O. oreotragus*	Phal 1		36,8	13,4	9,1	6,4	8,2
Gotcha-Chirayo		Caprinae	phal 1	aba	34,8	13,5	11,1	9,9	11
Gotcha-Chirayo		Caprinae	phal 1	axi	31,1	10,8	10,2	8,8	10,1
Gotcha-Chirayo		Caprinae	phal 1	axi	36,6	13,4	12,2	10,9	11,2
Gotcha-Ayenna		Caprinae	phal 1	axi	29,2	12,8	10,9	8,8	10,8
Gotcha-Ayenna		Caprinae	phal 1	axi	31	13,2	11	8,5	9,7
Gotcha-Ayenna		Caprinae	phal 1	axi	38,1	15	14,3	11,8	13,2
Gotcha-Ayenna		Caprinae	phal 1	aba	32,3	13,1	11	8,3	10,2
Gotcha-Ayenna		Caprinae	phal 1	aba	32,9	12,8	11,9	8	10,2
Gotcha-Ayenna		Caprinae	phal 1	aba	32,7	13,1	11,8	8,2	9,9
Gotcha-Ayenna		Caprinae	phal 1	axi	33,5	13,9	11,9	9,1	10
Gotcha-Ayenna		Caprinae	phal 1	axi	33,7	13,3	11,1	8	9,9
Gotcha-Ayenna		Caprinae	phal 1	axi	32,9	14,2	12	10,3	12,1
Gotcha-Ayenna		Caprinae	phal 1	axi	33,3	13,2	11,3	8,9	10
Gotcha-Ayenna		Caprinae	phal 1	axi	25,1	13,2	13,3	9,9	10
Gotcha-Ayenna		Caprinae	phal 1	aba	34	12,8	10,7	8,2	10,2
Gotcha-Ayenna		Caprinae	phal 1	aba	31,9	11,9	10,1	8,4	10
Gotcha-Ayenna		Caprinae	phal 1	aba	33,9	14,2	12,7	10,9	11,4
Gotcha-Ayenna		Caprinae	phal 1	aba	35,1	14	12,2	9,8	11,6
Gotcha-Ayenna		Caprinae	phal 1	aba	32	12,1	10	8,2	9,1
Gotcha-Ayenna		Caprinae	phal 1	axi	32,1	13,5	11,3	9,2	11
Gotcha-Ayenna		Caprinae	phal 1	axi	32,1	13,4	12,1	10	10,9
Gotcha-Chirayo		Caprinae	phal 1	aba	29,9	12	10,2	8	9,2
NHML	1 850	*G. dorcas*	phal 1		37		8,7		7,7
NHML	1935A	*G. dorcas*	phal 1		45,5		9,3		8,2
NHML	1935B	*G. dorcas*	phal 1		42		8,9		8,2
NHML	1935D	*G. dorcas*	phal 1		41		9,2		8,2
NHML	1939B	*G. dorcas*	phal 1		39		8,8		7,7
KMMA	31 219	*G. dorcas*	phal 1		37		7,7		6,8
LP	3700	*G. dorcas*	phal 1		39,5		8,5		8
LP	3707	*G. dorcas*	phal 1		38,5		8,3		7,5
NHML	1 850	*G. dorcas*	phal 1		33,5		9,5		8
NHML	1935A	*G. dorcas*	phal 1		38		10		8,6
NHML	1935B	*G. dorcas*	phal 1		37		9,9		8,7
NHML	1935D	*G. dorcas*	phal 1		37,5		9,5		8,4
NHML	1939B	*G. dorcas*	phal 1		36		9,6		7,7
KMMA	31 219	*G. dorcas*	phal 1		33		8,2		7
LP	3700	*G. dorcas*	phal 1		35		10,1		8,4
LP	3707	*G. dorcas*	phal 1		34		9,5		7,9

Annexe 2.B.7 4/4: Mesures des ossements des Bovidae de taille 2 d'Asa Koma (AK) comparées aux données actuelles. Mesures en millimètres d'après von den Driesh, 1976. (phal 1 : phalange proximale)

Origine	Référence	Taxon	Os	Lat	HS	DHA	Ld	SLC	GLP	BG	LG
MBG 1R		**T4**	**Scapula**	**G**					**61,0**	**42,0**	
HH	7 457	*D. lunatus*	Scapula						50,0	33,0	
HH	5 662	*D. lunatus*	Scapula						56,0	38,0	
HH	5 663	*D. lunatus*	Scapula						59,0	40,0	
HH	173	*D. lunatus*	Scapula						58,0	38,0	
KMMA	25 442	*K. ellipsiprimnus*	Scapula						60,0	39,0	
KMMA	25 563	*K. ellipsiprimnus*	Scapula						59,0	39,0	
KMMA	25 568	*K. ellipsiprimnus*	Scapula						59,0	42,0	
MHNL	1 901	*A. buselaphus*	Scapula						59,0	40,5	
TMP AZ	2 085	*A. buselaphus*	Scapula						56,0	38,5	
SIW	161 948	*A. buselaphus*	Scapula						60,0	40,0	
NHML	1928.8.2.1	*A. buselaphus*	Scapula						60,0	39,0	
KMMA	25 573	*A. buselaphus*	Scapula						55,0	35,0	
MNB	71 862	*A. buselaphus*	Scapula						63,0	39,5	
KMMA	30 666	*O. gazella*	Scapula						53,0	34,5	
KMMA	2 189	*O. gazella*	Scapula						59,0	37,0	
NHML	1975.2306	*O. gazella*	Scapula						62,0	39,0	
ZSM	1952/103	*O. gazella*	Scapula						67,0	37,5	

Origine	Référence	Taxon	Os	Lat	GB
MBG 1I		**T4**	**semi-lunaire**	**G**	**20,0**
HH	7 457	*D. lunatus*	semi-lunaire		18,7
HH	5 662	*D. lunatus*	semi-lunaire		17,2
HH	5 663	*D. lunatus*	semi-lunaire		19,7
HH	173	*D. lunatus*	semi-lunaire		18,5
KMMA	25 442	*K. ellipsiprimnus*	semi-lunaire		19,6
KMMA	25 563	*K. ellipsiprimnus*	semi-lunaire		21,0
KMMA	25 568	*K. ellipsiprimnus*	semi-lunaire		20,9
MBG 1I		**T4**	**onciforme**	**G**	**20,3**
HH	7 457	*D. lunatus*	onciforme		15,3
HH	5 662	*D. lunatus*	onciforme		17,2
HH	5 663	*D. lunatus*	onciforme		18,5
HH	173	*D. lunatus*	onciforme		19,1
KMMA	25 442	*K. ellipsiprimnus*	onciforme		19,9
KMMA	25 563	*K. ellipsiprimnus*	onciforme		20,6
KMMA	25 568	*K. ellipsiprimnus*	onciforme		20,6
MBG 1I		**T4**	**pyramidal**	**G**	**18,8**
HH	7 457	*D. lunatus*	pyramidal		16,6
HH	5 662	*D. lunatus*	pyramidal		17,1
HH	5 663	*D. lunatus*	pyramidal		19,1
HH	173	*D. lunatus*	pyramidal		18,7
KMMA	25 442	*K. ellipsiprimnus*	pyramidal		17,8
KMMA	25 563	*K. ellipsiprimnus*	pyramidal		18,6
KMMA	25 568	*K. ellipsiprimnus*	pyramidal		20,1

Annexe 2.B.8 1/2 : Mesures des os de Bovidae de Taille 4 de Moche Borago (MBG) comparées aux données actuelles. Mesures en millimètres d'après von den Driesh, 1976.

Origine	Référence	Taxon	Os	Lat	Glpe	Dp	Bp	SD	Bd
AD2 Fosse		**cf Alcelaphini**	**phal 2**		**40,37**	**22,5**	**17,25**	**15,7**	
MBG 1l		**T4**	**phal 2**	**axi**		**28,4**	**22,5**		
HH	7 457	*D. lunatus*	phal 2		35,0	X	X	12,4	14,3
HH	5 662	*D. lunatus*	phal 2		39,0	25,1	18	13,7	15,4
HH	7 457	*D. lunatus*	phal 2		33,0	21,7	15,3	12,0	13,1
HH	5 662	*D. lunatus*	phal 2		35,0	22,7	16,5	12,3	14,1
KMMA	25 568	*K. ellipsiprimnus*	phal 2		37,0	24,3	21,6	14,9	16,2
HH	203	*K. ellipsiprimnus*	phal 2		41,0	27,8	20,6	15,4	17,0
HH	1961.1003	*K. ellipsiprimnus*	phal 2		39,0	27,4	21,4	15,6	17,4
KMMA	25 568	*K. ellipsiprimnus*	phal 2		38,0	24,1	21,1	14,6	17,0
HH	203	*K. ellipsiprimnus*	phal 2		39,0	26,2	19,5	16,0	18,0
HH	1961.1003	*K. ellipsiprimnus*	phal 2		39,0	27,5	21,5	16,2	17,1
TMP AZ	2 085	*A. buselaphus*	phal 2		39,5	X	17,4	13,4	14,8
SIW	161 948	*A. buselaphus*	phal 2		36,5	X	16,6	13,9	15,1
TMP AZ	2 085	*A. buselaphus*	phal 2		39,5	X	18,4	14,3	16,6
SIW	161 948	*A. buselaphus*	phal 2		34,0	X	15,8	13,8	14,1
NHML	1928.8.2.1	*A. buselaphus*	phal 2		37,0	X	17,6	14,7	15,5
KMMA	25 573	*A. buselaphus*	phal 2		37,5	X	17,3	13,5	15,6
KMMA	30 666	*O. gazella*	phal 2		29,5	X	17,2	14,0	15,6
KMMA	2 189	*O. gazella*	phal 2		29,5	X	18,2	14,0	16,2
ZSM	1952/103	*O. gazella*	phal 2		32,5	X	19,1	15,5	16,4
KMMA	30 666	*O. gazella*	phal 2		30,5	X	18,4	13,4	15,6
KMMA	2 189	*O. gazella*	phal 2		29,5	X	18,4	14,6	16,8
ZSM	1952/103	*O. gazella*	phal 2		32,5	X	19,5	16,7	16,8

Annexe 2.B.8 2/2 : Mesures des os de Bovidae de Taille 4 d'Ali Daba 2 (AD2) et de Moche Borago (MBG) comparées aux données actuelles. Mesures en millimètres d'après von den Driesh, 1976. (phal 2 : phalange intermédiaire)

Espèce	Musée	N°de registre	Sexe	Origine	Référence
Papio hamadryas	MNHN	1934-616	F	?	Inédit
Papio hamadryas	MNHN	1900-448	M	?	Inédit
Papio hamadryas	MNHN	A.3910	?	?	Inédit
Cercopithecus aethiops	MNHN	1901-498	?	?	Inédit
Colobus guereza	MNHN	A.3.844	?	?	Inédit
Colobus guereza	MNHN	A.12.834	?	?	Inédit
Galago senegalensis	MNHN	1966-286	M	?	Inédit
Galago senegalensis	MNHN	1964-307	M	?	Inédit
Galago senegalensis	MNHN	1971-18	?	?	Inédit
Canis aureus	MGHNL	?	?	?	Guérin et Faure, 1996
Canis mesomelas	MGHNL	?	?	?	Guérin et Faure, 1996
Canis adustus	MGHNL	?	?	?	Guérin et Faure, 1996
Canis pariah	MHNG	?	?	?	Guérin et Faure, 1996
Crocuta crocuta	MNHN	1936-609	?	?	Inédit
Crocuta crocuta	MNHN	1984-036	?	?	Inédit
Leptairulus serval	MNHN	1913-470	?	?	Inédit
Leptairulus serval	MNHN	1925-202	?	?	Inédit
Felis silvestris	MNHN	1953-207	?	?	Inédit
Panthera leo	MNHN	1911-328	?	?	Inédit
Panthera leo	MNHN	1939-539	F	?	Inédit
Panthera pardus	MNHN	1904-305	?	?	Inédit
Panthera pardus	MNHN	1909-384	?	?	Inédit
Civettictis civetta	MNHN	A.2090	?	?	Inédit
Helogale hirtula	MNHN	1929-73	M	?	Inédit
Genetta maculata	MNHN	1884-364	?	?	Inédit
Atilax paludinosus	MNHN	1884-2476	?	?	Inédit
Equus asinus	MNHN	1893-634	?	?	Inédit
Equus asinus	MNHN	1933-397	?	?	Inédit
Equus africanus	ZSM	1963-133	M	?	Inédit
Equus africanus	ZSM	1963-134	M	?	Uerpmann, 1991
Equus grevyi	MNHN	1913-58	M	?	Inédit
Equus grevyi	MNHN	1939-75	M	?	Inédit
Equus burchellii	MNHN	1966-22	M	?	Inédit
Equus burchellii	MNHN	1891-892	F	?	Inédit
Phacochoerus aethiopicus	KMMA	2159	F	Mkuyu,riv.	Van Neer, 1989
Phacochoerus aethiopicus	KMMA	2331	?	Vitsumbi	Van Neer, 1989
Phacochoerus aethiopicus	KMMA	2396	M	Albert Eduard	Van Neer, 1989
Phacochoerus aethiopicus	KMMA	4263	?	Poko	Van Neer, 1989
Potamochoerus porcus	KMMA	601	?	Popoie	Van Neer, 1989
Potamochoerus porcus	KMMA	643a	?	Ht. Ituri	Van Neer, 1989
Potamochoerus porcus	KMMA	1912	M	Galia	Van Neer, 1989
Potamochoerus porcus	KMMA	1913	F	Galia	Van Neer, 1989
Hylochoerus meinertzhageni	KMMA	603a	?	Panga	Van Neer, 1989
Hylochoerus meinertzhageni	KMMA	15 292	F	Katele	Van Neer, 1989
Hylochoerus meinertzhageni	KMMA	15 725	M	Mt Kenya	Van Neer, 1989
Heterohyrax brucei	MNHN	1934-92	?	?	Inédit
Heterohyrax brucei	KMMA	12 617	?	?	Van Neer, 1989
Procavia capensis	MNHN	1999-27	?	?	Inédit
Procavia capensis	MNHN	1934-94	?	?	Inédit
Procavia capensis	MNHN	A.12.355	?	?	Inédit
Procavia capensis	KMMA	20 098	?	?	Van Neer, 1989

Annexe 2.C 1/2: Informations sur les espèces actuelles utilisées dans le Chapitre 4 et en Annexe 2A et B.

Espèce	Musée	N°de registre	Sexe	Origine	Référence
M. saltiana	NHML	1895.10.17.2	M	Somaliland	Inédit
M. saltiana	NHML	1869.2.2.10	F	Ethiopie	Inédit
M. guentheri	NHML	1962.10.18.1	F	Kenya	Inédit
C. natalensis	KMMA	5 302	M	N.Uelé	Van Neer, 1989
C. harveyi	AMNH	83 397	?	?	Inédit
C. harveyi	AMNH	83 388	?	?	Inédit
C. harveyi	NHML	1948.7.19.10	?	?	Inédit
C. weynsi	AMNH	52 887	F	?	Inédit
S. Grimmia	KMMA	2 171	F	Ziwani, riv.	Van Neer, 1989
S. Grimmia	KMMA	2 361	?	12 Km Kibare	Van Neer, 1989
S. Grimmia	KMMA	20 168	?	Zaire	Van Neer, 1989
S. Grimmia	KMMA	35 095	F	Jadotville	Van Neer, 1989
O.ourebi	KMMA	1 277	?	Dungu	Van Neer, 1989
O.ourebi	KMMA	36 534	F	PNG.PFS/K	Van Neer, 1989
O.ourebi	KMMA	36 535	F	Ndelele	Van Neer, 1989
O.oreotragus	KMMA	21 603	?	Mt Kangala	Van Neer, 1989
O.oreotragus	HH	5 671	F	Angola	Van Neer, 1989
O.oreotragus	HH	5 671	M	Angola	Van Neer, 1989
T.scriptus	KMMA	2 178	F	B.E.A.	Van Neer, 1989
T.scriptus	KMMA	2 180	M	Ziwani, riv.	Van Neer, 1989
T.scriptus	KMMA	2 353	M	Vitshumbi	Van Neer, 1989
T.scriptus	KMMA	2 356	?	Vitshumbi	Van Neer, 1989
T.scriptus	NHML	1 865	M	?	Peters, 1986
T.scriptus	NHML	1 932	M	Soudan	Peters, 1986
T.scriptus	NHML	1966A	F	Zimbabwe	Peters, 1986
T.scriptus	NHML	1966B	F	Zimbabwe	Peters, 1986
T.scriptus	NHML	1 969	M	Zimbabwe	Peters, 1986
T.scriptus	NHML	1 971	F	Zimbabwe	Peters, 1986
T.scriptus	NHML	1 975	M	Kenya	Peters, 1986
T.scriptus	KB	11 928	F	Zoo-Antwerpen	Peters, 1986
T. buxtoni	MNHN	1973-113	F	?	Inédit
T. buxtoni	MNHN	1970-71	M	?	Inédit
T. imberbis	NHML	1935.12.13.7	?	?	Inédit
T. imberbis	NHML	1935.7.24.4	M	?	Inédit
T. strepsiceros	MNHN	1970-326	M	?	Inédit
T. strepsiceros	NHML	1935.12.12.4	M	?	Inédit
T. strepsiceros	NHML	1966.12.8.1	F	?	Inédit
R.redunca	KMMA	2 351	M	Mai ya Moto	Van Neer, 1989
R.redunca	KMMA	2 352	F	Vitshumbi	Van Neer, 1989
R.redunca	KMMA	2 358	M	Plaine Rutshuru	Van Neer, 1989
R.redunca	NHML	1928	M	Soudan	Peters, 1986
R.redunca	NHML	1934	M	Soudan	Peters, 1986
R.redunca	NHML	1960	F	Kenya	Peters, 1986
R.redunca	NHML	1962	F	Kenya	Peters, 1986
R.redunca	KB	1366	F	?	Peters, 1986
R. fulvorufula	SIW	161 995	M	?	Inédit
R. fulvorufula	SIW	161 994	F	?	Inédit
R. fulvorufula	SIW	161 992	F	?	Inédit
R. fulvorufula	SIW	161 868	M	?	Inédit
R. fulvorufula	NHML	1936.3.30.9	M	?	Inédit
K. megaceros	MNHN	1996-2096	M	?	Inédit
K. megaceros	SIW	164 777	F	?	Inédit
L. walleri	NHML	1962.7.6.17	M	Kenya	Inédit
L. walleri	MNHN	1946-82	?	?	Inédit
L. walleri	AMNH	87 216	F	?	Inédit
A. clarkei	NHML	1896.10.6.2	F	Somalie	Inédit
A. clarkei	NHML	1935.12.13.7	M	Somaliland	Inédit
A. clarkei	NHML	1935.12.13.5	M	Somaliland	Inédit

Espèce	Musée	N°de registre	Sexe	Origine	Référence
G.thomsoni	NHML	1936A	?	Tanzanie	Peters, 1986
G.thomsoni	NHML	1936C	F	Tanzanie	Peters, 1986
G.thomsoni	KB	12 860	F	Zoo-Antwerpen	Peters, 1986
G.thomsoni	KMMA	2 166	M	Zoo-Antwerpen	Peters, 1986
G.thomsoni	KMMA	7 824	M	Zoo-Antwerpen	Peters, 1986
G.spekei	NHML	1896	?	?	Peters, 1986
G.spekei	NHML	1935A	M	Somalie	Peters, 1986
G.spekei	NHML	1935B	M	Somalie	Peters, 1986
G.spekei	NHML	1935C	M	Somalie	Peters, 1986
G.soem.	NHML	1935A	M	Soudan	Peters, 1986
G.soem.	NHML	1935B	M	Somalie	Peters, 1986
G.soem.	NHML	1936A	M	Ethiopie	Peters, 1986
G.soem.	NHML	1936B	M	Ethiopie	Peters, 1986
G.granti	NHML	1932	?	Tanzanie	Peters, 1986
G.granti	NHML	1935	?	Kenya	Peters, 1986
G.granti	NHML	1936A	M	Somalie	Peters, 1986
G.granti	NHML	1936B	?	Tanzanie	Peters, 1986
G.granti	NHML	1960	F	Tanzanie	Peters, 1986
G.granti	NHML	1976A	?	Zimbabwe	Peters, 1986
G.granti	NHML	1976B	?	Zimbabwe	Peters, 1986
G.granti	KMMA	2 173	F	E.Africa	Peters, 1986
G.granti	KMMA	2 174	F	E.Africa	Peters, 1986
G.granti	KMMA	2 179	M	E.Africa	Peters, 1986
C. nubiana	MNHN	1985-45	F	?	Inédit
C. nubiana	NHML	1935.12.12.2	M	Soudan	Inédit
D.lunatus	HH	173	M	Lake Mburu	Van Neer, 1989
D.lunatus	HH	5 562	F	Dirico	Van Neer, 1989
D.lunatus	HH	5 563	M	Chimporo	Van Neer, 1989
D.lunatus	HH	7 457	F	?	Van Neer, 1989
K.ellipsiprimnus	KMMA	25 442	M	Bushimaie,riv.	Van Neer, 1989
K.ellipsiprimnus	KMMA	25 563	F	Gangala na Bodio	Van Neer, 1989
K.ellipsiprimnus	KMMA	25 568	?	Gangala na Bodio	Van Neer, 1989
A.buselaphus	MHNL	1901	M	Saqqara, Egypt	Peters et al,
A.buselaphus	TMP AZ	2085	F	Zoo-Pretoria	Peters et al,
A.buselaphus	SIW	161 948	F	Kenya	Peters et al,
A.buselaphus	NHML	1928.8.2.1	F	Soudan	Peters et al,
A.buselaphus	KMMA	25 573	F	Zaire	Peters et al,
A.buselaphus	MNB	71 862	F	Togo	Peters et al,
O.gazella	KMMA	30 666	F	Zoo-Antwerpen	Peters et al,
O.gazella	KMMA	2 189	F	Kenya	Peters et al,
O.gazella	ZSM	1952/103	F	Zoo-Munich	Peters et al,
O.gazella	NHML	1975.2306	F	?	Peters et al,
T.oryx	KMMA	31 109	F	Zoo-Antwerpen	Van Neer, 1989
S.caffer	KMMA	16 171	?	Cameroun	Van Neer, 1989
S.caffer	KMMA	37 469	F	Benin	Van Neer, 1989
H.equinus	KMMA	22 437	?	Garangaze	Van Neer, 1989
H.equinus	HH	134	M	b. Cuchi	Van Neer, 1989
H.equinus	HH	5 661	M	Cambembe	Van Neer, 1989
H.equinus	NHML	1928.828	?	Soudan	Van Neer, 1989
H.equinus	NHML	1962.1242	F	?	Van Neer, 1989

Annexe 2.C 2/2: Informations sur les espèces actuelles utilisées dans le Chapitre 4 et en Annexe 2A et B.

Abréviation	Espèce	Nom vernaculaire
M. saltiana	*Madoqua saltiana*	Dik-dik de Salt
M. guentheri	*Madoqua guentheri*	Dik-dik de Guenther
D. megalotis	*Dorcatragus megalotis*	Beira
C. natalensis	*Cephalophus natalensis*	Céphalophe du Natal
C. harveyi	*Cephalophus harveyi*	Céphalophe de Harvey
C. weynsi	*Cephalophus weynsi*	Céphalophe de Weyn
S. Grimmia	*Sylvicapra grimmia*	Céphalophe de Grimm
O.ourebi	*Ourebia ourebi*	Ourébi
O.oreotragus	*Oretragus oreotragus*	Oréotrague
C. nubiana	*Capra nubiana*	Bouquetin de Nubie
G. dorcas	*Gazella dorcas*	Gazelle dorcas
G.thomsoni	*Gazella thomsoni*	Gazelle de thomson
G.spekei	*Gazella spekei*	Gazelle de Speke
G. rufifrons	*Gazella rufifrons*	Gazelle à front roux
G.soem.	*Gazella soemmeringi*	Gazelle de Soemmering
G.granti	*Gazella granti*	Gazelle de Grant
L.walleri	*Litocranus walleri*	Gerenuk
A. clarkei	*Ammodorcas clarikei*	Dibatag
T.scriptus	*Tragelaphus scriptus*	Guib harnaché
T. imberbis	*Tragelaphus imberbis*	Petit koudou
T. buxtoni	*Tragelaphus buxtoni*	Nyala des montagnes
T. strepsiceros	*Tragelaphus strepsiceros*	Grand koudou
T.oryx	*Taurotragus oryx*	Eland du Cap
R. redunca	*Redunca redunca*	Redunca
R. fulvorufula	*Redunca fulvorufula*	Redunca de montagne
K. megaceros	*Kobus megaceros*	Cob de Mrs Gray
K.ellipsiprimnus	*Kobus ellipsiprymnus*	Cobe à croissant
H.equinus	*Hippotragus equinus*	Hippotrague
O. gazella	*Oryx gazella*	Oryx
A.buselaphus	*Alcelaphus buselaphus*	Bubale
D.lunatus	*Damaliscus lunatus*	Sassaby
S.caffer	*Syncerus caffer*	Buffle

Annexe 2.D 1: Abréviations des noms espèces utilisées dans le Chapitre 4 et en Annexe 2A et B.

Abréviation	Musée
HH	Zoologisches Institut and Zoologisches Museum des Universität, Hamburg
KB	Koninklijk Belgisch Instituut voor Natuurwetenschappen, Brussel
KMMA	Koninklijk Museum voor Midden-Afrika, Tervuren
MHNL	Muséum d'Histoire Naturelle, Lyon
MNB	Museum für Naturkunde, Berlin
NHML	National History Museum, London
SIW	Smithsonian Institut, Washington
TMP	Transvaal Museum, Pretoria
ZSM	Zoologische Staatssammlung, München
AMNH	American Museum of Natural History, New York
MNHN	Museum National d'Histoire Naturelle, Paris
MHNG	Musée d'Histoire Naturelle de Genève

Annexe 2.D 2: Abréviations des noms de musée utilisées dans le Chapitre 4 et en Annexe 2A et B.

	Contributions				Coordonnées			
Ossements	***F1***	***F2***	***F3***	***F4***	***F1***	***F2***	***F3***	***F4***
CRANE	4,3	1	7,5	13,1	-0,21	-0,08	-0,17	0,22
MAND	0,2	4	7,7	23,4	-0,05	-0,18	0,19	0,32
VCERV	0	1,4	0,1	3,9	0,01	0,12	0,02	0,15
VTHO	2,1	3	13,9	0,7	-0,27	-0,26	-0,42	-0,09
VLSC	0,7	4,1	1,7	0,1	-0,12	-0,23	-0,11	-0,03
COTE	1,7	5,9	0,5	0	-0,29	-0,44	-0,09	-0,02
SCA	9,6	1,8	0,3	9,7	-0,51	-0,18	-0,05	-0,3
HUM	0,2	4,1	21,1	6,2	0,05	-0,21	0,35	0,18
RAD	0,9	12,1	2,1	1,7	-0,11	0,35	0,11	-0,09
ULNA	2,4	15,5	4	1,5	0,19	0,4	-0,15	0,09
CARPE	3,6	0,8	0,1	0,5	0,22	-0,08	0,03	-0,05
MC	0,1	7,4	1,6	12,2	0,04	0,3	-0,11	0,28
COXAL	23,7	1	2,1	0	-0,57	-0,1	-0,1	0
FEM	4,5	6,4	4,6	1,4	-0,29	0,28	0,18	-0,09
PAT	0	5	2,4	5,6	0,03	0,5	0,26	-0,38
TIBIA	0,4	0,9	0,5	10,6	-0,09	-0,1	-0,06	-0,25
TARSE	1,5	6,3	8,1	3,3	-0,08	0,13	0,11	-0,07
MT	0,1	0,7	10,6	0,5	0,05	0,09	-0,26	0,06
PHAL1	36,7	1	4,2	1,4	0,47	-0,06	-0,1	-0,05
PHAL2	5,3	16	4,4	3,7	0,2	-0,28	0,11	-0,1
PHAL3	2	1,7	2,6	0,5	0,2	0,16	-0,14	-0,06
% variance	41,97	27,8	15,71	14,52	**Trace** : 0,1549			
% cumulé	41,97	69,77	85,48	100				

	Contributions				Coordonnées			
Individus	***F1***	***F2***	***F3***	***F4***	***F1***	***F2***	***F3***	***F4***
MBGBov	19,2	21,1	1,8	0,5	0,15	0,13	-0,03	-0,01
MBGT3	24,1	5,7	60,2	2,2	-0,45	-0,18	-0,44	-0,08
MBGSu	8,1	1,8	3,3	74,1	-0,2	-0,08	0,08	0,36
AKBos	14,6	71	2,5	2,7	0,32	-0,58	0,08	-0,08
AKT3	34	0,4	32,1	20,5	-0,41	0,03	0,24	-0,19

Annexe 3 A : Résultats de l'analyse factorielle des correspondances réalisées sur les Bovini et les Bovidae de Taille 3 de Moche Borago et d'Asa Koma et les Suidae de Moche Borago.

MBGbov = Bovini de Moche Borago ; MBGsus = Suidae de Moche Borago ; MBGT3 = Bovidae de taille 3 de Moche Morago ; AKbov = Bovini d'Asa Koma ; AKT3 = Bovidae de taille 3 d'Asa Koma ; MAND : mandibule ; VCERV : vertèbres cervicales ; VTHO : v. thoraciques ; VLSC : v. lombaires, sacrées, caudales ; SCA : scapula ; HUM : humérus ; RAD : radius ; MC : métacarpe ; FEM : fémur ; PAT : patella ; MT : métatarse PHAL1 : phalange proximale ; PHAL2 : phalange intermédiaire ; PHAL3 : phalange distale.

	Tel El Das'a	Giza	Ma'adi	Merimde
Tel El Das'a	X			
Giza	0,8	X		
Ma'adi	5,42	2,42	X	
Merimde	6,58	3,16	1,93	X

	Moderne	Konso	Tiya	Axoum
Moderne	X			
Konso	1,05	X		
Tiya	4,68	3,53	X	
Axoum	3,6	3,78	0,33	X

	Deloraine	Narosura	Ngamuriak
Deloraine	X		
Narosura	0,59	X	
Ngamuriak	0,55	0	X

<0,01	Différence très significative
0,1<<0,01	Différence significative
0,5<<0,1	Différence peu significative
>0,5	Différence non significative

Annexe 3 B : Résultats du Test du T de Student réalisé sur les moyennes des indices de taille des bœufs néolithiques, historiques et modernes d'Egypte, de la Corne de l'Afrique et du Kenya.

CAMBRIDGE MONOGRAPHS IN AFRICAN ARCHAEOLOGY

No 1 BAR S75, 1980 **The Niger Delta** *Aspects of its Prehistoric Economy and Culture* by Nwanna Nzewunwa. ISBN 0 86054 083 9

No 2 BAR S89, 1980 **Prehistoric Investigations in the Region of Jenne, Mali** *A Study in the Development of Urbanism in the Sahel* by Susan Keech McIntosh and Roderick J. McIntosh ISBN 0 86054 103 7

No 3 BAR S97, 1981 **Off-Site Archaeology and Human Adaptation in Eastern Africa** *An Analysis of Regional Artefact Density in the Amboseli, Southern Kenya* by Robert Foley. ISBN 0 86054 114 2

No 4 BAR S114, 1981 **Later Pleistocene Cultural Adaptations in Sudanese Nubia** by Yousif Mukhtar el Amin. ISBN 0 86054 134 7

No 5 BAR S119, 1981 **Settlement Patterns in the Iron Age of Zululand** *An Ecological Interpretation* by Martin Hall. ISBN 0 86054 143 6

No 6 BAR S139, 1982 **The Neolithic Period in the Sudan, c. 6000-2500 B.C**. by Abbas S. Mohammed-Ali. ISBN 0 86054 170 3

No 7 BAR S195, 1984 **History and Ethnoarchaeology in Eastern Nigeria** *A Study of Igbo-Igala relations with special reference to the Anambra Valley* by Philip Adigwe Oguagha and Alex Ikechukwu Okpoko. ISBN 0 86054 249 1

No 8 BAR S197, 1984 **Meroitic Settlement in the Central Sudan** *An Analysis of Sites in the Nile Valley and the Western Butana* by Khidir Abdelkarim Ahmed. ISBN 0 86054 252 1

No 9 BAR S201, 1984 **Economy and Technology in the Late Stone Age of Southern Natal** by Charles Cable. ISBN 0 86054 258 0

No 10 BAR S207, 1984 **Frontiers** *Southern African Archaeology Today* edited by M. Hall, G. Avery, D.M. Avery, M.L. Wilson and A.J.B. Humphreys. ISBN 0 86054 268 8. £23.00.

No 11 BAR S215, 1984 **Archaeology and History in Southern Nigeria** *The ancient linear earthworks of Benin and Ishan* by P.J. Darling. ISBN 0 86054 275 0

No 12 BAR S213, 1984 **The Later Stone Age of Southernmost Africa** by Janette Deacon. ISBN 0 86054 276 9

No 13 BAR S254, 1985 **Fisher-Hunters and Neolithic Pastoralists in East Turkana**, **Kenya** by John Webster Barthelme. ISBN 0 86054 325 0

No 14 BAR S285, 1986 **The Archaeology of Central Darfur (Sudan) in the 1st Millennium A.D.** by Ibrahim Musa Mohammed. ISBN 0 86054 367 6.

No 15 BAR S293, 1986 **Stable Carbon Isotopes and Prehistoric Diets in the South-Western Cape Province, South Africa** by Judith Sealy. ISBN 0 86054 376 5.

No 16 BAR S318, 1986 **L'art rupestre préhistorique des massifs centraux sahariens** by Alfred Muzzolini.. ISBN 0 86054 406 0

No 17 BAR S321, 1987 **Spheriods and Battered Stones in the African Early and Middle Stone Age** by Pamela R. Willoughby. ISBN 0 86054 410 9

No 18 BAR S338, 1987 **The Royal Crowns of Kush** *A study in Middle Nile Valley regalia and iconography in the 1st millennia B.C. and A.D.* by Lázló Török.. ISBN 0 86054 432 X

No 19 BAR S339, 1987 **The Later Stone Age of the Drakensberg Range and its Foothills** by H. Opperman. ISBN 0 86054 437 0

No 20 BAR S350, 1987 **Socio-Economic Differentiation in the Neolithic Sudan** by Randi Haaland. ISBN 0 86054 453 2

No 21 BAR S351, 1987 **Later Stone Age Settlement Patterns in the Sandveld of the South-Western Cape Province, South Africa** by Anthony Manhire. ISBN 0 86054 454 0

No 22 BAR S365, 1987 **L'art rupestre du Fezzan septentrional (Libye) Widyan Zreda et Tarut (Wadi esh-Shati)** by Jean-Loïc Le Quellec. ISBN 0 86054 473 7

No 23 BAR S368, 1987 **Archaeology and Environment in the Libyan Sahara** *The excavations in the Tadrart Acacus*, 1978-1983 edited by Barbara E. Barich. ISBN 0 86054 474 5

No 24 BAR S378, 1987 **The Early Farmers of Transkei, Southern Africa Before A.D. 1870** by J.M. Feely. ISBN 0 86054 486 9

No 25 BAR S380, 1987 **Later Stone Age Hunters and Gatherers of the Southern Transvaal** *Social and ecological interpretation* by Lyn Wadley. ISBN 0 86054 492 3

No 26 BAR S405, 1988 **Prehistoric Cultures and Environments in the Late Quaternary of Africa** edited by John Bower and David Lubell. ISBN 0 86054 520 2

No 27 BAR S418, 1988 **Zooarchaeology in the Middle Nile Valley** *A Study of four Neolithic Sites near Khartoum* by Ali Tigani El Mahi. ISBN 0 86054 539 3

No 28 BAR S422, 1988 **L'Ancienne Métallurgie du Fer à Madagascar** by Chantal Radimilahy. ISBN 0 86054 544 X

No 29 BAR S424, 1988 **El Geili The History of a Middle Nile Environment, 7000 B.C.-A.D. 1500** edited by I. Caneva. ISBN 0 86054 548 2

No 30 BAR S445, 1988 **The Ethnoarchaeology of the Zaghawa of Darfur (Sudan) Settlement and Transcience** by Natalie Tobert. ISBN 0 86054 574 1

No 31 BAR S455, 1988 **Shellfish in Prehistoric Diet Elands Bay, S.W. Cape Coast, South Africa** by W.F. Buchanan. ISBN 0 86054 584 9

No 32 BAR S456, 1988 **Houlouf I** *Archéologie des sociétés protohistoriques du Nord-Cameroun* by Augustin Holl. ISBN 0 86054 586 5

No 33 BAR S469, 1989 **The Predynastic Lithic Industries of Upper Egypt** by Liane L. Holmes. ISBN 0 86054 601 2 (two volumes)

No 34 BAR S521, 1989 **Fishing Sites of North and East Africa in the Late Pleistocene and Holocene** *Environmental Change and Human Adaptation* by Kathlyn Moore Stewart. ISBN 0 86054 662 4

No 35 BAR S523, 1989 **Plant Domestication in the Middle Nile Basin** *An Archaeoethnobotanical Case Study* by Anwar Abdel-Magid. ISBN 0 86054 664 0

No 36 BAR S537, 1989 **Archaeology and Settlement in Upper Nubia in the 1st Millennium A.D.** by David N. Edwards. ISBN 0 86054 682 9

No 37 BAR S541, 1989 **Prehistoric Settlement and Subsistence in the Kaduna Valley, Nigeria** by Kolawole David Aiyedun and Thurstan Shaw. ISBN 0 86054 684 5

No 38 BAR S640, 1996 **The Archaeology of the Meroitic State** *New perspectives on its social and political organisation* by David N. Edwards. ISBN 0 86054 825 2

No 39 BAR S647, 1996 **Islam, Archaeology and History** *Gao Region (Mali) ca. AD 900 - 1250* by Timothy Insoll. ISBN 0 86054 832 5

No 40 BAR S651, 1996 **State Formation in Egypt**: *Chronology and society* by Toby A.H. Wilkinson. ISBN 0 86054 838 4

No 41 BAR S680, 1997 **Recherches archéologiques sur la capitale de l'empire de Ghana** *Etude d'un secteur d'habitat à Koumbi Saleh, Mauritanie. Campagnes II-III-IV-V (1975-1976)-(1980-1981)* by S. Berthier. ISBN 0 86054 868 6

No 42 BAR S689, 1998 **The Lower Palaeolithic of the Maghreb** *Excavations and analyses at Ain Hanech, Algeria* by Mohamed Sahnouni. ISBN0 86954 875 9

No 43 BAR S715, 1998 **The Waterberg Plateau in the Northern Province, Republic of South Africa, in the Later Stone Age** by Maria M. Van der Ryst. ISBN 0 86054 893 7

No 44 BAR S734, 1998 **Cultural Succession and Continuity in S.E. Nigeria** *Excavations in Afikpo* by V. Emenike Chikwendu. ISBN 0 86054 921 6

No 45 BAR S763, 1999 **The Emergence of Food Production in Ethiopia** by Tertia Barnett. ISBN 0 86054 971 2

No 46 BAR S768, 1999 **Sociétés préhistoriques et Mégalithes dans le Nord-Ouest de la République Centrafricaine** by Étienne Zangato. ISBN 0 86054 980 1

No 47 BAR S775, 1999 **Ethnohistoric Archaeology of the Mukogodo in North-Central Kenya** *Hunter-gatherer subsistence and the transition to pastoralism in secondary settings* by Kennedy K. Mutundu. ISBN 0 86054 990 9

No 48 BAR S782, 1999 **Échanges et contacts le long du Nil et de la Mer Rouge dans l'époque protohistorique (IIIe et IIe millénaires avant J.-C.)** *Une synthèse préliminaire* by Andrea Manzo. ISBN 1 84171 002 4

No 49 BAR S838, 2000 **Ethno-Archaeology in Jenné, Mali** *Craft and status among smiths, potters and masons* by Adria LaViolette. ISBN 1 84171 043 1

No 50 BAR S860, 2000 **Hunter-Gatherers and Farmers** *An enduring Frontier in the Caledon Valley, South Africa* by Carolyn R. Thorp. ISBN 1 84171 061 X

No 51 BAR S906, 2000 **The Kintampo Complex** *The Late Holocene on the Gambaga Escarpment, Northern Ghana* by Joanna Casey. ISBN 1 84171 202 7

No 52 BAR S964, 2000 **The Middle and Later Stone Ages in the Mukogodo Hills of Central Kenya** *A Comparative Analysis of Lithic Artefacts from Shurmai (GnJm1) and Kakwa Lelash (GnJm2) Rockshelters* by G-Young Gang. ISBN 1 84171 251 5

No 53 BAR S1006, 2001 **Darfur (Sudan) In the Age of Stone Architecture c. 1000 - 1750 AD** *Problems in historical reconstruction* by Andrew James McGregor. ISBN 1 84171 285 X

No 54 BAR S1037, 2002 **Holocene Foragers, Fishers and Herders of Western Kenya** by Karega-Mũnene. ISBN 1 84171 1037

No 55 BAR S1090, 2002 **Archaeology and History in Ìlàrè District (Central Yorubaland, Nigeria) 1200-1900 A.D.** by Akinwumi O. Ogundiran. ISBN 1 84171 468 2

No 56 BAR S1133, 2003 **Ethnoarchaeology in the Zinder Region, Republic of Niger: the site of Kufan Kanawa** by Anne Haour. ISBN 1 84171 506 9

No 57 BAR S1187, 2003 **Le Capsien typique et le Capsien supérieur** *Évolution ou contemporanéité. Les données technologiques* by Noura Rahmani. ISBN 1 84171 553 0

No 58 BAR S1216, 2004 **Fortifications et urbanisation en Afrique orientale** by Stéphane Pradines. ISBN 1 84171 576 X

No 59 BAR S1247, 2004 **Archaeology and Geoarchaeology of the Mukogodo Hills and Ewaso Ng'iro Plains, Central Kenya** by Frederic Pearl. ISBN 1 84171 607 3

No 60 BAR S1289, 2004 **Islamic Archaeology in the Sudan** by Intisar Soghayroun Elzein. ISBN 1 84171 639 1.

No 61 BAR S1308, 2004 **An Ethnoarchaeological Study of Iron-Smelting Practices among the Pangwa and Fipa in Tanzania** by Randi Barndon. ISBN 1 84171 657 X.

No 62 BAR S1398, 2005 **Archaeology and History in North-Western Benin** by Lucas Pieter Petit. ISBN 1 84171 837 8.

No 63 BAR S1407, 2005 **Traditions céramiques, Identités et Peuplement en Sénégambie** *Ethnographie comparée et essai de reconstitution historique* by Moustapha Sall. ISBN 1 84171 850 5

No 64 BAR S1446, 2005 **Changing Settlement Patterns in the Aksum-Yeha Region of Ethiopia: 700 BC – AD 850** by Joseph W. Michels. ISBN 1 84171 882 3.

No 65 BAR S1454, 2006 **Safeguarding Africa's Archaeological Past** *Selected papers from a workshop held at the School of Oriental and African Studies, University of London, 2001* edited by Niall Finneran. ISBN 1841718920

No 66 BAR -S1537, 2006 **Excavations at Kasteelberg, and the Origins of the Khoekhoen in the Western Cape, South Africa** by Andrew B. Smith. ISBN 1 84171 969 2.

No 67 BAR –S1549, 2006 **Archéologie du Diamaré au Cameroun Septentrional** *Milieux et peuplements entre Mandara, Logone, Bénoué et Tchad pendant les deux derniers millénaires* by Alain Marliac ISBN 1 84171 978 1.

www.ingramcontent.com/pod-product-compliance
Lightning Source LLC
LaVergne TN
LVHW072251300926
849160LV00018B/1638